国家电网公司

生产技能人员职业能力培训专用教材

变电运行（220kV）下

国家电网公司人力资源部　组编

张红艳　主编

中国电力出版社
CHINA ELECTRIC POWER PRESS

内容提要

《国家电网公司生产技能人员职业能力培训教材》是按照国家电网公司生产技能人员模块化培训课程体系的要求，依据《国家电网公司生产技能人员职业能力培训规范》（简称《培训规范》），结合生产实际编写而成。

本套教材作为《培训规范》的配套教材，共72册。本册为专用教材部分的《变电运行（220kV）》，全书共7个部分44章134个模块，主要内容包括专业知识，相关知识，基本技能，监视、巡视与维护，倒闸操作，异常处理，事故处理。

本书可作为供电企业变电运行（220kV）工作人员的培训教学用书，也可作为电力职业院校教学参考书。

图书在版编目（CIP）数据

变电运行：220kV. 下 / 国家电网公司人力资源部组编. —北京：中国电力出版社，2010.11（2022.9重印）
国家电网公司生产技能人员职业能力培训专用教材
ISBN 978-7-5123-0923-4

Ⅰ. ①变… Ⅱ. ①国… Ⅲ. ①变电所–电力系统运行–技术培训–教材 Ⅳ. ①TM63

中国版本图书馆CIP数据核字（2010）第190699号

中国电力出版社出版、发行
（北京市东城区北京站西街19号 100005 http://www.cepp.sgcc.com.cn）
北京雁林吉兆印刷有限公司印刷
各地新华书店经售
*
2010年11月第一版 2022年9月北京第十三次印刷
880毫米×1230毫米 16开本 39.75印张 1228千字
印数45501—46500册 定价**158.00**元（上、下册）

国家电网公司
生产技能人员职业能力培训专用教材

目 录

第三部分　基　本　技　能

第四部分 监视、巡视与维护

下 册

第五部分 倒 闸 操 作

第六部分 异 常 处 理

第七部分　事　故　处　理

第五部分

倒闸操作

第十八章　倒闸操作基础知识

模块1　倒闸操作基本概念及操作原则（GYBD00401001）

【模块描述】本模块介绍倒闸操作的基本概念、操作原则和注意事项。通过归纳讲解一般典型操作程序，掌握倒闸操作的基本方法。

【正文】

电气设备倒闸操作，其实质是进行电气设备状态间的转换。因此，本模块首先介绍变电站电气设备的状态及其状态间转换的概念，进而对变电站电气设备倒闸操作的基本概念、基本内容、基本类型、操作任务、操作指令、操作原则和倒闸操作的一般规定进行阐述；通过倒闸操作基本程序来说明倒闸操作的基本步骤、方法及要点。

一、电气设备倒闸操作基本概念

1. 电气设备的状态

变电站电气设备有四种稳定的状态，即运行状态、热备用状态、冷备用状态和检修状态。

（1）电气设备运行状态。电气设备运行状态是指电气设备的隔离开关和断路器都在合上的位置，并且电源至受电端之间的电路连通（包括辅助设备，如电压互感器、避雷器等）。

（2）电气设备热备用状态。电气设备热备用状态是指设备仅仅靠断路器断开，而隔离开关都在合上的位置，即没有明显的断开点，其特点是断路器一经合闸即可将设备投入运行。

（3）电气设备冷备用状态。电气设备冷备用状态是指设备的断路器和隔离开关均在断开位置。

（4）电气设备检修状态。电气设备检修状态是指设备的所有断路器、隔离开关均在断开位置，装设接地线或合上接地刀闸。“检修状态”根据设备不同又可以分为以下几种情况：

1）“断路器检修”是指断路器及两侧隔离开关均在断开位置，断路器控制回路熔断器取下或断开空气断路器，两侧装设接地线或合上接地刀闸，断路器连接到母差保护的电流互感器回路应拆开并短接。

2）“线路检修”是指线路断路器及两侧隔离开关均断开位置，如果线路有电压互感器且装有隔离开关时，应将该电压互感器的隔离开关拉开，并取下低压侧熔断器或断开空气断路器，在线路侧装设接地线或合上接地刀闸。

3）“主变压器检修”是指变压器的各侧断路器及隔离开关均在断开位置，并在变压器各侧装设接地线或合上接地刀闸，断开变压器的相关辅助设备电源。

4）“母线检修”是指连接该母线上的所有断路器（包括母联、分段）及隔离开关均在断开位置，该母线上的电压互感器及避雷器改为冷备用状态或检修状态，并在该母线上装设接地线或合上接地刀闸。

2. 倒闸操作的概念

将电气设备由一种状态转变到另一种状态所进行的一系列操作总称为电气设备倒闸操作。

3. 倒闸操作的基本类型

（1）正常计划停电检修和试验的操作。

（2）调整负荷及改变运行方式的操作。

（3）异常及事故处理的操作。

（4）设备投运的操作。

4. 变电站倒闸操作的基本内容

（1）线路的停、送电操作。

（2）变压器的停、送电操作。

（3）倒母线及母线停送电操作。

（4）装设和拆除接地线的操作（合上和拉开接地刀闸）。

（5）电网的并列与解列操作。

（6）变压器的调压操作。

（7）站用电源的切换操作。

（8）继电保护及自动装置的投、退操作，改变继电保护及自动装置的定值的操作。

（9）其他特殊操作。

5. 倒闸操作的任务

（1）倒闸操作任务。倒闸操作任务是由电网值班调度员下达的将一个电气设备单元由一种状态连续地转变为另一种状态的特定的操作内容。电气设备单元由一种状态转换为另一种状态有时只需要一个操作任务就可以完成，有时却需要经过多个操作任务来完成。

（2）调度指令。一个调度指令是电网值班调度员向变电站值班人员下达一个倒闸操作任务的命令形式。调度操作指令分为逐项指令、综合指令、口头指令三种。

1）逐项指令。值班调度员下达的涉及两个及以上变电站共同完成的操作。值班调度员按操作规定分别对不同单位逐项下达操作指令，接受令单位应严格按照指令的顺序逐个进行操作。

2）综合指令。值班调度员下达的只涉及一个变电站的调度指令。该指令具体的操作步骤和内容以及安全措施，均由接受令单位运行值班员按现场规程自行拟定。

3）口头指令。值班调度员口头下达的调度指令。变电站的继电保护和自动装置的投、退等，可以下达口头指令。在事故处理的情况下，为加快事故处理的速度，也可以下达口头指令。

二、倒闸操作的基本原则及一般规定

1. 停送电操作原则

倒闸操作的基本原则是严禁带负荷拉、合隔离开关，不能带电合接地刀闸或带电装设接地线。因此，制定的基本原则如下：

（1）停电操作原则。先断开断路器，然后拉开负荷侧隔离开关，再拉开电源侧隔离开关。

（2）送电操作原则。先合上电源侧隔离开关，然后合上负荷侧隔离开关，最后合上断路器。

2. 倒闸操作一般规定

为了保证倒闸操作的安全顺利进行，倒闸操作技术管理规定如下：

（1）正常倒闸操作必须根据调度值班人员的指令进行操作。

（2）正常倒闸操作必须填写操作票。

（3）倒闸操作必须两人进行。

（4）正常倒闸操作尽量避免在下列情况下操作：

1）变电站交接班时间内。

2）负荷处于高峰时段。

3）系统稳定性薄弱期间。

4）雷雨、大风等天气。

5）系统发生事故时。

6）有特殊供电要求。

（5）电气设备操作后必须检查确认实际位置。

（6）下列情况下，变电站值班人员不经调度许可能自行操作，操作后须汇报调度：

1）将直接对人员生命有威胁的设备停电。

2）确定在无来电可能的情况下，将已损坏的设备停电。

3）确认母线失电，拉开连接在失电母线上的所有断路器。

（7）设备送电前必须检其有关保护装置已投入。

（8）操作中发现疑问时，应立即停止操作，并汇报调度，查明问题后再进行操作。操作中具体问题处理规定如下：

1）操作中如发现闭锁装置失灵时，不得擅自解锁。应按现场有关规定履行解锁操作程序进行解锁操作。

2）操作中出现影响操作安全的设备缺陷，应立即汇报值班调度员，并初步检查缺陷情况，由调度决定是否停止操作。

3）操作中发现系统异常，应立即汇报值班调度员，得到值班调度员同意后，才能继续操作。

4）操作中发现操作票有错误，应立即停止操作，将操作票改正后才能继续操作。

5）操作中发生误操作事故，应立即汇报调度，采取有效措施，将事故控制在最小范围内，严禁隐瞒事故。

（9）事故处理时可不用操作票。

（10）倒闸操作必须具备下列条件才能进行操作：

1）变电站值班人员须经过安全教育培训、技术培训、熟悉工作业务和有关规程制度，经上岗考试合格，有关主管领导批准后，方能接受调度指令，进行操作或监护工作。

2）要有与现场设备和运行方式一致的一次系统模拟图，要有与实际相符的现场运行规程，继电保护自动装置的二次回路图纸及定值整定计算书。

3）设备应达到防误操作的要求，不能达到的须经上级部门批准。

4）倒闸操作必须使用统一的电网调度术语及操作术语。

5）要有合格的安全工器具、操作工具、接地线等设施，并设有专门的存放地点。

6）现场一、二次设备应有正确、清晰的标示牌，设备的名称、编号、分合位指示、运动方向指示、切换位置指示以及相别标识齐全。

三、倒闸操作的程序

倒闸操作的程序总体上是一个设备状态转换的程序，也就是一个倒闸操作任务完成的主要过程。

1. 电气设备状态转换的程序

（1）设备停电检修：运行→热备用→冷备用→检修。

（2）设备检修后投入运行：检修→冷备用→热备用→运行。

2. 倒闸操作一般程序

变电站倒闸操作的一般流程如图 GYBD00401001-1 所示。

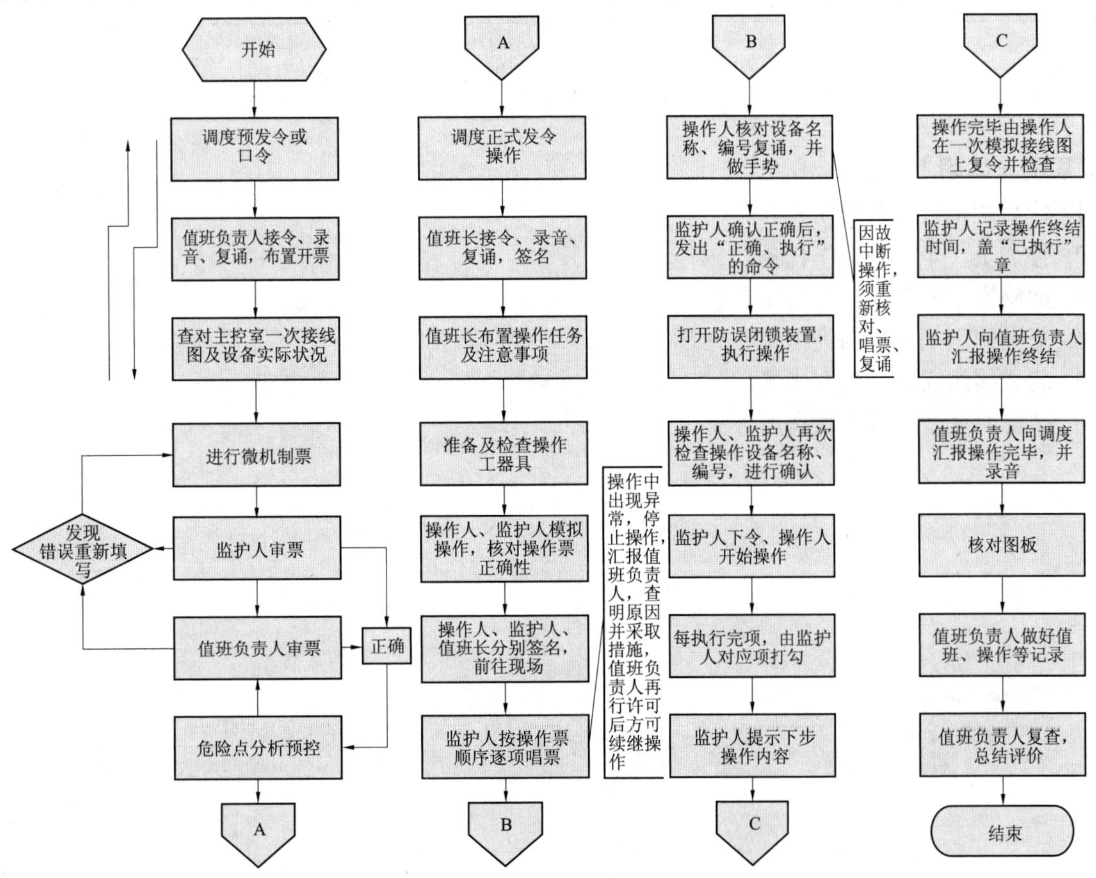

图 GYBD00401001-1　变电站倒闸操作的一般流程

3. 倒闸操作的关键步骤及工作要点

倒闸操作执行中的关键步骤及工作要点如表 GYBD00401001-1 所示。

表 GYBD00401001-1　　倒闸操作执行中的关键步骤及工作要点

操作步骤	工 作 要 点
1. 接受操作任务，拟订操作方案（填操作票）	（1）熟悉操作任务，明确操作目标，结合现场实际运行方式、设备运行状态和性能，确认操作任务正确、安全可行。 （2）根据操作任务，核对运行方式后，参照典型操作票，正确规范填写操作票。 （3）对于复杂操作任务，应认真拟定操作方案后，再填写操作票
2. 审核、打印操作票	（1）按照操作人、监护人、值班长进行逐级审核。审查操作票的正确性、安全性及合理性，重点审查一次设备操作相应的二次设备操作。 （2）经审查无误后，打印操作票，审票人分别在操作票指定地点签名
3. 操作准备	（1）正式操作前，操作人监护人进行模拟操作，再次对操作票的正确性进行核对，并进一步明确操作目的。 （2）值班长组织操作人员对整个操作过程中危险点进行分析和控制，做到有备无患。 （3）准备操作中要使用的工器具。检查工器具的完好性，并由辅助操作人员负责做好使用准备
4. 接受操作指令	（1）调度员发布正式操作命令时，应由当值值班负责人或正值班员接令，并录音和复诵，经双方复核无误后，由接令人将发令时间、发令人姓名填入操作票，然后交由监护人、操作人操作。 （2）通过复诵和录音使得调度及变电站双方对操作任务再次核对正确性并留下依据
5. 核对操作设备	（1）操作人应站位正确，核对设备名称和编号，监护人检查并核对操作人所站位置及操作设备名称编号应正确无误，安全防护用具使用正确，然后高声唱票。 （2）核对设备的名称编号是防误操作的第一道关卡，可防止误入间隔。核对设备的状态是否与操作内容相符，如有疑问应立即停止操作，并向调度或相关管理人员询问
6. 唱票、复诵、监护、操作，检查确认	（1）监护人高声唱票，操作人手指需操作的设备名称及编号，高声复诵。 （2）在二人一致明确无误后，监护人发出“对，执行”命令，操作人方可操作。 （3）每项操作完毕，操作人员应仔细检查一次设备是否操作到位，并与变电站控制室联系，检查相关二次部分如切换信号指示灯或遥信信息是否变位正确等。 （4）确认无误后应由监护人在操作票对应项上打钩
7. 汇报调度	（1）全部操作结束，监护人应检查票面上所有项目均已正确打钩，无遗漏项，在操作票上填写操作终了时间，加盖“已执行”章，并汇报值班负责人。 （2）由值班负责人或正值班员向调度汇报操作任务执行完毕。汇报时要汇报操作结束时间，表明操作正式结束，设备运行状态已根据调度命令变更
8. 终结操作	（1）检查一、二次设备运行正常。 （2）校正显示屏标志，并检查微机防误模拟屏上设备状态已与现场一致。 （3）在运行日志或生产 MIS 系统上填写操作记录

【思考与练习】

1. 什么是电气设备倒闸操作？
2. 什么是一个倒闸操作任务？
3. 倒闸操作的基本原则有哪些？
4. 变电站倒闸操作的类型有哪些？
5. 简述倒闸操作的基本步骤。
6. 试说明变压器检修状态的含义。

国家电网公司
生产技能人员职业能力培训专用教材

第十九章　高压开关类设备、线路停送电

模块1　高压开关类设备停送电操作（ZY1000301001）

【模块描述】本模块包含高压开关类设备停送电的操作原则、注意事项、操作异常处理原则。通过操作要点和案例介绍，掌握高压开关类设备停送电操作和异常处理的方法。

【正文】

一、高压开关类设备操作原则及注意事项

1. 断路器操作一般原则

（1）断路器操作前，断路器本体、操作机构（手车断路器其机械闭锁应灵活可靠）及控制回路应完好，有关继电保护及自动装置已按规定投停。

（2）断路器停电时如无特殊要求，其继电保护装置应处于投入状态。母联断路器装设的线路保护在运行时除调度下令投入外，均不投入；母联断路器的线路保护只能作一次性有效使用，在带其他断路器时，必须重新调整或核对定值。

（3）运行中的断路器停电时，应先拉开该断路器，后拉开其负荷侧隔离开关，再拉开其电源侧隔离开关，送电时顺序相反；若为线路断路器停电时，应先拉开该断路器，后拉开其线路侧隔离开关，再拉开其母线侧隔离开关，送电时顺序相反。若断路器检修，应在该断路器两侧验明三相无电后挂接地线（或合上接地刀闸），并断开该断路器的合闸电源和控制电源。

断路器在某些情况下可进行单独操作，即断路器操作不影响线路和其他设备时，可直接由运行转检修或由检修转运行；反之，操作视断路器与保护配合情况分步进行：即运行→热备用→冷备用→检修，恢复送电时顺序相反。对于双母线接线，断路器恢复时应明确运行丁哪条母线。

（4）操作主变压器断路器，停电时应先拉开负荷侧，后拉开电源侧，送电时顺序相反。拉合主变压器电源侧断路器前，主变压器中性点必须直接接地。

（5）断路器检修时，其母差二次电流回路上有工作时，在断路器投入运行前，应先停用母差保护，再合上断路器。母差保护只有在带负荷测相量正确后方可投入。

（6）系统的并列、解列操作。

1）并列操作。正常情况下的并列操作，一般采取准同期法。只有经过计算、试验、分析并经本单位主管生产的领导（总工程师）批准后，才允许采用非同期法。准同期并列的条件：相序相同；频率相等，但在事故情况下允许经长距离输电的两个系统频率差不超过 0.5Hz 并列；电压相等，220kV 系统允许电压差不大于 10%时并列，在特殊情况下，允许电压差不超过 20%时并列。系统内各主要联络线断路器应装设并列装置。

2）解列操作。系统在进行解列操作时，应将解列点的有功潮流调至零、无功潮流调至最小，一般为小容量的系统向大容量的系统输送少量负荷，然后拉开解列断路器。220kV 系统，进行解列操作时应考虑到限制操作过电压的措施，使操作过程中 220kV 电压波动不大于 10%。当系统需解列成几个部分时，事先应平衡有功和无功负荷，使解列后的每个部分系统频率和电压的变动都在允许范围以内。

（7）系统的解环、合环操作。

环路（或双回路）中必须相位相同才可以合环操作，新建或大修后的环网线路，必须核相正确，才允许合环操作。

1）合环操作前，应调整环路内的潮流分布。在 220、110kV 环路阻抗较大的环路中，合环点两侧电压差最大不超过 30%，相角差不大于 30°（或经过计算确定其最大允许值）。合环前检查开环处两侧的相角差，合环或解环前应考虑合环或解环后的潮流及电压变化。

2）解环、合环操作前，应考虑环网内所有断路器继电保护和安全自动装置的整定值变更和使用状态，各设备潮流的变化不超过系统稳定、继电保护的限额，电压的变动不应超过规定范围，变压器中性点接地方式及时调整。必要时先调整潮流，减少解环、合环的波动。用母联断路器解环时要注意解环后，继电保护电压应取本母线电压互感器。

2. 断路器操作注意事项

（1）断路器停电操作。

1）对终端线路应先检查负荷是否为零；对并列运行的线路，在一条线路停电前应考虑有关保护定值的调整，并注意在该线路拉开后另一线路是否过负荷；对联络线应考虑拉开后是否会引起本站电源线过负荷。如有疑问应问清调度后再操作。

2）断路器分闸后，若发现绿灯不亮而红灯已熄灭，应立刻断开该断路器的控制电源开关（或取下熔断器），以防跳闸线圈烧毁。

3）对于手车断路器拉出后，应观察隔离挡板是否可靠封闭。

4）断路器检修时，必须断开该断路器二次回路所有电源开关（或取下熔断器），停用相应的母差跳该断路器及断路器失灵启动压板。

（2）断路器送电操作。

1）断路器检修后恢复运行操作前，应检查送电范围内所有安全措施确已拆除，断路器分闸位置指示正确且确在分闸位置，断路器二次回路所有电源开关已合上（或放上熔断器）；油断路器油色、油位应正常，SF_6 断路器气体压力应在规定范围之内；断路器为液压、气压操动机构的，贮能装置压力应在允许范围内。

2）断路器合闸前，必须检查有关继电保护已恢复至停电前状态，其母差电流互感器端子已可靠接入差动回路，并投入相应的母差跳闸及断路器失灵启动压板。

3）长期停运超过 6 个月的断路器，在正式执行操作前应向调度申请在冷备用（或检修）状态下远方试操作 2～3 次，无异常后，方能按调度操作指令填写操作票进行实际操作。

4）用断路器对终端线路送电时，如发现电流表指示到最大刻度（或电流显示过大），说明合于故障，继电保护应动作跳闸，如未跳闸应立即手动拉开该断路器；对联络线送电时，有一定数值的电流是正常的；对主变压器进行充电合闸时，电流表会瞬间指示（或电流瞬间显示）较大数值后马上又返回，这是变压器正常励磁涌流所引起的。

3. 隔离开关操作一般原则

（1）严禁用隔离开关拉合带负荷设备及带负荷线路。在不能用或没有断路器操作的回路中允许利用隔离开关进行以下操作：

1）拉、合 220kV 及以下空母线。

2）拉、合励磁电流不超过 2 安培的空载变压器和电容电流不超过 5 安培的空载线路。

3）拉、合无接地指示的电压互感器以及变压器中性线上的消弧线圈。

4）拉、合无雷雨时的避雷器。

5）拉、合变压器中性点接地刀闸。

6）同一个变电站内同一电压等级的环路中可进行隔离开关解合环操作，但环路中的所有断路器应暂时改为“非自动”。例如：正常倒母线操作；断路器跳合闸闭锁，用旁路开关代路的操作过程中，用隔离开关拉、合旁路断路器与被代路断路器间的环路电流；拉合 3/2 接线方式的母线环流。

7）通过计算或试验，主管单位总工程师批准的其他专项操作。

必须利用隔离开关进行特殊操作时，应尽可能在天气好、空气湿度小和风向有利的条件下进行。

（2）隔离开关与断路器或母线回路停送电操作时，应遵循断路器或母线操作的一般原则。

（3）对于分相操作机构的隔离开关，在合闸操作时应先合 U、W 相，最后合 V 相；在分闸操作时应先拉开 V 相，再拉开其他两相。

（4）装有微机五防闭锁的隔离开关操作时，应使用微机防误闭锁装置，禁止随意解锁进行操作。

4. 隔离开关操作注意事项

（1）操作隔离开关时，断路器必须在分闸位置，并经核对编号无误后，方可操作。

（2）手动操作隔离开关前，应先拔出操作机构的定位销子再进行分合闸；操作后应及时检查定位销子已销牢，以防止隔离开关自动分合闸而造成事故。

（3）电动操作隔离开关前，应先合上该隔离开关的控制电源，操作后应及时断开，以防止隔离开关自动分合闸而造成事故。若电动操作失灵而改为手动操作时，应在手动操作前断开该隔离开关的控制电源，方可操作。

（4）隔离开关分闸操作时，如动触头刚离开静触头时就发生弧光，应迅速合上并停止操作，检查是否为误操作而引起的电弧。操作人员在操作隔离开关前，应先判断拉开该隔离开关时是否会产生弧光，切断环流或充电电流时产生的弧光是正常现象。

（5）隔离开关合闸操作时，当合到底时发现有弧光或为误合时，不准再将隔离开关拉开，以免由于误操作而发生带负荷拉隔离开关，扩大事故。

（6）隔离开关操作后，应检查操作良好，合闸时三相同期且接触良好；分闸时三相断口张开角度或拉开距离符合要求。正常后及时加锁，以防止误操作。

5. 组合电器操作一般原则

组合电器是由断路器、母线侧隔离开关、线路（或主变压器）侧隔离开关、接地刀闸、三相母线、电流互感器、电压互感器、母线（或线路）避雷器等组成，其操作应遵循断路器、隔离开关等设备操作的一般原则。

6. 组合电器操作注意事项

（1）组合电器中的断路器、隔离开关、接地刀闸之间无机械闭锁，正常情况下其电气连锁装置应投入，其钥匙按紧急解锁钥匙管理。在操作中若发生拒分或拒合时，应查明原因后方可继续操作，不准随意解除闭锁装置操作。

（2）对于室内 SF_6 组合电器，为防止气体渗漏，要注意进入室内操作前进行有效的通风。

（3）其他参照断路器、隔离开关等设备操作的注意事项。

二、高压开关类设备操作要求

1. 断路器操作要求

（1）一般情况下，运行中的断路器，凡能够电动操作的，不应就地手动操作。断路器无自由脱扣的机构，严禁就地操作。

特殊情况下如遇远方操作断路器分闸失灵，方可允许手动机械分闸或者手动就地操作按钮分闸；需注意的是对于装有自动重合闸的断路器，为防止手动分闸后重合，应先停用重合闸再进行手动分闸。

（2）正常操作断路器时必须在远方采用三相操作。分相操作只允许对空载线路的充电和切断，如新设备启动时的定相操作。

（3）远方用控制开关（或按钮）操作断路器时，不要用力过猛，以免损坏控制开关（或按钮），操作时不要返回太快，应待相应的位置指示灯亮时，才能松开控制开关（或按钮）自动返回，以免断路器操作失灵。

（4）断路器操作后的位置检查，应通过断路器红绿灯指示、电流表（电压表、功率表）指示、断路器（三相）机械位置指示以及各种遥测、遥信信号的变化等方面判断。遥控操作的断路器，至少应有 2 个及以上元件指示位置已同时发生对应变化，才能确认该断路器已操作到位。装有三相表计的断路器应检查三相电流基本平衡。

（5）断路器切断故障电流次数，比现场规程规定的次数少一次时，若需再合闸运行可根据现场要求停用该断路器的自动重合闸装置。

（6）操作中若发现断路器本体有明显故障或严重缺陷，当跳闸可能导致断路器爆炸时，应立即切除该断路器的跳闸电源或能源，报告当值调度员和上级有关领导。

2. 隔离开关操作要求

（1）用绝缘棒拉合隔离开关或经传动机构拉合隔离开关时，均应戴绝缘手套；雨天操作室外高压设备时，绝缘棒应有防雨罩，还应穿绝缘靴。

1）无论用手动或绝缘棒操作隔离开关分闸时，都应果断而迅速。先拔出定位销子再进行分闸，当刀片刚离开固定触头时应迅速，以便迅速消弧；但在分闸终了时要缓慢些，防止操动机构和支持绝缘子损坏，最后应检查定位销子已销牢。

2）不论用手动或绝缘棒操作隔离开关合闸时，都应迅速而果断。先拔出定位销子再进行合闸，开始可缓慢一些，当刀片接近刀嘴时要迅速合上，以防止发生弧光。但在合闸终了时要注意用力不可过猛，以免发生冲击而损坏瓷件，最后应检查定位销子已销牢。

（2）隔离开关与接地刀闸之间的机械闭锁应灵活可靠。

（3）远方操作的隔离开关，不得带电压就地手动操作，以免失去电气闭锁或因分相操作引起非对称开断，而影响继电保护的正常运行。

（4）操作时若发现隔离开关支持绝缘子严重破损、传动杆严重损坏等严重缺陷时，严禁对其进行操作，报告当值调度员和上级有关领导。

3. 组合电器操作要求

（1）操作前应检查各气室 SF_6 压力指示正常，断路器、隔离开关、接地刀闸的控制电源正常，信号正确。

（2）操作后应间接检查断路器、隔离开关、接地刀闸的实际位置，与后台监控系统一致。

（3）其他参照断路器、隔离开关等设备操作的要求。

三、高压开关类设备操作中异常情况的处理原则

1. 断路器操作中异常情况的处理原则

（1）断路器操作中异常处理的注意事项。

1）利用 220kV 断路器进行并列或解列操作，因操作机构失灵造成两相断路器断开，一相断路器合上的情况时，不准将断开的两相再合上，而应迅速将原合上的一相断路器拉开。如断路器合上两相，则应将断开的一相再合一次，若不成即拉开合上的两相断路器。

2）断路器分闸遥控失灵，检查断路器运行正常，如现场规定允许进行近控操作时，必须进行三相同步操作，不得进行分相操作。如合闸遥控失灵，则禁止进行现场近控合闸。

3）接入系统中的断路器由于某种原因造成操作压力下降，并低于规定值时，严禁对断路器进行停、送电操作。运行中的断路器如发现有严重缺陷而不能跳闸的（如断路器已处于闭锁分闸状态），应立即改为非自动（装设非自动压板的断路器投入非自动压板，无非自动压板的断路器拉开断路器的直流控制电源），并迅速报告值班调度员后进行处理。

4）断路器出现非全相分闸时，应立即设法将未分闸相拉开，如仍拉不开应利用母联或旁路切除，之后通过隔离开关将故障断路器隔离。

（2）断路器操作中异常情况的处理。

1）断路器操作时，如不能进行分合闸，说明分合闸回路有问题。这时应首先检查分合闸指示灯，分闸前红灯应亮，合闸前绿灯应亮。如灯不亮则应检查指示灯是否损坏，若未损坏则说明分合闸回路中断。如灯亮而不能分合闸，则可能是由于分闸时控制开关⑥⑦触点或合闸时⑤⑧触点未接通的缘故。

2）当断路器的控制开关在分闸后位置时，发现红绿灯均不亮，但断路器实际位置在合上状态，则表示由于断路器操作机构原因不能分闸。这时由于防跳继电器动合触点闭合，使其自保持而跳闸线圈常通电，为防止烧坏跳闸线圈，运行人员应立即断开断路器控制电源，使防跳继电器失磁而返回。

2. 隔离开关操作中异常情况的处理原则

（1）隔离开关操作中异常处理时的注意事项。

1）装有电动操作机构的隔离开关如遇电动失灵，应检查原因，查明与此隔离开关有联锁关系的所有断路器、隔离开关、接地刀闸的实际位置，确认允许进行操作时，必须履行解锁申请手续并执行解锁操作规定，才可解锁进行手动操作。手动操作时应拉开该隔离开关的控制电源。

2）若刚一拉错隔离开关，刀口上就发现电弧时应急速合上；若隔离开关已全部拉开，不允许再合上。若是单极隔离开关，操作一相后发现拉错，而其他两相不应继续操作。

3）若合错隔离开关，甚至在合闸时产生电弧，也不允许再拉开，否则将会造成三相弧光短路。

（2）隔离开关操作中异常情况的处理。

1）隔离开关合闸不到位。隔离开关合闸不到位，主要是检修调试时未调试好或隔离开关操作机构有卡涩现象等原因而引起的。隔离开关合闸不到位，可重新合闸一次，如无效，对手动操作的隔离开关则可用绝缘棒推入。若为电动操作机构的，则可用手柄朝合闸方向摇上，但不能用力过猛，以免机构断裂。隔离开关合闸不到位，在必要时可申请检修。

2）隔离开关分闸不到位。隔离开关分闸不到位，主要是检修调试时未调试好或隔离开关操作机构有卡涩现象等原因而引起的。隔离开关分闸不到位，对手动操作的隔离开关则可用绝缘棒拉开。若为电动操作机构的，则可用手柄朝分闸方向摇上，但不能用力过猛，以免机构断裂。隔离开关分闸不到位，在必要时可申请检修。

3）隔离开关电动操作失灵。首先应检查操作无差错；然后检查本回路断路器三相均在分闸位置，断路器母线侧接地刀闸已拉开；如母联断路器不在运行状态，还应检查另一母线隔离开关已拉开；检查断路器控制电源正常，本回路断路器常闭辅助接点应闭合，断路器母线侧接地刀闸常闭辅助接点应闭合，另一母线隔离开关常闭辅助接点应闭合；近控、远控停止按钮常闭触点应接通，分闸或合闸接触器应完好，隔离开关位置开关应接通，机构本身应无故障等。

如母联断路器合上在进行倒母线操作时母线隔离开关电动操作失灵，则应先检查本回路另一母线隔离开关在合上位置，母联断路器、隔离开关也确实在合上位置，然后检查母联隔离开关控制电源已合上，使母线隔离开关操作闭锁小母线带电（如不带电则应检查母联断路器、隔离开关的动合辅助触点应闭合，本回路另一母线隔离开关的动合辅助触点应闭合，最后检查近控、远控停止按钮常闭触点应接通；分闸或合闸接触器应完好；隔离开关位置开关应接通，机构本身应无故障等。

3. 组合电器操作中异常情况的处理原则

参照断路器、隔离开关等设备操作的处理原则。

四、高压开关类设备操作案例

1. 操作任务：220kV 仿东线 241 开关由运行转检修

一次接线和运行方式如图 ZY1000301001-1 所示。

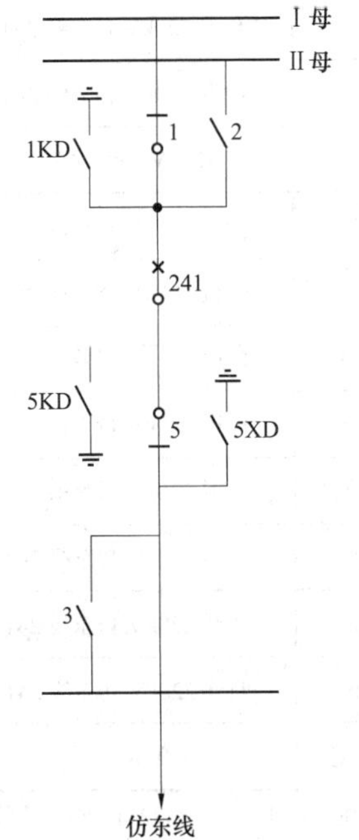

图 ZY1000301001-1　220kV 仿东线 241 开关一次接线示意图

220kV 仿东线 241 开关保护配置：RCS-931A 第一套微机光纤纵差保护、CZX-12R 操作继电器箱；PSL-603G 第二套微机光纤纵差保护、PSL-631A 断路器失灵及辅助保护。

220kV 母线保护配置：RCS-915AB 微机母差保护。

操作步骤见表 ZY1000301001-1。

表 ZY1000301001-1　　操 作 步 骤

顺序	操 作 项 目	操 作 目 的
1	将 220kV 仿东线 241 开关“远方—就地”切换开关由“远方”切至“就地”位置	将 241 开关由运行转热备用
2	拉开 220kV 仿东线 241 开关	
3	检查 220kV 仿东线 241 开关三相确已拉开	
4	断开 220kV 仿东线 241 开关合闸电源开关	断开 241 开关合闸电源

续表

顺序	操 作 项 目	操 作 目 的
5	合上 220kV 仿东线 241-5 刀闸控制电源开关	将 241 开关由热备用转冷备用，检查相关保护屏上指示灯
6	拉开 220kV 仿东线 241-5 刀闸	
7	检查 220kV 仿东线 241-5 刀闸三相确已拉开	
8	断开 220kV 仿东线 241-5 刀闸控制电源开关	
9	合上 220kV 仿东线 241-1 刀闸控制电源开关	
10	拉开 220kV 仿东线 241-1 刀闸	
11	检查 220kV 仿东线 241-1 刀闸三相确已拉开	
12	检查 220kV 仿东线 241 开关操作继电器箱“L1”指示灯灭	
13	检查 220kV 母差保护“仿东线 241-1 刀闸”位置指示灯灭	
14	检查 220kV 母差保护位置报警灯亮	
15	将 220kV 母差保护“刀闸位置确认”按钮按下	
16	断开 220kV 仿东线 241-1 刀闸控制电源开关	
17	检查 220kV 仿东线 241-2 刀闸三相确已拉开	
18	在 220kV 仿东线 241 开关与 220kV 仿东线 241-1 刀闸之间验明三相确无电压	合上 241 开关两侧接地刀闸
19	合上 220kV 仿东线 241-1KD 接地刀闸	
20	检查 220kV 仿东线 241-1KD 接地刀闸三相确已合上	
21	在 220kV 仿东线 241 开关与 220kV 仿东线 241-5 刀闸之间验明三相确无电压	
22	合上 220kV 仿东线 241-5KD 接地刀闸	
23	检查 220kV 仿东线 241-5KD 接地刀闸三相确已合上	
24	停用 220kV 母差保护“仿东线 241 开关失灵启动”压板	停用 241 开关母差和失灵保护等压板
25	停用 220kV 母差保护“跳仿东线 241 开关Ⅰ跳圈”压板	
26	停用 220kV 母差保护“跳仿东线 241 开关Ⅱ跳圈”压板	
27	停用 220kV 仿东线 241 开关“遥控”压板	
28	断开 220kV 仿东线 241 开关控制电源Ⅰ开关	断开 241 开关控制电源
29	断开 220kV 仿东线 241 开关控制电源Ⅱ开关	
30	汇报调度	

注 220kV 仿东线 241 开关由检修转运行的操作顺序反之，合开关之前应注意检查主保护通道正常。其他 220kV 及以下开关的停送电操作，除保护配置不同外，其操作顺序基本相同。由于一次方式调整使变电站成为受电端的，其进线开关的保护应在一次方式调整后进行改变，恢复则在一次方式调整前进行。

2. 操作任务：10kV 仿春线 542 开关由检修转运行（中置柜）

一次接线和运行方式如图 ZY1000301001-2 所示。

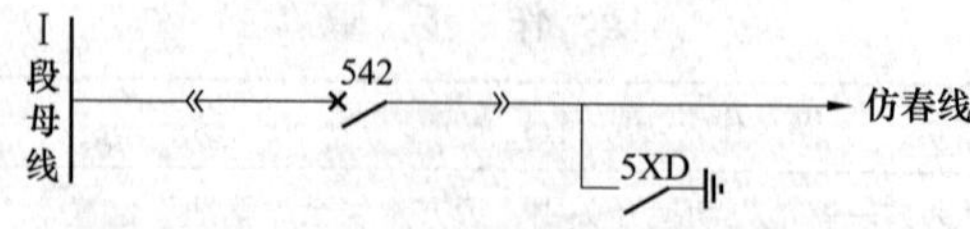

图 ZY1000301001-2 10kV 仿春线 542 开关一次接线示意图

10kV 仿春线 542 开关保护配置：RCS-9612AⅡ三段式过电流保护及三相一次重合闸等。

操作步骤见表 ZY1000301001-2。

表 ZY1000301001-2　　操 作 步 骤

顺序	操 作 项 目	操 作 目 的
1	合上 10kV 仿春线 542 开关控制电源开关	合上 542 开关控制电源
2	投入 10kV 仿春线 542 开关“遥控”压板	投入 542 开关“遥控”压板
3	检查 10kV 仿春线 542 开关×号手车“分合闸指示器”为“分”	将 542 开关×号手车由“检修位”推入“试验位”，并间接检查设备位置
4	将 10kV 仿春线 542 开关×号手车由“检修位”推入“试验位”	
5	接上 10kV 仿春线 542 开关×号手车控制电缆航空插头	
6	检查 10kV 仿春线 542 开关“工作位”指示灯灭	
7	检查 10kV 仿春线 542 开关“试验位”指示灯亮	
8	检查 10kV 仿春线 542 开关×号手车已处于“试验位”	
9	将 10kV 仿春线 542 开关×号手车由“试验位”推入“工作位”	将 542 开关×号手车由“试验位”推入“工作位”，并间接检查设备位置
10	检查 10kV 仿春线 542 开关“试验位”指示灯灭	
11	检查 10kV 仿春线 542 开关“工作位”指示灯亮	
12	检查 10kV 仿春线 542 开关×号手车已处于“工作位”	
13	合上 10kV 仿春线 542 开关合闸电源开关	合上 542 开关合闸电源
14	检查 10kV 仿春线 542 开关“远方—就地”切换开关在“就地”位置	将 542 开关由热备用转运行，前、后间接检查设备位置
15	检查 10kV 仿春线 542 开关微机线路保护“负荷电流”显示为零	
16	检查 10kV 仿春线 542 开关“分位”指示灯亮	
17	合上 10kV 仿春线 542 开关	
18	检查 10kV 仿春线 542 开关“合位”指示灯亮	
19	检查 10kV 仿春线 542 开关微机线路保护“负荷电流”显示为×A	
20	检查 10kV 仿春线 542 开关×号手车“分合闸指示器”为“合”	
21	将 10kV 仿春线 542 开关“远方—就地”切换开关由“就地”切至“远方”位置	
22	汇报调度	

注　10kV 仿春线 542 开关由运行转检修（中置柜）的操作顺序反之。其他 35kV 及以下开关（中置柜）的停送电操作，其操作顺序基本相同。

【思考与练习】

1. 断路器操作后的位置检查是如何进行的？
2. 用手动或绝缘拉杆操作隔离开关时，有哪些要求？
3. 解、合环操作有哪些规定？
4. 在不能用或没有断路器操作的回路中，允许利用隔离开关进行哪些操作？
5. 误合、误分隔离开关时，应如何处理？

模块 2　高压开关类设备停送电操作危险点源分析（ZY1000301002）

【模块描述】本模块介绍了高压开关类设备停送电操作的危险点源。通过案例介绍，能正确分析高压开关设备停送电操作危险点源，并制定预控措施。

【正文】

（1）220kV 仿东线 241 开关由运行转检修，危险点分析及预控措施见表 ZY1000301002-1。

表 ZY1000301002-1 220kV 仿东线 241 开关由运行转检修，危险点分析及预控措施

序号	操作目的	危险点	预控措施
1	将 220kV 仿东线 241 开关由运行转热备用	（1）误拉开关	认真核对设备编号，严格执行监护唱票复诵制度
		（2）开关未拉开	检查开关时不能只看表计，应现场检查开关的机械位置指示器和拐臂位置，来确认开关已拉开，以防止带负荷拉刀闸
		（3）开关机构销子脱落	应现场检查开关的机械位置指示器和拐臂位置，来确认开关已拉开，防止断路器实际位置与机械位置指示器不符，造成断路器触头没有断开，而使下一步操作带负荷拉刀闸
2	将 220kV 仿东线 241 开关由热备用转冷备用	（1）带负荷拉刀闸	在操作刀闸前，首先应检查开关三相确已拉开，其次应判断拉开该刀闸时是否会产生弧光，在确保不发生差错的前提下，对于会产生弧光的操作，则操作时应迅速而果断，尽快使电弧熄灭，以免触头烧坏
		（2）错拉刀闸	手动拉刀闸时，应先慢而谨慎，如触头刚分离时发生弧光，则应迅速合上，这时应立即检查，是否由于误操作而引起弧光；若刀闸已拉开严禁再次合上
		（3）电动刀闸分闸失灵	应查明原因，检查是否由于机构异常引起失灵，只有在确保操作正确（即该刀闸相关联的设备状态正确）的前提下，才能手动操作分闸，操作前应断开电动刀闸控制电源
		（4）电动刀闸操作后未断开控制电源	若刀闸电动机等回路异常或人为误碰，可能造成刀闸自合闸而导致事故，因此电动刀闸操作后，应及时断开刀闸控制电源
		（5）手动分闸操作方法不正确	无论用手动或绝缘拉杆操作隔离开关分闸时，都应果断而迅速。先拔出连锁销子再进行分闸，当刀片刚离开固定触头时应迅速，以便迅速消弧；但在分闸终了时要缓慢些，防止操动机构和支持绝缘子损坏，最后应检查连锁销子是否销好
		（6）解锁操作刀闸	刀闸闭锁打不开时，应严格履行解锁申请和批准手续，解锁操作前，应认真核对设备编号和闭锁钥匙以及设备的实际状态，方可进行实际操作
		（7）刀闸分闸不到位	刀闸拉开后要注意认真检查，确认刀闸端口张开角或刀闸断开的距离应符合要求
3	将 220kV 仿东线 241 开关由冷备用转检修	（1）不试验验电器，使用不合格的验电器	验电器应进行检查试验合格，验电时必须戴绝缘手套
		（2）验电时站位不合适	验电时应根据现场情况站在便于操作和安全的地方，不能使验电器或绝缘杆的绝缘部分过分靠近设备构架，以免造成绝缘部分被短接
		（3）验电方法错误	验电时要使验电器的触头接触导体，三相逐相进行验电；在验电前应在带电的设备上进行试验，在带电设备上进行试验时应在线路侧进行，不能在靠近母线侧进行试验
		（4）误合线路接地刀闸	认真核对设备编号，严格执行监护唱票复诵制度
		（5）误停或漏停压板	操作前认清保护屏及压板名称，防止将不该停用的压板停用，对经母差保护跳本开关的压板停用，将经本开关失灵保护启动母差保护的压板停用，并停用本开关“遥控”压板
		（6）误断或漏断开关的控制电源和合闸电源开关	认清设备位置，防止与就近的电源开关混淆；若为熔断器一般应先取下正极，然后再取负极

（2）10kV 仿春线 542 开关由检修转运行，危险点分析及预控措施（中置柜）见表 ZY1000301002-2。

表 ZY1000301002-2 10kV 仿春线 542 开关由检修转运行，危险点分析及预控措施

序号	操作目的	危险点	预控措施
1	将 10kV 仿春线 542 开关由检修转冷备用（即×号手车由“检修位”推入“试验位”）	（1）误合或漏合开关的控制电源和合闸电源开关	认清设备位置，防止与就近的电源开关混淆；若为熔断器一般应先放负极，然后再放正极
		（2）误投或漏投压板	操作前认清开关柜（或保护屏）及压板名称，根据运行方式、继电保护及自动装置定值通知单，核对本开关有关保护投入正确，装置运行正常，投入的压板接触良好
		（3）漏接航空插头或航空插头接触不良	手车推入“试验位”后，应立即接上航空插头并将卡环卡好，且检查“分闸”位置指示灯亮，发平光

续表

序号	操作目的	危险点	预控措施
2	将 10kV 仿春线 542 开关由冷备用转热备用（即×号手车由“试验位”推入“工作位”）	（1）手车卡涩	应查明原因，检查是否由于机构异常使手车卡涩，只有在确保操作正确（即该手车相关联的设备状态正确）的前提下，才能将手车推入
		（2）手车推入不到位	手车推入前后，应进行间接检查，至少应有两个及以上元件指示位置已同时发生对应变化，才能确认该手车已操作到位
		（3）带负荷推入手车	手车推入前，首先应检查开关三相确已拉开，其次应判断推入该手车时是否会产生弧光，在确保不发生差错的前提下，对于会产生弧光的操作，则操作时应迅速而果断，尽快使电弧熄灭，以免触头烧坏
3	将 10kV 仿春线 542 开关由热备用转运行	（1）保护异常	开关停电检修，保护同时断开电源，在直流恢复后，有时保护并不能同时启动正常，有的需要按“复位”按钮。如果不注意检查保护情况，那么在开关合闸后，此保护就不能正常投入运行
		（2）误合开关	认真核对设备编号，严格执行监护唱票复诵制度

【思考与练习】

1. 如何防止带负荷拉刀闸？
2. 解锁操作应注意哪些事项？

模块 3　线路停送电操作（ZY1000301003）

【模块描述】本模块包含线路停送电的操作原则、注意事项以及异常处理原则。通过操作要点和案例介绍，掌握线路停送电操作和异常处理的方法。

【正文】

一、线路操作原则及注意事项

1. 线路操作一般原则

（1）线路停电操作顺序应从各端按以下步骤进行：

1）拉开线路断路器。

2）拉开断路器线路侧隔离开关、母线侧隔离开关及线路电压互感器隔离开关。

3）在线路侧验电并三相接地短路（合上线路接地刀闸），悬挂“禁止合闸，线路有人工作！”标示牌。恢复送电时操作顺序与上述步骤相反，有支接负荷的线路或变电站也应按照上述停送电顺序操作。

（2）110kV 线路停电操作顺序：应先拉受电端断路器，后拉送电端断路器。恢复送电时顺序相反，即：应先合送电端断路器，后合受电端断路器。

（3）220kV 联络线路停电操作（或并联双回线电源停用一回线的操作），一般应先拉送电端断路器，后拉受电端断路器，恢复送电时顺序相反。为防止误操作和过电压，终端线停电操作时，应先拉受电端断路器，后拉送电端断路器。恢复送电时顺序相反。

联络线路停电操作一般分三步进行：即两侧运行→两侧热备用→两侧冷备用→两侧检修，恢复送电时顺序相反。为安全起见，在操作过程中一般不要一侧由检修转热备用状态，而另一侧还在检修状态。

（4）母线为 3/2 接线方式的线路停电时，一般应先拉开中断路器，后拉开边断路器，恢复送电时顺序相反。带有隔离开关的线路停役时，如断路器无工作，在利用断路器将线路停下并转冷备用后，应及时恢复完整串运行。

（5）在线路停送电操作中，若调度没有下令停投保护及重合闸装置时，保护及重合闸应保持原状态。在任何情况下利用完整保护的断路器向线路送电过程中，其保护必须投入。

2. 线路操作注意事项

（1）电缆线路停电检修和挂接地线前，必须经过多次放电，才能接地。

（2）110kV 及以上的长距离输电线停、送电操作，应注意以下几点：

1）对线路充电的断路器，应具有完备的继电保护，小电源侧应考虑继电保护的灵敏度。为了防止空载长线充电时线路末端电压的升高，对线路有电抗器的要求线路送电时应先合电抗器断路器，后合线路断路器。

2）防止送电到故障线路上时，造成其他正常运行线路的暂态稳定破坏。

3）送电端必须有变压器中性点接地。

4）防止切除空载线路时，造成电压低于允许值。

5）线路停、送电操作中，涉及系统解列、并列或解环、合环时，应按断路器操作一般原则中的规定处理。

6）可能使线路相序发生紊乱的检修，在恢复送电前应进行核相工作。

7）线路停、送电操作，应考虑对继电保护及安全自动装置、通信、调度自动化系统的影响。

二、线路操作要求

（1）线路停电前，应先将线路的负荷（包括 T 接负荷）倒由备用电源带；对于联络线或双回线，要注意潮流已调整好再断断路器，免得过负荷或电压异常波动。

（2）针对只有两路电源的 220kV 变电站，当一条线路停电后，应将运行线路保护定值按保护配置情况调整为弱馈方式；送电时应先将运行线路保护定值调整为联络线方式，再恢复联络线路（或双回线）运行。当切断联络线（或并列运行的双回路或多回路的一路）时，应注意检查继续运行线路的继电保护、潮流及对系统稳定的影响。

1）对于 LFP（RCS）-900 或 LFP（RCS）-900+FOX 光纤接口系列微机保护，在线路以终端馈线方式运行时，保护调整为弱馈方式。

2）对于一侧电源的馈电线路，包括正常或检修出现的馈电线路以及有机组经 110kV 及以下系统并入 220kV 系统变压器运行，不论机组容量大小，终端线路配的是 LFP（RCS）-900 或 LFP（RCS）-900+FOX 光纤接口系列微机保护，保护调整为弱馈方式。

3）对于一套 RCS-931A（或 PSL-603）光纤纵差保护，另一套高频（或光纤闭锁、方向光纤）保护配置的线路，线路运行于终端馈线方式时，需改变保护方式（即将高频保护、光纤闭锁、方向光纤保护调整为弱馈方式）。

4）对于 RCS-931A、PSL-603 微机光纤纵差保护，既适应于两侧有电源的联络线方式，又适应于终端馈线运行方式，不需改变保护方式。

5）其他类型的线路保护，按照调度指令或现场运行规程执行。

（3）母线为 3/2 接线方式的线路停电后需要恢复完整串运行时，要求投入短引线保护，用以保护两断路器间的引线；线路停电后不需要恢复完整串运行时，要注意保护的变动，此时应投入相关线路的停讯并联压板。

（4）联络线路恢复送电前，即两侧断路器在热备用状态时，两侧值班人员必须进行纵联保护通道交换试验以检验是否正常后，方可决定断路器是否合闸。

三、线路操作中异常情况的处理原则

1. 线路断路器非全相运行的处理

220kV 线路断路器，为了实现单相重合闸，其操动机构是分相设置的。当断路器的电气控制回路或机械传动部分有缺陷，拉合断路器时极易发生非全相分合故障。线路断路器非全相运行，将引起系统电流三相不平衡，严重时还会造成零序电流保护装置误动作，发电机负序电流超标，给电网安全带来危害。当线路断路器发生非全相分合故障时，可参考以下办法进行处理。

（1）尽快使系统恢复三相对称运行。

1）尽可能使故障断路器三相全断开或全合上。具体的做法是：

① 合闸时，断路器出现一相或两相未合上，再断开，保持三相全断开。

② 拉闸时，断路器出现一相或两相未断开，应将已断开相再合上，保持三相全合上。

2）为了减小三相不平衡电流的影响，条件允许时也可采取以下措施：

① 故障发生在联络线的断路器上，应调整两系统的出力，尽量减小联络线的功率交换，保持电流不平衡度最小。

② 如果允许故障断路器所带的线路停电，则可将线路对端的断路器断开。

（2）按照设备及接线的不同情况，故障断路器的切除可选择下列方法之一。

1）对 3/2 断路器接线的线路，可断开与故障断路器相邻的断路器，必要时再断线路对端的断路器。

2）经旁路母线使旁路断路器与线路故障断路器并联后，用故障断路器线路侧隔离开关拉环路，最后拉开母线侧隔离开关切除故障断路器。

3）将母联断路器或分段断路器与故障断路器串联，由母联断路器或分段断路器切除故障断路器。

2. 线路断路器拒分的处理

断路器防跳装置不同，拒分的现象也不同。跳闸线圈烧毁主要发生在装有电气防跳而拒绝分闸的断路器上。电气防跳是通过防跳闭锁继电器来实现的。

（1）机械防跳的断路器拒分时：红灯闪光，电流表仍有指示，应到现场手动紧急脱扣使其分闸。

（2）电气防跳的断路器拒分时：分闸前红灯亮，分闸后红灯灭，绿灯也不亮，电流表仍有指示。这种情况操作经验少的人看到红灯灭后，往往认为断路器已断开，不留心绿灯及电流表，以致到现场才发现跳闸线圈已冒烟烧毁，而断路器还未分闸。

装有电气防跳的断路器，发现拒分，要尽快把直流控制电源瞬间断开一下，使防跳闭锁继电器自保持复归，免得烧毁跳闸线圈；然后，尽快到现场手动紧急脱扣使断路器分闸（此项做法有争议）。

四、线路操作案例

1. 操作任务：220kV 仿东 241 线路由检修转运行（联络线）

一次接线和运行方式如图 ZY1000301003-1 所示。

220kV 仿东线 241 开关保护配置：RCS-931A 第一套微机光纤纵差保护、CZX-12R 操作继电器箱；PSL-603G 第二套微机光纤纵差保护、PSL-631A 断路器失灵及辅助保护。

220kV 母线保护配置：RCS-915AB 微机母差保护。

操作步骤见表 ZY1000301003-1。

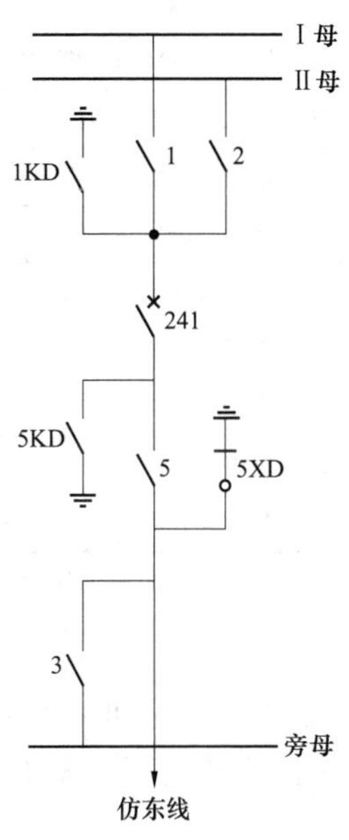

图 ZY1000301003-1　220kV 仿东 241 线路一次接线和运行方式示意图

表 ZY1000301003-1　　操 作 步 骤

顺序	操 作 项 目	操 作 目 的
1	摘除 220kV 仿东线 241-3 刀闸把手上“禁止合闸，线路有人工作！”标示牌一块	摘除 241 线路来电侧刀闸把手上标示牌
2	摘除 220kV 仿东线 241-5 刀闸把手上“禁止合闸，线路有人工作！”标示牌一块	
3	拉开 220kV 仿东线 241-5XD 接地刀闸	将 241 线路由检修转冷备用
4	检查 220kV 仿东线 241-5XD 接地刀闸三相确已拉开	
5	合上 220kV 仿东 241 线路电压互感器二次开关	合上 241 线路电压互感器二次开关
6	汇报调度	
7	检查 220kV 仿东线 241 开关间隔接地刀闸三相确已拉开	检查 241 开关送电范围内接地刀闸已拉开
8	检查 220kV 仿东线 241 开关确在分闸位置	将 241 开关由冷备用转热备用，检查相关保护屏上指示灯
9	合上 220kV 仿东线 241-1 刀闸控制电源开关	
10	合上 220kV 仿东线 241-1 刀闸	
11	检查 220kV 仿东线 241-1 刀闸三相确已合上	
12	检查 220kV 仿东 241 开关操作继电器箱“L1”指示灯亮	
13	检查 220kV 母差保护“仿东线 241-1 刀闸”位置指示灯亮	
14	检查 220kV 母差保护位置报警灯亮	

续表

顺序	操 作 项 目	操 作 目 的
15	将 220kV 母差保护“刀闸位置确认”按钮按下	将 241 开关由冷备用转热备用，检查相关保护屏上指示灯
16	断开 220kV 仿东线 241-1 刀闸控制电源开关	
17	合上 220kV 仿东线 241-5 刀闸控制电源开关	
18	合上 220kV 仿东线 241-5 刀闸	
19	检查 220kV 仿东线 241-5 刀闸三相确已合上	
20	断开 220kV 仿东线 241-5 刀闸控制电源开关	
21	汇报调度	
22	检查 220kV 仿东线 241 开关第一套微机光纤纵差保护“通道异常”指示灯灭	检查 241 开关光纤纵差保护通道正常
23	检查 220kV 仿东线 241 开关第二套微机光纤纵差保护“通道异常”指示灯灭	
24	将 220kV 仿东线 241 开关同期切换开关由“断开”切至“同期”位置	用 241 开关同期合环
25	检查 220kV 仿东线 241 开关“远方—就地”切换开关在“就地”位置	
26	合上 220kV 仿东线 241 开关	
27	检查 220kV 仿东线 241 开关三相确已合上	
28	检查 220kV 仿东线 241 开关“负荷电流”显示为×A	
29	将 220kV 仿东线 241 开关“远方—就地”切换开关由“就地”切至“远方”位置	
30	将 220kV 仿东线 241 开关同期切换开关由“同期”切至“断开”位置	
31	汇报调度	

注 220kV 仿东 241 线路由运行转检修的操作顺序反之。其他 220kV 及以下线路的停送电操作，除保护配置不同外，其操作顺序基本相同。由于一次方式调整使变电站成为受电端的，其进线开关的保护应在一次方式调整后进行改变，恢复则在一次方式调整前进行。

2. 操作任务：10kV 仿春 542 线路由运行转检修（馈电线路）

一次接线和运行方式如图 ZY1000301003-2 所示。

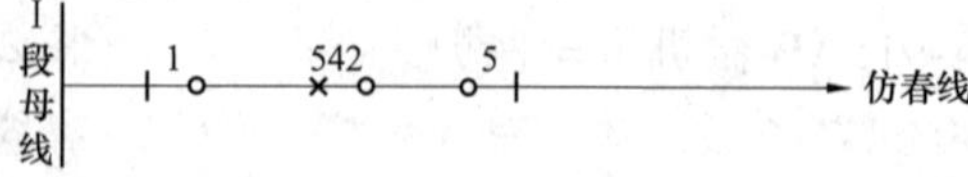

图 ZY1000301003-2 10kV 仿春 542 线路一次接线和运行方式示意图

10kV 仿春线 542 开关保护配置：RCS-9612AⅡ三段式过电流保护及三相一次重合闸等。

操作步骤见表 ZY1000301003-2。

表 ZY1000301003-2 操 作 步 骤

顺序	操 作 项 目	操 作 目 的
1	将 10kV 仿春线 542 开关“远方—就地”切换开关由“远方”切至“就地”位置	将 542 开关由运行转热备用
2	拉开 10kV 仿春线 542 开关	
3	检查 10kV 仿春线 542 开关三相确已拉开	
4	拉开 10kV 仿春线 542-5 刀闸	将 542 开关由热备用转冷备用
5	检查 10kV 仿春线 542-5 刀闸三相确已拉开	
6	拉开 10kV 仿春线 542-1 刀闸	
7	检查 10kV 仿春线 542-1 刀闸三相确已拉开	
8	在 10kV 仿春线 542-5 刀闸线路侧验明三相确无电压	在 542 线路上挂接地线
9	在 10kV 仿春线 542-5 刀闸线路侧挂 1 号接地线一组	
10	在 10kV 仿春线 542-5 刀闸把手上悬挂“禁止合闸，线路有人工作！”标示牌一块	在 542 线路来电侧刀闸把手上挂标示牌
11	汇报调度	

注 10kV 仿春 542 线路由检修转运行的操作顺序反之。其他 10kV 线路的停送电操作，其操作顺序基本相同。

模块 3 ZY1000301003

【思考与练习】

1. 对线路停电操作的顺序是如何规定的？
2. 对联络线路停电操作，有哪些规定？
3. 110kV 及以上的长距离输电线停、送电操作时，应注意哪些事项？
4. 当断路器分、合闸时，若发生非全相运行应如何处理？
5. 怎样对电气设备位置进行间接检查？

模块 4　线路停送电操作危险点源分析（ZY1000301004）

【模块描述】本模块介绍了线路停送电操作的危险点源。通过案例介绍，能正确分析线路停送电操作危险点源，并制定预控措施。

【正文】

（1）220kV 仿东 241 线路由检修转运行（联络线），危险点分析及预控措施见表 ZY1000301004-1。

表 ZY1000301004-1　220kV 仿东 241 线路由检修转运行，危险点分析及预控措施

序号	操作目的	危险点	预控措施
1	将 220kV 仿东 241 线路由检修转冷备用	（1）漏投压板	线路停电检修，保护有可能工作，因此操作前要认清保护屏及压板名称，根据运行方式、继电保护及自动装置定值通知单，核对本开关有关保护投入正确，装置运行正常
		（2）漏拉接地刀闸	容易造成带接地刀闸合刀闸而损坏设备，恢复备用前，应详细检查送电回路接地刀闸已全部拉开
		（3）漏放电压互感器二次熔丝（或漏合开关）	严格按照操作票逐步操作，以防装置失去电压而使装置误动或拒动
2	将 220kV 仿东线 241 开关由冷备用转热备用于 I 母线	（1）电动刀闸合闸失灵	应查明原因，检查是否由于机构异常引起失灵，只有在确保操作正确（即该刀闸相关联的设备状态正确）的前提下，才能手动操作合闸，操作前应断开电动刀闸控制电源
		（2）电动刀闸操作后未断开控制电源	若刀闸电动机等回路异常或人为误碰，可能造成刀闸自分闸而导致事故，因此电动刀闸操作后，应及时断开刀闸控制电源
		（3）手动合闸操作方法不正确	不论用手动或绝缘拉杆操作隔离开关合闸时，都应迅速而果断。先拔出连锁销子再进行合闸，开始可缓慢一些，当刀片接近刀嘴时要迅速合上，以防止发生弧光。但在合闸终了时要注意用力不可过猛，以免发生冲击而损坏瓷件，最后应检查连锁销子是否销好
		（4）刀闸合闸不到位	刀闸合上后要注意认真检查，确认刀闸三相确已全部合好；对于母线侧刀闸合好后，应检查本保护二次电压切换正常，微机型母差保护刀闸位置正确、切换正常
		（5）解锁操作刀闸	刀闸闭锁打不开时，应严格履行解锁申请和批准手续，解锁操作前，应认真核对设备编号和闭锁钥匙以及设备的实际状态，方可进行实际操作
		（6）带负荷合刀闸	在操作刀闸前，首先应检查开关三相确已拉开，其次应判断合上该刀闸时是否会产生弧光，在确保不发生差错的前提下，对于会产生弧光的操作，则操作时应迅速而果断，尽快使电弧熄灭，以免触头烧坏
3	将 220kV 仿东线 241 开关由热备用转运行	（1）通道异常	线路停电检修，光纤通道可能工作，因此在开关合闸前，两侧值班人员必须检查光纤纵差保护“通道异常”灯灭后，方可合闸
		（2）误合开关	认真核对设备编号，严格执行监护唱票复诵制度
		（3）开关非同期合闸	合开关前应询问调度，充电时用非同期方式，合环时用同期方式

（2）10kV 仿春 542 线路由运行转检修（馈电线路），危险点分析及预控措施见表 ZY1000301004-2。

表 ZY1000301004-2　10kV 仿春 542 线路由运行转检修，危险点分析及预控措施

序号	操作目的	危险点	预控措施
1	将 10kV 仿春线 542 开关由运行转热备用	（1）线路有电流，甩负荷	检查该线路的表计，确认该线路负荷已转移；如发现线路有电流，应与调度进行核对，确认该线路是否可以操作
		（2）误拉开关	认真核对设备编号，严格执行监护唱票复诵制度

续表

序号	操作目的	危险点	预控措施
1	将10kV仿春线542开关由运行转热备用	（3）开关未拉开	检查开关时不能只看指示灯，应现场检查开关的机械位置指示器和拐臂位置，来确认开关已拉开，以防止带负荷拉刀闸
		（4）开关机构销子脱落	应现场检查开关的机械位置指示器和拐臂位置，来确认开关已拉开，防止断路器实际位置与机械位置指示器不符，造成断路器触头没有断开，而使下一步操作带负荷拉刀闸
2	将10kV仿春线542开关由热备用转冷备用	（1）操作顺序错误	停电时，先拉线路侧刀闸，后拉母线侧刀闸，以防开关未拉开，带负荷拉刀闸时，扩大停电范围
		（2）刀闸分闸不到位	刀闸拉开后要注意认真检查，确认刀闸端口张开角或刀闸断开的距离应符合要求
		（3）手动分闸操作方法不正确	无论用手动或绝缘拉杆操作隔离开关分闸时，都应果断而迅速。先拔出连锁销子再进行分闸，当刀片刚离开固定触头时应迅速，以便迅速消弧；但在分闸终了时要缓慢些，防止操动机构和支持绝缘子损坏，最后应检查连锁销子是否销好
		（4）带负荷拉刀闸	在操作刀闸前，首先应检查开关三相确已拉开，其次应判断拉开该刀闸时是否会产生弧光，在确保不发生差错的前提下，对于会产生弧光的操作，则操作时应迅速而果断，尽快使电弧熄灭，以免触头烧坏
		（5）错拉刀闸	手动拉刀闸时，应先慢而谨慎，如触头刚分离时发生弧光，则应迅速合上，这时应立即检查，是否由于误操作而引起弧光；若刀闸已拉开严禁再次合上
		（6）解锁操作刀闸	刀闸闭锁打不开时，应严格履行解锁申请和批准手续，解锁操作前，应认真核对设备编号和闭锁钥匙以及设备的实际状态，方可进行实际操作
3	将10kV仿春542线路由冷备用转检修	（1）不试验验电器，使用不合格的验电器	验电器应进行检查试验合格，验电时必须戴绝缘手套
		（2）验电时站位不合适	验电时应根据现场情况站在便于操作和安全的地方，不能使验电器或绝缘杆的绝缘部分过分靠近设备构架，以免造成绝缘部分被短接
		（3）验电方法错误	验电时要使验电器的触头接触导体，三相逐相进行验电；在验电前应在带电的设备上进行试验，在带电设备上进行试验时应在线路侧进行，不能在靠近母线侧进行试验
		（4）使用不合格的接地线	使用接地线前应认真检查接地线各部分有无断股，螺丝连接处有无松动，截面是否符合要求
		（5）装设接地线时站位不合适	装接地线时应根据现场情况站在便于操作和安全的地方，防止在装设接地线过程中操作杆摆动造成对带电设备距离不够发生事故
		（6）接地线装设错误	在装设接地线时要戴绝缘手套，手不能接触接地线，以防止带电挂接地线时造成对人更大的伤害。装设接地线要先装接地端再装导体端

【思考与练习】

1. 如何防范电动刀闸操作后未断开控制电源所产生的后果？
2. 如何防范验电时站位不合适所产生的后果？
3. 如何防范开关机构销子脱落所产生的后果？
4. 220kV线路开关合闸前，为什么要测试高频保护通道？

第二十章　变压器停送电

模块1　变压器停送电操作（ZY1000302001）

【模块描述】本模块包含变压器停送电的操作原则、注意事项以及异常处理原则。通过操作要点和案例介绍，掌握变压器停送电操作和异常处理的方法。

【正文】

一、变压器操作原则及注意事项

1. 变压器操作一般原则

（1）变压器送电前，应检查送电侧母线电压及变压器分接头位置（大、中型变压器，分接开关是按相设置的，故三相必须在同一分接位置运行），保证送电后各侧电压不超过其相应分接头电压的5%。

（2）在110kV及以上中性点直接接地系统中，变压器停、送电及经变压器向母线充电时，在操作前必须将变压器中性点接地刀闸合上，操作完毕后根据系统方式的要求决定拉开与否。

（3）变压器投入运行时，应选择继电保护完备、励磁涌流影响较小的一侧送电。变压器送电时，应先从电源侧充电，再送负荷侧，当两侧或三侧均有电源时，应先从高压侧充电，再送低压侧，并按继电保护的要求调整变压器中性点接地方式。在停电操作时，应先停负荷侧，后停电源侧；当两侧或三侧均有电源时，应先停低压侧，后停高压侧。

（4）对于中、低压侧具有电源的发电厂、变电站，至少应有一台变压器中性点接地。在双母线运行时，应考虑当母联断路器跳闸后，保证被分开的两个系统至少应有一台变压器中性点接地。

（5）带有消弧线圈的变压器停电前，必须先将消弧线圈断开后再停电，不得将两台变压器的中性点同时接到一台消弧线圈上。必要时，可用变压器电源开关断开消弧线圈。

（6）在运行中需要拉合变压器中性点接地刀闸时，由所辖调度发令操作。运行中的110kV或220kV双绕组及三绕组变压器，若需一侧断路器断开，如该侧为中性点直接接地系统，则该侧的中性点接地刀闸应先合上。变压器零序保护的调整由现场按整定书要求自行操作，调度不发令。

220kV变压器中性点零序保护和间隙保护投停的顺序：若间隙保护用电流互感器接于变压器中性点放电间隙与接地点之间，当变压器中性点由经间隙接地改为直接接地时，零序保护应在接地刀闸合上前投入，间隙保护应在接地刀闸合上后停用；当变压器中性点由直接接地改为经间隙接地时，间隙保护应在接地刀闸拉开前投入，零序保护应在接地刀闸拉开后停用。若间隙保护电流取自变压器中性点套管电流互感器，则合上中性点接地刀闸前先投入零序保护，退出间隙保护；拉开中性点接地刀闸后，投入间隙保护，停用零序保护。

（7）新投运或大修后的变压器应进行核相，确认无误后方可并列运行。新投运的变压器一般冲击合闸5次，大修后的冲击合闸3次。

2. 变压器操作的注意事项

（1）变压器由检修转为运行前，应检查其各侧中性点接地刀闸在合闸位置。

（2）运行中若需倒换变压器中性点接地方式，应先合上另一台变压器的中性点接地刀闸后，才能拉开原来的中性点接地刀闸。

（3）两台变压器并列运行前，要检查两台变压器有载调压电压分头指示一致；若是有载调压变压器与无励磁调压变压器并联运行时，其分接电压应尽量靠近无励磁调压变压器的分接位置。并列运行的变压器，其调压操作应轮流逐级或同步进行，不得在单台变压器上连续进行两个及以上分接头变换操作。

（4）两台变压器并列运行时，如果一台变压器需要停电，在未拉开这台变压器断路器之前，应检查总负荷情况，确保一台变压器停电后不会导致另一台变压器过负荷。变压器并列、解列运行要保证操作的准确性，操作前应检查负荷分配情况。

（5）投入备用的变压器后，应根据表计指示来证实该变压器已带负荷后，方可停下运行的变压器。

（6）变压器运行，其一侧断路器改为检修时，该断路器的变压器差动电流互感器端子应停用并短接；由和电流回路组成的，其一侧断路器改为检修时，该断路器的电流互感器端子也应停用并短接。断路器送电时恢复正常，此项由现场按运行规程自行操作。

（7）对三绕组变压器复合电压闭锁过流保护，如果采用三侧复合电压回路并联闭锁变压器某一侧或各侧过流，那么变压器任一侧断路器单独停电时，该侧的复合电压将误开放其他两侧过流。因此，对于上述原理接线的三绕组变压器复合电压闭锁过流保护，当变压器仅一侧断路器改为冷备用或断路器检修状态时，必须停用该侧的复合电压闭锁压板。

（8）对于已停电的变压器，其继电保护若有联跳的，应停用其联跳压板。

二、变压器操作要求

（1）变压器并列运行的条件。

1）接线组别相同。

2）电压比相等（允许相差±0.5%）。

3）短路电压相等（允许相差±10%）。

经验表明，并列运行的变压器容量比一般不宜超过3:1，否则起不到备用的作用。

（2）变压器冷却系统的运行条件。

1）强油循环冷却变压器运行时，必须投入冷却器。各种负载下投入冷却器的台数，应按制造厂的规定。按温度和（或）负载投切冷却器的自动装置应保持正常。

2）油浸（自然循环）风冷，顶层油温不超过 65℃时，即使风扇停止工作，也允许带额定负载运行。

变压器停电时，其冷却装置应继续运行一段时间再停运，以防止变压器过热而降低绝缘。

（3）变压器投运前应检查保护运行情况。禁止在变压器生产厂家规定的负荷和电压水平以上进行变压器分接头调整操作。

（4）运用中的备用变压器应随时可以投入运行。长期停运者应定期充电，同时投入冷却装置。如系强油循环变压器，充电后不带负载运行时，应轮流投入部分冷却器，其数量不超过制造厂规定空载时的运行台数。

三、变压器操作中异常情况的处理原则

（1）强迫油循环风冷变压器在充电过程中，应检查冷却系统运行正常；若异常应查明原因，处理正常后方可带负荷运行。

（2）变压器电源侧断路器合上后，若发现下列情况之一者，应立即拉开变压器电源侧断路器，将其停运。

1）声响明显增大，很不正常，内部有爆裂声。

2）严重漏油或喷油，使油面下降到低于油位计的指示限度。

3）套管有严重的破损和放电现象。

4）变压器冒烟着火等。

四、变压器操作案例

1. 操作任务：220kV 1 号变压器由运行转检修，负荷倒由 220kV 2 号变压器带

一次接线和运行方式如图 ZY1000302001-1 所示，1 号、2 号变压器中、低压侧不考虑合环运行。

220kV 1 号变压器保护配置：PST-1202A 差动及后备保护、PST-1206A 失灵保护、PST-1212 操作箱（高压侧）、PST-1202B 差动及后备保护、PST-1210C 本体保护、PST-1211 中压操作箱、PST-1210 低压操作箱。

220kV 2 号变压器保护配置：RCS-978 差动及后备保护、RCS-974A 非电量及失灵辅助保护、

LFP-974B 电压切换及操作回路（中、低压侧）、RCS-978 差动及后备保护、LFP-974E 操作继电器箱（高压侧）。其中间隙保护电流取自间隙与接地点间的专用电流互感器。

220kV 母线保护配置：RCS-915AB 微机母线差动保护。

110kV 母线保护配置：WMZ-41A 微机母线差动保护。

操作步骤如表 ZY1000302001-1 所示。

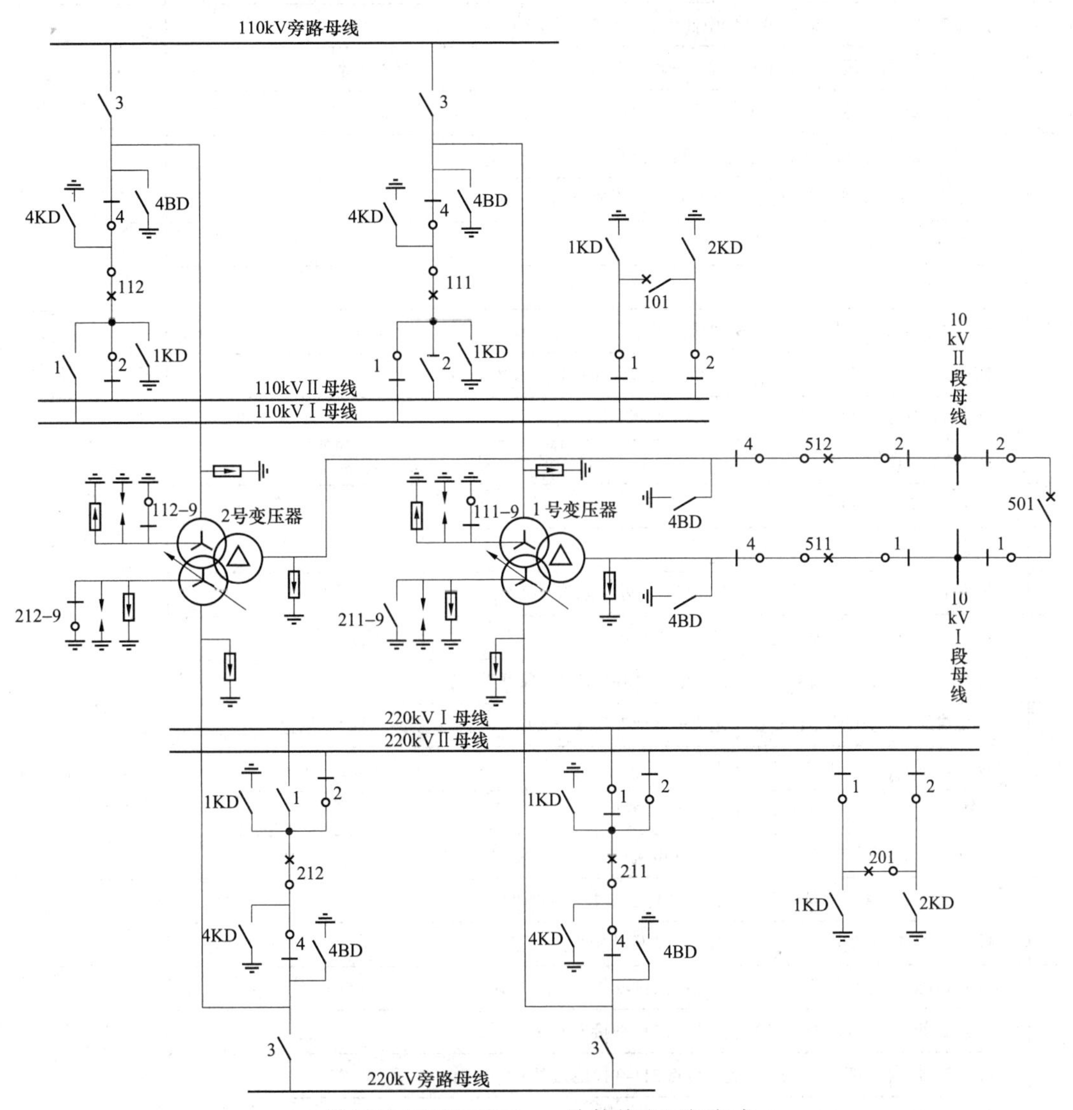

图 ZY1000302001-1 一次接线和运行方式

表 ZY1000302001-1 操 作 步 骤

顺序	操 作 项 目	操 作 目 的
1	检查 110kV 母联 101-1 刀闸三相确已合上	检查 101 开关在热备用状态
2	检查 110kV 母联 101-2 刀闸三相确已合上	
3	检查 220kV 1 号变压器、220kV 2 号变压器有载调压台步差不大于 4	101 开关合环前检查变压器电压比差以及负荷分配
4	检查 220kV 1 号变压器 111 开关“负荷电流”显示为×××A	
5	检查 220kV 2 号变压器 112 开关“负荷电流”显示为×××A	
6	将 110kV 母联 101 开关同期切换开关由“断开”切至“同期”位置	用 101 开关合环，检查负荷分配
7	将 110kV 母联 101 开关“远方—就地”切换开关由“远方”切至“就地”位置	
8	合上 110kV 母联 101 开关	
9	检查 110kV 母联 101 开关三相确已合上	

续表

顺序	操 作 项 目	操 作 目 的
10	检查110kV母联101开关负荷分配正常，电流显示为×××A	用101开关合环，检查负荷分配
11	将110kV母联101开关“远方—就地”切换开关由“就地”切至“远方”位置	
12	将110kV母联101开关同期切换开关由“同期”切至“断开”位置	
13	检查220kV 1号变压器110kV侧中性点111-9接地开关确已合上	检查1号变压器110kV侧中性点接地开关已合上，用111开关解环，检查负荷分配
14	将220kV 1号变压器111开关“远方—就地”切换开关由“远方”切至“就地”位置	
15	拉开220kV 1号变压器111开关	
16	检查220kV 1号变压器111开关三相确已拉开	
17	检查220kV 2号变压器112开关“负荷电流”显示为×××A	
18	检查10kV分段501-1刀闸已合上	检查 501 开关在热备用状态
19	检查10kV分段501-2刀闸已合上	
20	检查220kV 1号变压器511开关“负荷电流”显示为×××A	501 开关合环前检查变压器负荷分配
21	检查220kV 2号变压器512开关“负荷电流”显示为×××A	
22	将10kV分段501开关同期切换开关由“断开”切至“同期”位置	用501开关合环，检查负荷分配
23	将10kV分段501开关“远方—就地”切换开关由“远方”切至“就地”位置	
24	合上10kV分段501开关	
25	检查10kV分段501开关三相确已合上	
26	检查10kV分段501开关负荷分配正常，电流显示为×××A	
27	将10kV分段501开关“远方—就地”切换开关由“就地”切至“远方”位置	
28	将10kV分段501开关同期切换开关由“同期”切至“断开”位置	
29	将220kV 1号变压器511开关“远方—就地”切换开关由“远方”切至“就地”位置	用511开关解环，检查负荷分配
30	拉开220kV 1号变压器511开关	
31	检查220kV 1号变压器511开关三相确已拉开	
32	检查220kV 2号变压器512开关“负荷电流”显示为×××A	
33	投入220kV 1号变压器微机保护A屏“高压侧中性点过流保护”压板	合上1号变压器220kV侧中性点接地刀闸，相关保护切换
34	投入220kV 1号变压器微机保护B屏“高压侧中性点过流保护”压板	
35	合上220kV 1号变压器220kV侧中性点211-9接地刀闸控制电源开关	
36	合上220kV 1号变压器220kV侧中性点211-9接地刀闸	
37	检查220kV 1号变压器220kV侧中性点211-9接地刀闸确已合上	
38	断开220kV 1号变压器220kV侧中性点211-9接地刀闸控制电源开关	
39	停用220kV 1号变压器微机保护A屏“高压侧间隙零序保护”压板	
40	停用220kV 1号变压器微机保护B屏“高压侧间隙零序保护”压板	
41	将220kV 1号变压器211开关“远方—就地”切换开关由“远方”切至“就地”位置	将 1 号变压器由空载运行转热备用
42	拉开220kV 1号变压器211开关	
43	检查220kV 1号变压器211开关三相确已拉开	
44	拉开220kV 1号变压器511-4刀闸	将 511 开关由热备用转冷备用
45	检查220kV 1号变压器511-4刀闸三相确已拉开	
46	拉开220kV 1号变压器511-1刀闸	
47	检查220kV 1号变压器511-1刀闸三相确已拉开	
48	合上220kV 1号变压器111-4刀闸控制电源开关	将 111 开关由热备用转冷备用，检查相关保护屏上指示灯
49	拉开220kV 1号变压器111-4刀闸	
50	检查220kV 1号变压器111-4刀闸三相确已拉开	

模块1 ZY1000302001

续表

顺序	操 作 项 目	操 作 目 的
51	断开 220kV 1 号变压器 111-4 刀闸控制电源开关	将 111 开关由热备用转冷备用，检查相关保护屏上指示灯
52	合上 220kV 1 号变压器 111-1 刀闸控制电源开关	
53	拉开 220kV 1 号变压器 111-1 刀闸	
54	检查 220kV 1 号变压器 111-1 刀闸三相确已拉开	
55	检查 220kV 1 号变压器 111 开关操作箱“Ⅰ母线运行”指示灯灭	
56	检查 110kV 母线差动保护“1 号变压器 111-1 刀闸”位置指示灯灭	
57	断开 220kV 1 号变压器 111-1 刀闸控制电源开关	
58	检查 220kV 1 号变压器 111-2 刀闸三相确已拉开	
59	检查 220kV 1 号变压器 111-3 刀闸三相确已拉开	
60	合上 220kV 1 号变压器 211-4 刀闸控制电源开关	将 211 开关由热备用转冷备用，检查相关保护屏上指示灯
61	拉开 220kV 1 号变压器 211-4 刀闸	
62	检查 220kV 1 号变压器 211-4 刀闸三相确已拉开	
63	断开 220kV 1 号变压器 211-4 刀闸控制电源开关	
64	合上 220kV 1 号变压器 211-1 刀闸控制电源开关	
65	拉开 220kV 1 号变压器 211-1 刀闸	
66	检查 220kV 1 号变压器 211-1 刀闸三相确已拉开	
67	检查 220kV 1 号变压器 211 开关操作箱“Ⅰ母线运行”指示灯灭	
68	检查 220kV 母线差动保护“1 号变压器 211-1 刀闸”位置指示灯灭	
69	检查 220kV 母线差动保护位置报警灯亮	
70	将 220kV 母线差动保护“刀闸位置确认”按钮按下	
71	断开 220kV 1 号变压器 211-1 刀闸控制电源开关	
72	检查 220kV 1 号变压器 211-2 刀闸三相确已拉开	
73	检查 220kV 1 号变压器 211-3 刀闸三相确已拉开	
74	合上 220kV 1 号变压器 110kV 侧中性点 111-9 接地刀闸控制电源开关	拉开 1 号变压器中性点接地刀闸（有争议）
75	拉开 220kV 1 号变压器 110kV 侧中性点 111-9 接地刀闸	
76	检查 220kV 1 号变压器 110kV 侧中性点 111-9 接地刀闸确已拉开	
77	断开 220kV 1 号变压器 110kV 侧中性点 111-9 接地刀闸控制电源开关	
78	合上 220kV 1 号变压器 220kV 侧中性点 211-9 接地刀闸控制电源开关	
79	拉开 220kV 1 号变压器 220kV 侧中性点 211-9 接地刀闸	
80	检查 220kV 1 号变压器 220kV 侧中性点 211-9 接地刀闸确已拉开	
81	断开 220kV 1 号变压器 220kV 侧中性点 211-9 接地刀闸控制电源开关	
82	在 220kV 1 号变压器与 220kV 1 号变压器 211-4 刀闸之间验明三相确无电压	合上 1 号变压器三侧接地刀闸
83	合上 220kV 1 号变压器 211-4BD 接地刀闸	
84	检查 220kV 1 号变压器 211-4BD 接地刀闸三相确已合上	
85	在 220kV 1 号变压器与 220kV 1 号变压器 111-4 刀闸之间验明三相确无电压	
86	合上 220kV 1 号变压器 111-4BD 接地刀闸	
87	检查 220kV 1 号变压器 111-4BD 接地刀闸三相确已合上	
88	在 220kV 1 号变压器与 220kV 1 号变压器 511-4 刀闸之间验明三相确无电压	
89	合上 220kV 1 号变压器 511-4BD 接地刀闸	
90	检查 220kV 1 号变压器 511-4BD 接地刀闸三相确已合上	

续表

顺序	操作项目	操作目的
91	断开220kV 1号变压器有载调压控制电源开关	断开 1 号变压器有载调压、冷却系统控制电源
92	断开220kV 1号变压器Ⅰ冷却系统控制电源开关	
93	断开220kV 1号变压器Ⅱ冷却系统控制电源开关	
94	汇报调度	

注 220kV 1号变压器由检修转运行的操作顺序反之。220kV 2号变压器的停送电操作，除保护配置不同外，其操作顺序基本相同。若主变压器保护有工作，还应退出后备保护跳各侧母联、分段开关压板。

2. 操作任务：220kV 2号变压器及三侧开关由检修转运行，恢复正常运行方式

一次接线和运行方式如图ZY1000302001-2所示，1号、2号变压器中、低压侧不考虑合环运行。

220kV 1号变压器保护配置：PST-1202A差动及后备保护、PST-1206A失灵保护、PST-1212操作箱（高压侧）、PST-1202B差动及后备保护、PST-1210C本体保护、PST-1211中压操作箱、PST-1210低压操作箱。

220kV 2号变压器保护配置：RCS-978差动及后备保护、RCS-974A非电量及失灵辅助保护、LFP-974B电压切换及操作回路（中、低压侧）、RCS-978差动及后备保护、LFP-974E操作继电器箱（高压侧）。

220kV母线保护配置：RCS-915AB微机母线差动保护。

110kV母线保护配置：WMZ-41A微机母线差动保护。

操作步骤如表ZY1000302001-2所示。

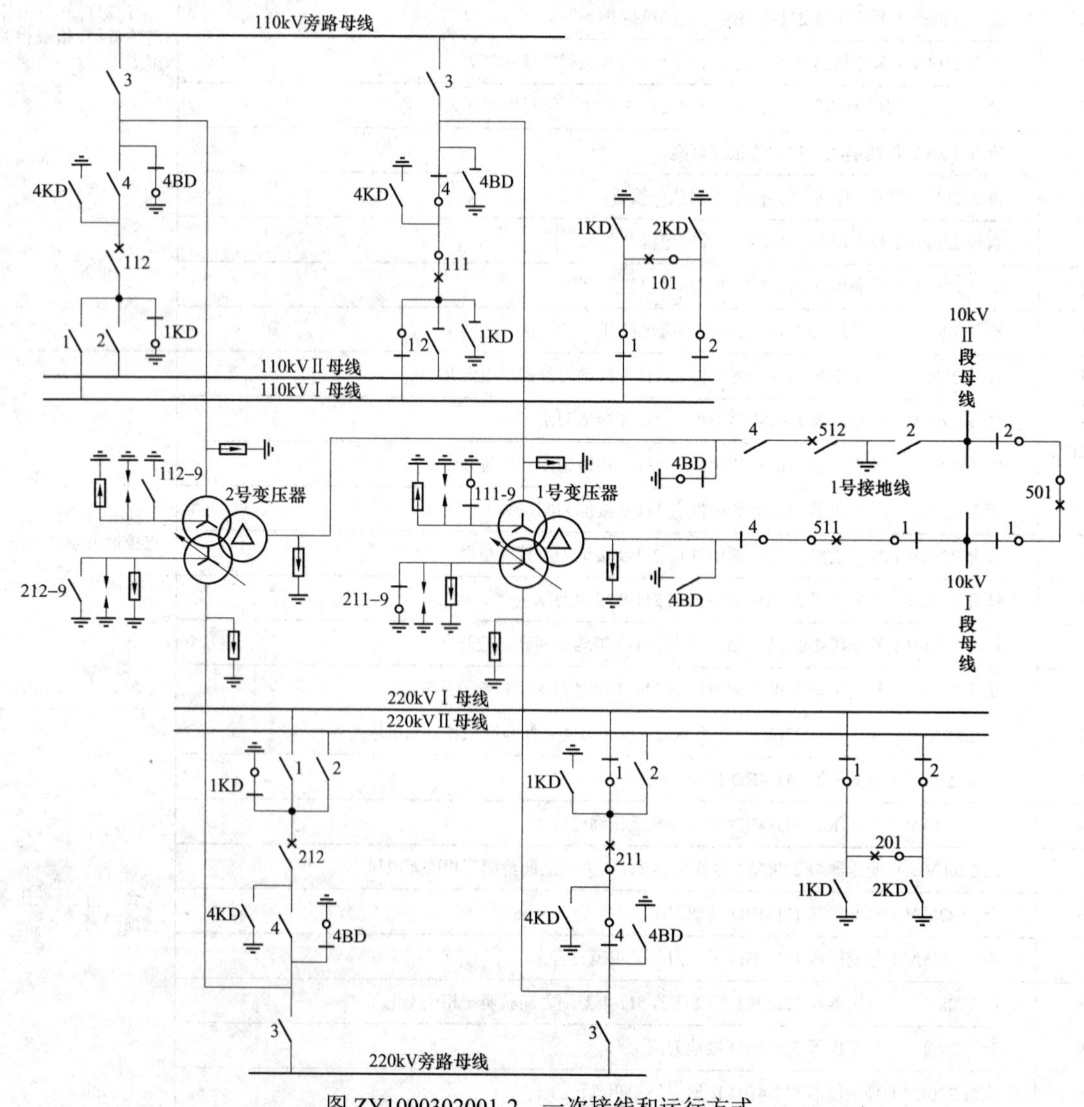

图ZY1000302001-2 一次接线和运行方式

表 ZY1000302001-2　　　　　　操 作 步 骤

顺序	操 作 项 目	操 作 目 的
1	合上 220kV 2 号变压器 212 开关控制电源 I 开关	合上 2 号变压器各侧开关控制电源
2	合上 220kV 2 号变压器 212 开关控制电源 II 开关	
3	合上 220kV 2 号变压器 112 开关控制电源开关	
4	合上 220kV 2 号变压器 512 开关控制电源开关	
5	投入 220kV 2 号变压器 212 开关“遥控”压板	投入 2 号变压器各侧开关“遥控”、母线差动和失灵保护压板
6	投入 220kV 2 号变压器 112 开关“遥控”压板	
7	投入 220kV 2 号变压器 512 开关“遥控”压板	
8	投入 220kV 母线差动保护“跳 2 号变压器 212 开关 I 跳圈”压板	
9	投入 220kV 母线差动保护“跳 2 号变压器 212 开关 II 跳圈”压板	
10	投入 220kV 母线差动保护“2 号变压器 212 开关失灵启动”压板	
11	投入 110kV 母线差动保护“跳 2 号变压器 112 开关”压板	
12	合上 220kV 2 号变压器 I 冷却系统控制电源开关	合上 2 号变压器冷却系统、有载调压控制电源
13	合上 220kV 2 号变压器 II 冷却系统控制电源开关	
14	合上 220kV 2 号变压器有载调压控制电源开关	
15	拉开 220kV 2 号变压器 512-4BD 接地刀闸	拉开 2 号变压器及三侧开关间隔接地刀闸或拆除接地线
16	检查 220kV 2 号变压器 512-4BD 接地刀闸三相确已拉开	
17	拆除 220kV 2 号变压器 512 开关与 220kV 2 号变压器 512-2 刀闸间 1 号接地线一组	
18	检查 1 号接地线一组确已拆除	
19	拉开 220kV 2 号变压器 112-4BD 接地刀闸	
20	检查 220kV 2 号变压器 112-4BD 接地刀闸三相确已拉开	
21	拉开 220kV 2 号变压器 112-1KD 接地刀闸	
22	检查 220kV 2 号变压器 112-1KD 接地刀闸三相确已拉开	
23	拉开 220kV 2 号变压器 212-4BD 接地刀闸	
24	检查 220kV 2 号变压器 212-4BD 接地刀闸三相确已拉开	
25	拉开 220kV 2 号变压器 212-1KD 接地刀闸	
26	检查 220kV 2 号变压器 212-1KD 接地刀闸三相确已拉开	
27	合上 220kV 2 号变压器 220kV 侧中性点 212-9 接地刀闸控制电源开关	合上 2 号变压器中性点接地刀闸
28	合上 220kV 2 号变压器 220kV 侧中性点 212-9 接地刀闸	
29	检查 220kV 2 号变压器 220kV 侧中性点 212-9 接地刀闸确已合上	
30	断开 220kV 2 号变压器 220kV 侧中性点 212-9 接地刀闸控制电源开关	
31	合上 220kV 2 号变压器 110kV 侧中性点 112-9 接地刀闸控制电源开关	
32	合上 220kV 2 号变压器 110kV 侧中性点 112-9 接地刀闸	
33	检查 220kV 2 号变压器 110kV 侧中性点 112-9 接地刀闸确已合上	
34	断开 220kV 2 号变压器 110kV 侧中性点 112-9 接地刀闸控制电源开关	
35	检查 220kV 2 号变压器 212 开关确在分闸位置	将 212 开关由冷备用转热备用，检查相关保护屏上指示灯
36	合上 220kV 2 号变压器 212-2 刀闸控制电源开关	
37	合上 220kV 2 号变压器 212-2 刀闸	
38	检查 220kV 2 号变压器 212-2 刀闸三相确已合上	
39	检查 220kV 2 号变压器 212 开关操作继电器箱“L2”指示灯亮	
40	检查 220kV 母线差动保护“2 号变压器 212-2 刀闸”位置指示灯亮	
41	检查 220kV 母线差动保护位置报警灯亮	

续表

顺序	操 作 项 目	操 作 目 的
42	将220kV母线差动保护“刀闸位置确认”按钮按下	将212开关由冷备用转热备用，检查相关保护屏上指示灯
43	断开220kV 2号变压器212-2刀闸控制电源开关	
44	合上220kV 2号变压器212-4刀闸控制电源开关	
45	合上220kV 2号变压器212-4刀闸	
46	检查220kV 2号变压器212-4刀闸三相确已合上	
47	断开220kV 2号变压器212-4刀闸控制电源开关	
48	合上220kV 2号变压器212开关合闸电源开关	合上 212 开关合闸电源
49	检查220kV 2号变压器112开关确在分闸位置	将112开关由冷备用转热备用，检查相关保护屏上指示灯
50	合上220kV 2号变压器112-2刀闸控制电源开关	
51	合上220kV 2号变压器112-2刀闸	
52	检查220kV 2号变压器112-2刀闸三相确已合上	
53	检查220kV 2号变压器110kV侧电压切换及操作回路箱“L2”指示灯亮	
54	检查110kV母线差动保护“2号变压器112-2刀闸”位置指示灯亮	
55	断开220kV 2号变压器112-2刀闸控制电源开关	
56	合上220kV 2号变压器112-4刀闸控制电源开关	
57	合上220kV 2号变压器112-4刀闸	
58	检查220kV 2号变压器112-4刀闸三相确已合上	
59	断开220kV 2号变压器112-4刀闸控制电源开关	
60	合上220kV 2号变压器112开关合闸电源开关	合上112开关合闸电源
61	检查220kV 2号变压器512开关确在分闸位置	将512开关由冷备用转热备用
62	合上220kV 2号变压器512-2刀闸	
63	检查220kV 2号变压器512-2刀闸三相确已合上	
64	合上220kV 2号变压器512-4刀闸	
65	检查220kV 2号变压器512-4刀闸三相确已合上	
66	合上220kV 2号变压器512开关合闸电源开关	合上512开关合闸电源
67	检查220kV 2号变压器212开关“远方—就地”切换开关在“就地”位置	用212开关对2号变压器充电
68	合上220kV 2号变压器212开关	
69	检查220kV 2号变压器212开关三相确已合上	
70	检查220kV 2号变压器充电正常	
71	将220kV 2号变压器212开关“远方—就地”切换开关由“就地”切至“远方”位置	
72	投入220kV 1号变压器微机保护A屏“高压侧间隙零序保护”压板	220kV 变压器中性点恢复正常方式，相关保护切换
73	投入220kV 1号变压器微机保护B屏“高压侧间隙零序保护”压板	
74	合上220kV 1号变压器220kV侧中性点211-9接地刀闸控制电源开关	
75	拉开220kV 1号变压器220kV侧中性点211-9接地刀闸	
76	检查220kV 1号变压器220kV侧中性点211-9接地刀闸确已拉开	
77	断开220kV 1号变压器220kV侧中性点211-9接地刀闸控制电源开关	
78	停用220kV 1号变压器微机保护A屏“高压侧中性点过流保护”压板	
79	停用220kV 1号变压器微机保护B屏“高压侧中性点过流保护”压板	

续表

顺序	操 作 项 目	操 作 目 的
80	检查 220kV 1 号变压器、220kV 2 号变压器有载调压台步差不大于 4	112 开关合环前检查变压器电压比差以及负荷分配
81	检查 220kV 1 号变压器 111 开关“负荷电流”显示为×××A	
82	检查 220kV 2 号变压器 112 开关“远方—就地”切换开关在“就地”位置	用 112 开关合环，检查负荷分配
83	合上 220kV 2 号变压器 112 开关	
84	检查 220kV 2 号变压器 112 开关三相确已合上	
85	检查 220kV 2 号变压器 112 开关负荷分配正常，电流显示为×××A	
86	检查 220kV 1 号变压器 111 开关负荷分配正常，电流显示为×××A	
87	将 220kV 2 号变压器 112 开关“远方—就地”切换开关由“就地”切至“远方”位置	
88	将 110kV 母联 101 开关“远方—就地”切换开关由“远方”切至“就地”位置	用 101 开关解环，检查负荷分配
89	拉开 110kV 母联 101 开关	
90	检查 110kV 母联 101 开关三相确已拉开	
91	检查 220kV 2 号变压器 112 开关“负荷电流”显示为×××A	
92	将 110kV 母联 101 开关“远方—就地”切换开关由“就地”切至“远方”位置	
93	检查 220kV 1 号变压器 511 开关“负荷电流”显示为×××A	512 开关合环前检查负荷分配
94	检查 220kV 2 号变压器 512 开关“远方—就地”切换开关在“就地”位置	用 512 开关合环，检查负荷分配
95	合上 220kV 2 号变压器 512 开关	
96	检查 220kV 2 号变压器 512 开关三相确已合上	
97	检查 220kV 2 号变压器 512 开关负荷分配正常，电流显示为×××A	
98	检查 220kV 1 号变压器 511 开关负荷分配正常，电流显示为×××A	
99	将 220kV 2 号变压器 512 开关“远方—就地”切换开关由“就地”切至“远方”位置	
100	将 10kV 分段 501 开关“远方—就地”切换开关由“远方”切至“就地”位置	用 501 开关解环，检查负荷分配
101	拉开 10kV 分段 501 开关	
102	检查 10kV 分段 501 开关三相确已拉开	
103	检查 220kV 2 号变压器 512 开关“负荷电流”显示为×××A	
104	将 10kV 分段 501 开关“远方—就地”切换开关由“就地”切至“远方”位置	
105	汇报调度	

注　220kV 2 号变压器及三侧开关由运行转检修的操作顺序反之。220kV 1 号变压器及三侧开关的停送电操作，除保护配置不同外，其操作顺序基本相同。

【思考与练习】

1. 变压器投入运行时，对冷却系统有哪些要求？
2. 变压器并列运行的条件是什么？
3. 变压器投入运行时，有哪些规定？
4. 对变压器中性点接地刀闸的切换操作，有哪些规定？
5. 对变压器有载调压装置的调压操作有哪些要求？
6. 对三绕组变压器复合电压闭锁过流保护，如果采用三侧复压时，那么在倒闸操作时应注意什么？

模块 2　变压器停送电操作危险点源分析（ZY1000302002）

【模块描述】本模块介绍了变压器停送电操作的危险点源。通过案例介绍，能正确分析变压器停送电操作危险点源，并制定预控措施。

【正文】

一、220kV 1号变压器由运行转检修，负荷倒由220kV 2号变压器带，危险点分析及预控措施

危险点分析及预控措施如表ZY1000302002-1所示。

表ZY1000302002-1　　危险点分析及预控措施

序号	操作目的	危险点	预控措施
1	分别用母联101、501开关合环，1号变压器111、511开关解环	（1）过负荷	变压器停电前，应检查两台变压器的负荷情况，防止一台变压器停电后，造成另一台变压器过负荷
		（2）电压差过大	电压差过大，将造成变压器合环时环流增大。在合环前，应检查两条母线电压情况，及时调整两台变压器的分接头，使其有载调压台步差不大于4，若为无载调压变压器，应检查台步差不大于2
		（3）甩负荷	变压器中、低压侧由母联开关分别合环前后，应仔细检查负荷分配情况，并现场检查开关实际位置与开关机械位置指示一致，以防止开关触头没有合上，而造成下一步拉开变压器开关时甩负荷
		（4）误合误分开关	认真核对设备编号，严格执行监护唱票复诵制度
		（5）开关未拉开	检查开关时不能只看表计，应现场检查开关的机械位置指示器和拐臂位置，来确认开关已拉开，以防止带负荷拉刀闸
2	合上220kV 1号变压器220kV侧中性点211-9接地刀闸及其相关保护切换	（1）中性点方式错误	两台变压器高、中压侧均并列运行时，其中性点方式规定为：一台变压器高压侧中性点接地刀闸合上，另一台变压器中压侧接地刀闸合上（此处有争议）。两台变压器各侧均解列运行时，其中性点方式规定为：两台变压器高压侧和中压侧中性点接地刀闸均合上。若两台变压器仅为高压侧并列运行时，其中性点方式规定为：一台变压器高压侧中性点接地刀闸合上，两台变压器中压侧中性点接地刀闸均合上
		（2）中性点保护切换错误	变压器中性点过流保护和间隙保护随着中性点接地方式的改变而投停。中性点接地刀闸合上前，投入相应侧中性点过流保护；中性点接地刀闸合上后，停用相应侧中性点间隙保护（采用间隙专用电流互感器）
		（3）误投误停中性点保护	根据中性点方式的变化，及时正确投停中性点保护。投停前认清保护屏及压板名称，防止误投误停，投入压板后应注意压板接触良好
3	将220kV 1号变压器由空载运行转热备用	操作过电压	为防止开关非同期分闸而产生过电压，在拉空载变压器前，必须合上其中性点直接接地系统的中性点接地刀闸
4	将220kV 1号变压器由热备用转冷备用	（1）带负荷拉刀闸	在操作刀闸前，首先应检查开关三相确已拉开，其次应判断拉开该刀闸时是否会产生弧光，在确保不发生差错的前提下，对于会产生弧光的操作，则操作时应迅速而果断，尽快使电弧熄灭，以免触头烧坏
		（2）错拉刀闸	手动拉刀闸时，应先慢而谨慎，如触头刚分离时发生弧光，则应迅速合上，这时应立即检查，是否由于误操作而引起弧光；若刀闸已拉开严禁再次合上
		（3）电动刀闸分闸失灵	应查明原因，检查是否由于机构异常引起失灵，只有在确保操作正确（即该刀闸相关联的设备状态正确）的前提下，才能手动操作分闸，操作前应断开电动刀闸控制电源
		（4）电动刀闸操作后未断开控制电源	若刀闸电动机等回路异常或人为误碰，可能造成刀闸自合闸而导致事故，因此电动刀闸操作后，应及时断开刀闸控制电源
		（5）手动分闸操作方法不正确	无论用手动还是绝缘拉杆操作隔离开关分闸时，都应果断而迅速。先拔出连锁销子再进行分闸，当刀片刚离开固定触头时应迅速，以便迅速消弧；但在分闸终了时要缓慢些，防止操动机构和支持绝缘子损坏，最后应检查连锁销子是否销好
		（6）解锁操作刀闸	刀闸闭锁打不开时，应严格履行解锁申请和批准手续，解锁操作前，应认真核对设备编号和闭锁钥匙以及设备的实际状态，方可进行实际操作
		（7）刀闸分闸不到位	刀闸拉开后要注意认真检查，确认刀闸端口张开角或刀闸断开的距离应符合要求
5	将220kV 1号变压器由冷备用转检修	（1）不试验验电器，使用不合格的验电器	验电器应进行检查试验合格，验电时必须戴绝缘手套
		（2）验电时站位不合适	验电时应根据现场情况站在便于操作和安全的地方，不能使验电器或绝缘杆的绝缘部分过分靠近设备构架，以免造成绝缘部分被短接
		（3）验电方法错误	验电时要使验电器的触头接触导体，三相逐相进行验电；在验电前应在带电的设备上进行试验，在带电设备上进行试验时应在线路侧进行，不能在靠近母线侧进行试验
		（4）误合开关侧接地刀闸	认真核对设备编号，严格执行监护唱票复诵制度
		（5）漏断变压器有载调压和冷控电源开关	变压器检修时，应断开有载调压控制电源和冷控控制电源开关，以防危及人身安全

二、220kV 2 号变压器及三侧开关由检修转运行，恢复正常运行方式，危险点分析及预控措施

危险点分析及预控措施如表 ZY1000302002-2 所示。

表 ZY1000302002-2　　危险点分析及预控措施

序号	操作目的	危险点	预控措施
1	将 220kV 2 号变压器及三侧开关由检修转冷备用	（1）误合或漏合开关的控制电源和合闸电源开关	认清设备位置，防止与就近的电源开关混淆；若为熔断器一般应先放负极，然后再放正极
		（2）误投或漏投压板	操作前认清保护屏及压板名称，防止将不该投入的压板投入；投入母线差动保护跳变压器开关压板和变压器开关失灵启动母线差动保护压板，投入本开关“遥控”压板，投入压板时应注意压板接触良好；根据运行方式、继电保护及自动装置定值通知单，核对变压器有关保护投入正确，装置运行正常
		（3）漏合变压器有载调压和冷控电源开关	变压器转为备用后，应合上有载调压控制电源和冷控控制电源开关，并试运行一次，以防变压器运行时失去冷却系统或有载调压拒调
		（4）漏拉接地刀闸或漏拆接地线	容易造成带接地刀闸合刀闸而损坏设备，恢复备用前，应详细检查送电回路接地刀闸已全部拉开或接地线已全部拆除
2	将 220kV 2 号变压器及三侧开关由冷备用转热备用（其中 220kV、110kV 开关热备用于Ⅱ母线）	（1）电动刀闸合闸失灵	应查明原因，检查是否由于机构异常引起失灵，只有在确保操作正确（即该刀闸相关联的设备状态正确）的前提下，才能手动操作合闸，操作前应断开电动刀闸控制电源
		（2）电动刀闸操作后未断开控制电源	若刀闸电动机等回路异常或人为误碰，可能造成刀闸自分闸而导致事故，因此电动刀闸操作后，应及时断开刀闸控制电源
		（3）手动合闸操作方法不正确	不论用手动或绝缘拉杆操作隔离开关合闸时，都应迅速而果断。先拔出连锁销子再进行合闸，开始可缓慢一些，当刀片接近刀嘴时要迅速合上，以防止发生弧光。但在合闸终了时要注意用力不可过猛，以免发生冲击而损坏瓷件，最后应检查连锁销子是否销好
		（4）刀闸合闸不到位	刀闸合上后要注意认真检查，确认刀闸三相确已全部合好；对于母线侧刀闸合好后，应检查本保护二次电压切换正常，微机型母线差动保护刀闸位置正确、切换正常
		（5）解锁操作刀闸	刀闸闭锁打不开时，应严格履行解锁申请和批准手续，解锁操作前，应认真核对设备编号和闭锁钥匙以及设备的实际状态，方可进行实际操作
		（6）变压器高、中压开关备用母线方式错误	严格执行调度指令，以防变压器运行后，220kV（或 110kV）母线故障使不该跳闸的变压器高压侧（或中压侧）开关跳闸，而使 110kV 或 10kV 母线全停
		（7）带负荷合刀闸	在操作刀闸前，首先应检查开关三相确已拉开，其次应判断合上该刀闸时是否会产生弧光，在确保不发生差错的前提下，对于会产生弧光的操作，则操作时应迅速而果断，尽快使电弧熄灭，以免触头烧坏
3	将 220kV 2 号变压器由热备用转空载运行	（1）操作过电压	为防止开关非同期合闸而产生过电压，在合空载变压器前，必须合上其中性点直接接地系统的中性点接地刀闸
		（2）开关未合上	检查开关时不能只看表计，应现场检查开关的机械位置指示器和拐臂位置，来确认开关已合上，以防止变压器倒空电
		（3）变压器异常运行	变压器充电后，应到现场对变压器声音、外观以及冷却系统等运行情况进行检查，以防变压器投运后，而被迫停运；对于强迫油循环变压器，变压器送电前，必须投入冷却器，不允许变压器没有冷却器而投入运行
		（4）中性点方式错误	两台变压器仅为高压侧并列运行时，其中性点方式规定为：一台变压器高压侧中性点接地刀闸合上，两台变压器中压侧中性点接地刀闸均合上
		（5）中性点保护切换错误	变压器中性点过流保护和间隙保护随着中性点接地方式的改变而投停
		（6）误投误停中性点保护	根据中性点方式的变化，及时正确投停中性点保护。投停前认清保护屏及压板名称，防止误投误停，投入压板后应注意压板接触良好
4	分别用 2 号变压器 112、512 开关合环，母联 101、501 开关解环	（1）电压差过大	电压差过大，将造成变压器合环时环流增大。在合环前，应及时调整两台变压器的分接头，使其有载调压台步差不大于 4，若为无载调压变压器，应检查台步差不大于 2
		（2）甩负荷	变压器中、低压侧开关分别合环前后，应仔细检查负荷分配情况，并现场检查开关实际位置与开关机械位置指示一致，以防止开关触头没有合上，而造成下一步拉开母联开关时甩负荷
		（3）误合误分开关	认真核对设备编号，严格执行监护唱票复诵制度
		（4）开关未拉开	检查开关时不能只看表计，应现场检查开关的机械位置指示器和拐臂位置，来确认开关已拉开，以防止电磁环网运行

【思考与练习】

1. 母联开关合环前后，如何对负荷分配情况进行检查？
2. 一台变压器停电，如何切换其中性点及其中性点保护？
3. 变压器送电时，误投或漏投保护压板会产生什么后果？
4. 变压器高、中侧开关母线侧刀闸合上后，应检查哪些项目？

第二十一章　母线停送电

模块 1　母线停送电操作（ZY1000303001）

【模块描述】本模块包含母线停送电的操作原则、注意事项以及异常处理原则。通过操作要点和案例介绍，掌握母线停送电操作和异常处理的方法。

【正文】

一、母线操作原则及注意事项

1. 母线操作一般原则

（1）运行中的双母线，当将一组母线上的部分或全部断路器（包括热备用）倒至另一组母线时（冷倒除外），应确保母联断路器及其隔离开关在合闸状态。

1）对微机型母差保护，在倒母线操作前应作出相应切换（如投入互联或单母线方式压板等），要注意检查切换后的情况（指示灯及相应光字牌亮），然后短时将母联断路器改非自动。倒母线操作结束后应自行将母联断路器恢复为自动、母差保护改为与一次方式相一致。

2）操作隔离开关时，应遵循“先合、后拉”的原则（即热倒）。具操作方法有两种：一种是“先合上全部应合的隔离开关、后拉开全部应拉的隔离开关”，另一种是“先合上一组应合的隔离开关、后拉开相应的一组应拉的隔离开关”。具体采用哪一种方法，应视母线长短以及设备布置方式等而定。

3）在倒母线操作过程中，要严格检查各回路母线侧隔离开关的位置指示情况（应与现场一次运行方式相一致），确保保护回路电压可靠；对于不能自动切换的，应采用手动切换，并做好防止保护误动作的措施，即切换前停用保护，切换后投入保护。

（2）对于母线上热备用的线路，当需要将热备用线路由一组母线倒至另一组母线时，应先将该线路由热备用转为冷备用，然后再操作调整至另一组母线上热备用，即遵循“先拉、后合”的原则（冷倒），以免发生通过两条母线侧隔离开关合环或解环的误操作事故，这种操作无需将母联断路器改非自动。

（3）运行中的双母线并列、解列操作必须用断路器来完成。倒母线应考虑各组母线的负荷与电源分布的合理性。一组运行母线及母联断路器停电，应在倒母线操作结束后，拉开母联断路器，再拉开停电母线侧隔离开关，最后拉开运行母线侧隔离开关。

（4）双母线双母联带分段断路器接线方式倒母线操作时，应逐段进行。一段操作完毕，再进行另一段的倒母线操作。不得将与操作无关的母联、分段断路器改非自动。

（5）单母线停电时，应先拉开停电母线上所有负荷断路器，后拉开电源断路器，再将所有间隔设备（含母线电压互感器、站用变压器等）转冷备用、最后将母线三相短路接地。恢复时顺序相反。

2. 母线操作注意事项

（1）检修完工的母线在送电前，应检查母线设备完好，无接地点。

（2）用断路器向母线充电前，应将空母线上只能用隔离开关充电的附属设备，如母线电压互感器、避雷器先行投入。

（3）运行中的双母线当停用一组母线时，要做好防止运行母线电压互感器对停用母线电压互感器二次反充电的措施，即母线转热备用后，应先断开该母线上电压互感器的所有二次电压空气开关（或取下熔断器），再拉开该母线上电压互感器的高压隔离开关（或取下熔断器）。

（4）运行中的双母线倒母线操作时，应注意线路的继电保护、自动装置（如按频率减负荷）及电能表所用的电压互感器电源的相应切换；如不能切换到运行母线的电压互感器上，则在操作前将这些保护停用。

（5）无论是回路的倒母线还是母线停电的倒母线操作，在合上（或拉开）某回路母线侧隔离开关后，应及时检查该回路保护电压切换箱所对应的母线指示灯以及微机型母差保护回路的位置指示灯指示正确。

母线停电倒母线操作后，在拉开母联断路器之前，应再次检查回路是否已全部倒至另一组运行母线上，并检查母联断路器电流指示为零；当拉开母联断路器后，应检查停电母线上的电压指示为零。

（6）在母线侧隔离开关的合上（或拉开）过程中，如可能发生较大火花时，应依次先合靠母联断路器最近的母线侧隔离开关；拉开的顺序反之，以尽量减小母线侧隔离开关操作时的电位差。

（7）110～220kV 母线操作可能出现的谐振过电压，应根据运行经验和试验结果采取防止措施。

1）可能出现谐振的变电站，在母线和母线电压互感器同时停电时，待停母线转为空母线后，应先拉母线电压互感器隔离开关，后拉母联断路器；母线和母线电压互感器同时恢复运行时，母线和母线电压互感器转冷备用后，先对母线送电，后送母线电压互感器（对母线电压互感器应详细检查，确认无接地）。

2）在母线停送电操作过程中，应尽量避免两个断路器同时热备用于该母线。

35kV 及以下母线停送电操作时，一般采用带一条线路停送电来防止谐振过电压。

（8）带有电容器的母线停送电时，停电前应先拉开电容器断路器，送电后合上电容器断路器，以防母线过电压，危及设备绝缘。

二、母线操作要求

（1）对母线送电时，应使用具有速断保护的断路器（母联、母联兼旁路或线路断路器）进行；若只能用隔离开关向母线送电时，应进行必要的检查确认其设备正常、绝缘良好、连接母线的所有接地线和接地刀闸已拆除或拉开。

（2）母联断路器微机保护中配有充电保护和过流保护，如 RCS-923 等。但因其充电保护不具备手合接点控制及短时退母差保护功能，所以有些单位要求在母线停电再送电或对空母线上开关冲击时，应投入母差保护中的母联充电保护，送电正确后退出母联充电保护。

（3）用外部电源对母线试送时，需将试送线路本侧方向高频保护（或高频闭锁保护）改停用，若线路配置双光纤保护，线路两侧保护正常投入，将线路送电侧后备保护距离Ⅱ段时间定值调至 0.5s。

（4）用变压器向 220、110kV 母线充电时，变压器中性点必须接地。

（5）用变压器向不接地或经消弧线圈接地系统的母线充电时，应防止出现铁磁谐振或母线三相对地电容不平衡而产生异常过电压；如有可能产生铁磁谐振，应先带适当长度的空线路或采用其他消谐措施。

（6）对 GIS 母线操作，一般情况下与常规母线相同，现场应检查 SF_6 的充气压力和密度在规定值内。对 GIS 母线及相关设备有特殊操作要求时，应事先得到有关部门认可，具体操作方案应得到调度机构同意后方可执行。

三、母线操作中异常情况的处理原则

（1）在合、拉隔离开关时，若发现微机线路保护或微机母差保护屏上隔离开关位置指示不正确时，应停止操作，查明原因（若为 RCS-915AB 型微机母线保护，应先将屏上强制开关切至强制接通或强制断开）。

（2）当拉开某一工作母线隔离开关后，若发现合上的备用母线隔离开关接触不好、拉弧，应立即将拉开的隔离开关再合上，再拉开备用母线隔离开关查明原因。

（3）当某一备用母线隔离开关合上后，若发现工作母线隔离开关拉不开时，应待其他回路倒母线结束后，用旁路断路器带该断路器运行，再拉开备用母线隔离开关，然后用母联断路器隔离工作母线隔离开关查明原因。

四、母线操作案例

1. 操作任务：220kV Ⅰ母线由运行转检修，负荷倒由Ⅱ母线带

一次接线和运行方式如图 ZY1000303001-1 所示，1 号、2 号变压器中、低压侧不考虑合环运行。

220kV 母线保护配置：RCS-915AB 微机母差保护。

220kV 电压并列装置配置：YQX-12PS。

220kV 仿东Ⅰ、Ⅱ241、242 开关保护配置：RCS-931A 第一套微机光纤纵差保护、CZX-12R 操作继电器箱；PSL-603G 第二套微机光纤纵差保护、PSL-631A 断路器失灵及辅助保护。

220kV 仿西 244 开关、仿南 245 开关、仿北 247 开关保护配置：RCS-901A 微机方向高频保护、LFX-912 收发信机、CZX-12R 操作继电器箱；RCS-902A 微机高频闭锁保护、LFX-912 收发信机、RCS-923A 失灵启动和辅助保护。

220kV 1 号变压器保护配置：PST-1202A 差动及后备保护、PST-1206A 失灵保护、PST-1212 操作箱（高压侧）；PST-1202B 差动及后备保护、PST-1210C 本体保护、PST-1211 中压操作箱、PST-1210 低压操作箱。

220kV 2 号变压器保护配置：RCS-978 差动及后备保护、RCS-974A 非电量及失灵辅助保护、LFP-974B 电压切换及操作回路（中、低压侧）；RCS-978 差动及后备保护、LFP-974E 操作继电器箱（高压侧）。

操作步骤见表 ZY1000303001-1。

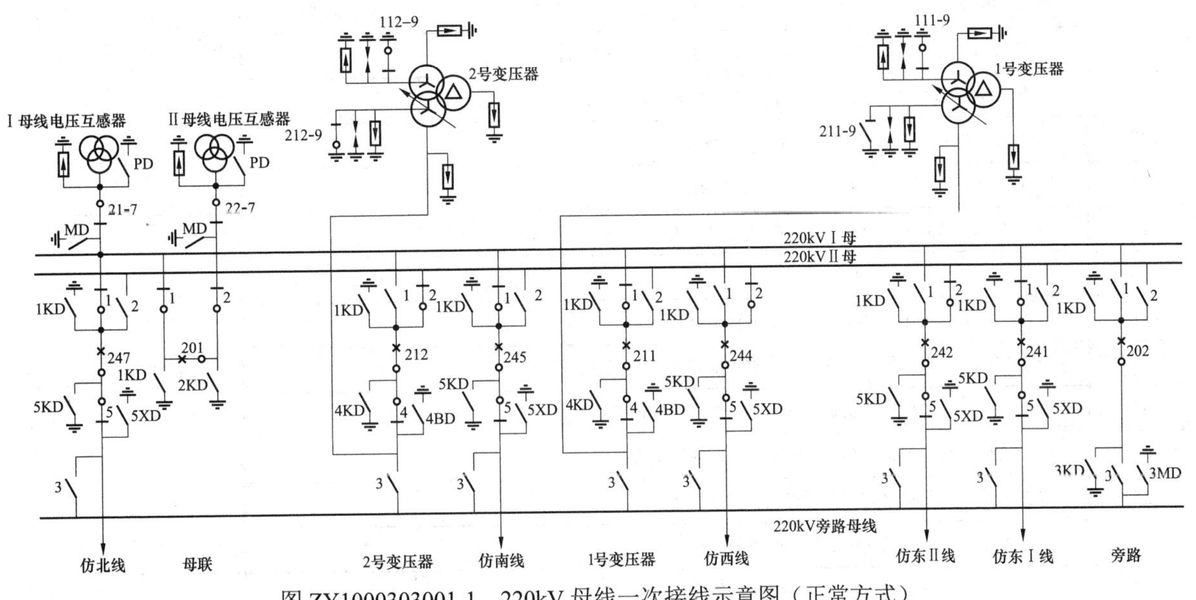

图 ZY1000303001-1　220kV 母线一次接线示意图（正常方式）

表 ZY1000303001-1　　　　**操　作　步　骤**

顺序	操　作　项　目	操　作　目　的
1	检查 220kV 母联 201 开关三相确已合上	确认 201 开关在合闸位置
2	检查 220kV 母联 201 开关负荷分配正常，电流显示为×××A	
3	投入 220kV 母差保护“投单母方式”压板	母差保护改单母方式
4	断开 220kV 母联 201 开关控制电源开关	201 开关改非自动
5	合上 220kV 仿北线 247-2 刀闸控制电源开关	合上 247-2 刀闸，检查相关保护屏上指示灯
6	合上 220kV 仿北线 247-2 刀闸	
7	检查 220kV 仿北线 247-2 刀闸三相确已合上	
8	检查 220kV 仿北线 247 开关操作继电器箱“L2”指示灯亮	
9	检查 220kV 母差保护“仿北线 247-2 刀闸”位置指示灯亮	
10	检查 220kV 母差保护“仿北线 247-2 刀闸”位置报警灯亮	
11	将 220kV 母差保护“刀闸位置确认”按钮按下	
12	断开 220kV 仿北线 247-2 刀闸控制电源开关	

续表

顺序	操 作 项 目	操 作 目 的
13	合上 220kV 仿南线 245-2 刀闸控制电源开关	合上 245-2 刀闸，检查相关保护屏上指示灯
14	合上 220kV 仿南线 245-2 刀闸	
15	检查 220kV 仿南线 245-2 刀闸三相确已合上	
16	检查 220kV 仿南 245 开关操作继电器箱“L2”指示灯亮	
17	检查 220kV 母差保护“仿南线 245-2 刀闸”位置指示灯亮	
18	检查 220kV 母差保护“仿南线 245-2 刀闸”位置报警灯亮	
19	将 220kV 母差保护“刀闸位置确认”按钮按下	
20	断开 220kV 仿南线 245-2 刀闸控制电源开关	
21	合上 220kV 1 号变压器 211-2 刀闸控制电源开关	合上 211-2 刀闸，检查相关保护屏上指示灯
22	合上 220kV 1 号变压器 211-2 刀闸	
23	检查 220kV 1 号变压器 211-2 刀闸三相确已合上	
24	检查 220kV 1 号变压器 211 开关操作箱“Ⅱ母运行”指示灯亮	
25	检查 220kV 母差保护“1 号变压器 211-2 刀闸”位置指示灯亮	
26	检查 220kV 母差保护“1 号变压器 211-2 刀闸”位置报警灯亮	
27	将 220kV 母差保护“刀闸位置确认”按钮按下	
28	断开 220kV 1 号变压器 211-2 刀闸控制电源开关	
29	合上 220kV 仿东Ⅰ线 241-2 刀闸控制电源开关	合上 241-2 刀闸，检查相关保护屏上指示灯
30	合上 220kV 仿东Ⅰ线 241-2 刀闸	
31	检查 220kV 仿东Ⅰ线 241-2 刀闸三相确已合上	
32	检查 220kV 仿东Ⅰ线 241 开关操作继电器箱“L2”指示灯亮	
33	检查 220kV 母差保护“仿东Ⅰ线 241-2 刀闸”位置指示灯亮	
34	检查 220kV 母差保护“仿东Ⅰ线 241-2 刀闸”位置报警灯亮	
35	将 220kV 母差保护“刀闸位置确认”按钮按下	
36	断开 220kV 仿东Ⅰ线 241-2 刀闸控制电源开关	
37	合上 220kV 仿东Ⅰ线 241-1 刀闸控制电源开关	拉开 241-1 刀闸，检查相关保护屏上指示灯
38	拉开 220kV 仿东Ⅰ线 241-1 刀闸	
39	检查 220kV 仿东Ⅰ线 241-1 刀闸三相确已拉开	
40	检查 220kV 仿东Ⅰ线 241 开关操作继电器箱“L1”指示灯灭	
41	检查 220kV 母差保护“仿东Ⅰ线 241-1 刀闸”位置指示灯灭	
42	检查 220kV 母差保护“仿东Ⅰ线 241-1 刀闸”位置报警灯亮	
43	将 220kV 母差保护“刀闸位置确认”按钮按下	
44	断开 220kV 仿东Ⅰ线 241-1 刀闸控制电源开关	
45	合上 220kV 1 号变压器 211-1 刀闸控制电源开关	拉开 211-1 刀闸，检查相关保护屏上指示灯
46	拉开 220kV 1 号变压器 211-1 刀闸	
47	检查 220kV 1 号变压器 211-1 刀闸三相确已拉开	
48	检查 220kV 1 号变压器 211 开关操作箱“Ⅰ母运行”指示灯灭	
49	检查 220kV 母差保护“1 号变压器 211-1 刀闸”位置指示灯灭	
50	检查 220kV 母差保护“1 号变压器 211-1 刀闸”位置报警灯亮	
51	将 220kV 母差保护“刀闸位置确认”按钮按下	
52	断开 220kV 1 号变压器 211-1 刀闸控制电源开关	

续表

顺序	操　作　项　目	操　作　目　的
53	合上 220kV 仿南线 245-1 刀闸控制电源开关	拉开 245-1 刀闸，检查相关保护屏上指示灯
54	拉开 220kV 仿南线 245-1 刀闸	
55	检查 220kV 仿南线 245-1 刀闸三相确已拉开	
56	检查 220kV 仿南 245 开关操作继电器箱“L1”指示灯灭	
57	检查 220kV 母差保护“仿南线 245-1 刀闸”位置指示灯灭	
58	检查 220kV 母差保护“仿南线 245-1 刀闸”位置报警灯亮	
59	将 220kV 母差保护“刀闸位置确认”按钮按下	
60	断开 220kV 仿南线 245-1 刀闸控制电源开关	
61	合上 220kV 仿北线 247-1 刀闸控制电源开关	拉开 247-1 刀闸，检查相关保护屏上指示灯
62	拉开 220kV 仿北线 247-1 刀闸	
63	检查 220kV 仿北线 247-1 刀闸三相确已拉开	
64	检查 220kV 仿北线 247 开关操作继电器箱“L1”指示灯灭	
65	检查 220kV 母差保护“仿北线 247-1 刀闸”位置指示灯灭	
66	检查 220kV 母差保护“仿北线 247-1 刀闸”位置报警灯亮	
67	将 220kV 母差保护“刀闸位置确认”按钮按下	
68	断开 220kV 仿北线 247-1 刀闸控制电源开关	
69	检查 220kV Ⅰ母线上所有出线刀闸三相确已全部拉开	确认Ⅰ母线空母运行
70	合上 220kV 母联 201 开关控制电源开关	201 开关改自动
71	将 220kV 母差保护电压切换开关由“双母”切至“Ⅱ母”位置	母差保护电压切换
72	断开 220kV 母差保护Ⅰ母交流电压开关	
73	检查 220kV 母联 201 开关“负荷电流”显示为零	将Ⅰ母线由运行转热备用
74	将 220kV 母联 201 开关“远方—就地”切换开关由“远方”切至“就地”位置	
75	拉开 220kV 母联 201 开关	
76	检查 220kV 母联 201 开关三相确已拉开	
77	检查 220kV Ⅰ母线电压显示为零	
78	合上 220kV 母联 201-1 刀闸控制电源开关	将 201 开关由热备用转冷备用，检查相关保护屏上指示灯
79	拉开 220kV 母联 201-1 刀闸	
80	检查 220kV 母联 201-1 刀闸三相确已拉开	
81	检查 220kV 母差保护“母联 201-1 刀闸”位置指示灯灭	
82	检查 220kV 母差保护“母联 201-1 刀闸”位置报警灯亮	
83	将 220kV 母差保护“刀闸位置确认”按钮按下	
84	断开 220kV 母联 201-1 刀闸控制电源开关	
85	合上 220kV 母联 201-2 刀闸控制电源开关	
86	拉开 220kV 母联 201-2 刀闸	
87	检查 220kV 母联 201-2 刀闸三相确已拉开	
88	检查 220kV 母差保护“母联 201-2 刀闸”位置指示灯灭	
89	检查 220kV 母差保护“母联 201-2 刀闸”位置报警灯亮	
90	将 220kV 母差保护“刀闸位置确认”按钮按下	
91	断开 220kV 母联 201-2 刀闸控制电源开关	
92	断开 220kV Ⅰ母线电压互感器二次保护交流电压开关	将Ⅰ母线电压互感器由运行转冷备用，检查相关信号
93	断开 220kV Ⅰ母线电压互感器二次计量交流电压开关	
94	合上 220kV Ⅰ母线电压互感器 21-7 刀闸控制电源开关	

续表

顺序	操 作 项 目	操 作 目 的
95	拉开 220kVⅠ母线电压互感器 21-7 刀闸	将Ⅰ母线电压互感器由运行转冷备用，检查相关信号
96	检查 220kVⅠ母线电压互感器 21-7 刀闸三相确已拉开	
97	检查 220kV 电压并列装置“PTⅠ合”指示灯灭	
98	断开 220kVⅠ母线电压互感器 21-7 刀闸控制电源开关	
99	在 220kVⅠ母线与 220kVⅠ母线电压互感器 21-7 刀闸之间验明三相确无电压	合上Ⅰ母线上接地刀闸
100	合上 220kVⅠ母线 21-7MD 接地刀闸	
101	检查 220kVⅠ母线 21-7MD 接地刀闸三相确已合上	
102	汇报调度	

注 220kVⅠ母线由检修转运行的操作顺序反之。220kVⅡ母线停送电操作，其操作顺序基本相同。

2. 操作任务：110kVⅠ母线由检修转运行，恢复正常运行方式

一次接线和运行方式如图 ZY1000303001-2 所示，1 号、2 号变压器中、低压侧不考虑合环运行。

110kV 母线保护配置：WMZ-41A 微机母差保护。

110kV 电压并列装置配置：YQX-12PS。

110kV 线路开关保护配置：RCS-941A 三段相间和接地距离保护、四段零序方向过流保护和三相一次重合闸等。

220kV 1 号变压器保护配置：PST-1202A 差动及后备保护、PST-1206A 失灵保护、PST-1212 操作箱（高压侧）；PST-1202B 差动及后备保护、PST-1210C 本体保护、PST-1211 中压操作箱、PST-1210 低压操作箱。

220kV 2 号变压器保护配置：RCS-978 差动及后备保护、RCS-974A 非电量及失灵辅助保护、LFP-974B 电压切换及操作回路（中、低压侧）；RCS-978 差动及后备保护、LFP-974E 操作继电器箱（高压侧）。

操作步骤见表 ZY1000303001-2。

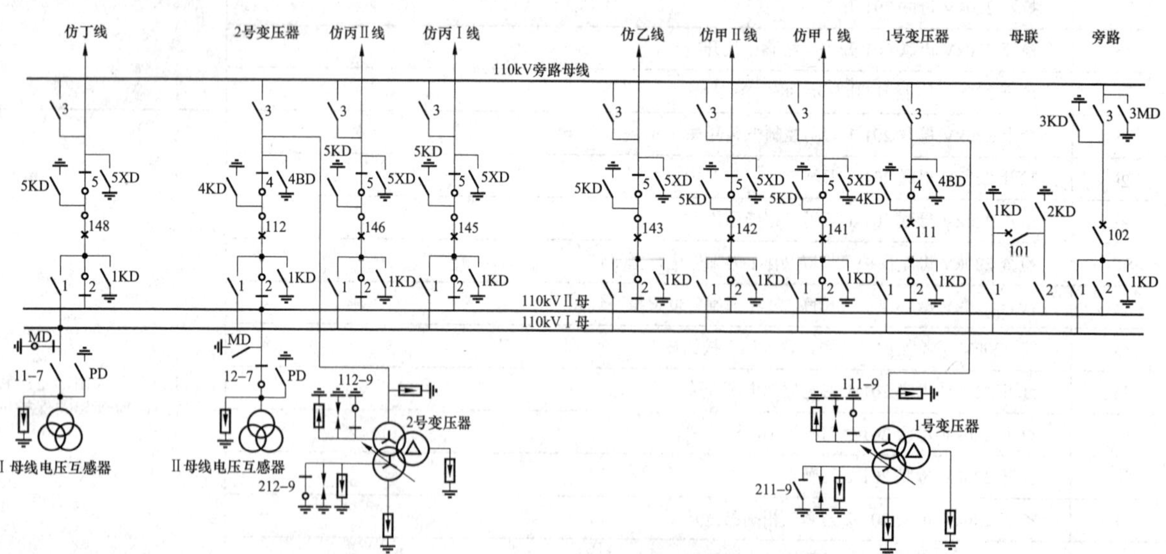

图 ZY1000303001-2 110kV 母线一次接线示意图（Ⅰ母线检修）

表 ZY1000303001-2 操 作 步 骤

顺序	操 作 项 目	操 作 目 的
1	检查 110kV 母联 101 开关间隔接地刀闸三相确已拉开	检查送电范围内接地刀闸已拉开
2	拉开 110kVⅠ母线 11-7MD 接地刀闸	拉开Ⅰ母线上接地刀闸

续表

顺序	操 作 项 目	操 作 目 的
3	检查 110kV Ⅰ母线 11-7MD 接地刀闸三相确已拉开	拉开Ⅰ母线上接地刀闸
4	合上 110kV Ⅰ母线电压互感器 11-7 刀闸控制电源开关	将Ⅰ母线电压互感器由冷备用转运行，检查相关信号
5	合上 110kV Ⅰ母线电压互感器 11-7 刀闸	
6	检查 110kV Ⅰ母线电压互感器 11-7 刀闸三相确已合上	
7	检查 110kV 电压并列装置“PTⅠ合”指示灯亮	
8	断开 110kV Ⅰ母线电压互感器 11-7 刀闸控制电源开关	
9	合上 110kV Ⅰ母线电压互感器二次保护交流电压开关	
10	合上 110kV Ⅰ母线电压互感器二次计量交流电压开关	
11	检查 110kV 母联 101 开关确在分闸位置	将 101 开关由冷备用转热备用
12	合上 110kV 母联 101-2 刀闸控制电源开关	
13	合上 110kV 母联 101-2 刀闸	
14	检查 110kV 母联 101-2 刀闸三相确已合上	
15	检查 110kV 母差保护“母联 101-2 刀闸”位置指示灯亮	
16	断开 110kV 母联 101-2 刀闸控制电源开关	
17	合上 110kV 母联 101-1 刀闸控制电源开关	
18	合上 110kV 母联 101-1 刀闸	
19	检查 110kV 母联 101-1 刀闸三相确已合上	
20	检查 110kV 母差保护“母联 101-1 刀闸”位置指示灯亮	
21	断开 110kV 母联 101-1 刀闸控制电源开关	
22	将 110kV 母差保护中的“充电保护”切换开关由“退”切至“投充电 1”位置	投入母差保护中的充电保护
23	投入 110kV 母差保护中的“充电保护跳母联 101 开关”压板	
24	检查 110kV 母差保护“跳母联 101 开关”压板已投入	
25	将 110kV 母联 101 开关同期切换开关由“断开”切至“不同期”位置	用 101 开关对Ⅰ母线充电
26	检查 110kV 母联 101 开关“远方—就地”切换开关在“就地”位置	
27	合上 110kV 母联 101 开关	
28	检查 110kV 母联 101 开关三相确已合上	
29	检查 110kV Ⅰ母线电压显示正常	
30	将 110kV 母联 101 开关同期切换开关由“不同期”切至“断开”位置	
31	检查 110kV Ⅰ母线充电正常	
32	停用 110kV 母差保护中的“充电保护跳母联 101 开关”压板	停用母差保护中的充电保护
33	将 110kV 母差保护中的“充电保护”切换开关由“投充电 1”切至“退”位置	
34	合上 110kV 母差保护Ⅰ母线交流电压开关	合上母差保护Ⅰ母电压
35	将 110kV 母差保护“Ⅰ母线电压互感器”切换开关由“退”切至“投”位置	
36	将 110kV 母差保护“互联”切换开关由“退”切至“投”位置	母差保护改为互联方式
37	检查 110kV 母差保护“互联状态”指示灯亮	
38	断开 110kV 母联 101 开关控制电源开关	101 开关改非自动
39	合上 220kV 1 号变压器 111-1 刀闸控制电源开关	合上 111-1 刀闸，检查相关保护屏上指示灯
40	合上 220kV 1 号变压器 111-1 刀闸	
41	检查 220kV 1 号变压器 111-1 刀闸三相确已合上	
42	检查 220kV 1 号变压器 111 开关操作箱“Ⅰ母运行”指示灯亮	
43	检查 110kV 母差保护“1 号变压器 111-1 刀闸”位置指示灯亮	
44	断开 220kV 1 号变压器 111-1 刀闸控制电源开关	

续表

顺序	操 作 项 目	操 作 目 的
45	合上 110kV 仿甲Ⅰ线 141-1 刀闸控制电源开关	合上 141-1 刀闸，检查相关保护屏上指示灯
46	合上 110kV 仿甲Ⅰ线 141-1 刀闸	
47	检查 110kV 仿甲Ⅰ线 141-1 刀闸三相确已合上	
48	检查 110kV 仿甲Ⅰ线 141 开关微机线路保护“Ⅰ母”指示灯亮	
49	检查 110kV 母差保护“仿甲Ⅰ线 141-1 刀闸”位置指示灯亮	
50	断开 110kV 仿甲Ⅰ线 141-1 刀闸控制电源开关	
51	合上 110kV 仿乙线 143-1 刀闸控制电源开关	合上 143-1 刀闸，检查相关保护屏上指示灯
52	合上 110kV 仿乙线 143-1 刀闸	
53	检查 110kV 仿乙线 143-1 刀闸三相确已合上	
54	检查 110kV 仿乙 143 开关微机线路保护“Ⅰ母”指示灯亮	
55	检查 110kV 母差保护“仿乙线 143-1 刀闸”位置指示灯亮	
56	断开 110kV 仿乙线 143-1 刀闸控制电源开关	
57	合上 110kV 仿丙Ⅰ线 145-1 刀闸控制电源开关	合上 145-1 刀闸，检查相关保护屏上指示灯
58	合上 110kV 仿丙Ⅰ线 145-1 刀闸	
59	检查 110kV 仿丙Ⅰ线 145-1 刀闸三相确已合上	
60	检查 110kV 仿丙Ⅰ线 145 开关微机线路保护“Ⅰ母”指示灯亮	
61	检查 110kV 母差保护“仿丙Ⅰ线 145-1 刀闸”位置指示灯亮	
62	断开 110kV 仿丙Ⅰ线 145-1 刀闸控制电源开关	
63	合上 110kV 仿丙Ⅰ线 145-2 刀闸控制电源开关	拉开 145-2 刀闸，检查相关保护屏上指示灯
64	拉开 110kV 仿丙Ⅰ线 145-2 刀闸	
65	检查 110kV 仿丙Ⅰ线 145-2 刀闸三相确已拉开	
66	检查 110kV 仿丙Ⅰ线 145 开关微机线路保护“Ⅱ母”指示灯灭	
67	检查 110kV 母差保护“仿丙Ⅰ线 145-2 刀闸”位置指示灯灭	
68	断开 110kV 仿丙Ⅰ线 145-2 刀闸控制电源开关	
69	合上 110kV 仿乙线 143-2 刀闸控制电源开关	拉开 143-2 刀闸，检查相关保护屏上指示灯
70	拉开 110kV 仿乙线 143-2 刀闸	
71	检查 110kV 仿乙线 143-2 刀闸三相确已拉开	
72	检查 110kV 仿乙 143 开关微机线路保护“Ⅱ母”指示灯灭	
73	检查 110kV 母差保护“仿乙线 143-2 刀闸”位置指示灯灭	
74	断开 110kV 仿乙线 143-2 刀闸控制电源开关	
75	合上 110kV 仿甲Ⅰ线 141-2 刀闸控制电源开关	拉开 141-2 刀闸，检查相关保护屏上指示灯
76	拉开 110kV 仿甲Ⅰ线 141-2 刀闸	
77	检查 110kV 仿甲Ⅰ线 141-2 刀闸三相确已拉开	
78	检查 110kV 仿甲Ⅰ线 141 开关微机线路保护“Ⅱ母”指示灯灭	
79	检查 110kV 母差保护“仿甲Ⅰ线 141-2 刀闸”位置指示灯灭	
80	断开 110kV 仿甲Ⅰ线 141-2 刀闸控制电源开关	
81	合上 220kV 1 号变压器 111-2 刀闸控制电源开关	拉开 111-2 刀闸，检查相关保护屏上指示灯
82	拉开 220kV 1 号变压器 111-2 刀闸	
83	检查 220kV 1 号变压器 111-2 刀闸三相确已拉开	
84	检查 220kV 1 号变压器 111 开关操作箱“Ⅱ母运行”指示灯灭	
85	检查 110kV 母差保护“1 号变压器 111-2 刀闸”位置指示灯灭	
86	断开 220kV 1 号变压器 111-2 刀闸控制电源开关	

续表

顺序	操　作　项　目	操　作　目　的
87	检查 220kV 1 号变压器 111-4 刀闸三相确已合上	检查 1 号变压器 110kV 侧相关刀闸已合上
88	检查 220kV 1 号变压器 110kV 侧中性点 111-9 接地刀闸确已合上	
89	合上 110kV 母联 101 开关控制电源开关	101 开关改自动
90	将 110kV 母差保护“互联”切换开关由“投”切至“退”位置	母差保护改为正常方式
91	检查 110kV 母差保护“互联状态”指示灯灭	
92	检查 220kV 1 号变压器、220kV 2 号变压器有载调压台步差不大于 4	111 开关合环前检查变压器电压比差以及负荷分配
93	检查 220kV 2 号变压器 112 开关“负荷电流”显示为×××A	
94	将 220kV 1 号变压器 111 开关“远方—就地”切换开关由“远方”切至“就地”位置	用 111 开关合环，检查负荷分配
95	合上 220kV 1 号变压器 111 开关	
96	检查 220kV 1 号变压器 111 开关三相确已合上	
97	检查 220kV 1 号变压器 111 开关负荷分配正常，电流显示为×××A	
98	检查 220kV 2 号变压器 112 开关负荷分配正常，电流显示为×××A	
99	将 220kV 1 号变压器 111 开关“远方—就地”切换开关由“就地”切至“远方”位置	
100	拉开 110kV 母联 101 开关	用 101 开关解环，检查负荷分配
101	检查 110kV 母联 101 开关三相确已拉开	
102	检查 220kV 1 号变压器 111 开关“负荷电流”显示为×××A	
103	将 110kV 母联 101 开关“远方—就地”切换开关由“就地”切至“远方”位置	
104	投入 220kV 1 号变压器微机保护 A 屏“中压侧复压元件”压板	投入 1 号变压器微机保护“中压侧复压元件”
105	投入 220kV 1 号变压器微机保护 B 屏“中压侧复压元件”压板	
106	汇报调度	

注　110kV Ⅰ母线由运行转检修的操作顺序反之。110kV Ⅱ母线停送电操作，其操作顺序基本相同。

3. 操作任务：10kV Ⅰ段母线由运行转检修

一次接线和运行方式如图 ZY1000303001-3 所示，1 号、2 号变压器中、低压侧不考虑合环运行。

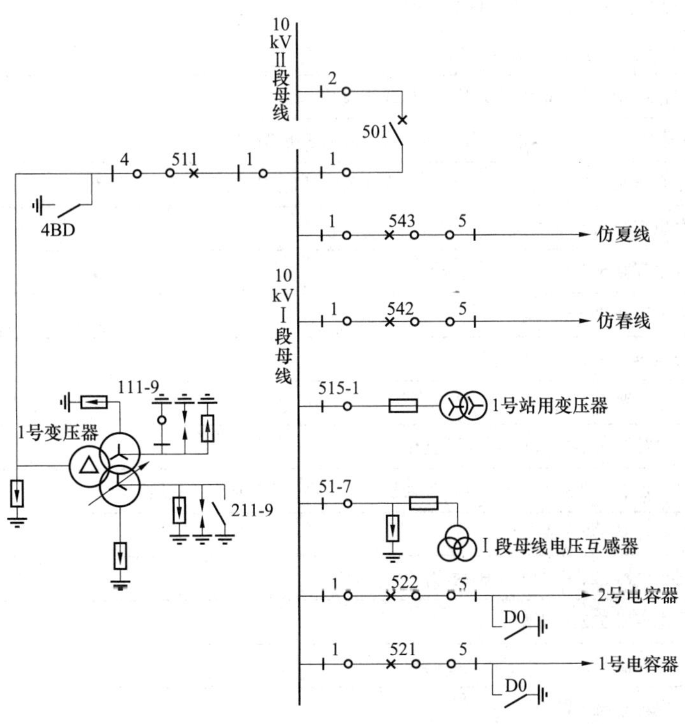

图 ZY1000303001-3　10kV Ⅰ段母线一次接线示意图（正常方式）

10kV 电压并列装置配置：YQX-12PS。

10kV 线路开关保护配置：RCS-9612A Ⅱ三段式过流保护及三相一次重合闸等。

10kV 电容器保护配置：RCS-9633C 二段式定时限过流保护、过电压保护、低电压保护、不平衡电压保护和不平衡电流保护等。

站用电系统装有站用电源自动切换装置，正常运行时，低压Ⅰ、Ⅱ段母线分列运行。

220kV 1 号变压器保护配置：PST-1202A 差动及后备保护、PST-1206A 失灵保护、PST-1212 操作箱（高压侧）；PST-1202B 差动及后备保护、PST-1210C 本体保护、PST-1211 中压操作箱、PST-1210 低压操作箱。

220kV 2 号变压器保护配置：RCS-978 差动及后备保护、RCS-974A 非电量及失灵辅助保护、LFP-974B 电压切换及操作回路（中、低压侧）；RCS-978 差动及后备保护、LFP-974E 操作继电器箱（高压侧）。

操作步骤见表 ZY1000303001-3。

表 ZY1000303001-3　　操 作 步 骤

顺序	操 作 项 目	操 作 目 的
1	将站用交流屏上站用电源自动切换装置切换开关由“自动”切至“手动”位置	站用电切换至“手动”
2	检查站用交流屏上低压Ⅰ段母线电压指示为×V	断开1号站用变压器低压开关，Ⅰ段母线停电，间接检查1号站用变压器低压开关位置
3	检查站用交流屏上 10kV 1 号站用变低压开关“合闸”指示灯亮	
4	按下站用交流屏上 10kV 1 号站用变低压开关“分闸”按钮	
5	检查站用交流屏上 10kV 1 号站用变低压开关“分闸”指示灯亮	
6	检查站用交流屏上低压Ⅰ段母线电压指示为零	
7	检查站用交流屏上 10kV 1 号站用变低压开关三相确已拉开	
8	检查站用交流屏上低压母线联络刀闸三相确已合上	合上低压母线联络开关，向Ⅰ段母线供电，间接检查低压母线联络开关位置
9	检查站用交流屏上低压母线联络开关“分闸”指示灯亮	
10	按下站用交流屏上低压母线联络开关“合闸”按钮	
11	检查站用交流屏上低压母线联络开关“合闸”指示灯亮	
12	检查站用交流屏上低压Ⅰ段母线电压指示为×V	
13	检查站用交流屏上低压母线联络开关三相确已合上	
14	拉开站用交流屏上 10kV 1 号站用变压器低压母线侧刀闸	拉开1号站用变压器低压母线侧刀闸
15	检查站用交流屏上 10kV 1 号站用变压器低压母线侧刀闸三相确已拉开	
16	将 10kV 1 号电容器 521 开关“远方—就地”切换开关由“远方”切至“就地”位置	将521开关由运行转冷备用
17	拉开 10kV 1 号电容器 521 开关	
18	检查 10kV 1 号电容器 521 开关三相确已拉开	
19	拉开 10kV 1 号电容器 521-5 刀闸	
20	检查 10kV 1 号电容器 521-5 刀闸三相确已拉开	
21	拉开 10kV 1 号电容器 521-1 刀闸	
22	检查 10kV 1 号电容器 521-1 刀闸三相确已拉开	
23	将 10kV 2 号电容器 522 开关“远方—就地”切换开关由“远方”切至“就地”位置	将522开关由运行转冷备用
24	拉开 10kV 2 号电容器 522 开关	
25	检查 10kV 2 号电容器 522 开关三相确已拉开	
26	拉开 10kV 2 号电容器 522-5 刀闸	
27	检查 10kV 2 号电容器 522-5 刀闸三相确已拉开	
28	拉开 10kV 2 号电容器 522-1 刀闸	
29	检查 10kV 2 号电容器 522-1 刀闸三相确已拉开	

续表

顺序	操作项目	操作目的
30	将10kV仿春线542开关“远方—就地”切换开关由“远方”切至“就地”位置	将542开关由运行转冷备用
31	拉开10kV仿春线542开关	
32	检查10kV仿春线542开关三相确已拉开	
33	拉开10kV仿春线542-5刀闸	
34	检查10kV仿春线542-5刀闸三相确已拉开	
35	拉开10kV仿春线542-1刀闸	
36	检查10kV仿春线542-1刀闸三相确已拉开	
37	将10kV仿夏线543开关“远方—就地”切换开关由“远方”切至“就地”位置	将543开关由运行转冷备用
38	拉开10kV仿夏线543开关	
39	检查10kV仿夏线543开关三相确已拉开	
40	拉开10kV仿夏线543-5刀闸	
41	检查10kV仿夏线543-5刀闸三相确已拉开	
42	拉开10kV仿夏线543-1刀闸	
43	检查10kV仿夏线543-1刀闸三相确已拉开	
44	将10kV分段501开关“远方—就地”切换开关由“远方”切至“就地”位置	将501开关由热备用转冷备用
45	检查10kV分段501开关三相确已拉开	
46	拉开10kV分段501-1刀闸	
47	检查10kV分段501-1刀闸三相确已拉开	
48	拉开10kV分段501-2刀闸	
49	检查10kV分段501-2刀闸三相确已拉开	
50	停用220kV 1号变压器微机保护A屏“低压侧复压元件”压板	停用1号变压器微机保护“低压侧复压元件”
51	停用220kV 1号变压器微机保护B屏“低压侧复压元件”压板	
52	将220kV 1号变压器511开关“远方—就地”切换开关由“远方”切至“就地”位置	将Ⅰ段母线由运行（空载）转热备用
53	拉开220kV 1号变压器511开关	
54	检查220kV 1号变压器511三相确已拉开	
55	检查10kV Ⅰ段母线电压显示为零	
56	拉开220kV 1号变压器511-1刀闸	将511开关由热备用转冷备用
57	检查220kV 1号变压器511-1刀闸三相确已拉开	
58	拉开220kV 1号变压器511-4刀闸	
59	检查220kV 1号变压器511-4刀闸三相确已拉开	
60	拉开10kV 1号站用变压器515-1刀闸	将1号站用变压器由运行（空载）转冷备用
61	检查10kV 1号站用变压器515-1刀闸三相确已拉开	
62	取下10kV 1号站用变压器高压熔断器	
63	断开10kV Ⅰ段母线电压互感器二次保护交流电压开关	将Ⅰ段母线电压互感器由运行转冷备用，检查相关信号
64	断开10kV Ⅰ段母线电压互感器二次计量交流电压开关	
65	拉开10kV Ⅰ段母线电压互感器51-7刀闸	
66	检查10kV Ⅰ段母线电压互感器51-7刀闸三相确已拉开	
67	检查10kV电压并列装置“PT Ⅰ合”指示灯灭	
68	取下10kV Ⅰ段母线电压互感器高压熔断器	
69	在10kV Ⅰ段母线与10kV Ⅰ段母线电压互感器51-7刀闸之间验明三相确无电压	在Ⅰ段母线上装设接地线
70	在10kV Ⅰ段母线与10kV Ⅰ段母线电压互感器51-7刀闸之间挂1号接地线一组	
71	汇报调度	

注　10kV Ⅰ段母线由检修转运行的操作顺序反之。10kV Ⅱ段母线停送电操作，其操作顺序基本相同。

模块1　ZY1000303001

【思考与练习】

1. 用变压器向母线充电时，在操作方面有哪些要求？

2. 对运行中的双母线，当将一组母线上的部分或全部断路器倒至另一组母线时，在倒闸操作方面有哪些规定？

3. 在倒母线操作后，拉开母联断路器之前，应注意哪些事项？

4. 如何防止 220kV 母线倒闸操作过程中的谐振过电压？

模块 2 母线停送电操作危险点源分析（ZY1000303002）

【模块描述】本模块介绍了母线停送电操作的危险点源。通过案例介绍，能正确分析母线停送电操作危险点源，并制定预控措施。

【正文】

（1）220kV Ⅰ母线由运行转检修，负荷倒由Ⅱ母线带，危险点分析及预控措施见表 ZY1000303002-1。

表 ZY1000303002-1　220kV Ⅰ母线由运行转检修，负荷倒由Ⅱ母线带，危险点分析及预控措施

序号	操作目的	危险点	预控措施
1	检查 220kV 母联 201 断路器，确认开关在合闸位置	断路器状态与方式不符	认真核对设备编号，严格执行监护唱票复诵制度。检查断路器时不能只看表计，应现场检查断路器位置指示器及拐臂位置，确认断路器确在合闸位置，且其两侧母线侧隔离开关确在合闸位置，以防止倒母线时用隔离开关合、解环，而造成事故
2	220kV 母差保护方式切换	误投或漏投压板	操作前认清保护屏及压板名称，防止将不该投入的压板投入；现场经确认后，投入母差保护"投单母方式"压板强制互联，以防止倒母线过程中隔离开关辅助接点接触不良或未接触，且母差保护识别错误的情况下而使母差保护误动
3	将 220kV Ⅰ母线上所有开关倒至Ⅱ母线运行	（1）母联断路器未改为非自动	倒母线过程中，若母联断路器偷跳，可能造成用隔离开关解、合环操作而导致事故；另外若母差保护未强制互联，一条母线故障跳闸，可能造成用隔离开关合故障母线，因此倒母线前应先断开母联断路器控制电源或取下熔断器，取熔断器时，应先取下正极，后取下负极
		（2）带负荷拉隔离开关	操作方法错误，倒母线隔离开关操作应采用先全合（或合一）、再全拉（或拉一）的操作方法
		（3）电动隔离开关操作后未断开控制电源	若隔离开关电动机等回路异常或人为误碰，可能造成隔离开关带负荷分、合闸或解、合环而导致事故，因此电动隔离开关操作后，应及时断开隔离开关控制电源
		（4）电动隔离开关合、分闸失灵	应查明原因，检查是否由于机构异常引起失灵，只有在确保操作正确（即该隔离开关相关联的设备状态正确）的前提下，才能手动操作合、分闸，操作前应断开电动隔离开关控制电源
		（5）解锁操作隔离开关	隔离开关闭锁打不开时，应严格履行解锁申请和批准手续，解锁操作前，应认真核对设备编号和闭锁钥匙以及设备的实际状态，方可进行实际操作
		（6）手动合闸操作方法不正确	不论用手动或绝缘拉杆操作隔离开关合闸时，都应迅速而果断。先拔出连锁销子再进行合闸，开始可缓慢一些，当刀片接近刀嘴时要迅速合上，以防止发生弧光。但在合闸终了时要注意用力不可过猛，以免发生冲击而损坏瓷件，最后应检查连锁销子是否销好
		（7）隔离开关合闸不到位	隔离开关合上后要注意认真检查，确认隔离开关三相确已全部合好；对于母线侧隔离开关合好后，应检查本保护二次电压切换正常，微机型母差保护隔离开关位置正确、切换正常
		（8）手动分闸操作方法不正确	无论用手动或绝缘拉杆操作隔离开关分闸时，都应果断而迅速。先拔出连锁销子再进行分闸，当刀片刚离开固定触头时应迅速，以便迅速消弧；但在分闸终了时要缓慢些，防止操动机构和支持绝缘子损坏，最后应检查连锁销子是否销好
		（9）隔离开关分闸不到位	隔离开关拉开后要注意认真检查，确认隔离开关端口张开角或隔离开关断开的距离应符合要求

续表

序号	操作目的	危险点	预控措施
4	将 220kV Ⅰ母线由运行转冷备用	（1）甩负荷	回路漏倒，造成线路（或变压器）失压，对外停电。拉母联开关之前，应仔细检查母线上所有出线刀闸三相确已全部拉开，且检查母联开关“负荷电流”显示为零，方可将母联开关拉开
		（2）母差保护失去电压闭锁	在母联开关断开前，应及时将母差保护电压切换开关切至“Ⅱ母”运行，以防母联开关拉开后一条母线差动保护失去电压闭锁。（部分单位无此要求）
		（3）误分开关	认真核对设备编号，严格执行监护唱票复诵制度
		（4）开关未拉开	仔细检查Ⅰ母线上电压已显示为零，同时到现场检查开关的机械位置指示器和拐臂位置，来确认开关已拉开，尽量避免用刀闸拉电压互感器或空母线
		（5）谐振过电压	对于电磁式母线电压互感器，为防止谐振过电压，待停母线转为空母线后，应先拉电压互感器刀闸，后拉母联开关
		（6）漏断母线电压互感器二次小开关（或漏取熔断器）	应将电压互感器端子箱内二次小开关全部断开、熔断器全部取下，以防止反充电，危及人身安全
		（7）母联刀闸操作顺序错误	母联开关停电时，为防止母联开关未拉开而扩大事故范围，操作时应先拉无电母线侧刀闸，后拉有电母线侧刀闸
5	将 220kV Ⅰ母线由冷备用转检修	（1）不试验验电器，使用不合格的验电器	验电器应进行检查试验合格，验电时必须戴绝缘手套
		（2）验电时站位不合适	验电时应根据现场情况站在便于操作和安全的地方，不能使验电器或绝缘杆的绝缘部分过分靠近设备构架，以免造成绝缘部分被短接
		（3）误合电压互感器接地刀闸	认真核对设备编号，严格执行监护唱票复诵制度

（2）110kV Ⅰ母线由检修转运行，恢复正常运行方式，危险点分析及预控措施见表 ZY1000303002-2。

表 ZY1000303002-2　　危险点分析及预控措施

序号	操作目的	危险点	预控措施
1	将 110kV Ⅰ母线由检修转冷备用	漏拉接地刀闸	容易造成带接地刀闸合刀闸而损坏设备，恢复备用前，应详细检查送电回路接地刀闸已全部拉开
2	将 110kV Ⅰ母线由冷备用转热备用	（1）母联刀闸操作顺序错误	为防止母联开关未拉开而扩大事故范围，操作时应先合有电母线侧刀闸，后合无电母线侧刀闸
		（2）刀闸合闸不到位	刀闸合上后要注意认真检查，确认刀闸三相确已全部合好，以防母联开关带电后，过热而被迫停运
		（3）谐振过电压	对于电磁式母线电压互感器，母线和电压互感器同时恢复运行时，先对母线送电，后送电压互感器（电压互感器经详细检查确认无接地）
		（4）漏合母线电压互感器二次小开关（或漏放熔断器）	应将电压互感器端子箱内二次小开关全部合上、熔断器全部放上，以防止保护失压
3	将 110kV Ⅰ母线由热备用转运行（充电）	（1）漏投压板	母联停电，保护可能工作，为防止漏投保护压板，应根据运行方式、继电保护及自动装置定值通知单，核对本开关有关保护投入正确，装置运行正常
		（2）无保护充电	母线故障时会越级跳闸，而扩大停电范围，因此用母联开关冲击母线时，需调整部分保护和临时投入充电保护，充电完毕后恢复原状，以防误动
		（3）忘停充电保护	充电保护容易误动，充电完成后应迅速停用
		（4）开关未合上	检查开关时不能只看表计，应现场检查开关的机械位置指示器和拐臂位置，来确认开关已合上，以防止倒母线时，用刀闸冲击母线
		（5）母线异常运行	母线充电后，应到现场对母线外观进行检查，以防母线投运后，而被迫停运
		（6）母差保护失去电压闭锁	在母联开关合上后，应及时将母差保护电压切换开关切至“投”位置，以防母联开关合上后一条母线差动保护失去电压闭锁
4	将 110kV 母线恢复双母线正常运行方式（恢复到调度下达的正常运行方式下的联接方式）	（1）母联开关未改为非自动	倒母线过程中，若母联开关偷跳，可能造成用刀闸解、合环操作而导致事故；另外若母差保护未强制互联，一条母线故障跳闸，可能造成用刀闸合故障母线，因此倒母线前应将母联开关改为非自动
		（2）带负荷拉刀闸	操作方法错误，倒母线刀闸操作应采用先全合（或合一）、再全拉（或拉一）的操作方法

续表

序号	操作目的	危险点	预控措施
4	将 110kV 母线恢复双母线正常运行方式（恢复到调度下达的正常运行方式下的联接方式）	（3）电动刀闸操作后未断开控制电源	若刀闸电动机等回路异常或人为误碰，可能造成刀闸带负荷分、合闸或解、合环而导致事故，因此电动刀闸操作后，应及时断开刀闸控制电源
		（4）电动刀闸合、分闸失灵	应查明原因，检查是否由于机构异常引起失灵，只有在确保操作正确（即该刀闸相关联的设备状态正确）的前提下，才能手动操作合、分闸，操作前应断开电动刀闸控制电源
		（5）解锁操作刀闸	刀闸闭锁打不开时，应严格履行解锁申请和批准手续，解锁操作前，应认真核对设备编号和闭锁钥匙以及设备的实际状态，方可进行实际操作
		（6）手动合闸操作方法不正确	不论用手动或绝缘拉杆操作隔离开关合闸时，都应迅速而果断。先拔出连锁销子再进行合闸，开始可缓慢一些，当刀片接近刀嘴时要迅速合上，以防止发生弧光。但在合闸终了时要注意用力不可过猛，以免发生冲击而损坏瓷件，最后应检查连锁销子是否销好
		（7）刀闸合闸不到位	刀闸合上后要注意认真检查，确认刀闸三相确已全部合好；对于母线侧刀闸合好后，应检查本保护二次电压切换正常，微机型母差保护刀闸位置正确、切换正常
		（8）手动分闸操作方法不正确	无论用手动或绝缘拉杆操作隔离开关分闸时，都应果断而迅速。先拔出连锁销子再进行分闸，当刀片刚离开固定触头时应迅速，以便迅速消弧；但在分闸终了时要缓慢些，防止操动机构和支持绝缘子损坏，最后应检查连锁销子是否销好
		（9）刀闸分闸不到位	刀闸拉开后要注意认真检查，确认刀闸端口张开角或刀闸断开的距离应符合要求
		（10）漏将母联开关改为自动	倒母线结束后，应及时合上母联开关控制电源，以防一条母线故障，而扩大停电范围
		（11）误切或漏切母差保护切换开关	操作前认清保护屏及切换开关名称，防止将不该切换的切换开关切换；现场经确认后，将母差保护“互联”切换开关切至“退”，以防止母差保护失去选择性
5	用 1 号主变压器 111 开关合环，母联 101 开关解环	（1）电压差过大	电压差过大，将造成主变压器合环时环流增大。在合环前，应及时调整两台主变压器的分接头，使其有载调压台步差不大于 4，若为无载调压变压器应检查台步差不大于 2
		（2）甩负荷	变压器中压侧开关合环前后，应仔细检查负荷分配情况，并现场检查开关实际位置与开关机械位置指示一致，以防止开关触头没有合上，而造成下一步拉开母联开关时甩负荷
		（3）误合误分开关	认真核对设备编号，严格执行监护唱票复诵制度
		（4）开关未拉开	检查开关时不能只看表计，应现场检查开关的机械位置指示器和拐臂位置，来确认开关已拉开，以防止电磁环网运行
		（5）误投或漏投中压侧复压元件压板	操作前认清保护屏及压板名称，防止将不该投入的压板投入；现场经确认后，投入 220kV 1 号主变压器微机保护“中压侧复压元件”压板，以防止保护灵敏度降低

（3）10kV Ⅰ段母线由运行转检修，危险点分析及预控措施见表 ZY1000303002-3。

表 ZY1000303002-3　　　　危险点分析及预控措施

序号	操作目的	危险点	预控措施
1	10kV 站用电方式切换	方式漏切换	为确保站用电系统手动切换正常，操作前应将方式切换开关切至“手动”位置。若不切换操作站用变压器低压开关将拒分，即使操作时强行断开，但由于站用变压器低压侧存在电压，自投装置也会拒动，造成分段开关拒合
2	10kV 站用电停电倒负荷	（1）倒负荷方法错误	正常运行时，站用电系统Ⅰ、Ⅱ段母线分列运行，且 10kV 分段开关在分闸位置。若在站用变压器高压侧未并联的情况下采用不停电倒负荷，将会在站用变压器回路中产生很大的环流，轻者站用变压器低压开关跳闸，重者将会使站用电系统设备损坏；即使将站用电系统并列前，将站用变压器高压侧并联，但如果电压差过大，也不能并列运行。因此，在正常方式下的站用电系统倒负荷，应采用停电倒负荷，即应先断开待停站用变压器低压开关，再合上分段开关
		（2）误合误分开关	认真核对设备编号，严格执行监护唱票复诵制度，防止误合误分开关
		（3）分段刀闸合不到位	易造成刀闸发热，而被迫停运，导致站用电系统一条母线失电

续表

序号	操作目的	危险点	预控措施
2	10kV 站用电停电倒负荷	（4）开关未拉开	开关分闸操作前后、均要检查表计以及开关的位置指示器同时发生对应变化，来确认开关已拉开，以防开关未拉开，导致站用电系统Ⅰ、Ⅱ段母线并列运行，而损坏设备
		（5）开关未合上	开关合闸操作前后、均要检查表计以及开关的位置指示器同时发生对应变化，来确认开关已合上，以防开关未合上，导致站用电系统一条母线失电
3	将 10kV Ⅰ段母线由运行转冷备用	（1）误拉开关	认真核对设备编号，严格执行监护唱票复诵制度
		（2）开关未拉开	检查开关时不能只看表计，应现场检查开关的机械位置指示器和拐臂位置，来确认开关已拉开，以防止带负荷拉刀闸
		（3）开关机构销子脱落	应现场检查开关的机械位置指示器和拐臂位置，来确认开关已拉开，防止开关实际位置与机械位置指示器不符，造成开关触头没有断开，而使下一步操作带负荷拉刀闸
		（4）带负荷拉刀闸	在操作刀闸前，首先应检查开关三相确已拉开，其次应判断拉开该刀闸时是否会产生弧光，在确保不发生差错的前提下，对于会产生弧光的操作，则操作时应迅速而果断，尽快使电弧熄灭，以免触头烧坏
		（5）错拉刀闸	手动拉刀闸时，应先慢而谨慎，如触头刚分离时发生弧光，则应迅速合上，这时应立即检查，是否由于误操作而引起弧光；若刀闸已拉开严禁再次合上
		（6）手动分闸操作方法不正确	无论用手动或绝缘拉杆操作隔离开关分闸时，都应果断而迅速。先拔出连锁销子再进行分闸，当刀片刚离开固定触头时应迅速，以便迅速消弧；但在分闸终了时要缓慢些，防止操动机构和支持绝缘子损坏，最后应检查连锁销子是否销好
		（7）解锁操作刀闸	刀闸闭锁打不开时，应严格履行解锁申请和批准手续，解锁操作前，应认真核对设备编号和闭锁钥匙以及设备的实际状态，方可进行实际操作
		（8）刀闸分闸不到位	刀闸拉开后要注意认真检查，确认刀闸端口张开角或刀闸断开的距离应符合要求
4	将 10kV Ⅰ段母线由冷备用转检修	（1）不试验验电器，使用不合格的验电器	验电器应进行检查试验合格，验电时必须戴绝缘手套
		（2）验电时站位不合适	验电时应根据现场情况站在便于操作和安全的地方，不能使验电器或绝缘杆的绝缘部分过分靠近设备构架，以免造成绝缘部分被短接
		（3）验电方法错误	验电时要使验电器的触头接触导体，三相逐相进行验电；在验电前应在带电的设备上进行试验，在带电设备上进行试验时应在线路侧进行，不能在靠近母线侧进行试验
		（4）使用不合格的接地线	使用接地线前应认真检查接地线各部分有无断股，螺丝连接处有无松动，截面是否符合要求
		（5）装设接地线时站位不合适	装接地线时应根据现场情况站在便于操作和安全的地方，防止在装设接地线过程中操作杆摆动造成对带电设备距离不够发生事故
		（6）接地线装设错误	在装设接地线时要戴绝缘手套，手不能接触接地线，以防止带电挂接地线时造成对人更大的伤害。装设接地线要先装接地端再装导体端

【思考与练习】

1. 倒母线时母联开关未改为非自动，会产生什么后果？
2. 母线送电时，漏投或忘停充电保护，会产生什么后果？

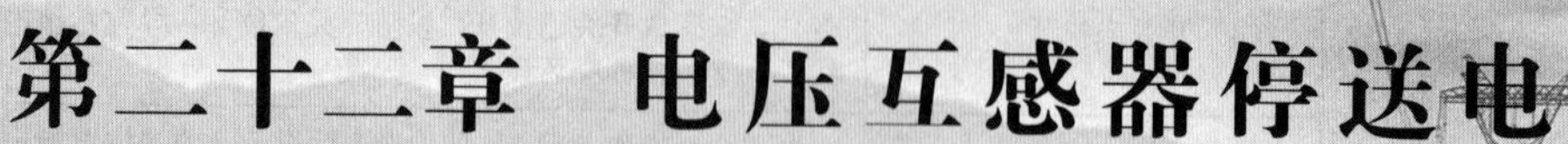

第二十二章 电压互感器停送电

模块 1 电压互感器停送电操作（ZY1000304001）

【模块描述】本模块包含电压互感器停送电的操作原则、注意事项以及异常处理原则。通过操作要点和案例介绍，掌握电压互感器停送电操作和异常处理的方法。

【正文】

一、电压互感器操作原则及注意事项

1. 电压互感器操作一般原则

（1）对于双母线或单母线分段接线，两组电压互感器各接在相应的母线上运行，正常情况下二次不并列。当任一组母线电压互感器停电时，因其线路保护的交流电压取自线路所接的母线电压互感器，所以一般二次作相应切换后，再将双母线改简易单母线即可（即母联或分段断路器改非自动）。但二次不能切换的，任一组母线电压互感器停电时，其所在母线要陪停。

（2）对于母线为 3/2 接线的任一组母线电压互感器停电时，因其线路保护的交流电压取自线路电压互感器，所以一般不影响线路保护运行。若线路电压互感器停电，其所在线路必须陪停。

（3）两组电压互感器二次并列时，必须先并一次，后并二次，以防止电压互感器二次对一次进行反充电，造成二次熔丝熔断或空气开关跳闸。

（4）只有一组电压互感器的母线，一般情况下电压互感器和母线同时进行停、送电；若单独停用电压互感器时，应考虑继电保护及自动装置的变动（如距离、方向、解列、低压闭锁保护等）。

2. 电压互感器操作注意事项

（1）在双母线或单母线分段接线的母线电压互感器操作中，母线差动保护选择性、非选择性、单母线方式和互联方式之间的切换或投退，保护电压回路的切换以及二次回路并解、列等均由现场自行按运行规程要求进行。若调度有其他要求时，应在操作指令中明确。

（2）两组电压互感器二次电压回路并列时，对电压并列回路是经母联或分段断路器回路运行启动的，母联或分段断路器应改为非自动，且微机型母线差动保护应改为互联或单母线运行方式。

（3）若两组电压互感器二次电压回路不能并列时，对于将失去电压闭锁的微机型母线差动保护，仍可继续运行，但此时不得在母线差动保护二次回路上工作。

（4）为防止反充电，母线电压互感器由运行转冷备用时，必须先断开该电压互感器的所有二次电压空气开关（或取下熔断器），然后才能拉开高压隔离开关（或取下熔断器）；反之，电压互感器由冷备用转运行时，必须先合上高压隔离开关（或放上熔断器），再合上该电压互感器的所有二次电压空气开关（或放上熔断器）。

二、电压互感器操作要求

（1）允许利用隔离开关拉、合无接地指示的电压互感器。

（2）大修或新更换的电压互感器（含二次回路变动）在投入运行前应核相。

（3）对于双母线接线或单母线分段接线，如一台电压互感器须停用，其操作顺序如下：

1）二次能并列时。

① 先并列两组电压互感器一次侧或确认一次侧已并列。

② 将母线差动保护改为“单母方式”或“互联方式”。

③ 将母联或分段断路器改为非自动。

④ 检查电压并列装置正常后，将其切换至“PT 并列”位置，此时相应的指示灯和光字信号发出。

⑤ 断开需停用电压互感器的所有二次电压空气开关（或取下熔断器）。

⑥ 拉开高压隔离开关（或取下熔断器）。

2）二次不能并列时。

① 先停用电压互感器所带的保护及自动装置。

② 断开该电压互感器的所有二次电压空气开关（或取下熔断器）。

③ 拉开高压隔离开关（或取下熔断器）。

电压互感器恢复送电操作顺序反之。

三、电压互感器操作中异常情况的处理原则

（1）在合上电压互感器二次电压空气开关或放上熔断器后，若发现二次无电压，应停止操作，查明原因。

（2）在电压互感器二次并列，且断开需停用电压互感器的所有二次电压空气开关（或取下熔断器）时，若发现二次电压异常或失去，应立即合上停用电压互感器的所有二次电压空气开关（或取下熔丝），将电压并列装置由“电压互感器并列”切至“电压互感器解列”后，再查明原因。

（3）当电压互感器高压侧隔离开关拉不开时，对于双母线接线的采用倒母线后，再用母联断路器隔离处理；对于单母线接线的采用转移或倒负荷后，再用电源开关隔离处理。

四、电压互感器操作案例

1. 操作任务：220kV Ⅰ母线电压互感器及避雷器由运行转检修

一次接线和运行方式如图 ZY1000304001-1 所示。

220kV 母线保护配置：RCS-915AB 微机母线差动保护。

220kV 电压并列装置配置：YQX-12PS。

操作步骤如表 ZY1000304001-1 所示。

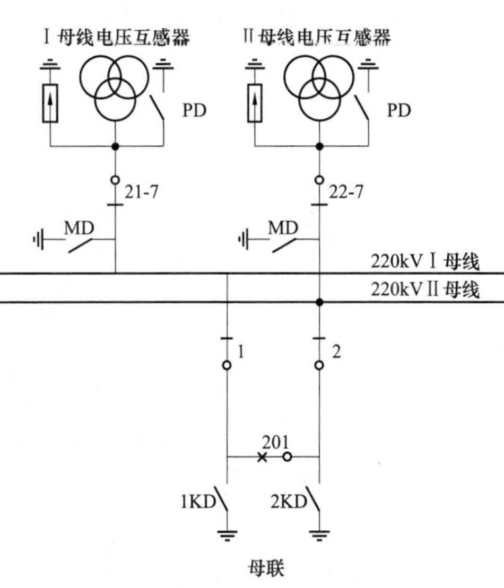

图 ZY1000304001-1　一次接线和运行方式

表 ZY1000304001-1　　操 作 步 骤

顺序	操 作 项 目	操 作 目 的
1	检查 220kV 母联 201 开关三相确已合上	确认 201 开关在合闸位置
2	检查 220kV 母联 201 开关负荷分配正常，电流显示为×××A	
3	投入 220kV 母线差动保护“投单母方式”压板	母线差动保护改单母方式
4	断开 220kV 母联 201 开关控制电源开关	201 开关改非自动
5	将 220kV 母线差动保护电压切换开关由“双母”切至“Ⅱ母”位置	母线差动保护电压切换
6	断开 220kV 母线差动保护Ⅰ母交流电压开关	
7	检查 220kV 电压并列装置运行正常	电压并列装置“PT 并列”，检查相关信号
8	将 220kV 电压并列装置切换开关由“PT 解列”切至“PT 并列”位置	
9	检查 220kV 电压并列装置“PT 并列”指示灯亮	
10	检查公用信号屏“220kV PT 并列”光字信号亮	
11	断开 220kV Ⅰ母线电压互感器二次保护交流电压开关	断开Ⅰ母线电压互感器所有二次电压
12	断开 220kV Ⅰ母线电压互感器二次计量交流电压开关	
13	检查 220kV Ⅰ母线电压显示正常	检查Ⅰ母线电压
14	合上 220kV Ⅰ母线电压互感器 21-7 刀闸控制电源开关	将Ⅰ母线电压互感器由运行（空载）转冷备用，检查相关信号
15	拉开 220kV Ⅰ母线电压互感器 21-7 刀闸	
16	检查 220kV Ⅰ母线电压互感器 21-7 刀闸三相确已拉开	

续表

顺序	操 作 项 目	操 作 目 的
17	检查220kV电压并列装置“PTⅠ合”指示灯灭	将Ⅰ母线电压互感器由运行（空载）转冷备用，检查相关信号
18	断开220kVⅠ母线电压互感器21-7刀闸控制电源开关	
19	在220kVⅠ母线电压互感器与220kVⅠ母线电压互感器21-7刀闸之间验明三相确无电压	合上Ⅰ母线电压互感器接地刀闸
20	合上220kVⅠ母线电压互感器21-7PD接地刀闸	
21	检查220kVⅠ母线电压互感器21-7PD接地刀闸三相确已合上	
22	汇报调度	

注 220kVⅠ母线电压互感器及避雷器由检修转运行的操作顺序反之。220kVⅡ母线电压互感器及避雷器停送电操作，其操作顺序基本相同。

2. 操作任务：110kVⅠ母线电压互感器及避雷器由检修转运行

一次接线和运行方式如图ZY1000304001-2所示，1号、2号变压器中、低压侧不考虑合环运行。

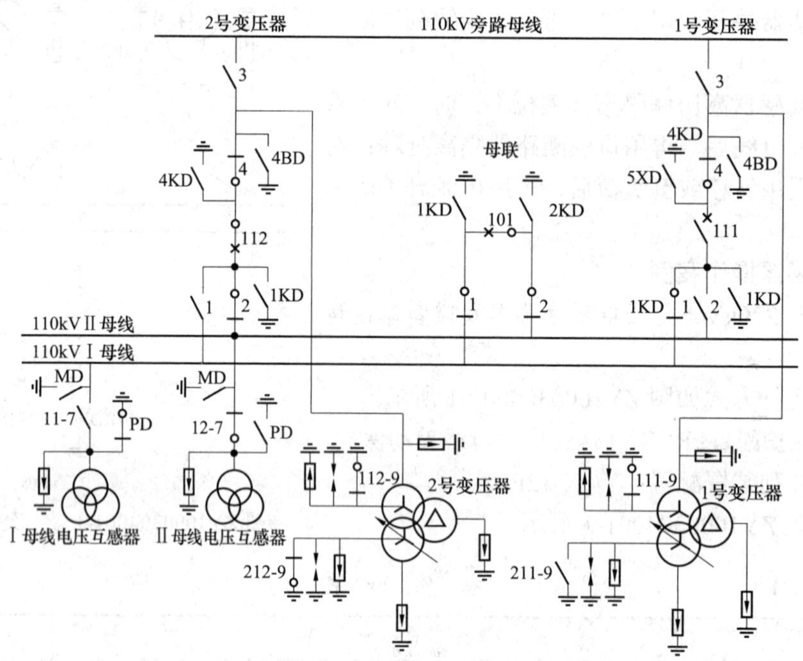

图ZY1000304001-2 一次接线和运行方式

110kV母线保护配置：WMZ-41A微机母线差动保护。

110kV电压并列装置配置：YQX-12PS。

220kV 1号变压器保护配置：PST-1202A差动及后备保护、PST-1206A失灵保护、PST-1212操作箱（高压侧）、PST-1202B差动及后备保护、PST-1210C本体保护、PST-1211中压操作箱、PST-1210低压操作箱。

220kV 2号变压器保护配置：RCS-978差动及后备保护、RCS-974A非电量及失灵辅助保护、LFP-974B电压切换及操作回路（中、低压侧）、RCS-978差动及后备保护、LFP-974E操作继电器箱（高压侧）。

操作步骤如表ZY1000304001-2所示。

表ZY1000304001-2 操 作 步 骤

顺序	操 作 项 目	操 作 目 的
1	拉开110kVⅠ母线电压互感器11-7PD接地刀闸	拉开Ⅰ母线电压互感器接地刀闸
2	检查110kVⅠ母线电压互感器11-7PD接地刀闸三相确已拉开	

续表

顺序	操　作　项　目	操　作　目　的
3	合上 110kV Ⅰ母线电压互感器 11-7 刀闸控制电源开关	将Ⅰ母线电压互感器由冷备用转运行，检查相关信号
4	合上 110kV Ⅰ母线电压互感器 11-7 刀闸	
5	检查 110kV Ⅰ母线电压互感器 11-7 刀闸三相确已合上	
6	检查 110kV 电压并列装置“PTⅠ合”指示灯亮	
7	断开 110kV Ⅰ母线电压互感器 11-7 刀闸控制电源开关	
8	合上 110kV Ⅰ母线电压互感器二次保护交流电压开关	
9	合上 110kV Ⅰ母线电压互感器二次计量交流电压开关	
10	将 110kV 电压并列装置切换开关由“PT 并列”切至“PT 解列”位置	电压并列装置“PT 解列”，检查相关信号
11	检查 110kV 电压并列装置“PT 并列”指示灯灭	
12	检查公用信号屏“110kV PT 并列”光字信号灭	
13	检查 110kV Ⅰ母线电压显示正常	检查Ⅰ母线电压
14	合上 110kV 母线差动保护Ⅰ母线交流电压开关	合上母线差动保护Ⅰ母线电压开关
15	将 110kV 母线差动保护“Ⅰ母线电压互感器”切换开关由“退”切至“投”位置	
16	合上 110kV 母联 101 开关控制电源开关	101 开关改自动
17	将 110kV 母线差动保护“互联”切换开关由“投”切至“退”位置	母线差动保护改为正常方式
18	检查 110kV 母线差动保护“互联状态”指示灯灭	
19	检查 220kV 1 号变压器 111-1 刀闸三相确已合上	检查 111 开关在热备用及中性点接地刀闸已合上
20	检查 220kV 1 号变压器 111-4 刀闸三相确已合上	
21	检查 220kV 1 号变压器 110kV 侧中性点 111-9 接地刀闸确已合上	
22	检查 220kV 1 号变压器、220kV 2 号变压器有载调压台步差不大于 4	111 开关合环前检查变压器电压比差以及负荷分配
23	检查 220kV 2 号变压器 112 开关“负荷电流”显示为×××A	
24	将 220kV 1 号变压器 111 开关“远方—就地”切换开关由“远方”切至“就地”位置	用 111 开关合环，检查负荷分配
25	合上 220kV 1 号变压器 111 开关	
26	检查 220kV 1 号变压器 111 开关三相确已合上	
27	检查 220kV 1 号变压器 111 开关负荷分配正常，电流显示为×××A	
28	检查 220kV 2 号变压器 112 开关负荷分配正常，电流显示为×××A	
29	将 220kV 1 号变压器 111 开关“远方—就地”切换开关由“就地”切至“远方”位置	
30	检查 110kV 母联 101 开关“远方—就地”切换开关在“就地”位置	用 101 开关解环，检查负荷分配
31	拉开 110kV 母联 101 开关	
32	检查 110kV 母联 101 开关三相确已拉开	
33	检查 220kV 1 号变压器 111 开关“负荷电流”显示为×××A	
34	将 110kV 母联 101 开关“远方—就地”切换开关由“就地”切至“远方”位置	
35	投入 220kV 1 号变压器微机保护 A 屏“中压侧复压元件”压板	投入 1 号变压器微机保护“中压侧复压元件”
36	投入 220kV 1 号变压器微机保护 B 屏“中压侧复压元件”压板	
37	汇报调度	

注　110kV Ⅰ母线电压互感器及避雷器由运行转检修的操作顺序反之。110kV Ⅱ母线电压互感器及避雷器停送电操作，其操作顺序基本相同。10kV 母线电压互感器及避雷器停送电操作，除保护配置不同外，其操作顺序基本相同。

【思考与练习】

1. 双母线接线或单母线分段接线，如一台电压互感器须停用，且二次不能并列时，应如何操作？
2. 对电压互感器二次并列操作，有哪些规定？
3. 电压互感器二次电压回路并列运行时，应注意哪些事项？

模块2 电压互感器停送电操作危险点源分析（ZY1000304002）

【模块描述】本模块介绍了电压互感器停送电操作的危险点源。通过案例介绍，能正确分析电压互感器停送电操作危险点源，并制定预控措施。

【正文】

一、220kV Ⅰ母线电压互感器及避雷器由运行转检修，危险点分析及预控措施

危险点分析及预控措施如表 ZY1000304002-1 所示。

表 ZY1000304002-1　　危险点分析及预控措施

序号	操作目的	危险点	预控措施
1	检查 220kV 母联 201 开关，确认开关在合闸位置	开关状态与方式不符	认真核对设备编号，严格执行监护唱票复诵制度。检查开关时不能只看表计，应现场检查开关位置指示器及拐臂位置，确认开关确在合闸位置，且其两侧母线侧刀闸确在合闸位置，以防止电压互感器二次并列时环流增大，造成其二次开关跳闸，致使保护失压
2	220kV 母线差动保护方式切换以及母联 201 开关改非自动	（1）误投或漏投压板	操作前认清保护屏及压板名称，防止将不该投入的压板投入；现场经确认后，投入母线差动保护“投单母方式”压板强制互联，以防止带有母线电压互感器的母线故障跳闸后，使非故障母线回路保护失压而误动
		（2）母联开关未改为非自动	母联开关偷跳，或母线差动保护未强制互联，当一条母线故障跳闸，可能造成无电压互感器母线上的线路保护失去电压而误动
		（3）母线差动保护失去电压闭锁	在电压互感器停运前，应及时将母线差动保护电压切换开关切至“Ⅱ母线”运行，以防电压互感器停运后一条母线差动保护失去电压闭锁
3	220kV 电压并列装置切换	切换错误使保护失去电压	切换二次电压时，应先检查切换装置运行正常，再将切换开关切至“PT 并列”位置，且检查装置“PT 并列”灯和信号屏“220kV PT 并列”光字信号亮后，再断开待停母线电压互感器所有二次电源开关或熔断器，此时两条母线电压应均显示正常，反之将造成保护失压
4	将 220kV Ⅰ母线电压互感器（空载）及避雷器由运行转冷备用	（1）母线电压互感器反送电	为防止反充电，母线电压互感器由运行转冷备用时，必须先断开该电压互感器的所有二次电压空气开关或熔断器，然后才能拉开高压侧刀闸
		（2）电动刀闸操作后未断开控制电源	若刀闸电动机等回路异常或人为误碰，可能造成刀闸自合闸而损坏设备，因此电动刀闸操作后，应及时断开刀闸控制电源
		（3）电动刀闸分闸失灵	应查明原因，检查是否由于机构异常引起失灵，只有在确保操作正确（即该刀闸相关联的设备状态正确）的前提下，才能手动操作分闸，操作前应断开电动刀闸控制电源
		（4）解锁操作刀闸	刀闸闭锁打不开时，应严格履行解锁申请和批准手续，解锁操作前，应认真核对设备编号和闭锁钥匙以及设备的实际状态，方可进行实际操作
		（5）手动分闸操作方法不正确	无论用手动或绝缘拉杆操作隔离开关分闸时，都应果断而迅速。先拔出连锁销子再进行分闸，当刀片刚离开固定触头时应迅速，以便迅速消弧；但在分闸终了时要缓慢些，防止操动机构和支持绝缘子损坏，最后应检查连锁销子是否销好
		（6）刀闸分闸不到位	刀闸拉开后要注意认真检查，确认刀闸端口张开角或刀闸断开的距离应符合要求
5	将 220kV Ⅰ母线电压互感器及避雷器由冷备用转检修	（1）不试验验电器，使用不合格的验电器	验电器应进行检查试验合格，验电时必须戴绝缘手套
		（2）验电时站位不合适	验电时应根据现场情况站在便于操作和安全的地方，不能使验电器或绝缘杆的绝缘部分过分靠近设备构架，以免造成绝缘部分被短接
		（3）误合母线接地刀闸	认真核对设备编号，严格执行监护唱票复诵制度

二、110kV Ⅰ母线电压互感器及避雷器由检修转运行，危险点分析及预控措施

危险点分析及预控措施如表 ZY1000304002-2 所示。

表 ZY1000304002-2　　危险点分析及预控措施

序号	操作目的	危险点	预控措施
1	将 110kV Ⅰ母线电压互感器及避雷器由检修转冷备用	漏拉接地刀闸	容易造成带接地刀闸合闸而损坏设备，恢复备用前，应详细检查送电回路接地刀闸已全部拉开
2	将 110kV Ⅰ母线电压互感器及避雷器由冷备用转运行	（1）母线电压互感器反送电	为防止反充电，母线电压互感器由冷备用转运行时，必须先合上高压侧刀闸，再合上该电压互感器的所有二次电压空气开关或放上熔断器
		（2）漏合母线电压互感器二次小开关（或漏放熔断器）	应将电压互感器端子箱内二次小开关全部合上、熔断器全部放上，以防止保护失压
		（3）电动刀闸操作后未断开控制电源	若刀闸电动机等回路异常或人为误碰，可能造成刀闸自分闸而使保护失压以及电压互感器反送电，因此电动刀闸操作后，应及时断开刀闸控制电源
		（4）电动刀闸合闸失灵	应查明原因，检查是否由于机构异常引起失灵，只有在确保操作正确（即该刀闸相关联的设备状态正确）的前提下，才能手动操作合闸，操作前应断开电动刀闸控制电源
		（5）解锁操作刀闸	刀闸闭锁打不开时，应严格履行解锁申请和批准手续，解锁操作前，应认真核对设备编号和闭锁钥匙以及设备的实际状态，方可进行实际操作
		（6）手动合闸操作方法不正确	不论用手动或绝缘拉杆操作隔离开关合闸时，都应迅速而果断。先拔出连锁销子再进行合闸，开始可缓慢一些，当刀片接近刀嘴时要迅速合上，以防止发生弧光。但在合闸终了时要注意用力不可过猛，以免发生冲击而损坏瓷件，最后应检查连锁销子是否销好
		（7）刀闸合闸不到位	刀闸合上后要注意认真检查，确认刀闸三相确已全部合好，以防电压互感器带电后，过热而被迫停运
3	110kV 电压并列装置切换	切换错误使保护失去电压	切换二次电压时，应先检查Ⅰ母线电压互感器所有二次电源开关已合上或熔断器已放上，再将切换开关切至“PT 解列”位置，且检查装置“PT 并列”灯和信号屏“110kV PT 并列”光字信号灭后，再检查两条母线电压应均显示正常，反之将造成一条母线二次失压
4	110kV 母线差动保护方式切换以及母联 101 开关改自动	（1）母线差动保护失去电压闭锁	在母线电压互感器恢复后，应及时将母线差动保护电压切换开关切至“投”位置，以防母线电压互感器恢复后一条母线差动保护失去电压闭锁
		（2）漏将母联开关改为自动	母线电压互感器恢复后，应及时合上母联开关控制电源，以防一条母线故障，而扩大停电范围
		（3）误切或漏切母线差动保护切换开关	操作前认清保护屏及切换开关名称，防止将不该切换的开关切换；现场经确认后，将母线差动保护“互联”切换开关切至“退”，以防止母线差动保护失去选择性
5	用 1 号主变压器 111 开关合环，母联 101 开关解环	（1）电压差过大	电压差过大，将造成主变压器合环时环流增大。在合环前，应及时调整两台主变压器的分接头，使其有载调压台步差不大于 4，若为无载调压变压器，应检查台步差不大于 2
		（2）甩负荷	变压器中压侧开关合环前后，应仔细检查负荷分配情况，并现场检查开关实际位置与开关机械位置指示一致，以防止开关触头没有合上，而造成下一步拉开母联开关时甩负荷
		（3）误合误分开关	认真核对设备编号，严格执行监护唱票复诵制度
		（4）开关未拉开	检查开关时不能只看表计，应现场检查开关的机械位置指示器和拐臂位置，来确认开关已拉开，以防止电磁环网运行
		（5）误投或漏投中压侧复压元件压板	操作前认清保护屏及压板名称，防止将不该投入的压板投入；现场经确认后，投入 220kV 1 号主变压器微机保护“中压侧复压元件”压板，以防止保护灵敏度降低

【思考与练习】

1. 如何正确切换电压并列装置？
2. 母线差动保护电压切换开关与一次设备运行方式不一致时，会产生什么后果？
3. 电压互感器恢复运行后漏将母联开关改为自动，会产生什么后果？

第二十三章　站用交、直流系统停送电

模块1　站用交、直流系统停送电操作（ZY1000305001）

【模块描述】本模块包含站用交、直流系统停送电的操作原则、注意事项以及异常处理原则。通过操作要点和案例介绍，掌握站用交、直流系统停送电操作和异常处理的方法。

【正文】

一、站用交流系统操作原则及注意事项

1. 站用交流系统操作一般原则

（1）站用电系统属变电站（或集控中心）管辖设备，但高压侧的运行方式由调度操作指令确定；涉及站用变压器转运行或备用，应经调度许可。

（2）站用电低压系统的操作由值班负责人发令。站用变压器送电时，应先送电源侧（高压侧），后送负荷侧（低压侧）；站用变压器停电时，应先停负荷侧，后停电源侧。站用变压器的高、低压熔断器（或断路器）配置应满足站用变压器或负载要求。

（3）两台站用变压器均运行时，由于二次存在电压差以及所接电源可能不同，为避免电磁环网，低压侧原则上不能并列运行，故只能采用停电倒负荷的方式；即停电时先拉开需停运的站用变压器低压断路器（或取下熔断器），再合上低压母线联络断路器（或隔离开关），送电时与此相反。

若两台站用变压器满足并列运行的条件，且高压侧在并列运行或高压侧为同一个电源时，可采用不停电倒负荷的方式；即停电时先合上低压母线联络断路器（或隔离开关），再拉开需停运的站用变压器低压断路器（或取下熔断器），送电时与此相反。

（4）站用变压器倒闸操作要迅速，尽量缩短停电时间。如果站用变压器负荷较大，在倒换站用变压器时应先切除一部分负荷。

（5）站用交流系统应具备外来电源。

2. 站用交流系统操作注意事项

（1）站用电系统正常运行时，低压Ⅰ、Ⅱ段母线分列运行。在两台站用变压器高压侧未并列时，严禁合上低压母线联络断路器（或隔离开关）；同样在低压母线联络断路器（或隔离开关）未合上时，严禁将分别接自站用电不同母线段的出线并列。因为站用变压器高压侧未并列［或低压母线联络断路器（或隔离开关）未合上］时，低压侧（或出线）并列会有很大的环流，可能造成短路。

（2）对于是外来电源的站用变压器，由于和站内电源的站用变压器相位不同，因此不得并列运行。

（3）合站用变压器电源侧隔离开关前，应注意检查站用变压器高压熔断器熔丝配置合理，且已放好。

（4）装卸站用变压器高压熔断器（操作前确认站用变压器高低压侧已断开），应戴护目眼镜和绝缘手套，必要时使用绝缘夹钳，并站在绝缘垫或绝缘台上。停电时应先取中相，后取边相；送电时则反之。对于跌落式高压熔断器，遇到大风时应先拉中相，再拉背风相，最后拉迎风相。

（5）采用停电倒负荷方式的站用变压器停电后，应检查相应站用电屏上的电压表无指示，然后才能合上另一台站用变压器的低压断路器（或放上熔断器）或低压母线联络断路器（或隔离开关）。在站用变压器转检修后，应做好防止倒送电的安全措施。

二、站用交流系统操作要求

（1）装有站用电源切换装置的站用电系统，其切换装置和低压断路器有“自动”和“手动”两种位置。正常运行时，应均置于“自动”位置，且站用电源切换装置的电源开关应合上，此时不能手动分合低压断路器；若需在装置上手动分合低压断路器，应将切换装置置于“手动”位置；若需在就地分合低压断路器，应将切换装置和低压断路器均置于“手动”位置。

为防止误切换，正常情况下不得断开站用电源切换装置的电源。

（2）对重要负荷，如主变压器冷却电源、断路器储能电源以及隔离开关操作电源等，必须保证其供电的可靠性和灵活性，其负荷分别接于站用电低压Ⅰ、Ⅱ段母线并构成环路，但正常运行时应开环运行。

（3）大修或新更换的站用变压器（含低压回路变动）在投入运行前应核相。

三、站用交流系统操作中异常情况的处理原则

1. 跌落式熔断器操作中易跌落的处理

若易跌落属于高压熔断器底座组件原因，需停电处理；若属于跌落式熔断器原因，应配置合理的熔丝，且熔丝与熔体管两端良好紧固，其张力可比照完好的熔断器进行调整，操作时必须迅速而果断。

2. 低压断路器合不上的处理

首先检查站用电源切换装置是否正常，是否置于“手动”位置；其次检查低压断路器本体置于的位置与操作方式是否一致，若在装置上操作应置于“自动”位置，若在就地操作应置于“手动”位置；接着检查进线侧有无电压以及回路有无短路现象等。

对于储能式低压断路器，应检查能量是否储满，若没有储满，应连续拉动断路器储能拉杆，进行储能直至显示储满能量的指示为止。

3. 低压断路器拉不开的处理

首先检查站用电源切换装置是否正常，是否置于“手动”位置；其次检查低压断路器本体置于的位置与操作方式是否一致，若在装置上操作应置于“自动”位置，若在就地操作应置于“手动”位置；接着采用手动脱扣断路器，若仍拉不开，即采用电源断路器或高压侧隔离开关切除后再处理。

4. 低压倒负荷后没有电压的处理

运行中的低压断路器均带有失压脱扣功能，若合上后没有电压，一般属于低压断路器内部异常或站用变压器高压侧失电，致使低压断路器跳闸。

首先用万用表在低压断路器的来电侧测量有无电压，若无压说明高压侧失电或熔丝熔断，反之低压断路器内部异常，此时迅速恢复站用电系统原方式。

四、站用交流系统操作案例

1. 操作任务：10kV 1 号站用变压器由运行转检修，负荷倒由 10kV 2 号站用变压器带

一次接线和运行方式如图 ZY1000305001-1 所示，正常运行时，低压Ⅰ、Ⅱ段母线分列运行。

站用电系统装有站用电源自动切换装置。

操作步骤如表 ZY1000305001-1 所示。

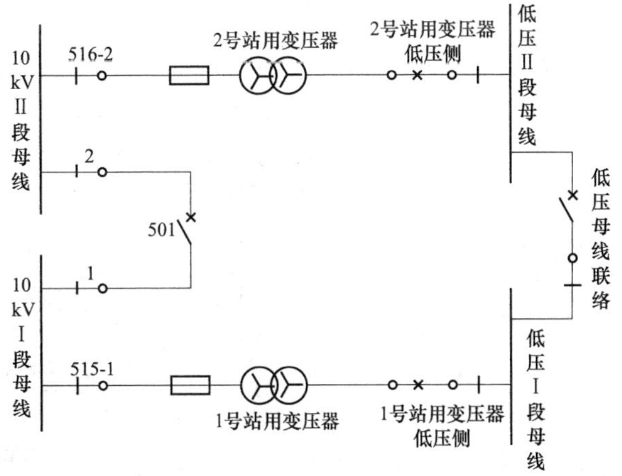

图 ZY1000305001-1 一次接线和运行方式

表 ZY1000305001-1 操 作 步 骤

顺序	操 作 项 目	操 作 目 的
1	将站用交流屏上站用电源自动切换装置切换开关由“自动”切至“手动”位置	站用交流电切换至“手动”
2	检查站用交流屏上低压Ⅰ段母线电压指示为×V	断开 1 号站用变压器低压开关，Ⅰ段母线停电，间接检查 1 号站用变压器低压开关位置
3	检查站用交流屏上 10kV 1 号站用变压器低压开关“合闸”指示灯亮	
4	按下站用交流屏上 10kV 1 号站用变压器低压开关“分闸”按钮	
5	检查站用交流屏上 10kV 1 号站用变压器低压开关“分闸”指示灯亮	

续表

顺序	操 作 项 目	操 作 目 的
6	检查站用交流屏上低压Ⅰ段母线电压指示为零	断开1号站用变压器低压开关，Ⅰ段母线停电，间接检查1号站用变压器低压开关位置
7	检查站用交流屏上10kV 1号站用变压器低压开关三相确已拉开	
8	检查站用交流屏上低压母线联络刀闸三相确已合上	合上低压母线联络开关，向Ⅰ段母线供电，间接检查低压母线联络开关位置
9	检查站用交流屏上低压母线联络开关“分闸”指示灯亮	
10	按下站用交流屏上低压母线联络开关“合闸”按钮	
11	检查站用交流屏上低压母线联络开关“合闸”指示灯亮	
12	检查站用交流屏上低压Ⅰ段母线电压指示为×V	
13	检查站用交流屏上低压母线联络开关三相确已合上	
14	拉开站用交流屏上10kV 1号站用变压器低压母线侧刀闸	拉开1号站用变压器低压母线侧刀闸
15	检查站用交流屏上10kV 1号站用变压器低压母线侧刀闸三相确已拉开	
16	拉开10kV 1号站用变压器515-1刀闸	将1号站用变压器由运行（空载）转冷备用
17	检查10kV 1号站用变压器515-1刀闸三相确已拉开	
18	取下10kV 1号站用变压器高压熔断器	
19	在10kV 1号站用变压器高压套管引出线上验明三相确无电压	在1号站用变压器两侧装设接地线
20	在10kV 1号站用变压器高压套管引出线上挂1号接地线一组	
21	在10kV 1号站用变压器低压套管引出线上验明三相确无电压	
22	在10kV 1号站用变压器低压套管引出线上挂2号接地线一组	
23	汇报调度	

注　10kV 2号站用变压器由运行转检修，负荷倒由10kV 1号站用变压器带，其操作顺序相同；若母联501开关在运行状态，站用电系统可采用不停电倒电。

2. 操作任务：10kV 1号站用变压器由检修转运行，站用电系统恢复正常运行方式

一次接线和运行方式如图ZY1000305001-2所示，正常运行时，低压Ⅰ、Ⅱ段母线分列运行。

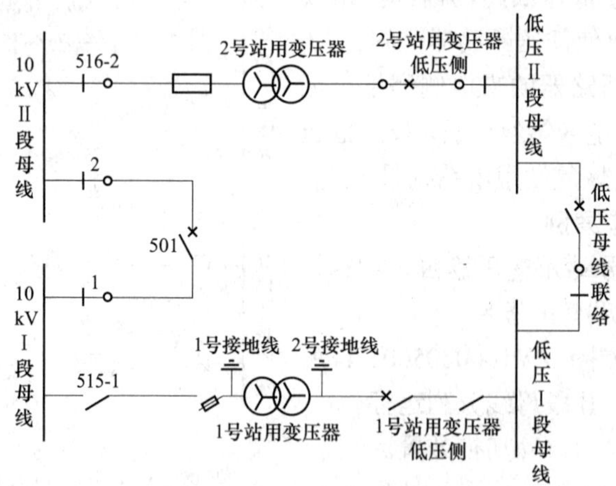

图ZY1000305001-2　一次接线和运行方式

站用电系统装有站用电源自动切换装置。

操作步骤如表ZY1000305001-2所示。

表ZY1000305001-2　　**操 作 步 骤**

顺序	操 作 项 目	操 作 目 的
1	拆除10kV 1号站用变压器低压套管引出线上2号接地线一组	拆除1号站用变压器两侧接地线
2	拆除10kV 1号站用变压器高压套管引出线上1号接地线一组	
3	检查1号、2号接地线共二组确已全部拆除	

续表

顺序	操 作 项 目	操 作 目 的
4	放上10kV 1号站用变压器高压熔断器	将1号站用变压器由冷备用转运行（空载）
5	合上10kV 1号站用变压器515-1刀闸	
6	检查10kV 1号站用变压器515-1刀闸三相确已合上	
7	检查站用交流屏上10kV 1号站用变压器低压开关“分闸”指示灯亮	合上1号站用变压器低压母线侧刀闸
8	检查站用交流屏上10kV 1号站用变压器低压开关三相确已拉开	
9	合上站用交流屏上10kV 1号站用变压器低压母线侧刀闸	
10	检查站用交流屏上10kV 1号站用变压器低压母线侧刀闸三相确已合上	
11	检查站用交流屏上低压Ⅰ段母线电压指示为×V	断开低压母线联络开关，Ⅰ段母线停电，间接检查低压母线联络开关位置
12	检查站用交流屏上低压母线联络开关“合闸”指示灯亮	
13	按下站用交流屏上低压母线联络开关“分闸”按钮	
14	检查站用交流屏上低压母线联络开关“分闸”指示灯亮	
15	检查站用交流屏上低压Ⅰ段母线电压指示为零	
16	检查站用交流屏上低压母线联络开关三相确已拉开	
17	按下站用交流屏上10kV 1号站用变压器低压开关“合闸”按钮	合上1号站用变压器低压开关，向Ⅰ段母线送电，间接检查1号站用变压器低压开关位置
18	检查站用交流屏上10kV 1号站用变压器低压开关“合闸”指示灯亮	
19	检查站用交流屏上低压Ⅰ段母线电压指示为×V	
20	检查站用交流屏上10kV 1号站用变压器低压开关三相确已合上	
21	将站用交流屏上站用电源自动切换装置切换开关由“手动”切至“自动”位置	站用电源切换恢复为正常方式
22	汇报调度	

注 10kV 2号站用变压器由检修转运行，站用电系统恢复正常运行方式，其操作顺序相同；若母联501开关在运行状态，站用电系统可采用不停电倒电。

五、站用直流系统操作原则及注意事项

1. 站用直流系统操作一般原则

（1）220kV变电站直流系统一般配置两组高频开关充电装置（若干个整流模块组成）和蓄电池组，采用单母线分段方式运行。正常情况下，直流Ⅰ、Ⅱ段母线分别由一组充电装置和蓄电池组供电，并装有自动调压、绝缘在线监测以及报警装置等。

1）若两段母线之间装有母线联络自动断路器，当任一组高频开关充电装置故障或其交流电源失去时，该断路器自动合闸，将两段母线并列运行；若该断路器置于“手动”位置时，则需手动合闸，将两段母线并列运行。

2）若两段母线之间装有隔离开关，当任一组高频开关充电装置故障或其交流电源失去时，应手动合上该隔离开关，将两段母线并列运行。

（2）按浮充电方式运行的蓄电池组，其浮充电流的大小应满足蓄电池浮充电的要求。

（3）运行中的直流Ⅰ、Ⅱ段母线，如因直流系统工作，需要转移负荷时，允许用母线联络断路器或隔离开关进行短时间并列。但必须注意的是两段电压值相等（电压差小于5%）、极性相同，且绝缘良好，无接地现象。工作完毕后应及时恢复，以免降低直流系统的可靠性。

（4）运行中的直流Ⅰ、Ⅱ段母线，在正常情况下，不允许通过负荷回路并列，以免因合环电流过大而使负荷回路空气开关跳开（或熔丝熔断），造成负荷回路失电而引起保护异常或系统事故。

（5）双路环形供电的直流负荷，必须在适当的地点断开（一般在直流屏），开环运行。

（6）控制、动力及事故照明负荷，应根据设计要求以及蓄电池的容量，按比例分配至两条直流母线上。

2. 站用直流系统操作注意事项

（1）直流母线不允许只带高频开关充电装置运行，以免突然失电或装置故障而造成直流母线停电事故；直流母线也不允许长期只带蓄电池组运行，以免造成蓄电池长期供负载电流而过放电。

（2）投入或停用直流控制电源（或熔断器）时，应考虑对继电保护及自动装置的影响；必要时应征得所属调度同意，短时停用。

运行中的继电保护及自动装置需停用直流电源时，应先停用保护出口压板，再停用直流电源。恢复时投入直流电源后，应先检查整个继电保护及自动装置运行是否正常，并使用高内阻电压表测量出口压板两端对地无异极性电压后，再投入出口压板。

（3）运行中的直流屏上高频开关充电装置、绝缘在线监测装置和监控器电源以及控母总断路器，正常时不得断开。

（4）任一组高频开关充电装置中的某一整流模块故障后，在直流电压、电流不受影响时，可暂时将故障模块退出，并将故障信息屏蔽，等待检修人员处理。

六、站用直流系统操作要求

（1）直流Ⅰ、Ⅱ段母线分段运行时，严禁将高频开关充电装置并列运行，严禁将两组蓄电池长期并列运行。

（2）当蓄电池组与直流母线断开后，应退出电磁式操动机构断路器的重合闸。

（3）取下直流控制电源熔断器时，应先取正极，后取负极。放上直流控制电源熔断器时，应先放负极，后放正极。其目的是防止产生寄生回路，使继电保护及自动装置误动作。装、放熔断器时，应干脆迅速，不得连续地接通和断开，以防损坏继电保护及自动装置。

（4）在断路器停送电的操作中，有关直流控制和合闸电源开关（或熔断器）的操作要求。

1）断路器停电时，其控制电源应在挂接地线或合上接地刀闸之后断开。其目的是防止断路器未断开，造成带负荷拉隔离开关时，断路器的保护装置可动作于跳闸，避免事故扩大。

2）断路器送电时，其控制电源应在拆接地线或拉开接地刀闸之前合上。其目的一是可以检查继电保护及自动装置运行是否正常、控制回路是否完好；如有异常，可在安全措施未拆除时，予以处理。二是操作中若断路器未断开，造成带负荷合隔离开关时，断路器的保护装置可动作于跳闸，防止事故扩大。

3）电磁式操动机构的断路器合闸电源，应在断路器分闸之后断开，其目的是防止在停电操作中，由于某种意外原因，造成断路器误合闸，而可能导致带负荷拉隔离开关的事故。同理，在断路器送电的操作中，合闸电源应该在合上断路器之前合上。

七、站用直流系统操作中异常情况的处理原则

1. 直流倒换操作时发生直流失电的处理

应立即恢复原运行方式，查明原因后再进行倒换操作。

2. 操作过程中发生直流接地故障的处理

应立即终止操作，查找和消除接地故障，拉路时应尽量缩短时间。针对拉路时可能造成继电保护和自动装置误动的，应汇报调度退出运行，之后投入运行。

3. 高频开关充电装置交流输入异常的处理

立即退出运行，在故障未消除前不得将其投入运行。

4. 断路器合不上的处理

应立即停止操作，并检查回路有无接地短路等现象，汇报调度由检修单位处理。

5. 断路器拉不开的处理

应立即查明原因，汇报调度由检修单位处理。

八、站用直流系统操作案例

1. 操作任务：停用1号高频开关充电装置和1号蓄电池组

一次接线和运行方式如图ZY1000305001-3所示。

操作步骤如表ZY1000305001-3所示。

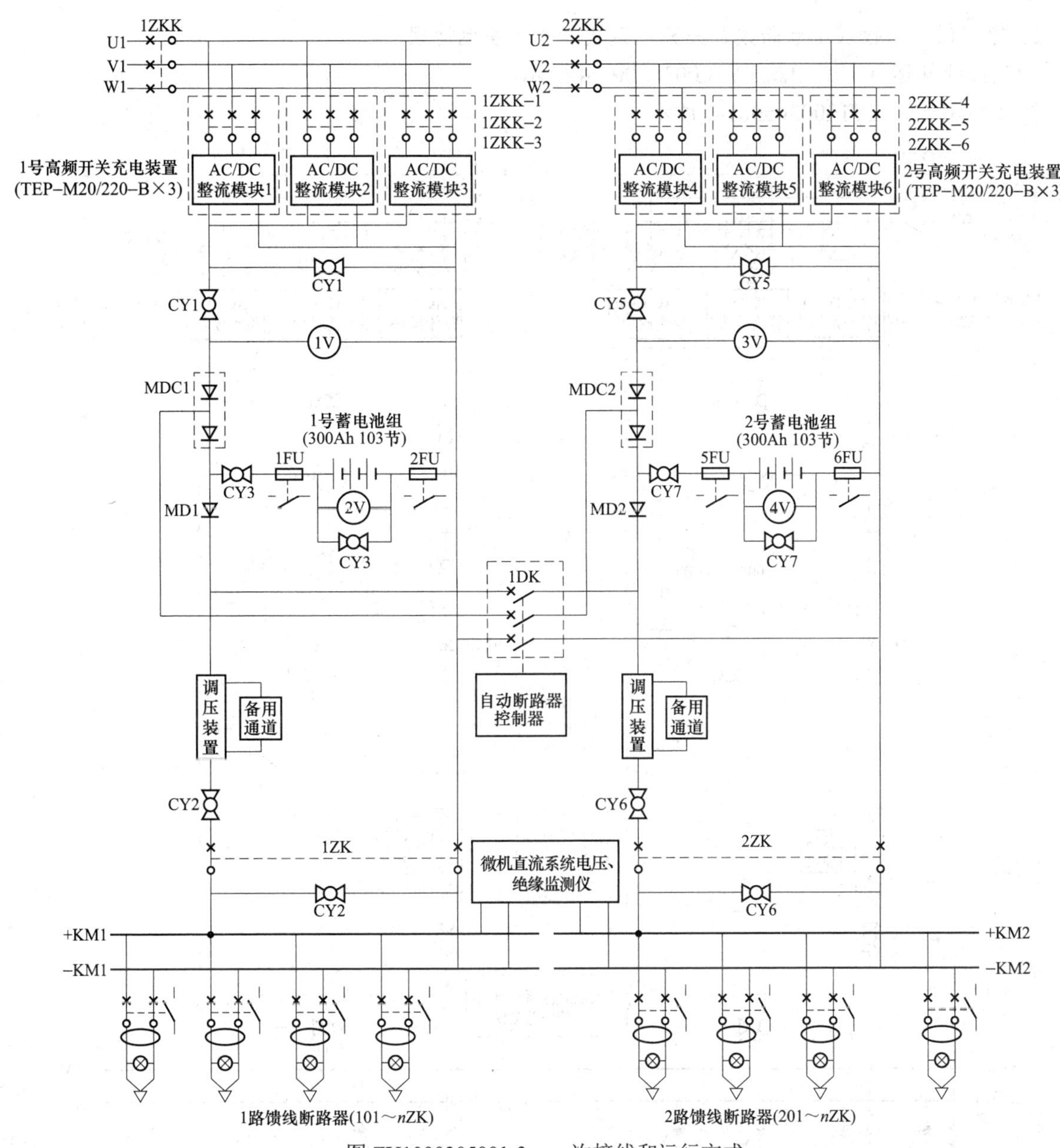

图 ZY1000305001-3 一次接线和运行方式

表 ZY1000305001-3 操作步骤

顺序	操作项目	操作目的
1	检查站用直流屏上Ⅰ、Ⅱ段母线电压差小于 5%	检查两段母线电压差
2	断开站用直流屏上 1 号高频开关充电装置“整流模块 1”交流电源开关 1ZKK-1	断开 1 号高频开关充电装置交流电源
3	断开站用直流屏上 1 号高频开关充电装置“整流模块 2”交流电源开关 1ZKK-2	
4	断开站用直流屏上 1 号高频开关充电装置“整流模块 3”交流电源开关 1ZKK-3	
5	断开站用直流屏上 1 号高频开关充电装置交流电源空气开关 1ZKK	
6	检查站用直流屏上 1 号高频开关充电装置输出电压指示为零	
7	检查站用直流屏上Ⅰ、Ⅱ段母线联络开关 1DK 已自动合上	检查母线联络开关已合上
8	取下站用直流屏上 1 号蓄电池组熔丝 1FU、2FU	断开 1 号蓄电池组并检查母线电压
9	检查站用直流屏上Ⅰ段母线电压显示正常	
10	汇报调度	

注 停用 2 号高频开关充电装置和 2 号蓄电池组，操作顺序相同。

2. 操作任务：投入 1 号高频开关充电装置和 1 号蓄电池组

一次接线和运行方式如图 ZY1000305001-4 所示。

操作步骤如表 ZY1000305001-4 所示。

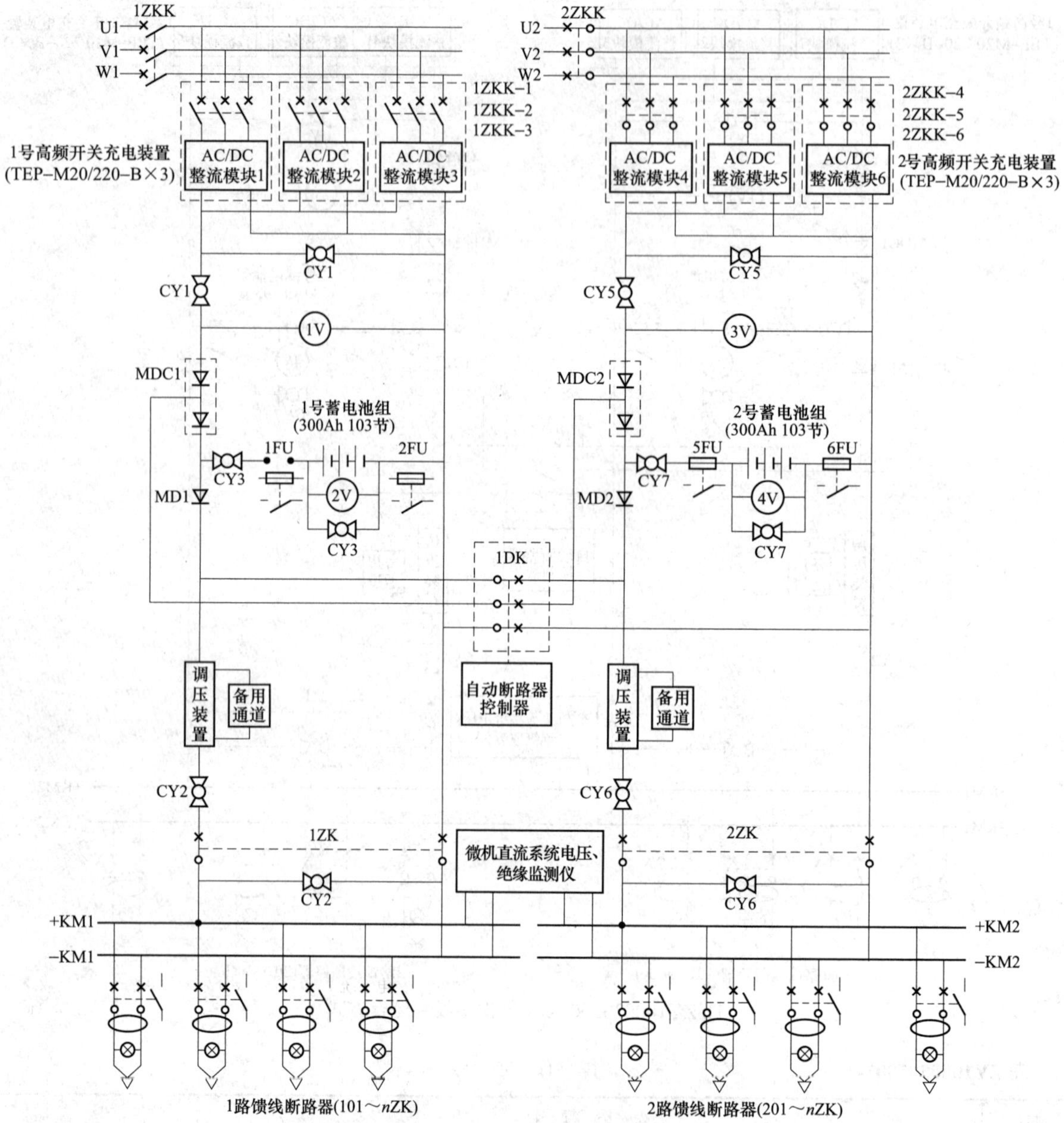

图 ZY1000305001-4 一次接线和运行方式

表 ZY1000305001-4 操 作 步 骤

顺序	操 作 项 目	操 作 目 的
1	放上站用直流屏上 1 号蓄电池组熔丝 2FU、1FU	投入 1 号蓄电池组并检查母线电压
2	检查站用直流屏上 I 段母线电压显示正常	
3	合上站用直流屏上 1 号高频开关充电装置交流电源空气开关 1ZKK	投入 1 号高频开关充电装置交流电源
4	合上站用直流屏上 1 号高频开关充电装置“整流模块 1”交流电源开关 1ZKK-1	
5	合上站用直流屏上 1 号高频开关充电装置“整流模块 2”交流电源开关 1ZKK-2	
6	合上站用直流屏上 1 号高频开关充电装置“整流模块 3”交流电源开关 1ZKK-3	
7	检查站用直流屏上 1 号高频开关充电装置输出电压指示为×V	

续表

顺序	操 作 项 目	操 作 目 的
8	检查站用直流屏上Ⅰ、Ⅱ段母线联络开关1DK已自动断开	检查母线联络开关已断开并检查母线电压
9	检查站用直流屏上Ⅰ段母线电压显示正常	
10	汇报调度	

注　投入2号高频开关充电装置和2号蓄电池组，操作顺序相同。

【思考与练习】

1. 当一台站用变压器需停电时，有几种操作方法？
2. 在站用交流系统中，低压侧不停电操作如何进行？在操作中应注意哪些事项？
3. 在断路器停送电的操作中，对直流控制和合闸电源开关的操作有哪些要求？
4. 在站用直流系统中，若Ⅰ、Ⅱ段直流母线需并列运行，应注意哪些事项？

模块2　站用交、直流系统停送电操作危险点源分析（ZY1000305002）

【模块描述】本模块介绍了站用交、直流系统停送电操作的危险点源。通过案例介绍，能正确分析站用交、直流系统停送电操作危险点源，并制定预控措施。

【正文】

一、站用交流系统停、送电操作，危险点分析及预控措施

1. 10kV 1号站用变压器由运行转检修，负荷倒由10kV 2号站用变压器带，危险点分析及预控措施

危险点分析及预控措施如表ZY1000305002-1所示。

表ZY1000305002-1　　危险点分析及预控措施

序号	操 作 目 的	危 险 点	预 控 措 施
1	站用交流电方式切换	方式漏切换	为确保站用电系统手动切换正常，操作前应将方式切换开关切至“手动”位置。若不切换操作站用变压器低压开关将拒分，即使操作时强行断开，但由于站用变压器低压侧存在电压，自投装置也会拒动，造成分段开关拒合
2	站用交流电停电倒负荷	（1）倒负荷方法错误	正常运行时，站用电系统Ⅰ、Ⅱ段母线分列运行，且10kV分段开关在分闸位置。若在站用变压器高压侧未并联的情况下采用不停电倒负荷，将会在站用变压器回路中产生很大的环流，轻者站用变压器低压开关跳闸，重者将会使站用电系统设备损坏；即使站用变压器高压侧并联，但如果电压差过大，也不能并列运行。因此，在正常方式下的站用电系统倒负荷，应采用停电倒负荷，即应先断开待停站用变压器低压开关，再合上分段开关
		（2）误合误分开关	认真核对设备编号，严格执行监护唱票复诵制度，防止误合误分开关
		（3）分段刀闸合不到位	易造成刀闸发热，而被迫停运，导致站用电系统一条母线失电
		（4）开关未拉开	开关分闸操作前后，均要检查表计以及开关的位置指示器同时发生对应变化，来确认开关已拉开，以防开关未拉开，导致站用电系统Ⅰ、Ⅱ段母线并列运行而损坏设备
		（5）开关未合上	开关合闸操作前后，均要检查表计以及开关的位置指示器同时发生对应变化，来确认开关已合上，以防开关未合上，导致站用电系统一条母线失电
3	10kV 1号站用变压器由空载运行转检修	（1）误拉刀闸	认真核对设备编号，严格执行监护唱票复诵制度
		（2）刀闸分闸不到位	刀闸拉开后要注意认真检查，确认刀闸端口张开角或刀闸断开的距离应符合要求，以防距离不够而放电
		（3）不试验验电器，使用不合格的验电器	验电器应进行检查试验合格，验电时必须戴绝缘手套
		（4）验电时站位不合适	验电时应根据现场情况站在便于操作和安全的地方，不能使验电器或绝缘杆的绝缘部分过分靠近设备构架，以免造成绝缘部分被短接

模块2 ZY1000305002

续表

序号	操作目的	危险点	预控措施
3	10kV 1号站用变压器由空载运行转检修	（5）验电方法错误	验电时要使验电器的触头接触导体，三相逐相进行验电；在验电前应在带电的设备上进行试验，在带电设备上进行试验时应在线路侧进行，不能在靠近母线侧进行试验
		（6）使用不合格的接地线	使用接地线前应认真检查接地线各部分有无断股，螺钉连接处有无松动，截面是否符合要求
		（7）装设接地线时站位不合适	装接地线时应根据现场情况站在便于操作和安全的地方，防止在装设接地线过程中操作杆摆动造成对带电设备距离不够发生事故
		（8）接地线装设错误	在装设接地线时要戴绝缘手套，手不能接触接地线，以防止带电挂接地线时造成对人更大的伤害。装设接地线要先装接地端，再装导体端

2. 10kV 1号站用变压器由检修转运行，站用电系统恢复正常运行方式，危险点分析及预控措施

危险点分析及预控措施见表 ZY1000305002-2。

表 ZY1000305002-2 危险点分析及预控措施

序号	操作目的	危险点	预控措施
1	10kV 1号站用变压器由检修转空载运行	（1）拆除接地线时站位不合适	拆除接地线时，应根据现场情况站在便于操作和安全的地方，防止在拆除接地线过程中操作杆摆动造成对带电设备距离不够发生事故
		（2）接地线拆除错误	在拆除接地线时要戴绝缘手套，手不能接触接地线；拆除接地线要先拆导体端，再拆接地端
		（3）漏拆接地线	容易造成带地线合刀闸，准备恢复备用操作前，应仔细检查接地线已全部拆除
		（4）漏放高压熔断器	按操作票步骤逐项操作，并严格执行监护唱票复诵制度
		（5）手动合闸操作方法不正确	不论用手动或绝缘拉杆操作隔离开关合闸时，都应迅速而果断。先拔出连锁销子再进行合闸，开始可缓慢一些，当刀片接近刀嘴时要迅速合上，以防止发生弧光。但在合闸终了时要注意用力不可过猛，以免发生冲击而损坏瓷件，最后应检查连锁销子是否销好
		（6）刀闸合闸不到位	刀闸合上后要注意认真检查，确认刀闸三相确已全部合好，以防送电后刀口发热而被迫停运
		（7）解锁操作刀闸	刀闸闭锁打不开时，应严格履行解锁申请和批准手续，解锁操作前，应认真核对设备编号和闭锁钥匙以及设备的实际状态，方可进行实际操作
2	站用交流电停电倒负荷	（1）倒负荷方法错误	为防止产生很大的环流使站用电系统设备损坏，应采用停电倒负荷，即应先断开分段开关，再合上待运行站用变压器低压开关
		（2）误分误合开关	认真核对设备编号，严格执行监护唱票复诵制度，防止误分误合开关
		（3）开关未拉开	开关分闸操作前后，均要检查表计以及开关的位置指示器同时发生对应变化，来确认开关已拉开，以防开关未拉开，导致站用电系统Ⅰ、Ⅱ段母线并列运行而损坏设备
		（4）开关未合上	开关合闸操作前后，均要检查表计以及开关的位置指示器同时发生对应变化，来确认开关已合上，以防开关未合上，导致站用电系统一条母线失电
3	站用交流电方式切换	方式漏切换	站用电系统倒负荷正常后，应将方式切换开关切至“自动”位置，以防站用变压器或母线故障时，分段开关不能自投，导致站用电系统一条母线失电

二、站用直流系统停、送电操作，危险点分析及预控措施

1. 停用1号高频开关充电装置和1号蓄电池组，危险点分析及预控措施

危险点分析及预控措施如表 ZY1000305002-3 所示。

表 ZY1000305002-3 危险点分析及预控措施

序号	操作目的	危险点	预控措施
1	停用1号高频开关充电装置，使直流Ⅰ、Ⅱ段母线自动并列	（1）直流母线电压差过大	并联前检查或测量Ⅰ、Ⅱ段直流母线电压差不大于5%，方可并列。否则电压差过大，将会在直流回路中产生很大的环流，可能使开关跳闸，导致失电

续表

序号	操作目的	危险点	预控措施
1	停用1号高频开关充电装置，使直流Ⅰ、Ⅱ段母线自动并列	（2）负荷回路并列	直流系统在正常运行方式下，Ⅰ、Ⅱ段直流母线不允许通过负荷回路并列，以免因合环电流过大而熔断负荷回路熔丝，造成负荷回路断电而引起的异常或事故
		（3）误分误合开关	认真核对设备编号，严格执行监护唱票复诵制度，防止误分误合开关
		（4）开关未拉开	开关分闸操作前后，均要检查表计以及开关的位置指示器同时发生对应变化，来确认开关已拉开，以防开关未拉开，危及人身安全；若无法判断时，则可以在开关两侧用万用表测量来确认，注意万用表挡位和量程，并做好防直流接地或短路的措施
		（5）开关未自动合上	停充电装置前，应检查开关在“自动”位置；开关合闸操作前后，均要检查表计以及开关的位置指示器同时发生对应变化，来确认开关已合上，以防开关未合上，导致直流系统一条母线失电；若无法判断时，则可以在开关两侧用万用表测量来确认，注意万用表挡位和量程，并做好防直流接地或短路的措施
2	停用1号蓄电池组	漏取或误取熔断器	认清位置，防止与就近的熔断器混淆，防止将其他熔断器取下，按操作票步骤逐项操作，并严格执行监护唱票复诵制度；戴绝缘手套或使用绝缘夹钳，操作熔断器一般应先取下正极，然后再取负极

2. 投入1号高频开关充电装置和1号蓄电池组，危险点分析及预控措施

危险点分析及预控措施如表ZY1000305002-4所示。

表ZY1000305002-4　　危险点分析及预控措施

序号	操作目的	危险点	预控措施
1	投入1号蓄电池组	漏放或误放熔断器	认清位置，防止与就近的熔断器混淆，防止将其他熔断器放上，按操作票步骤逐项操作，并严格执行监护唱票复诵制度；戴绝缘手套或使用绝缘夹钳，操作熔断器一般应先放上负极，然后再放上正极
2	投入1号高频开关充电装置，使直流Ⅰ、Ⅱ段母线自动解列	（1）误分误合开关	认真核对设备编号，严格执行监护唱票复诵制度，防止误分误合开关
		（2）开关未合上	开关合闸操作前后，均要检查表计以及开关的位置指示器同时发生对应变化，来确认开关已合上，以防开关未合上，导致直流系统一条母线失电；若无法判断时，则可以在开关两侧用万用表测量来确认，注意万用表挡位和量程，并做好防直流接地或短路的措施
		（3）开关未自动拉开	送充电装置前，应检查开关在“自动”位置；开关分闸操作前后，均要检查表计以及开关的位置指示器同时发生对应变化，来确认开关已拉开，以防开关未拉开，造成直流Ⅰ、Ⅱ段母线长期并列运行，危及设备安全；若无法判断时，则可以在开关两侧用万用表测量来确认，注意万用表挡位和量程，并做好防直流接地或短路的措施

【思考与练习】

1. 站用电方式切换开关漏切换，会产生什么后果？
2. 装设接地线时，应注意哪些事项？
3. 当直流母线电压差过大时，并联运行会产生什么后果？
4. 利用负荷回路并列直流母线，会产生什么后果？

第二十四章　补偿装置停送电

模块1　电容器、电抗器一般停送电（GYBD00402001）

【模块描述】本模块介绍电容器、电抗器的一般停送电的操作原则和注意事项、电容器和电抗器一般停送电操作中的异常、调度规程中对电容器和电抗器操作的相关规定。通过要点讲解和案例介绍，掌握电容器、电抗器一般停送电的操作规定和操作方法，能发现操作中的异常。

【正文】

变电站补偿装置包括低压电容器、电抗器和高压电抗器。电网通过补偿装置的投、退来进行电网电压的调整（控制）和改善电网的无功功率。

补偿装置的一般停送电操作是指低压电容器、低压电抗器及高压电抗器正常情况下的停送电操作。

一、低压电容器、电抗器的操作原则

（1）停电时，先断开断路器，后拉开元件侧隔离开关，再拉开母线侧隔离开关。

（2）送电时，先合上母线侧隔离开关，后合上元件侧隔离开关，最后合上断路器。

（3）严禁空母线带电容器运行。

二、电容器、电抗器操作中的注意事项

（1）电容器送电操作过程中，如果断路器没合好，应立即断开断路器，间隔 3min 后，再将电容器投入运行，以防止出现操作过电压。

（2）电容器的投退操作，必须根据调度指令，并结合电网的电压及无功功率情况进行操作。

（3）有电容器组运行的母线停电操作时，应先停运电容器组，再停运母线上的其他元件；母线投运时，先投运母线上的其他元件，最后投运电容器组。

（4）无失压保护的电容器组，母线失压后，应立即断开电容器组的断路器。

（5）电容器停用时应经放电线圈充分放电后才可合接地刀闸，其放电时间不得少于 5min。

三、电网调度对低压电容、电抗器操作的规定

（1）各变电站内的低压电容器、电抗器的操作由其调管的电网调度进行下令或许可进行操作。

（2）电网调度利用投切电容器、电抗器来进行系统电压调整时，由电网调度下达综合指令进行操作。变电站现场运行值班人员可根据本站电压曲线向网调提出电容器、电抗器的操作申请，经许可后进行操作，操作结束后应向电网调度汇报；

（3）投、切低压电容器、电抗器必须用断路器进行操作。

（4）低压电容器、电抗器的操作只涉及本变电站，所以，调度对低压补偿装置的操作指令是以综合命令下达。

四、补偿装置操作的异常

（1）电容器组送电中出现过电压。

（2）停电操作时电容组母线隔离开关（或断路器）不能操作。

（3）电抗器停电操作线路接地隔离开关不能接地。

五、案例

某 110kV 变电站，10kV 侧单母线分段接线，中置式小车断路器柜，如图 GYBD00402001-1 所示，1 号、2 号电容器运行。监控机操作断路器。

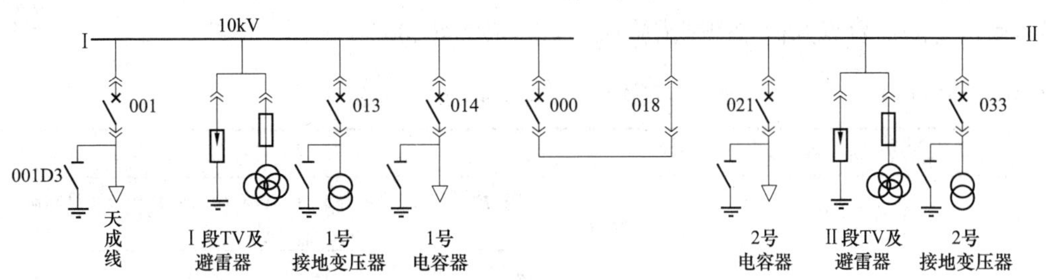

图 GYBD00402001-1　单母线分段接线

案例： 10kV 1 号电容器 014 断路器由运行转断路器、电容器检修如表 GYBD00402001-1 所示。

表 GYBD00402001-1　10kV 1 号电容器 014 断路器由运行转断路器、电容器检修

操 作 目 的	操 作 步 骤	操作注意事项
运行转热备用	（1）拉开 1 号电容器 014 断路器。 （2）检查 1 号电容器表计读数正确。 （3）检查 1 号电容器 014 断路器确已拉开	正确选择断路器分闸
热备用转冷备用	（4）将 1 号电容器 014 小车断路器拉至试验位置。 （5）检查 1 号电容器 014 小车断路器确已拉至试验位置	正确判断小车断路器的位置
冷备用转检修	（6）取下 1 号电容器 014 小车断路器二次插头。 （7）将 1 号电容器 014 小车断路器拉至检修位置。 （8）检查 1 号电容器 014 间隔线路侧带电显示灯灭（或在 1 号电容器电容器侧验明确无电压）。 （9）合上 1 号电容器 014D3 接地刀闸。 （10）检查 1 号电容器 014D3 接地刀闸确已合好。 （11）取下（或拉开）1 号电容器 014 断路器的操作和信号保险（二次开关）	1 号电容器 014 间隔线路侧正确验电

【思考与练习】

1. 补偿装置投退的原则有哪些？
2. 电容器操作中的注意事项有哪些？

模块 2　电容器、电抗器操作异常分析处理及危险点源分析（GYBD00402002）

【模块描述】 本模块介绍电容器、并联电抗器操作中的异常处理、操作中的危险点分析与控制。通过要点讲解和列表对照分析，能正确处理和判断异常，掌握补偿装置停送电的危险点源分析控制方法。

【正文】

一、电容器操作中的异常处理

（1）电容器组送电中出现母线电压变动超过 2.5%以上时，① 如果电压稳定值超过 2.5%以上，说明电容器组投入容量过大，应及时汇报调度，根据母线电压情况进行调压处理，保证母线电压在正常范围内运行。② 电容器投运前未能进行充分放电，引起操作过电压。检查母线电压稳定值是否超限，检查电容设备单元其他单元设备有无异常。

（2）停电操作时电容器组母线隔离开关（或断路器）不能操作时，电容器单元不能单独进行停电。根据运行及操作规定，在此情况下，同母线上的其他馈线单元也不能进行停电，否则，形成空母线带电容器组运行的不利方式。为此，处理办法为：母线停电，隔离母线后，做母线及电容组断路器和隔离开关的检修措施。

（3）操作中综自系统闭锁操作异常，应采取应对措施，严禁解锁操作。检查线路电压互感器空开二次保险是否合上。

二、电容器操作中的危险点分析与控制措施

电容器操作中的危险点分析与控制措施如表 GYBD00402002-1 所示。

表 GYBD00402002-1　　电容器操作中的危险点分析与控制措施

序号	类型	危 险 点	预 控 措 施
1	误操作	误拉其他断路器	（1）正确核对操作断路器名称编号，核对命名应有一个明显的确认过程，唱票复诵
			（2）后台机（监控机）上拉断路器操作，由操作人、监护人分别输入密码无误后，才能进行操作
		走错间隔，误入带电间隔	（1）监护人、操作人应走到设备标识牌前进行核对；在每步操作结束后，应由监护人在原位向操作人提示下一步操作内容
			（2）中断操作重新开始操作前，应重新核对设备命名
			（3）执行一个操作任务中途严禁换人
		电容器断路器未拉开，造成带负荷拉隔离开关	（1）正、副值两人应同时到现场详细检查断路器实际位置
			（2）检查相应电流表、红绿灯及后台遥信变位指示
			（3）操作隔离开关必须戴绝缘手套；操作过程中应穿长袖棉工作服，并戴好有防护面罩的安全帽
			（4）拉隔离开关时，操作人的身体应该躲开隔离开关的操作把手的活动范围
		解锁操作，造成带负荷拉电容器隔离开关	（1）在操作过程中遇有锁打不开等问题时，严禁擅自解锁或更改操作票
			（2）若确实需要进行解锁操作的，必须经本单位有权许可解锁操作的领导或技术人员同意后方能进行
			（3）在使用解锁钥匙进行操作前，再次检查“四核对”内容，确认被操作设备、操作步骤正确无误后，方可解锁操作，并加强监护
		断开断路器后，3min 内再次合上断路器	间隔 3min 后再进行送电操作，并且操作前对电容器进行放电
2	人身触电	电容器停用时，未对其逐个放电，造成人身触电	（1）进入电容器仓前，必须合上电容器接地隔离开关及中性点隔离开关
			（2）对电容器进行逐个放电后，才能允许工作人员进入
3	其他	就地操作电容器断路器	严格执行电容断路器在远方进行操作规定
		送电前后不检查电容器单元的设备	严格按运行规定进行操作前的检查，否则不能进行送电操作。完成操作项目后，认真检查无误后，再进行下一项的操作，检查工作两人进行，并共同确认检查结果

【思考与练习】

1. 电容器组送电中出现母线电压变动超过 2.5%以上时应怎样处理？
2. 低压补偿装置停电操作时主要的危险点有哪些？

第二十五章 二次设备操作

模块1 一般二次设备操作（ZY1000307001）

【模块描述】本模块包含二次设备的操作原则和注意事项，二次设备操作中异常情况的处理原则。通过操作要点和案例的介绍，掌握二次设备操作和异常处理的方法。

【正文】

一、一般二次设备操作原则及注意事项

1. 一般二次设备操作原则

（1）运行中的设备不允许无继电保护运行。220kV 电网一次设备不允许无快速保护运行，若因故出现无快速保护运行的情况，应采取必要的应急措施。

（2）二次设备一般使用“跳闸”、“信号”、“停用”三种状态。

（3）设备停送电时，继电保护方面的操作应尽可能在主设备冷备用状态时进行。一次设备热备用时，保护就应处在运行状态。

（4）220kV 微机线路保护每套均带有主保护和后备保护。主保护是指高频保护（方向高频、高频闭锁）、光纤保护（方向光纤、光纤闭锁）以及光纤纵差保护等其中之一，简称纵联保护；后备保护是指距离（相间、接地）保护、方向零序保护。高频保护、光纤保护、光纤纵差保护和母线差动保护等具有零秒时限跳闸的保护统称为快速保护。

1）220kV 微机线路保护整套停用时，先将对侧对应的主保护改投信号，再停本侧整套微机线路保护；投入时，先投后备保护，再投两侧主保护。

“停用 220kV×××断路器所有线路保护”是指停用该断路器所有主保护及后备保护，包括单相重合闸及失灵保护，且停用主保护时无需对侧配合。

2）220kV 线路配有双套纵联保护，两套重合闸无论只用其中一套，还是同时使用或切换时，两套重合闸的控制字（投单重、三重或综重等）和重合闸方式切换开关位置（单重、三重或综重）必须一致。

① 只用其中一套时，根据调度指令或继电保护定值通知单投入指定的一套重合闸出口压板，另一套重合闸出口压板以及两套微机保护有沟通三跳压板的均停用。该套装置停用时需自行改用至另一套装置的重合闸运行。

② 同时使用时，两套重合闸出口压板均投入，两套微机保护有沟通三跳压板的均停用。

③ 切换时，应先投入另一套微机保护的重合闸出口压板，再停用该套微机保护的重合闸出口压板。

当线路重合闸停用时，必须将两套重合闸的方式切换开关均切换至“停用”位置，两套微机保护的重合闸出口压板停用，重合闸沟通三跳压板投入。

3）微机光纤纵差保护，如 RCS-931A、PSL-603G 保护中，光纤纵差保护与后备保护共用一路电源，光纤纵差保护没有独立停用状态。后备保护在跳闸状态时，光纤纵差保护不得单改停用。停用光纤纵差保护就等于停用了后备保护，即整套装置停用。

4）线路两侧高频（或光纤）保护停用与投入操作的配合原则是：由跳闸改停用时，一侧改信号，对侧改停用，再将本侧改停用；由停用改投跳闸，两侧改信号，两侧通道信号交换正常（或检查“通道异常”信号灯不亮）后方可投跳闸。

5）由于运行方式调整为单侧电源供电的进线断路器需停用其保护、重合闸时，在一次方式调整后进行，反之需投入其保护及重合闸时，则在一次方式调整前进行。

单电源线路受电侧的保护是否改变方式视保护配置情况决定。对于 LFP（RCS）-900 或 LFP（RCS）-900+FOX 光纤接口系列微机保护改为弱馈方式；对于 RCS-931A、PSL-603G 微机光纤纵差保护无需改变；其他类型或 110kV 及以下的线路保护，按照调度操作指令或现场运行规程执行。

6）空载运行的线路，其保护应全部投入，但重合闸应停用。

7）电力电缆线路运行时，保护应全部投入，但重合闸停用。

（5）母线停电再送电或对空母线上断路器冲击时，除特殊情况外都应投入母联充电保护（根据保护整定方案使用母线差动保护中的充电保护或母联断路器本身的充电保护），送电正常后停用母联充电保护。其规定应在现场运行规程中明确，由现场值班人员负责，调度不下令。

为保证母线差动保护停用或年检时发生母线故障能解列母线，220kV 双母线装设了独立微机母联保护装置，一般命名为“母联独立过流保护”，以区别于母线差动保护中的母联充电保护。在微机母线差动保护停役或年检时，由调度下令投入母联独立过流保护，其电流定值为临时计算定值。但区外故障可能解列，应做好事故预想。

（6）断路器失灵保护是一个特殊的保护，其特点是保护动作后将跳开连接在该母线上的所有断路器，因此在一次设备停电或任一套继电保护装置停用，进行继电保护工作时，一定要将该线路（或主变压器）失灵保护启动压板停用或采取其他有效措施使其退出。

断路器失灵保护与母线差动保护共用一套装置的随着母线差动保护投停而投停。

（7）继电保护和自动装置定值的调整和更改，应按调度操作指令规定的时间完成，以保证各级继电保护装置互相配合。调整定值结束后应向值班调度员核对继电保护定值通知单，并在通知单上记录核对执行时间与双方姓名。

1）220kV 系统继电保护定值调整时，由于线路配有快速保护，速断保护定值的改变一般应在运行方式改变前进行，带时限的继电保护可在运行方式改变后进行调整。其他保护定值由大改小，应在操作结束后更改；保护定值由小改大，应首先改变定值后再进行操作。

2）微机保护事先设定好的保护定值区进行换区操作时，按照规程规定决定是否停用保护（各省因电网结构和保护配置情况不同而要求不同），但必须打印换区后的定值与继电保护及自动装置整定通知书核对，以确认保护定值已更改。

3）若涉及纵联保护，投入前需进行通道信号交换，两侧通道测试均正确后，方可投跳闸。

2. 一般二次设备操作注意事项

（1）二次设备操作时，应清楚操作目的和保护状态，特别是纵联保护两侧配合操作时，应做到心中有数，以防止误操作。

1）除光纤纵差保护外的纵联保护一般不容许出现一侧在跳闸，同时对侧在停用状态，除非特殊场合利用此方式，如用外部电源对母线试送时。

2）现场值班人员接到调度改变继电保护运行状态的指令后应立即执行，避免发生线路两侧纵联保护状态不一致而误动作。

（2）继电保护及自动装置操作中，必须检查各信号灯指示、各种表计指示和保护装置的声音是否正常，特别是在合上保护电源时。

（3）在一次系统操作后，如涉及二次系统配合问题的，则二次系统应自行作相应的调整。

（4）在线路停电时，一般不将保护退出运行，所以在线路送电时，要检查保护是否正常。保护有工作时，还应着重检查保护出口跳闸压板是否和工作之前一致，以防工作班人员改变压板位置而没有及时恢复。

线路恢复送电前（即热备用状态下），两侧值班人员必须检查通道正常后方可合闸送电。

（5）投入运行中设备的保护出口跳闸压板之前，必须用高内阻电压表测量压板两端对地无异极性电压后，方可投入其跳闸压板。注意不得用表计直接测量压板两端之间的电压，防止挡位错误造成保护误动跳闸。保护出口信号指示灯亮（或出口信号继电器掉牌）时严禁投入压板，应查明保护动作原因。操作压板时，应防止压板触碰外壳或相邻出口跳闸压板，造成保护装置误动作。

（6）继电保护及自动装置操作中要做好防止电流互感器二次侧开路、电压互感器二次侧短路的可靠措施。如主变压器断路器用旁路断路器代路操作中，电流互感器二次操作应在无电压的前提下，先投入旁路电流互感器端子的接入压板，后停用其短接压板；再投入主变压器断路器电流互感器端子的短接压板，然后停用其接入压板。

（7）某些进口保护的投入与停用不是通过压板来进行的，如瑞典 ASEA 保护通过将跳闸闭锁插把插入保护试验开关的出口插孔内来停用保护，而拔出插把即为投入保护。

二、一般二次设备操作要求

1. 一般要求

（1）继电保护及自动装置操作中如无特殊要求时，则只操作压板，而不中断装置的电源。如需将装置电源中断，则应先断开保护出口跳闸压板，再断开保护功能压板，接着断开直流电源，最后断开交流电源；投入时相反。

断开直流电源时，应先断开正极，后断开负极，以防止寄生回路造成保护装置误动作；投入时相反。

（2）倒闸操作中或设备停电后如无特殊要求时，一般不必操作继电保护或自动装置，但在下列情况下应特别注意，必须采取措施：

1）倒闸操作将影响某些保护的工作条件，因而可能引起误动时，应将其保护提前停用，如电压互感器停电前，对于低电压保护、距离保护以及按频率自动减负荷装置等不能切换保护电压的应提前停用。

2）倒闸操作引起运行方式的变化将破坏某些保护的工作原理，因而可能出现误动时，也必须将这些保护停用。

（3）继电保护装置有工作（包括消缺、维护、检修、改造、反措等）时，装置应处于停用状态，如涉及其他保护的，则也应将其他保护停用（或做好周密的隔离措施）。在工作时，如邻近的其他保护的继电器距离很近，有可能误碰时，则其邻近的保护也要停用。需在装置上带负荷及必要的带电测试工作等应在信号状态进行。

（4）对具有方向或相位等因素组成的保护装置，当保护装置更换或新投运以及二次回路有变动时，必须在带负荷前停用，相量测试正确后投入。

（5）继电保护及自动装置检修或校验后，保护电源、压板及切换开关应恢复检修或校验前的状态。

2. 线路纵联保护的状态及操作顺序

（1）高频（或光纤）保护具有跳闸、信号、停用三种状态，其含义规定如下：

1）跳闸状态。装置直流电源已投入，且跳闸出口压板置投入位置；收、发信机（或光端机）直流电源已投入，通道完好；主保护压板置投入位置。

2）信号状态。装置直流电源已投入，且跳闸出口压板置投入位置；收、发信机（或光端机）直流电源已投入，通道完好；主保护压板置停用位置。

3）停用状态。收、发信机（或光端机）直流电源已停用，主保护压板置停用位置。

（2）高频（或光纤）保护投跳闸和改停用的操作顺序。

1）投跳闸顺序。

① 检查装置直流电源已投入，无异常灯光或光字信号发出，且跳闸出口压板置投入位置。

② 投入收、发信机（或光端机）直流电源，无异常灯光或光字信号发出（高频保护操作前，应检查户外结合滤波器接地开关处于断开位置，通道设备在完好状态）。

③ 将高频闭锁保护收、发信机（或光纤闭锁保护光端机）切换开关切换至“本线”（或“旁路”）位置。

④ 两侧通道信号交换（或检查）均正常后，投入主保护压板。

2）改停用顺序。

① 停用主保护压板。

② 将高频闭锁保护收、发信机（或光纤闭锁保护光端机）切换开关切换至“停用”位置。

③ 停用收、发信机（或光端机）直流电源。

（3）光纤纵差保护具有跳闸、信号两种状态，其含义规定如下：

1）跳闸状态。装置直流电源已投入，且跳闸出口压板置投入位置，通道完好；主保护压板置投入位置。

2）信号状态。装置直流电源已投入，且跳闸出口压板置投入位置，通道完好；主保护压板置停用位置。

（4）光纤纵差保护投跳闸和改信号的操作顺序。

1）投跳闸顺序。

① 检查装置直流电源已投入，无异常灯光或光字信号发出，且跳闸出口压板置投入位置。

② 将光纤纵差保护通道切换开关切换至“本线”（或“旁路”）位置。

③ 两侧通道信号检查均正常后，投入主保护压板。

2）改信号顺序。停用主保护压板。

三、一般二次设备操作中异常情况的处理原则

1. 控制、保护等小开关合不上的处理

应立即停止操作，并检查回路有无接地短路等现象，汇报调度由检修单位处理。

2. 控制、保护等小开关拉不开的处理

应立即查明原因，汇报调度由检修单位处理。

3. 压板或端子松动的处理

检查屏后紧固螺钉有无松动、丝牙有无滑丝等，紧固或更换。

4. 操作保护装置时异常信号发出的处理

立即停止操作，待查明原因后再继续操作。

5. 测量保护出口压板有电压的处理

立即停止操作，检查继电保护有无异常或动作信号发出，汇报调度由检修单位处理。

四、一般二次设备操作案例

1. 操作任务：停用 220kV 母线差动保护

220kV 母线保护配置：RCS-915AB 微机母线差动保护。

220kV 仿东Ⅰ、Ⅱ241、242 开关配置 PSL-631A 断路器失灵及辅助保护；220kV 母联 201 开关、旁路 202 开关、仿西 244 开关、仿南 245 开关、仿北 247 开关配置 RCS-923A 失灵启动和辅助保护。

220kV 1 号主变压器配置 PST-1206A 失灵保护；220kV 2 号主变压器配置 RCS-974A 非电量及失灵辅助保护。

操作步骤如表 ZY1000307001-1 所示。

表 ZY1000307001-1　　操 作 步 骤

顺序	操 作 项 目	操作目的
1	停用 220kV 母线差动保护“旁路 202 开关失灵启动”压板	停用Ⅰ、Ⅱ母线上所有连接元件失灵启动以及母线差动保护出口跳闸压板
2	停用 220kV 母线差动保护“跳旁路 202 开关Ⅰ跳圈”压板	
3	停用 220kV 母线差动保护“跳旁路 202 开关Ⅱ跳圈”压板	
4	停用 220kV 母线差动保护“2 号主变压器 212 开关失灵启动”压板	
5	停用 220kV 母线差动保护“跳 2 号主变压器 212 开关Ⅰ跳圈”压板	
6	停用 220kV 母线差动保护“跳 2 号主变压器 212 开关Ⅱ跳圈”压板	
7	停用 220kV 母线差动保护“1 号主变压器 211 开关失灵启动”压板	
8	停用 220kV 母线差动保护“跳 1 号主变压器 211 开关Ⅰ跳圈”压板	
9	停用 220kV 母线差动保护“跳 1 号主变压器 211 开关Ⅱ跳圈”压板	
10	停用 220kV 母线差动保护“仿北 247 开关失灵启动”压板	
11	停用 220kV 母线差动保护“跳仿北 247 开关Ⅰ跳圈”压板	
12	停用 220kV 母线差动保护“跳仿北 247 开关Ⅱ跳圈”压板	

续表

顺序	操　作　项　目	操作目的
13	停用 220kV 母线差动保护“仿南 245 开关失灵启动”压板	停用Ⅰ、Ⅱ母线上所有连接元件失灵启动以及母线差动保护出口跳闸压板
14	停用 220kV 母线差动保护“跳仿南 245 开关Ⅰ跳圈”压板	
15	停用 220kV 母线差动保护“跳仿南 245 开关Ⅱ跳圈”压板	
16	停用 220kV 母线差动保护“仿西 244 开关失灵启动”压板	
17	停用 220kV 母线差动保护“跳仿西 244 开关Ⅰ跳圈”压板	
18	停用 220kV 母线差动保护“跳仿西 244 开关Ⅱ跳圈”压板	
19	停用 220kV 母线差动保护“仿东Ⅱ242 开关失灵启动”压板	
20	停用 220kV 母线差动保护“跳仿东Ⅱ242 开关Ⅰ跳圈”压板	
21	停用 220kV 母线差动保护“跳仿东Ⅱ242 开关Ⅱ跳圈”压板	
22	停用 220kV 母线差动保护“仿东Ⅰ241 开关失灵启动”压板	
23	停用 220kV 母线差动保护“跳仿东Ⅰ241 开关Ⅰ跳圈”压板	
24	停用 220kV 母线差动保护“跳仿东Ⅰ241 开关Ⅱ跳圈”压板	
25	停用 220kV 母线差动保护“母联 201 开关失灵启动”压板	
26	停用 220kV 母线差动保护“跳母联 201 开关Ⅰ跳圈”压板	
27	停用 220kV 母线差动保护“跳母联 201 开关Ⅱ跳圈”压板	
28	停用 220kV 母线差动保护“投失灵保护”压板	停用母线差动保护中失灵、母线差动功能压板
29	停用 220kV 母线差动保护“投母线差动保护”压板	
30	断开 220kV 母线差动保护直流电源开关	断开母线差动保护直流电源
31	断开 220kV 母线差动保护Ⅰ母线交流电压开关	断开母线差动保护交流电压
32	断开 220kV 母线差动保护Ⅱ母线交流电压开关	
33	汇报调度	

2. 操作任务：投入 220kV 母线差动保护

220kV 母线保护配置：RCS-915AB 微机母线差动保护。

220kV 仿东Ⅰ、Ⅱ241、242 开关配置 PSL-631A 断路器失灵及辅助保护；220kV 母联 201 开关、旁路 202 开关、仿西 244 开关、仿南 245 开关、仿北 247 开关配置 RCS-923A 失灵启动和辅助保护。

220kV 1 号主变压器配置 PST-1206A 失灵保护；220kV 2 号主变压器配置 RCS-974A 非电量及失灵辅助保护。

操作步骤如表 ZY1000307001-2 所示。

表 ZY1000307001-2　　操　作　步　骤

顺序	操　作　项　目	操作目的
1	合上 220kV 母线差动保护Ⅰ母线交流电压开关	合上母线差动保护交流电压
2	合上 220kV 母线差动保护Ⅱ母线交流电压开关	
3	合上 220kV 母线差动保护直流电源开关	合上母线差动保护直流电源
4	检查 220kV 母线差动保护电压切换开关已切至“双母”位置	检查母线差动保护运行正常且与实际运行方式一致
5	检查 220kV 母线差动保护运行正常	
6	检查 220kV 母线差动保护屏刀闸位置指示灯与实际运行方式一致	
7	检查 220kV 母线差动保护Ⅰ母线交流电流小差回路 A 相不平衡电流小于×A	检查母线差动保护不平衡电流小于规定值
8	检查 220kV 母线差动保护Ⅰ母线交流电流小差回路 B 相不平衡电流小于×A	
9	检查 220kV 母线差动保护Ⅰ母线交流电流小差回路 C 相不平衡电流小于×A	

续表

顺序	操作项目	操作目的
10	检查 220kV 母线差动保护Ⅱ母线交流电流小差回路 A 相不平衡电流小于×A	检查母线差动保护不平衡电流小于规定值
11	检查 220kV 母线差动保护Ⅱ母线交流电流小差回路 B 相不平衡电流小于×A	
12	检查 220kV 母线差动保护Ⅱ母线交流电流小差回路 C 相不平衡电流小于×A	
13	检查 220kV 母线差动保护交流电流大差回路 A 相不平衡电流小于×A	
14	检查 220kV 母线差动保护交流电流大差回路 B 相不平衡电流小于×A	
15	检查 220kV 母线差动保护交流电流大差回路 C 相不平衡电流小于×A	
16	检查 220kV 母线差动保护“投母线差动保护检修”压板已停用	检查母线差动保护相关压板已停用
17	检查 220kV 母线差动保护“投母联检修”压板已停用	
18	检查 220kV 母线差动保护“投充电保护”压板已停用	
19	检查 220kV 母线差动保护“投过流保护”压板已停用	
20	检查 220kV 母线差动保护“投单母方式”压板已停用	
21	投入 220kV 母线差动保护“投母线差动保护”压板	投入母线差动保护中母线差动、失灵功能压板
22	投入 220kV 母线差动保护“投失灵保护”压板	
23	测量 220kV 母线差动保护“跳母联 201 开关Ⅰ跳圈”压板两端对地无异极性电压	投入Ⅰ、Ⅱ母线上所有连接元件母线差动保护出口跳闸以及失灵启动压板
24	投入 220kV 母线差动保护“跳母联 201 开关Ⅰ跳圈”压板	
25	测量 220kV 母线差动保护“跳母联 201 开关Ⅱ跳圈”压板两端对地无异极性电压	
26	投入 220kV 母线差动保护“跳母联 201 开关Ⅱ跳圈”压板	
27	投入 220kV 母线差动保护“母联 201 开关失灵启动”压板	
28	测量 220kV 母线差动保护“跳仿东Ⅰ241 开关Ⅰ跳圈”压板两端对地无异极性电压	
29	投入 220kV 母线差动保护“跳仿东Ⅰ241 开关Ⅰ跳圈”压板	
30	测量 220kV 母线差动保护“跳仿东Ⅰ241 开关Ⅱ跳圈”压板两端对地无异极性电压	
31	投入 220kV 母线差动保护“跳仿东Ⅰ241 开关Ⅱ跳圈”压板	
32	投入 220kV 母线差动保护“仿东Ⅰ241 开关失灵启动”压板	
33	测量 220kV 母线差动保护“跳仿东Ⅱ242 开关Ⅰ跳圈”压板两端对地无异极性电压	
34	投入 220kV 母线差动保护“跳仿东Ⅱ242 开关Ⅰ跳圈”压板	
35	测量 220kV 母线差动保护“跳仿东Ⅱ242 开关Ⅱ跳圈”压板两端对地无异极性电压	
36	投入 220kV 母线差动保护“跳仿东Ⅱ242 开关Ⅱ跳圈”压板	
37	投入 220kV 母线差动保护“仿东Ⅱ242 开关失灵启动”压板	
38	测量 220kV 母线差动保护“跳仿西 244 开关Ⅰ跳圈”压板两端对地无异极性电压	
39	投入 220kV 母线差动保护“跳仿西 244 开关Ⅰ跳圈”压板	
40	测量 220kV 母线差动保护“跳仿西 244 开关Ⅱ跳圈”压板两端对地无异极性电压	
41	投入 220kV 母线差动保护“跳仿西 244 开关Ⅱ跳圈”压板	
42	投入 220kV 母线差动保护“仿西 244 开关失灵启动”压板	
43	测量 220kV 母线差动保护“跳仿南 245 开关Ⅰ跳圈”压板两端对地无异极性电压	
44	投入 220kV 母线差动保护“跳仿南 245 开关Ⅰ跳圈”压板	
45	测量 220kV 母线差动保护“跳仿南 245 开关Ⅱ跳圈”压板两端对地无异极性电压	
46	投入 220kV 母线差动保护“跳仿南 245 开关Ⅱ跳圈”压板	
47	投入 220kV 母线差动保护“仿南 245 开关失灵启动”压板	
48	测量 220kV 母线差动保护“跳仿北 247 开关Ⅰ跳圈”压板两端对地无异极性电压	
49	投入 220kV 母线差动保护“跳仿北 247 开关Ⅰ跳圈”压板	
50	测量 220kV 母线差动保护“跳仿北 247 开关Ⅱ跳圈”压板两端对地无异极性电压	

续表

顺序	操 作 项 目	操作目的
51	投入 220kV 母线差动保护“跳仿北 247 开关Ⅱ跳圈”压板	投入Ⅰ、Ⅱ母线上所有连接元件母线差动保护出口跳闸以及失灵启动压板
52	投入 220kV 母线差动保护“仿北 247 开关失灵启动”压板	
53	测量 220kV 母线差动保护“跳 1 号主变压器 211 开关Ⅰ跳圈”压板两端对地无异极性电压	
54	投入 220kV 母线差动保护“跳 1 号主变压器 211 开关Ⅰ跳圈”压板	
55	测量 220kV 母线差动保护“跳 1 号主变压器 211 开关Ⅱ跳圈”压板两端对地无异极性电压	
56	投入 220kV 母线差动保护“跳 1 号主变压器 211 开关Ⅱ跳圈”压板	
57	投入 220kV 母线差动保护“1 号主变压器 211 开关失灵启动”压板	
58	测量 220kV 母线差动保护“跳 2 号主变压器 212 开关Ⅰ跳圈”压板两端对地无异极性电压	
59	投入 220kV 母线差动保护“跳 2 号主变压器 212 开关Ⅰ跳圈”压板	
60	测量 220kV 母线差动保护“跳 2 号主变压器 212 开关Ⅱ跳圈”压板两端对地无异极性电压	
61	投入 220kV 母线差动保护“跳 2 号主变压器 212 开关Ⅱ跳圈”压板	
62	投入 220kV 母线差动保护“2 号主变压器 212 开关失灵启动”压板	
63	测量 220kV 母线差动保护“跳旁路 202 开关Ⅰ跳圈”压板两端对地无异极性电压	
64	投入 220kV 母线差动保护“跳旁路 202 开关Ⅰ跳圈”压板	
65	测量 220kV 母线差动保护“跳旁路 202 开关Ⅱ跳圈”压板两端对地无异极性电压	
66	投入 220kV 母线差动保护“跳旁路 202 开关Ⅱ跳圈”压板	
67	投入 220kV 母线差动保护“旁路 202 开关失灵启动”压板	
68	汇报调度	

3. 操作任务：停用 220kV 仿西 244 开关双高频保护及单相重合闸

220kV 仿西 244 开关保护配置：RCS-901A 微机方向高频保护、LFX-912 收发信机、CZX-12R 操作继电器箱、RCS-902A 微机高频闭锁保护、LFX-912 收发信机、RCS-923A 失灵启动和辅助保护。

操作步骤如表 ZY1000307001-3 所示。

表 ZY1000307001-3　　　　操 作 步 骤

顺序	操 作 项 目	操作目的
1	检查 220kV 仿西 244 开关微机高频闭锁保护运行正常	调整 244 开关微机高频闭锁保护定值（换区操作）
2	按下 220kV 仿西 244 开关微机高频闭锁保护管理板上定值“区号”按钮	
3	将 220kV 仿西 244 开关微机高频闭锁保护定值由“1”区调至“2”区	
4	按下 220kV 仿西 244 开关微机高频闭锁保护管理板上“确认”按钮	
5	检查 220kV 仿西 244 开关微机高频闭锁保护运行正常	
6	打印 220kV 仿西 244 开关微机高频闭锁保护定值	
7	将 220kV 仿西 244 开关微机高频闭锁保护定值按×号保护操作卡核对正确	
8	检查 220kV 仿西 244 开关微机方向高频保护运行正常	调整 244 开关微机方向高频保护定值（换区操作）
9	按下 220kV 仿西 244 开关微机方向高频保护管理板上定值“区号”按钮	
10	将 220kV 仿西 244 开关微机方向高频保护定值由“1”区调至“2”区	
11	按下 220kV 仿西 244 开关微机方向高频保护管理板上“确认”按钮	
12	检查 220kV 仿西 244 开关微机方向高频保护运行正常	
13	打印 220kV 仿西 244 开关微机方向高频保护定值	
14	将 220kV 仿西 244 开关微机方向高频保护定值按×号保护操作卡核对正确	
15	汇报调度	

续表

顺序	操 作 项 目	操作目的
16	停用220kV仿西244开关微机方向高频保护“投主保护”压板	将244开关方向高频保护由“跳闸”改为“信号”
17	汇报调度	
18	断开220kV仿西244开关方向高频保护收发信机逆变电源开关	将244开关方向高频保护由“信号”改为“停用”
19	汇报调度	
20	停用220kV仿西244开关微机高频闭锁保护“投主保护”压板	将244开关高频闭锁保护由“跳闸”改为“信号”
21	汇报调度	
22	将220kV仿西244开关“高频闭锁保护通道切换开关1”由“本线”切至“停用”位置	将244开关高频闭锁保护由“信号”改为“停用”
23	将220kV仿西244开关“高频闭锁保护通道切换开关2”由“本线”切至“停用”位置	
24	断开220kV仿西244开关高频闭锁保护收发信机逆变电源开关	
25	汇报调度	
26	将220kV仿西244开关微机高频闭锁保护“沟通三跳”压板由“停用”切至“投入”位置	停用244开关单相重合闸
27	将220kV仿西244开关微机方向高频保护“沟通三跳”压板由“停用”切至“投入”位置	
28	检查220kV仿西244开关微机方向高频保护“重合闸合闸出口”压板已停用	
29	停用220kV仿西244开关微机高频闭锁保护“重合闸合闸出口”压板	
30	将220kV仿西244开关微机高频闭锁保护“重合闸方式”切换开关由“单重”切至“停用”位置	
31	将220kV仿西244开关微机方向高频保护“重合闸方式”切换开关由“单重”切至“停用”位置	
32	汇报调度	

注 投入220kV仿西244开关双高频保护及单相重合闸的操作顺序：先分别投入主保护，再投入单相重合闸，最后分别调整定值。

4. 操作任务：投入220kV仿东Ⅰ241开关双光纤保护及单相重合闸

220kV仿东Ⅰ241开关保护配置：RCS-931A第一套微机光纤纵差保护、CZX-12R操作继电器箱、PSL-603G第二套微机光纤纵差保护、PSL-631A断路器失灵及辅助保护。

操作步骤如表ZY1000307001-4所示。

表ZY1000307001-4　　　　操 作 步 骤

顺序	操 作 项 目	操作目的
1	检查220kV仿东Ⅰ241开关第一套微机光纤纵差保护“通道异常”指示灯灭	将241开关第一套光纤纵差保护由“信号”改为“跳闸”
2	投入220kV仿东Ⅰ241开关第一套微机光纤纵差保护“主保护投入”压板	
3	汇报调度	
4	检查220kV仿东Ⅰ241开关第二套微机光纤纵差保护“通道切换开关1”已切至“本线”位置	将241开关第二套光纤纵差保护由“信号”改为“跳闸”
5	检查220kV仿东Ⅰ241开关第二套微机光纤纵差保护“通道切换开关2”已切至“本线”位置	
6	检查220kV仿东Ⅰ241开关第二套微机光纤纵差保护“通道异常”指示灯灭	
7	投入220kV仿东Ⅰ241开关第二套微机光纤纵差保护“差动保护总投入”压板	
8	投入220kV仿东Ⅰ241开关第二套微机光纤纵差保护“分相差动保护投入”压板	
9	投入220kV仿东Ⅰ241开关第二套微机光纤纵差保护“零序差动保护投入”压板	
10	汇报调度	
11	将220kV仿东Ⅰ241开关第二套微机光纤纵差保护“重合闸方式”切换开关由“停用”切至“单重”位置	投入241开关单相重合闸
12	将220kV仿东Ⅰ241开关第一套微机光纤纵差保护“重合闸方式”切换开关由“停用”切至“单重”位置	

续表

顺序	操　作　项　目	操作目的
13	检查 220kV 仿东 I 241 开关第一套微机光纤纵差保护“重合闸出口”压板已停用	投入 241 开关单相重合闸
14	投入 220kV 仿东 I 241 开关第二套微机光纤纵差保护“重合闸出口”压板	
15	将 220kV 仿东 I 241 开关第一套微机光纤纵差保护“沟通三跳”由“投入”切至“停用”位置	
16	汇报调度	
17	检查 220kV 仿东 I 241 开关第二套微机光纤纵差保护运行正常	调整 241 开关第二套微机光纤纵差保护定值（换区操作）
18	按下 220kV 仿东 I 241 开关第二套微机光纤纵差保护管理板上定值“区号”按钮	
19	将 220kV 仿东 I 241 开关第二套微机光纤纵差保护定值由“2”区调至“1”区	
20	按下 220kV 仿东 I 241 开关第二套微机光纤纵差保护管理板上“确认”按钮	
21	检查 220kV 仿东 I 241 开关第二套微机光纤纵差保护运行正常	
22	打印 220kV 仿东 I 241 开关第二套微机光纤纵差保护定值	
23	将 220kV 仿东 I 241 开关第二套微机光纤纵差保护定值按×号保护操作卡核对正确	
24	检查 220kV 仿东 I 241 开关第一套微机光纤纵差保护运行正常	调整 241 开关第一套微机光纤纵差保护定值（换区操作）
25	按下 220kV 仿东 I 241 开关第一套微机光纤纵差保护管理板上定值“区号”按钮	
26	将 220kV 仿东 I 241 开关第一套微机光纤纵差保护定值由“2”区调至“1”区	
27	按下 220kV 仿东 I 241 开关第一套微机光纤纵差保护管理板上“确认”按钮	
28	检查 220kV 仿东 I 241 开关第一套微机光纤纵差保护运行正常	
29	打印 220kV 仿东 I 241 开关第一套微机光纤纵差保护定值	
30	将 220kV 仿东 I 241 开关第一套微机光纤纵差保护定值按×号保护操作卡核对正确	
31	汇报调度	

注　停用 220kV 仿东 I 241 开关双光纤保护及单相重合闸的操作顺序：先分别调整定值，再分别停用主保护，最后停用单相重合闸。

【思考与练习】

1. 线路两侧高频（或光纤）保护停用与投入操作的配合原则是什么？
2. 继电保护和自动装置定值的调整和更改有哪些规定？
3. 哪些情况下，继电保护装置必须带负荷测相量方可投入？
4. 在设备不停电情况下更改保护定值，有哪些规定？

模块 2　二次设备操作危险点源分析（ZY1000307002）

【模块描述】本模块介绍了二次设备操作的危险点源。通过案例介绍，能正确分析二次设备操作危险点源，并制定预控措施。

【正文】

一、母线保护停、投操作危险点分析及预控措施

1. 停用 220kV 母线差动保护（RCS-915AB），危险点分析及预控措施

危险点分析及预控措施如表 ZY1000307002-1 所示。

表 ZY1000307002-1　　危险点分析及预控措施

操作目的	危　险　点	预　控　措　施
停用 220kV 母线差动保护	（1）走错间隔	认真核对设备编号，严格执行三核对和监护唱票复诵制度
	（2）漏停压板	操作前认清保护屏及压板名称，防止将应该停用的压板未停用，而造成保护试验时，开关误跳闸，危及人身和电网安全；断开装置电源前，应检查母线差动保护屏上压板已全部停用
	（3）压板误碰	操作压板时，应防止压板触碰外壳或相邻出口跳闸压板，而造成保护装置误动作

续表

操作目的	危险点	预控措施
停用 220kV 母线差动保护	（4）交直流电源停用顺序错误	应先断开直流电源，后断开交流电源。反之先断开交流电源，此时装置若发生异常，由于交流电源已断开而失去电压闭锁，可能导致装置误动。直流电源应先断正极，后断负极，以防止寄生回路造成装置误动作

2. 投入 220kV 母线差动保护（RCS-915AB），危险点分析及预控措施

危险点分析及预控措施如表 ZY1000307002-2 所示。

表 ZY1000307002-2　　危险点分析及预控措施

操作目的	危险点	预控措施
投入 220kV 母线差动保护	（1）交直流电源投入顺序错误	投入时，应先投入交流电源，后投入直流电源。反之先投入直流电源，若装置发生异常时，由于交流电源未投入而失去电压闭锁，可能导致装置误动
	（2）电压切换开关位置与一次设备运行方式不一致	导致一条母线失去交流电压闭锁，若此时电流回路异常，会造成母线差动保护误动。因此，切换前要认真查阅现场运行规程，特别要考虑一次设备运行方式变动后，二次设备及保护的变动与配合
	（3）刀闸位置与方式不一致	应立即将不一致的刀闸位置强制接通，再处理；如果处理不及时，且自动识别互联回路又发生异常，外部故障时可能会导致保护误动
	（4）差流越限	二次电流回路异常会导致差流越限，若检查不及时，二次电流回路开路会烧毁设备，同时可能会导致保护误动跳闸。因此，投入保护出口压板前以及日常巡视中要认真检查电流回路的不平衡电流，以便及时发现异常及时处理
	（5）误投或漏投保护压板	操作前认清保护屏及压板名称，严格执行三核对和监护唱票复诵制度。防止漏投保护压板，而造成母线故障时开关拒分或线路故障断路器失灵时保护拒动；防止误投保护压板，而造成保护异常时不能及时发现或保护误动跳闸等
	（6）出口压板投入前，未测量电压	投入运行中设备的保护出口压板之前，必须用高内阻电压表测量压板两端对地无异极性电压后，方可投入。注意不得用表计直接测量压板两端之间的电压，防止挡位错误造成保护误动跳闸。保护出口信号指示灯亮（或出口信号继电器掉牌）时严禁投入压板，应查明保护动作原因
	（7）压板误碰	操作压板时，应防止压板触碰外壳或相邻出口跳闸压板，而造成保护装置误动作

二、线路保护停、投操作危险点分析及预控措施

1. 停用 220kV 仿西 244 开关双高频保护及单相重合闸（RCS-901A、RCS-902A），危险点分析及预控措施

危险点分析及预控措施如表 ZY1000307002-3 所示。

表 ZY1000307002-3　　危险点分析及预控措施

操作目的	危险点	预控措施
停用 220kV 仿西 244 开关双高频保护及单相重合闸	（1）定值换区错误	操作前认清保护屏名称，严格执行三核对和监护唱票复诵制度。防止定值换区错误，而造成保护误动或拒动
	（2）漏按“确认”按钮	严格执行三核对和监护唱票复诵制度。防止漏按“确认”按钮，而造成保护定值没有固化，与一次运行方式不一致，导致保护误动或拒动
	（3）两侧纵联保护状态不一致	严格执行调度指令和监护唱票复诵制度。以防操作中漏汇报，而导致线路两侧纵联保护状态不一致而误动作
	（4）重合闸方式不一致	为防止重合闸误动作，重合闸停用时，必须将两套重合闸的方式切换开关均切换至“停用”位置，两套微机保护的重合闸出口压板解除，重合闸沟通三跳压板投入

2. 投入 220kV 仿东 I 241 开关双光纤保护及单相重合闸（RCS-931A、PSL-603G），危险点分析及预控措施

危险点分析及预控措施如表 ZY1000307002-4 所示。

表 ZY1000307002-4　　危险点分析及预控措施

操作目的	危　险　点	预　控　措　施
投入220kV仿东Ⅰ241 开关双光纤保护及单相重合闸	（1）通道异常	操作前认清保护屏名称，严格执行三核对和监护唱票复诵制度。以防纵联保护投入跳闸前，未交换信号而投入，导致保护误动
	（2）误投或漏投保护压板	操作前认清保护屏及压板名称，严格执行三核对和监护唱票复诵制度。防止误投或漏投保护压板，而造成线路故障时纵联保护或重合闸拒动
	（3）重合闸方式不一致	两套重合闸只用其中一套时，两套重合闸的控制字和重合闸方式切换开关位置必须一致，即两套重合闸的方式切换开关均切换至“投入”位置，两套微机保护的重合闸出口压板只投入第二套，重合闸沟通三跳压板均停用
	（4）定值换区错误	操作前认清保护屏名称，严格执行三核对和监护唱票复诵制度。防止定值换区错误，而造成保护误动或拒动
	（5）漏按“确认”按钮	严格执行三核对和监护唱票复诵制度。防止漏按“确认”按钮，而造成保护定值没有固化，与一次运行方式不一致，导致保护误动或拒动

【思考与练习】

1. 继电保护装置交直流电源停用的顺序是什么？反之会产生什么后果？
2. 继电保护装置调整定值时，漏按“确认”按钮，会产生什么后果？
3. 母线差动保护装置上刀闸位置指示与方式不一致，会产生什么后果？
4. 继电保护定值换区错误，会产生什么后果？

第二十六章　大型复杂操作

模块 1　大型复杂操作（ZY1000306001）

【模块描述】本模块包含大型复杂操作的操作原则和注意事项，大型复杂操作中异常情况的处理原则。通过操作要点和案例的介绍，掌握大型复杂操作和异常处理的方法。

【正文】

一、大型复杂操作原则及注意事项

1. 大型复杂操作一般原则

（1）严格遵循电气设备倒闸操作的一般原则和状态改变的基本顺序。

（2）更换或大修后的电气设备操作。

1）更换或大修后的线路或变压器送电时，必须进行全电压冲击合闸试验。变压器一般从高压侧充电，对于大修后的变压器冲击 3 次，更换后的变压器冲击 5 次；第一次充电 10min，间隔 10min；其余充电 5min，间隔 5min。对更换或大修后的线路冲击 3 次，每次 5min，间隔 5min。

2）更换或大修后的线路、变压器和电压互感器相位或相序要核对正确，对可能引起变化的，在并列或合环前必须定相或核相。

3）更换或大修后的电流互感器，在出线断路器投入运行前，停用出线断路器保护和母差保护，待出线断路器带负荷测相量正确后方可投入。

4）送电时若设备保护和二次回路无变动或无特殊要求时，其保护必须全部投入运行。

5）操作中，应严格监视被冲击设备的情况，及时发现不正常现象，以便进行处理。

（3）保护更换和二次回路接线变动后的操作。

1）母线差动保护（简称母差保护）更换或二次回路接线变动。母差保护应在断路器充电前将其停用，待断路器带负荷测量保护回路的电流极性正确后方可投入。

2）线路保护更换或二次回路接线变动。线路保护在线路充电时必须全部投入运行，因为即使其电流回路极性不正确，在线路充电时，仍能起到保护作用，但带负荷后，若极性不正确，纵联保护以及具有方向性的保护（如距离保护、方向零序保护等）可能误动；因此，在线路带负荷前必须停用纵联保护及方向性的保护，待线路带负荷测量保护回路的电流极性正确后方可投入。

3）变压器保护更换或二次回路接线变动。变压器保护在变压器充电时必须全部投入运行，因为即使其电流回路极性不正确，在变压器充电时，仍能起到保护作用，但带上负荷后，若极性不正确，差动保护以及具有方向性的保护（如复合电压方向过电流保护、方向零序保护等）可能误动；因此，在变压器带负荷前必须停用差动保护及方向性的保护，待变压器带负荷检测各侧电流、二次接线及极性正确后方可投入。

（4）旁路断路器代路操作。以 220kV 旁路断路器代路为例，110kV 及以下旁路断路器代路除保护配置不同外，基本相同。

1）旁路断路器代线路断路器的操作。

a. 旁路断路器代线路断路器操作时，应在旁路断路器冷备用状态时，将旁路断路器微机线路保护中后备保护、重合闸及失灵保护（有的还包括旁路断路器高频保护）定值按被代回路调整，并投入其后备保护、重合闸及失灵保护（即所谓旁路断路器保护与被代回路保护投停一致的原则）。旁路断路器保护定值的调整，应考虑所装设的保护情况。

b. 用旁路断路器对旁路母线冲击一次，之后拉开（旁路断路器一般应与被代线路断路器运行在同一条母线上，此条操作包含旁路断路器先由冷备用转运行，再由运行转热备用）。

c. 对于被代线路断路器的纵联保护不能切换至旁路断路器运行的，应在旁路断路器代路前，将其改为停用或信号。对于微机保护中纵联保护、后备保护共用一路电源的，其纵联保护没有独立停用状态，在此项操作中只能改为信号，如 RCS-931A、PSL-603G 微机光纤纵差保护等。

d. 用被代线路断路器的旁路侧隔离开关对旁路母线充电。

e. 将旁路断路器由热备用转运行（合环），被代线路断路器由运行转检修（或热备用、冷备用），在此过程中应将被代线路断路器能切换的纵联保护切换至旁路断路器运行，切换应在旁路断路器合环正常，并拉开线路断路器后进行；其被代线路断路器主保护压板应在切换前停用，待切换完成，通道测试正常（或"通道异常"灯灭）后，再投入旁路断路器主保护压板。

f. 停用母差保护、安全自动装置等动作后联切该线路断路器压板。

2）旁路断路器代线路断路器的恢复操作。

a. 将被代线路断路器由检修（或热备用、冷备用）转运行，旁路断路器由运行转冷备用，并拉开被代线路断路器的旁路侧隔离开关，在此过程中应将被代线路断路器的纵联保护切换至本线断路器运行，切换应在线路断路器合环正常，并拉开旁路断路器后进行；其旁路断路器主保护压板应在切换前停用，待切换完成，通道测试正常（或"通道异常"灯灭）后，再投入本线断路器主保护压板。线路断路器转运行前，投入母差保护、安全自动装置等动作后联切该线路断路器压板。

b. 对于被代线路断路器不能切换而停用的纵联保护，应在本线旁路隔离开关拉开，且通道测试正常（或"通道异常"灯灭）后，将其改投跳闸。

3）旁路断路器代变压器断路器的操作。旁路断路器代主变压器断路器时，变压器保护的交流电流、交流电压回路及出口回路应进行必要的切换。切换电流回路时，还要注意区分电流回路是切至变压器套管电流互感器，还是切至旁路电流互感器，或者不能进行切换，不同的切换方式操作顺序也不同。另外若电流回路切换后的电流互感器变比与正常不一致时，还应退出保护改定值。以下的操作顺序是按照主变压器保护电流回路一套能切至旁路电流互感器，另一套不能切换进行的。

a. 在旁路断路器冷备用状态时，将旁路断路器后备保护及失灵保护定值按被代回路调整，并投入其后备保护及失灵保护。

b. 用旁路断路器对旁路母线冲击一次，并拉开（旁路断路器一般应与被代变压器断路器运行在同一条母线上，此条操作包含旁路断路器先由冷备用转运行，再由运行转热备用），旁路母线冲击正常后停用旁路断路器的失灵保护。

c. 用被代变压器断路器的旁路侧隔离开关对旁路母线充电。

d. 旁路断路器代变压器断路器合环前，应先投入被代变压器保护屏上跳旁路断路器出口压板，再停用一套能切换的变压器保护屏上的差动保护和相应侧后备保护及一套不能切换的变压器保护屏上的差动保护，接着在旁路断路器保护屏上进行旁路电流输入端子切换，其切换方法如图 ZY1000306001-1 所示。

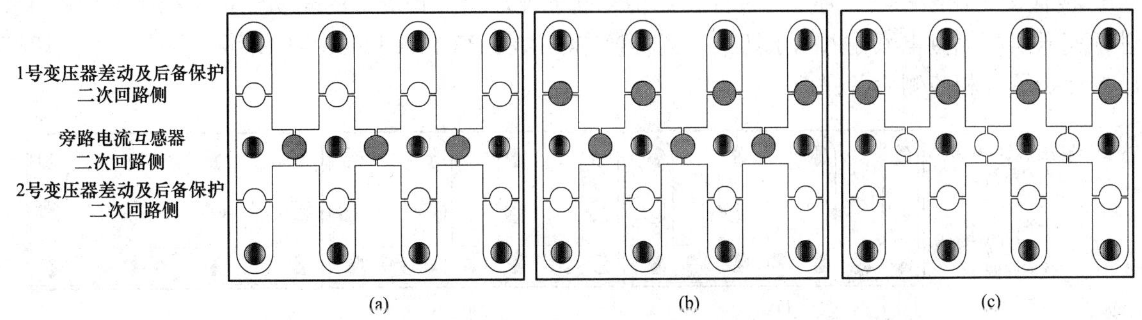

图 ZY1000306001-1　旁路断路器合环前，旁路电流互感器电流输入端子正常和切换时示意图

（a）正常运行时（不带变压器断路器运行时）；（b）切换操作，先旋入接入端子；

（c）切换操作，后旋出短接端子带 1 号变压器断路器运行

●—固定螺钉；●—旋转螺钉

特别要注意的是，当旁路电流互感器绕组不够时（如本模块叙述），两台变压器将共用一个旁路电流互感器绕组，其旁路断路器保护屏上电流输入端子有三个位置，即中间端子短接时，旁路断路器代线路断路器运行；当投入上（或下）接入端子，停用中间短接端子时，旁路断路器代变压器断路器运行，另外变压器保护屏上的旁路电流输入端子为简化操作，正常置于接入位置。当旁路电流互感器绕组满足保护需求时，一般旁路断路器保护屏上不设旁路电流输入端子，其端子切换操作在变压器保护屏上进行。

e. 将旁路断路器由热备用转运行（合环），被代变压器断路器由运行转热备用。

f. 变压器断路器拉开后，需要电压切换的先进行变压器相应侧电压切换，再进行变压器相应侧电流输入端子切换，其切换方法如图 ZY1000306001-2 所示。切换完成后且检查差流在允许范围内，即可投入能切换的变压器保护屏上的差动保护及相应侧后备保护，接着停用不能切换的变压器保护屏上相应侧后备保护。

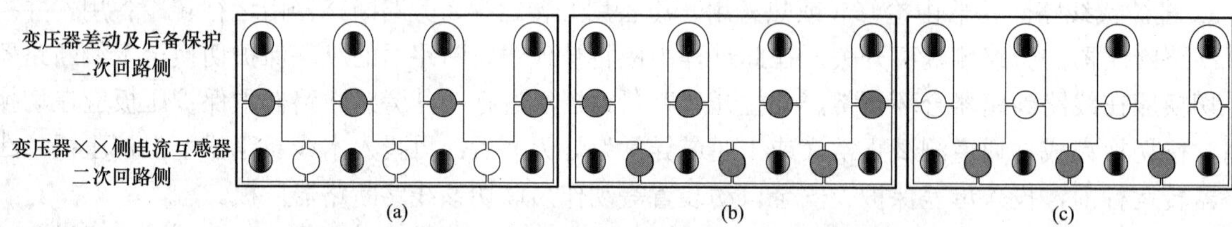

图 ZY1000306001-2 变压器断路器拉开后，变压器（××侧）电流互感器电流输入端子正常和切换时示意图

（a）正常运行时（变压器断路器本线运行时）；（b）切换操作，先旋入短接端子；

（c）切换操作，后旋出接入端子（旁路带路时，其电流互感器二次回路被短接）

◐—固定螺钉；●—旋转螺钉

g. 将被代变压器断路器由热备用转检修（或冷备用），并停用变压器保护屏上相应侧断路器出口压板，且停用变压器断路器失灵保护和旁路断路器后备保护。

h. 停用母差保护、安全自动装置等动作后联切该变压器断路器压板。

若主变压器两套保护电流回路均能切换操作，一套能切换至旁路电流互感器，另一套能切换至变压器套管电流互感器，则切换至旁路电流互感器的操作方法如本模块叙述，能切换至变压器套管电流互感器的，其操作方法是：旁路断路器代路运行前，先停用本屏差动保护及相应侧后备保护，再投入“高（或中）压侧电流输入”短接端子、停用“高（或中）压侧电流输入”接入端子，接着投入“高（或中）压侧套管电流输入”接入端子、停用“高（或中）压侧套管电流输入”短接端子，且检查差流在允许范围内后，投入本屏差动保护及相应侧后备保护。

4）旁路断路器代变压器断路器的恢复操作。

a. 将被代变压器断路器由检修（或冷备用）转热备用，并投入变压器保护屏上相应侧断路器出口压板及旁路断路器的后备保护。投入母差保护、安全自动装置等动作后联切该变压器断路器压板。

b. 被代变压器断路器合环前，应先停用能切换的变压器保护屏上的差动保护及相应侧后备保护，再进行变压器相应侧电流输入端子切换，其切换方法如图 ZY1000306001-3 所示，并投入不能切换的变压器保护屏上相应侧后备保护。

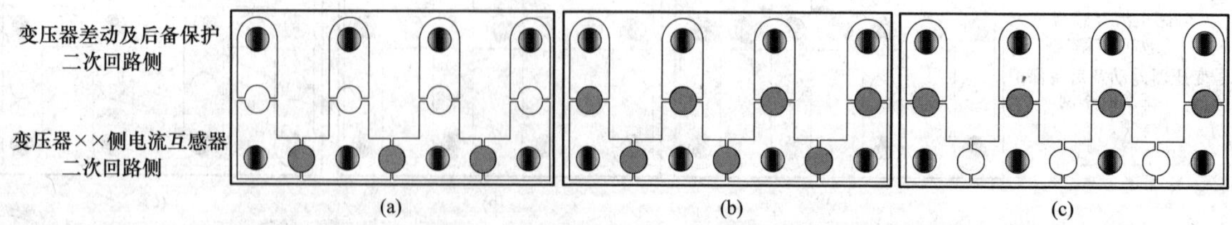

图 ZY1000306001-3 被代变压器合环前，变压器（××侧）电流互感器电流输入端子正常和切换时示意图

（a）切换前，旁路带路时（变压器××侧电流互感器二次回路被短接）；（b）切换操作，先旋入接入端子；

（c）切换操作，后旋出短接端子（正常运行时，即变压器断路器本线运行）

◐—固定螺钉；●—旋转螺钉

c. 将被代变压器断路器由热备用转运行（合环），旁路断路器由运行转热备用。

d. 旁路断路器拉开后，需要电压切换的先进行变压器相应侧电压切换，再投入不能切换的变压器保护屏上的差动保护，接着进行旁路电流输入端子切换，其切换方法如图 ZY1000306001-4 所示。切换完成后且检查差流在允许范围内，即可投入能切换的变压器保护屏上的差动保护以及相应侧后备保护。

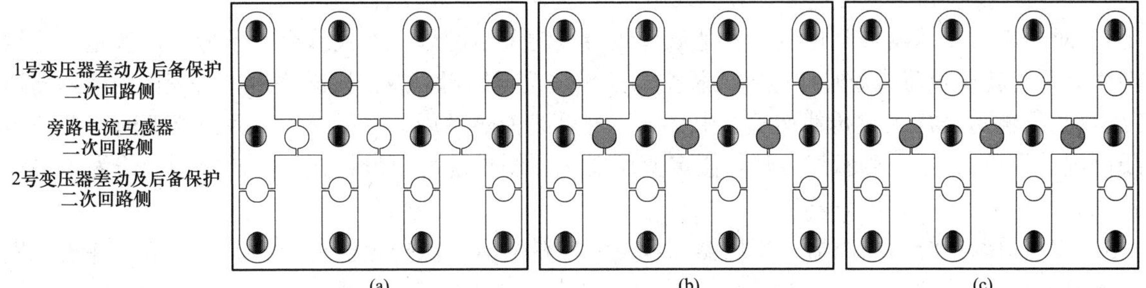

图 ZY1000306001-4　旁路断路器拉开后，旁路电流互感器电流输入端子正常和切换时示意图

（a）切换前，旁路断路器带 1 号变压器断路器运行；（b）切换操作，先旋入短接端子；

（c）切换操作，后旋出接入端子（不带变压器断路器运行）

●—固定螺钉；●—旋转螺钉

e. 投入变压器断路器失灵保护，并停用变压器保护屏上跳旁路断路器出口压板。

f. 拉开被代变压器断路器旁路侧隔离开关。

g. 将旁路断路器由热备用转冷备用。

（5）母联或分段断路器串带线路断路器的操作（220kV 线路大修和保护更换）。

1）将线路及线路断路器由检修转冷备用。

2）将线路断路器双套微机线路保护、失灵保护定值按保护定值通知单调整（置区），并投入双套微机线路保护中的后备保护（相间和接地保护）；另外在原定值的基础上调整后备保护Ⅱ段时间定值（另置区），以保证相量测试期间，从线路到母线间相间、接地故障都有快速保护切除故障。

3）对于串带线路断路器相应母线，若是双母线接线的采用倒母线方式腾空一条母线（空母线运行），若是单母线分段接线的采用转移负荷或短时停电方式腾空一条母线（空母线运行），再用母联或分段断路器串带线路断路器。

4）按照母联或分段断路器串带线路保护定值通知单调整定值，并投入串带线路保护。

5）停用串带线路断路器母线母差保护（停用前，应先调整母线出线对侧断路器后备保护Ⅱ段时间定值，以保证母线故障时能快速切除）。

6）将线路断路器由冷备用转热备用（对于双母线应注明热备用于×号母线）。

7）用线路断路器对线路冲击二次，正常后拉开。

8）用线路断路器对线路及对侧母线送电（第三次冲击正常后，对侧两组母线核相，正确后用母联或分段断路器合环）。

9）许可：线路断路器保护相量、通道对调测试及接入母差保护相量测试，且正确。

10）停用线路断路器双套微机线路保护中的后备保护，并将后备保护Ⅱ段时间定值调至正常值。

11）投入串带线路断路器母线母差保护（投入后，应将母线出线对侧断路器后备保护距离Ⅱ段时间定值调至正常值）。

12）投入串带线路断路器所有线路保护、单相重合闸和失灵保护。

13）停用母联或分段断路器串带线路保护。

14）恢复双母线或单母线分段正常运行方式。

（6）母联或分段断路器串带变压器断路器的操作（220kV 变压器大修和保护更换）。

第一阶段：母联或分段断路器串带变压器高压侧断路器运行，对变压器冲击合闸 5 次，并带负荷测差动保护及相应侧具有方向性保护的相量。

1）将变压器及各侧断路器由检修转热备用（对于双母线应注明热备用于×号母线），并合上变压器中性点直接接地系统的接地隔离开关。

2）按照变压器继电保护定值通知单调整定值（置区），并投入全部保护；另外在原定值的基础上调整变压器高压侧后备保护中相间、接地保护定值（另置区），以保证相量测试期间，从变压器高压侧断路器到变压器中、低压母线间相间、接地故障都有快速保护切除故障。

3）许可：变压器中低压侧Ⅰ、Ⅱ母线电压互感器二次定相，且正确。

4）对于串带变压器各侧母线，若是双母线接线的采用倒母线方式腾空一条母线，若是单母线分段接线的采用转移负荷或短时停电方式腾空一条母线，再用母联或分段断路器串带变压器断路器运行（变压器高压侧母线应为空母线运行，中、低压侧母线为热备用；站用交流电系统必要时，在低压侧母线停电前调整方式）。为叙述方便，假定变压器中压侧母线为双母线接线，低压侧母线为单母线分段接线。

5）按照母联或分段断路器（变压器高压侧）串带变压器保护定值通知单调整定值，并投入串带变压器保护。

6）停用变压器各侧母线母差保护（变压器高压侧母差保护停用前，应先调整母线出线对侧断路器后备保护Ⅱ段时间定值，以保证母线故障时能快速切除）。

7）用变压器高压侧断路器对变压器冲击合闸5次，并调整变压器高压侧中性点接地方式。

8）合上变压器中压侧断路器、低压侧断路器（送中、低压侧空母线）。

9）许可：变压器中低压侧Ⅰ、Ⅱ段母线电压互感器二次核相，且正确。

10）停用变压器差动保护及相应侧具有方向性的保护。

11）对变压器低压侧（单母线分段接线）空母线上馈电线路恢复送电，电容器视电压情况投切。

12）将变压器中压侧断路器及其相应母线由运行转热备用。

13）将变压器中压侧相应母线的母联断路器及其相应母线由热备用转运行，恢复双母线正常运行方式。

14）合上变压器中压侧断路器（合环），拉开相应母线的母联断路器（解环）。

15）许可：变压器差动保护及相应侧具有方向性保护的相量测试、变压器接入各侧母差保护相量测试，且正确。

16）投入变压器各侧母线母差保护（变压器高压侧母差保护投入后，应将母线出线对侧断路器后备保护距离Ⅱ段时间定值调至正常值），变压器断路器失灵保护暂不投入。

第二阶段：旁路断路器带变压器高中压侧断路器运行，测差动保护及相应侧具有方向性保护的相量。

1）按照高压侧旁路断路器带变压器断路器继电保护定值通知单调整定值，并投入保护。

2）用变压器高压侧旁路断路器对旁路母线冲击一次，正常后拉开。

3）合上变压器高压侧断路器的旁路侧隔离开关对旁路母线充电。

4）将高压侧旁路断路器带变压器断路器运行，变压器高压侧断路器由运行转热备用。

a. 高压侧旁路断路器合环前，先投入被带变压器保护屏上跳“高压侧旁路断路器”出口压板，再进行高压侧旁路电流输入端子切换（先投入接入端子，再停用短接端子）。

b. 变压器高压侧断路器解环后，变压器保护需要电压切换的先进行电压切换，再进行变压器高压侧电流输入端子切换（先投入短接端子，再停用接入端子）。

5）按照中压侧旁路断路器带变压器断路器继电保护定值通知单调整定值，并投入保护。

6）用变压器中压侧旁路断路器对旁路母线冲击一次，正常后拉开。

7）合上变压器中压侧断路器的旁路侧隔离开关对旁路母线充电。

8）将中压侧旁路断路器带变压器断路器运行，变压器中压侧断路器由运行转热备用。

a. 中压侧旁路断路器合环前，先投入被带变压器保护屏上跳“中压侧旁路断路器”出口压板，再进行中压侧旁路电流输入端子切换（先投入接入端子，再停用短接端子）。

b. 变压器中压侧断路器解环后，需要电压切换的先进行变压器保护电压切换，再进行变压器中压侧电流输入端子切换（先投入短接端子，再停用接入端子）。

9）许可：变压器差动保护以及相应侧具有方向性保护的相量测试，且正确。

第三阶段：恢复正常方式运行。

1）将变压器高压侧断路器由热备用转运行，旁路断路器由运行转热备用。

a. 变压器高压侧断路器合环前，先进行变压器高压侧电流输入端子切换（先投入接入端子，再停用短接端子）。

b. 高压侧旁路断路器解环后，变压器保护需要电压切换的先进行电压切换，再进行高压侧旁路电流输入端子切换（先投入短接端子，再停用接入端子），并停用被带变压器保护屏上跳“高压侧旁路断路器”出口压板。

2）将变压器高压侧旁路断路器由热备用转冷备用，并拉开被带变压器高压侧断路器旁路侧隔离开关。

3）将变压器中压侧断路器由热备用转运行，旁路断路器由运行转热备用。

a. 变压器中压侧断路器合环前，先进行变压器中压侧电流输入端子切换（先投入接入端子，再停用短接端子）。

b. 中压侧旁路断路器解环后，变压器保护需要电压切换的先进行电压切换，再进行中压侧旁路电流输入端子切换（先投入短接端子，再停用接入端子），并停用被带变压器保护屏上跳“中压侧旁路断路器”出口压板。

4）将变压器中压侧旁路断路器由热备用转冷备用，并拉开被带变压器中压侧断路器旁路侧隔离开关。

5）投入变压器差动保护以及相应侧具有方向性的保护。

6）将变压器高压侧后备保护中相间、接地保护定值调至正常值。

7）投入变压器高压侧断路器失灵保护。

8）停用母联或分段断路器（变压器高压侧）串带变压器保护。

9）变压器高压侧，恢复双母线或单母线分段正常运行方式。

2. 大型复杂操作注意事项

（1）由熟练的运行人员操作，运行值班负责人监护。

（2）操作中发生疑问时，应立即停止操作并向发令人报告。待发令人再行许可后，方可进行操作。不准擅自更改操作票，不准随意解除闭锁装置。

（3）操作前，应由集控站（或变电站）站长或值长组织全体当值人员做好如下准备：

1）必须了解系统的运行方式、继电保护及自动装置等情况；明确操作任务和停送电范围，并做好分工。

2）拟订操作顺序，确定装设接地线的部位、组数及应设的遮栏、标示牌。明确工作现场邻近带电部位，并制定出相应的措施。

3）考虑继电保护及自动装置与一次方式对应变化。按照保护定值通知单认真核对或调整保护定值，正确投退保护跳闸出口压板和保护功能压板等。

4）分析操作过程中可能出现的异常及应采取的措施。防止电压互感器二次短路或接地、防止电流互感器二次开路，并做好防止电压互感器、站用变压器二次反送电的措施。

5）根据调度操作指令填写操作票，并经过全体人员讨论通过后，由集控站（或变电站）站长或值长审核批准。

（4）在实际操作中，若运行人员对某条调度操作指令目的没有完全弄清时，应主动向调度提出疑问。

（5）倒闸操作间断及全部操作完毕后，应认真检查设备状况与调度操作指令一致。

二、大型复杂操作要求

1. 系统和一次设备

（1）冲击合闸断路器应具有足够的遮断容量，故障跳闸次数需在规定次数之内，继电保护应完整投入运行。

（2）选择距电源较远，对负荷影响较小的断路器作冲击合闸点。

（3）长距离高压输电线路在冲击合闸时，应防止导致发电机自励磁及其他内部过电压和末端电压的升高。220kV 线路应考虑充电功率对电压的影响，必要时应采取措施降低电压后冲击。

（4）选择对稳定影响较小的电源做冲击合闸电源，必要时应适当降低有关联络线的潮流。

（5）对电力变压器冲击合闸前，其中性点应临时接地。

（6）对有重大缺陷的设备检修后恢复操作时，也应考虑上述因素。

2. 保护配合

（1）充电断路器的所有保护定值正确且全部投入，如变压器保护、线路保护等均应投入。

1）为防止充电断路器拒动而扩大事故范围，常用投母联独立过电流保护（定值由调度整定并下令投停）的母联断路器串带出线断路器做保护相量测试。

2）第一次充电常利用保护完备的旁路断路器带路对设备冲击，此时要求旁路断路器保护要投入。

（2）缩短充电断路器的保护动作时限或更改电气量定值。

（3）停用充电断路器的重合闸装置，以防被充电设备故障，断路器跳闸后再重合。

（4）对可能受到影响不能正确工作且又影响其他设备正常运行的保护（如母差保护等）要先停用。

（5）充电时，故障录波装置或行波测距装置等应投入。

（6）设备充电正常后，应将保护定值以及保护状态恢复到正常运行方式。

若母差保护、线路保护或变压器差动等具有方向性的保护装置更换或二次回路接线有变动等，在设备投运后，带负荷前应停用进行相量测试，待正常后方可投入运行。

3. 旁路断路器保护及其定值

（1）旁路断路器停电时，如无特殊要求，其继电保护装置应处于投入状态。母联断路器装设的线路保护在运行时除调度特别下令投入外，均不投入。旁路断路器或母联断路器的线路保护只能作一次性有效使用，在带其他断路器时，必须重新调整或核对定值。

（2）旁路断路器带出线断路器运行，由现场自行调整继电保护定值，现场应存有正确无误的继电保护定值单。旁路断路器继电保护更换后，将该旁路断路器带所有出线的定值单一次启用。线路更换继电保护时，旁路断路器继电保护定值单随线路保护定值单的执行而启用。

三、大型复杂操作中异常情况的处理原则

参照高压开关类、线路、变压器等设备操作的处理原则。

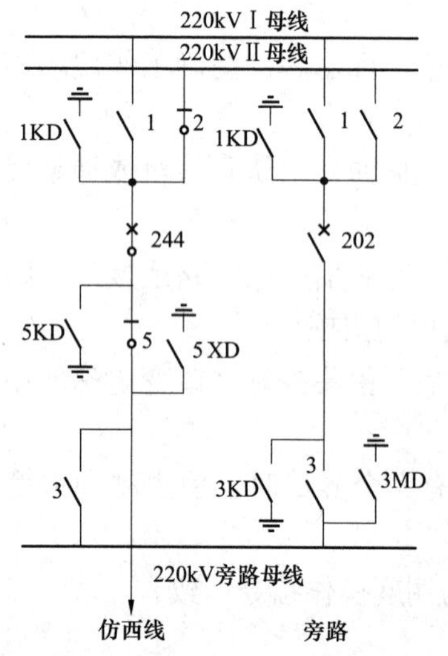

图 ZY1000306001-5 220kV 旁路 202 开关、仿西 244 开关一次接线及运行方式

四、大型复杂操作案例

1. 旁路代线路（或变压器）断路器停、送电操作

（1）操作任务：220kV 旁路 202 开关代仿西 244 开关运行，仿西 244 开关由运行转检修。

220kV 旁路 202 开关、仿西 244 开关一次接线及运行方式如图 ZY1000306001-5 所示，操作步骤见表 ZY1000306001-1。

220kV 旁路 202 开关保护配置：RCS-902A 型微机高频闭锁保护、RCS-923A 型失灵启动和辅助保护、CZX-12R 型操作继电器箱。

220kV 仿西 244 开关保护配置：RCS-901A 型微机方向高频保护、LFX-912 型收发信机、CZX-12R 型操作继电器箱，RCS-902A 型微机高频闭锁保护、LFX-912 型收发信机、RCS-923A 型失灵启动和辅助保护。

220kV 母线保护配置：RCS-915AB 型微机母差保护。

表 ZY1000306001-1　　　220kV 旁路 202 开关代仿西 244 开关操作步骤

顺序	操 作 项 目	操作目的
1	检查 220kV 旁路 202 开关间隔接地刀闸三相确已拉开	检查送电范围内接地刀闸已拉开
2	检查 220kV 旁路母线间隔接地刀闸三相确已拉开	
3	将 220kV 旁路 202 开关失灵启动和辅助保护定值切至“4”区	调整 202 开关失灵启动和辅助保护定值（换区操作）
4	将 220kV 旁路 202 开关失灵启动和辅助保护“确认”键按下	
5	检查 220kV 旁路 202 开关失灵启动和辅助保护运行正常	
6	打印 220kV 旁路 202 开关失灵启动和辅助保护定值	
7	检查 220kV 旁路 202 开关失灵启动和辅助保护定值正确	
8	将 220kV 旁路 202 开关微机高频闭锁保护定值切至“4”区	调整 202 开关微机高频闭锁保护定值（换区操作）
9	将 220kV 旁路 202 开关微机高频闭锁保护“确认”键按下	
10	检查 220kV 旁路 202 开关微机高频闭锁保护运行正常	
11	打印 220kV 旁路 202 开关微机高频闭锁保护定值	
12	检查 220kV 旁路 202 开关微机高频闭锁保护定值正确	
13	检查 220kV 旁路 202 开关电流互感器电流输入端子确在“短接”位置	检查 202 开关电流输入端子
14	将 220kV 旁路 202 开关微机高频闭锁保护“重合闸方式切换开关”由“停用”切至“单重”位置	投入 202 开关单相重合闸
15	投入 220kV 旁路 202 开关微机高频闭锁保护“重合闸合闸出口”压板	
16	将 220kV 旁路 202 开关微机高频闭锁保护“沟通三跳”压板由“投入”切至“停用”位置	
17	投入 220kV 旁路 202 开关微机高频闭锁保护“A 相出口跳闸”压板	投入 202 开关微机高频闭锁保护中的后备保护
18	投入 220kV 旁路 202 开关微机高频闭锁保护“B 相出口跳闸”压板	
19	投入 220kV 旁路 202 开关微机高频闭锁保护“C 相出口跳闸”压板	
20	投入 220kV 旁路 202 开关微机高频闭锁保护“投距离保护”压板	
21	投入 220kV 旁路 202 开关微机高频闭锁保护“投方向零序保护”压板	
22	检查 220kV 旁路 202 开关微机高频闭锁保护“投主保护”压板已停用	
23	检查 220kV 旁路 202 开关微机高频闭锁保护“置检修状态”压板已停用	
24	投入 220kV 母差保护“跳旁路 202 开关 I 跳闸线圈”压板	投入 202 开关母差和失灵保护压板
25	投入 220kV 母差保护“跳旁路 202 开关 II 跳闸线圈”压板	
26	投入 220kV 母差保护“旁路 202 开关失灵启动”压板	
27	检查 220kV 旁路 202 开关确在分闸位置	将 202 开关由冷备用转热备用，检查相关保护屏上指示灯
28	合上 220kV 旁路 202-2 刀闸控制电源开关	
29	合上 220kV 旁路 202-2 刀闸	
30	检查 220kV 旁路 202-2 刀闸三相确已合上	
31	检查 220kV 旁路 202 开关操作继电器箱“L2”指示灯亮	
32	检查 220kV 母差保护“旁路 202-2 刀闸”位置指示灯亮	
33	检查 220kV 母差保护“旁路 202-2 刀闸”位置报警灯亮	
34	将 220kV 母差保护“刀闸位置确认”按钮按下	
35	断开 220kV 旁路 202-2 刀闸控制电源开关	
36	合上 220kV 旁路 202-3 刀闸控制电源开关	
37	合上 220kV 旁路 202-3 刀闸	
38	检查 220kV 旁路 202-3 刀闸三相确已合上	
39	断开 220kV 旁路 202-3 刀闸控制电源开关	

续表

顺序	操 作 项 目	操作目的
40	将220kV旁路202开关同期切换开关由“断开”切至“不同期”位置	用202开关对旁路母线冲击一次，并拉开
41	检查220kV旁路202开关远方/就地切换开关在“就地”位置	
42	合上220kV旁路202开关	
43	检查220kV旁路202开关三相确已合上	
44	检查220kV旁路母线充电正常	
45	将220kV旁路202开关同期切换开关由“不同期”切至“断开”位置	
46	拉开220kV旁路202开关	
47	检查220kV旁路202开关三相确已拉开	
48	停用220kV仿西244开关微机方向高频保护“投主保护”压板	停用244开关方向高频保护（不能切换）
49	断开220kV仿西244开关方向高频保护收发信机逆变电源开关	
50	合上220kV仿西线244-3刀闸控制电源开关	合上244开关旁路侧刀闸
51	合上220kV仿西线244-3刀闸	
52	检查220kV仿西线244-3刀闸三相确已合上	
53	断开220kV仿西线244-3刀闸控制电源开关	
54	检查220kV仿西244开关负荷电流显示为×××A	用202开关合环，244开关解环，检查负荷分配
55	将220kV旁路202开关同期切换开关由“断开”切至“同期”位置	
56	合上220kV旁路202开关	
57	检查220kV旁路202开关三相确已合上	
58	检查220kV旁路202开关负荷分配正常，电流显示为×××A	
59	检查220kV仿西244开关负荷分配正常，电流显示为×××A	
60	将220kV旁路202开关远方/就地切换开关由“就地”切至“远方”位置	
61	将220kV旁路202开关同期切换开关由“同期”切至“断开”位置	
62	将220kV仿西244开关远方/就地切换开关由“远方”切至“就地”位置	
63	拉开220kV仿西244开关	
64	检查220kV仿西244开关三相确已拉开	
65	检查220kV旁路202开关负荷电流显示为×××A	
66	停用220kV仿西244开关微机高频闭锁保护“投主保护”压板	将244开关高频闭锁保护由“本线”切至“旁路”
67	将220kV仿西244开关高频闭锁保护通道切换开关1由“本线”切至“旁路”位置	
68	将220kV仿西244开关高频闭锁保护通道切换开关2由“本线”切至“旁路”位置	
69	检查220kV仿西244开关高频闭锁保护通道正常	
70	检查220kV旁路202开关微机高频闭锁保护“通道异常”指示灯灭	
71	投入220kV旁路202开关微机高频闭锁保护“投主保护”压板	
72	断开220kV仿西244开关合闸电源开关	断开244开关合闸电源
73	合上220kV仿西线244-5刀闸控制电源开关	将244开关由热备用转冷备用，检查相关保护屏上指示灯
74	拉开220kV仿西线244-5刀闸	
75	检查220kV仿西线244-5刀闸三相确已拉开	
76	断开220kV仿西线244-5刀闸控制电源开关	
77	合上220kV仿西线244-2刀闸控制电源开关	
78	拉开220kV仿西线244-2刀闸	
79	检查220kV仿西线244-2刀闸三相确已拉开	
80	检查220kV仿西244开关操作继电器箱“L2”指示灯灭	

续表

顺序	操 作 项 目	操作目的
81	检查 220kV 母差保护“仿西线 244-2 刀闸”位置指示灯灭	将 244 开关由热备用转冷备用，检查相关保护屏上指示灯
82	检查 220kV 母差保护“仿西线 244-2 刀闸”位置报警灯亮	
83	将 220kV 母差保护“刀闸位置确认”按钮按下	
84	断开 220kV 仿西线 244-2 刀闸控制电源开关	
85	检查 220kV 仿西线 244-1 刀闸三相确已拉开	
86	在 220kV 仿西 244 开关与 220kV 仿西线 244-1 刀闸之间验明三相确无电压	合上 244 开关两侧接地刀闸
87	合上 220kV 仿西 244-1KD 接地刀闸	
88	检查 220kV 仿西 244-1KD 接地刀闸三相确已合上	
89	在 220kV 仿西 244 开关与 220kV 仿西线 244-5 刀闸之间验明三相确无电压	
90	合上 220kV 仿西 244-5KD 接地刀闸	
91	检查 220kV 仿西 244-5KD 接地刀闸三相确已合上	
92	停用 220kV 母差保护“仿西 244 开关失灵启动”压板	停用 244 开关母差和失灵保护压板等
93	停用 220kV 母差保护“跳仿西 244 开关 I 跳闸线圈”压板	
94	停用 220kV 母差保护“跳仿西 244 开关 II 跳闸线圈”压板	
95	停用 220kV 仿西 244 开关“遥控”连接片	
96	断开 220kV 仿西 244 开关控制电源 I 开关	断开 244 开关控制电源
97	断开 220kV 仿西 244 开关控制电源 II 开关	
98	汇报调度	

注 1. 220kV 仿西 244 开关由检修转运行，旁路 202 开关由运行转冷备用的操作顺序反之。220kV 旁路开关代其他线路开关、110kV 及以下旁路开关代线路开关的停送电操作，除保护配置不同外，其操作顺序基本相同。

2. 表中按操作票填写习惯术语，断路器用“开关”表示，隔离开关用“刀闸”表示，接地隔离开关用“接地刀闸”表示。

（2）操作任务：220kV 1 号变压器 211 断路器由检修转运行，旁路 202 断路器由运行转冷备用。

220kV 旁路 202 开关、1 号变压器 211 开关一次接线及运行方式如图 ZY1000306001-6 所示，操作步骤见表 ZY1000306001-2。

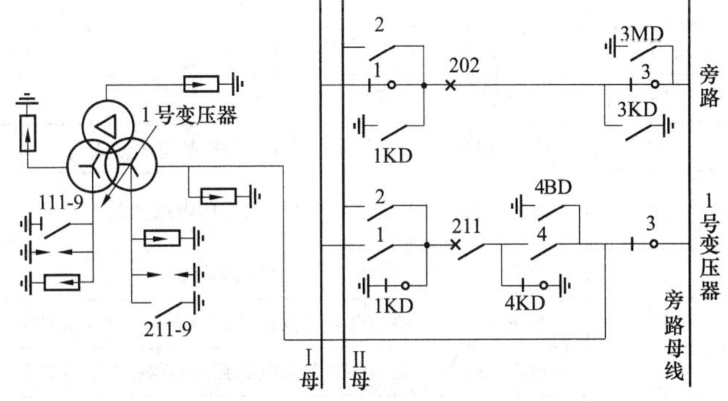

图 ZY1000306001-6　220kV 旁路 202 开关、1 号变压器 211 开关一次接线及运行方式

220kV 旁路 202 断路器保护配置：RCS-902A 型微机高频闭锁保护、RCS-923A 型失灵启动和辅助保护、CZX-12R 型操作继电器箱。

220kV 1 号变压器保护配置：PST-1202A 型差动及后备保护、PST-1206A 型失灵保护、PST-1212 型操作箱（高压侧），PST-1202B 型差动及后备保护、PST-1210C 型本体保护、PST-1211 型中压操作箱、PST-1210 型低压操作箱。

220kV 母线保护配置：RCS-915AB 型微机母差保护。

表 ZY1000306001-2　　220kV 旁路 202 开关代 1 号变压器 211 开关操作步骤

顺序	操 作 项 目	操作目的
1	合上 220kV 1 号变压器 211 开关控制电源 I 开关	合上 211 开关控制电源
2	合上 220kV 1 号变压器 211 开关控制电源 II 开关	
3	投入 220kV 1 号变压器 211 开关“遥控”压板	投入 211 开关“遥控”压板

续表

顺序	操 作 项 目	操作目的
4	投入 220kV 1 号变压器微机保护 A 屏“跳高压侧开关Ⅰ跳闸线圈”压板	投入 1 号变压器微机保护“跳高压侧开关跳圈”压板
5	投入 220kV 1 号变压器微机保护 A 屏“跳高压侧开关Ⅱ跳闸线圈”压板	
6	投入 220kV 1 号变压器微机保护 B 屏“跳高压侧开关Ⅰ跳闸线圈”压板	
7	投入 220kV 1 号变压器微机保护 B 屏“跳高压侧开关Ⅱ跳闸线圈”压板	
8	投入 220kV 1 号变压器微机保护 B 屏“本体保护跳高压侧开关Ⅰ跳闸线圈”压板	
9	投入 220kV 1 号变压器微机保护 B 屏“本体保护跳高压侧开关Ⅱ跳闸线圈”压板	
10	投入 220kV 母差保护“跳 1 号变压器 211 开关Ⅰ跳圈”压板	投入 211 开关母差和失灵保护压板
11	投入 220kV 母差保护“跳 1 号变压器 211 开关Ⅱ跳圈”压板	
12	投入 220kV 母差保护“1 号变压器 211 开关失灵启动”压板	
13	拉开 220kV 1 号变压器 211-4KD 接地刀闸	拉开 211 开关两侧接地刀闸
14	检查 220kV 1 号变压器 211-4KD 接地刀闸三相确已拉开	
15	拉开 220kV 1 号变压器 211-1KD 接地刀闸	
16	检查 220kV 1 号变压器 211-1KD 接地刀闸三相确已拉开	
17	检查 220kV 1 号变压器 211 开关确在分闸位置	将 211 开关由冷备用转热备用，检查相关保护屏上指示灯
18	合上 220kV 1 号变压器 211-1 刀闸控制电源开关	
19	合上 220kV 1 号变压器 211-1 刀闸	
20	检查 220kV 1 号变压器 211-1 刀闸三相确已合上	
21	检查 220kV 1 号变压器 211 开关操作箱“Ⅰ母运行”指示灯亮	
22	检查 220kV 母差保护“1 号变压器 211-1 刀闸”位置指示灯亮	
23	检查 220kV 母差保护“1 号变压器 211-1 刀闸”位置报警灯亮	
24	将 220kV 母差保护“刀闸位置确认”按钮按下	
25	断开 220kV 1 号变压器 211-1 刀闸控制电源开关	
26	合上 220kV 1 号变压器 211-4 刀闸控制电源开关	
27	合上 220kV 1 号变压器 211-4 刀闸	
28	检查 220kV 1 号变压器 211-4 刀闸三相确已合上	
29	断开 220kV 1 号变压器 211-4 刀闸控制电源开关	
30	合上 220kV 1 号变压器 211 开关合闸电源开关	合上 211 开关合闸电源
31	检查 220kV 旁路 202 开关微机高频闭锁保护运行正常	投入 202 开关微机高频闭锁保护中的后备保护
32	测量 220kV 旁路 202 开关微机高频闭锁保护“A 相跳闸出口”压板两端对地无异极性电压	
33	投入 220kV 旁路 202 开关微机高频闭锁保护“A 相跳闸出口”压板	
34	测量 220kV 旁路 202 开关微机高频闭锁保护“B 相跳闸出口”压板两端对地无异极性电压	
35	投入 220kV 旁路 202 开关微机高频闭锁保护“B 相跳闸出口”压板	
36	测量 220kV 旁路 202 开关微机高频闭锁保护“C 相跳闸出口”压板两端对地无异极性电压	
37	投入 220kV 旁路 202 开关微机高频闭锁保护“C 相跳闸出口”压板	
38	投入 220kV 旁路 202 开关微机高频闭锁保护“投距离保护”压板	
39	投入 220kV 旁路 202 开关微机高频闭锁保护“投零序保护”压板	
40	停用 220kV 1 号变压器微机保护 A 屏“差动保护”压板	停用 1 号变压器微机保护 A 屏差动及高压侧后备保护
41	停用 220kV 1 号变压器微机保护 A 屏“高压侧复合电压方向过电流保护Ⅰ段”压板	
42	停用 220kV 1 号变压器微机保护 A 屏“高压侧复合电压方向过电流保护Ⅱ段”压板	
43	停用 220kV 1 号变压器微机保护 A 屏“高压侧复合电压过电流保护”压板	
44	停用 220kV 1 号变压器微机保护 A 屏“高压侧零序方向过电流保护Ⅰ段”压板	
45	停用 220kV 1 号变压器微机保护 A 屏“高压侧零序方向过电流保护Ⅱ段”压板	

续表

顺序	操 作 项 目	操作目的
46	投入220kV 1号变压器微机保护A屏“高压侧电流输入”接入端子	投入1号变压器微机保护A屏高压侧电流输入
47	停用220kV 1号变压器微机保护A屏高压侧电流输入短接端子	
48	投入220kV 1号变压器微机保护B屏“高压侧复合电压方向过电流保护Ⅰ段”压板	投入1号变压器微机保护B屏高压侧后备保护
49	投入220kV 1号变压器微机保护B屏“高压侧复合电压方向过电流保护Ⅱ段”压板	
50	投入220kV 1号变压器微机保护B屏“高压侧复合电压过电流保护”压板	
51	投入220kV 1号变压器微机保护B屏“高压侧零序方向过电流保护Ⅰ段”压板	
52	投入220kV 1号变压器微机保护B屏“高压侧零序方向过电流保护Ⅱ段”压板	
53	检查220kV旁路202开关负荷电流显示为×××A	用211开关合环，202开关解环，检查负荷分配
54	检查220kV 1号变压器211开关远方/就地切换开关在“就地”位置	
55	合上220kV 1号变压器211开关	
56	检查220kV 1号变压器211开关三相确已合上	
57	检查220kV 1号变压器211开关负荷分配正常，电流显示为×××A	
58	检查220kV旁路202开关负荷分配正常，电流显示为×××A	
59	将220kV 1号变压器211开关远方/就地切换开关由“就地”切至“远方”位置	
60	将220kV旁路202开关远方/就地切换开关由“远方”切至“就地”位置	
61	拉开220kV旁路202开关	
62	检查220kV旁路202开关三相确已拉开	
63	检查220kV 1号变压器211开关“负荷电流”显示为×××A	
64	将220kV 1号变压器微机保护A屏“高压侧保护电压切换开关”由“旁路”切至“本线”位置	1号变压器微机保护A屏高压侧保护电压切换
65	检查220kV 1号变压器微机保护B屏“差动保护”差流正常	投入1号变压器微机保护B屏差动保护
66	投入220kV 1号变压器微机保护B屏“差动保护”压板	
67	投入220kV旁路202开关保护屏“电流输入”短接端子	短接202开关保护屏上电流输入端子
68	停用220kV旁路202开关保护屏“电流输入”接入“带1号变压器”端子	
69	检查220kV 1号变压器微机保护A屏“差动保护”差流正常	投入1号变压器微机保护A屏差动及高压侧后备保护
70	投入220kV 1号变压器微机保护A屏“差动保护”压板	
71	投入220kV 1号变压器微机保护A屏“高压侧复合电压方向过电流保护Ⅰ段”压板	
72	投入220kV 1号变压器微机保护A屏“高压侧复合电压方向过电流保护Ⅱ段”压板	
73	投入220kV 1号变压器微机保护A屏“高压侧复合电压过电流保护”压板	
74	投入220kV 1号变压器微机保护A屏“高压侧零序方向过电流保护Ⅰ段”压板	
75	投入220kV 1号变压器微机保护A屏“高压侧零序方向过电流保护Ⅱ段”压板	
76	检查220kV 1号变压器微机失灵保护运行正常	投入1号变压器失灵保护
77	投入220kV 1号变压器微机保护A屏“高压侧开关失灵启动”压板	
78	投入220kV 1号变压器微机保护A屏“高压侧后备保护Ⅰ时限解除复压闭锁”压板	
79	停用220kV 1号变压器微机保护A屏“跳高压侧旁路开关Ⅰ线圈”压板	停用1号变压器微机保护“跳高压侧开关跳闸线圈”压板
80	停用220kV 1号变压器微机保护A屏“跳高压侧旁路开关Ⅱ线圈”压板	
81	停用220kV 1号变压器微机保护B屏“跳高压侧旁路开关Ⅰ线圈”压板	
82	停用220kV 1号变压器微机保护B屏“跳高压侧旁路开关Ⅱ线圈”压板	
83	停用220kV 1号变压器微机保护B屏“本体保护跳高压侧旁路开关Ⅰ线圈”压板	
84	停用220kV 1号变压器微机保护B屏“本体保护跳高压侧旁路开关Ⅱ线圈”压板	

续表

顺序	操 作 项 目	操作目的
85	合上 220kV 1 号变压器 211-3 刀闸控制电源开关	拉开 211 开关旁路侧刀闸，检查相关保护屏上指示灯
86	拉开 220kV 1 号变压器 211-3 刀闸	
87	检查 220kV 1 号变压器 211-3 刀闸三相确已拉开	
88	检查 220kV 1 号变压器 211 开关操作箱“旁路”指示灯灭	
89	断开 220kV 1 号变压器 211-3 刀闸控制电源开关	
90	合上 220kV 旁路 202-3 刀闸控制电源开关	将 202 开关由热备用转冷备用检查相关保护屏上指示灯
91	拉开 220kV 旁路 202-3 刀闸	
92	检查 220kV 旁路 202-3 刀闸三相确已拉开	
93	断开 220kV 旁路 202-3 刀闸控制电源开关	
94	合上 220kV 旁路 202-1 刀闸控制电源开关	
95	拉开 220kV 旁路 202-1 刀闸	
96	检查 220kV 旁路 202-1 刀闸三相确已拉开	
97	检查 220kV 旁路 202 开关操作继电器箱“L1”指示灯灭	
98	检查 220kV 母差保护“旁路 202-1 刀闸”位置指示灯灭	
99	检查 220kV 母差保护“旁路 202-1 刀闸”位置报警灯亮	
100	将 220kV 母差保护“刀闸位置确认”按钮按下	
101	断开 220kV 旁路 202-1 刀闸控制电源开关	
102	检查 220kV 旁路 202-2 刀闸三相确已拉开	
103	汇报调度	—

注 1. 220kV 旁路 202 开关代 1 号变压器 211 开关运行，1 号变压器 211 开关由运行转检修的操作顺序反之。220kV 旁路开关代其他主变压器开关、110kV 旁路开关代主变压器开关的停、送电操作，除保护配置不同外，其操作顺序基本相同。

2. 表中按操作票填写习惯术语，断路器用“开关”表示，隔离开关用“刀闸”表示，接地隔离开关用“接地刀闸”表示。

2. 母联断路器串带线路或变压器断路器的操作

（1）操作任务：220kV 仿西 244 线路大修及保护更换后启动送电。

220kV 母线一次接线及运行方式如图 ZY1000306001-7 所示，操作见表 ZY1000306001-3，1 号、2 号变压器中、低压侧不考虑合环运行。

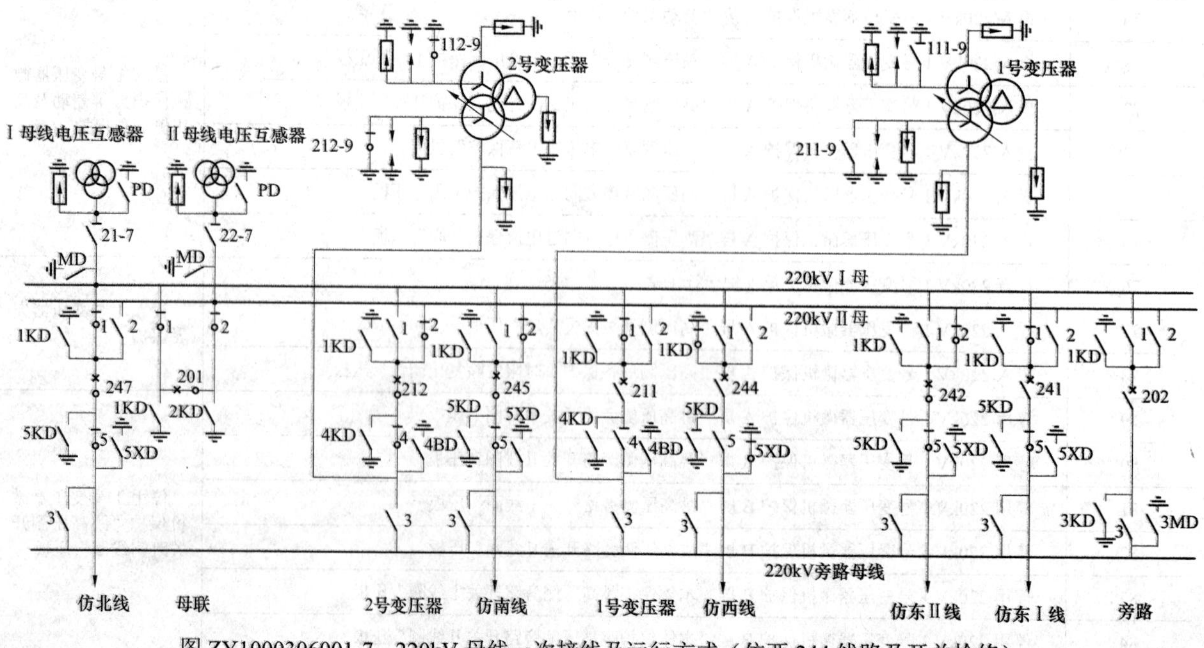

图 ZY1000306001-7 220kV 母线一次接线及运行方式（仿西 244 线路及开关检修）

220kV 母联 201 断路器保护配置：RCS-923A 型独立过电流保护（失灵启动和辅助保护）、CZX-12R 型操作继电器箱。

220kV 仿西 244 断路器保护配置：RCS-901A 型微机方向高频保护、LFX-912 型收发信机、CZX-12R 型操作继电器箱，RCS-902A 型微机高频闭锁保护、LFX-912 型收发信机、RCS-923A 型失灵启动和辅助保护。

220kV 母线保护配置：RCS-915AB 型微机母差保护。

表 ZY1000306001-3　　220kV 仿西 244 线路大修及保护更换后启动送电操作

顺序	操作目的
1	将 220kV 仿西 244 线路及开关由检修转冷备用
2	将 220kV 仿西 244 开关微机方向高频保护、微机高频闭锁保护、失灵启动和辅助保护定值分别按×号、×号、×号保护定值通知单调整
3	投入 220kV 仿西 244 开关微机方向高频保护、微机高频闭锁保护中的后备保护，并将后备保护距离Ⅱ段时间定值调至 0.2s
4	将 220kVⅡ母线上所有开关倒至Ⅰ母线运行
5	将 220kV 母联 201 开关独立过电流保护按×号定值通知单调整，并投入
6	停用 220kV 母差保护
7	将 220kV 仿西 244 开关由冷备用转热备用于 220kVⅡ母线
8	用 220kV 仿西 244 开关对线路冲击两次，正常后拉开
9	合上 220kV 仿西 244 开关（对线路及对侧母线送电，对侧核相正确后合环）
	许可：220kV 仿西 244 开关保护相量、通道对调测试及接入母差保护相量测试，且正确
10	停用 220kV 仿西 244 开关微机方向高频保护、微机高频闭锁保护中的后备保护，并将后备保护距离Ⅱ段时间定值调至正常值
11	投入 220kV 母差保护
12	投入 220kV 仿西 244 开关微机方向高频保护、微机高频闭锁保护中的后备保护
13	将 220kV 仿西 244 开关方向高频保护由“停用”改投“信号”
14	将 220kV 仿西 244 开关方向高频保护由“信号”改投“跳闸”
15	将 220kV 仿西 244 开关高频闭锁保护由“停用”改投“信号”
16	将 220kV 仿西 244 开关高频闭锁保护由“信号”改投“跳闸”
17	投入 220kV 仿西 244 开关单相重合闸
18	投入 220kV 仿西 244 开关失灵保护
19	停用 220kV 母联 201 开关独立过电流保护
20	将 220kV 母线恢复双母线正常运行方式

注　表中按操作票填写习惯术语，断路器用“开关”表示，隔离开关用“刀闸”表示，接地隔离开关用“接地刀闸”表示。

（2）操作任务：220kV 1 号变压器大修及保护更换后启动送电。

变电站一次接线及运行方式如图 ZY1000306001-8 所示，操作见表 ZY1000306001-4，1 号、2 号变压器中、低压侧不考虑合环运行。

220kV 母线保护配置：RCS-915AB 型微机母差保护。

110kV 母线保护配置：WMZ-41A 型微机母差保护。

220kV 1 号变压器保护配置：PST-1202A 型差动及后备保护、PST-1206A 型失灵保护、PST-1212 型操作箱（高压侧）；PST-1202B 型差动及后备保护、PST-1210C 型本体保护、PST-1211 型中压操作箱、PST-1210 型低压操作箱。

220kV 2 号变压器保护配置：RCS-978 型差动及后备保护、RCS-974A 型非电量及失灵辅助保护、LFP-974B 型电压切换及操作回路（中、低压侧），RCS-978 型差动及后备保护、LFP-974E 型操作继电器箱（高压侧）。

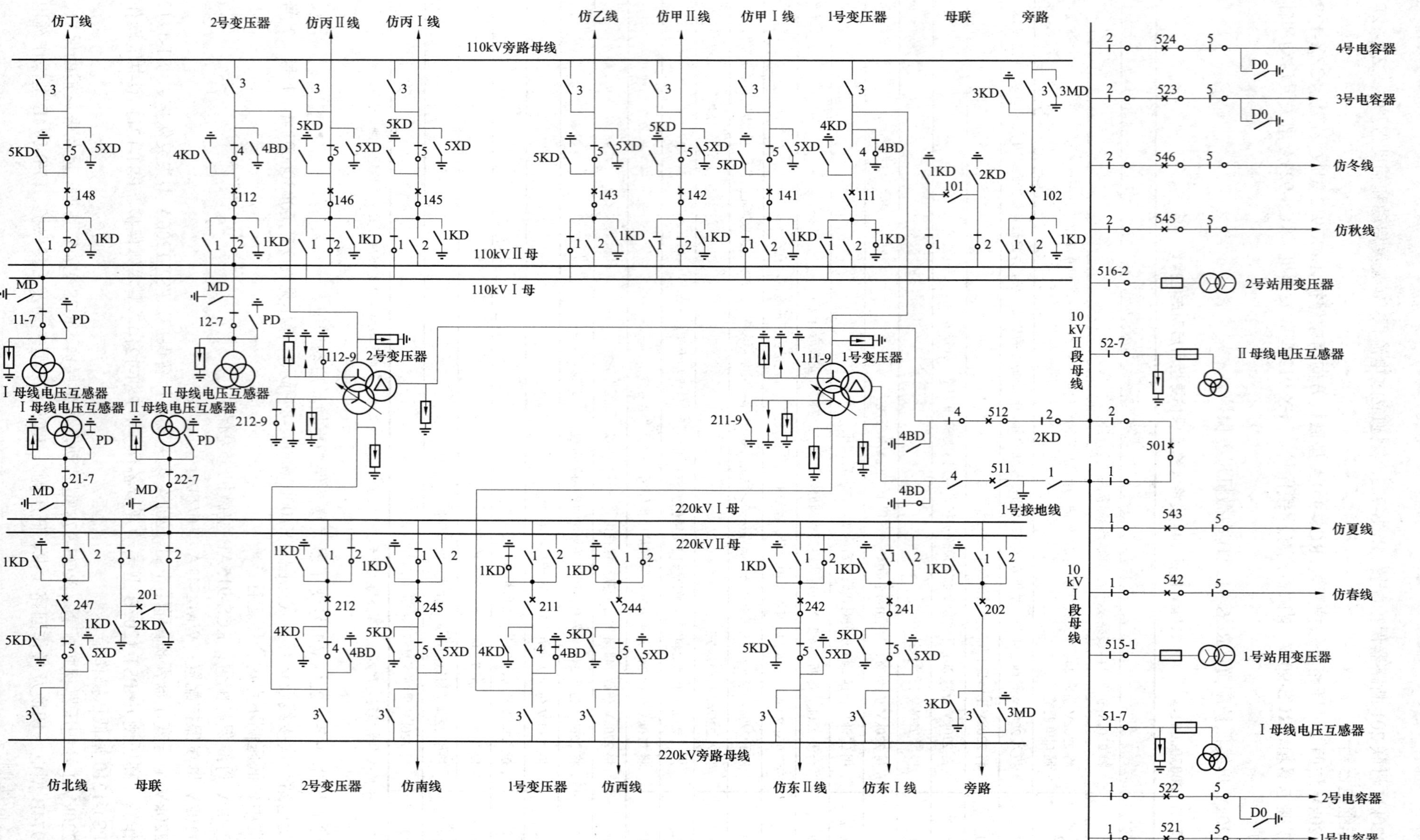

图ZY1000306001-8 变电站一次接线及运行方式（1号变压器及三侧开关检修）

220kV 母联 201 断路器保护配置：RCS-923A 型独立过电流保护（失灵启动和辅助保护）、CZX-12R 型操作继电器箱。

220kV 仿东Ⅰ、Ⅱ241、242 断路器保护配置：RCS-931A 型第一套微机光纤纵差保护、CZX-12R 型操作继电器箱，PSL-603G 型第二套微机光纤纵差保护、PSL-631A 型断路器失灵及辅助保护。

220kV 仿西 244 断路器、仿南 245 断路器、仿北 247 断路器保护配置：RCS-901A 型微机方向高频保护、LFX-912 型收发信机、CZX-12R 型操作继电器箱，RCS-902A 型微机高频闭锁保护、LFX-912 型收发信机、RCS-923A 型失灵启动和辅助保护。

110kV 线路开关保护配置：RCS-941A 型三段相间和接地距离保护、四段零序方向过电流保护和三相一次重合闸等。

站用电系统装有站用电源自动切换装置，正常运行时，低压Ⅰ、Ⅱ段母线分列运行。

表 ZY1000306001-4　　220kV 1 号变压器大修及保护更换后启动送电操作

顺序	操作目的
1	将 220kV 1 号变压器及各侧开关由检修转冷备用
2	将 220kV 1 号变压器 211 开关由冷备用转热备用于 220kVⅠ母线
3	将 220kV 1 号变压器 111 开关由冷备用转热备用于 110kVⅠ母线
4	将 220kV 1 号变压器 511 开关由冷备用转热备用
5	合上 220kV 1 号变压器 220kV 侧中性点 211-9 接地刀闸
6	合上 220kV 1 号变压器 110kV 侧中性点 111-9 接地刀闸
7	将 220kV 1 号变压器微机保护 A、B 屏定值分别按×号、×号定值通知单调整，并投入全部保护
8	将 220kV 1 号变压器微机保护 A、B 屏高压侧后备保护中相间、接地保护定值按×号定值通知单调整
	许可：110kVⅠ、Ⅱ母线电压互感器二次对相，且正确
	许可：10kVⅠ、Ⅱ段母线电压互感器二次对相，且正确
9	将 220kVⅠ母线上所有开关倒至Ⅱ母线运行
10	将 110kVⅠ母线上所有开关倒至Ⅱ母线运行
11	将 110kV 母联 101 开关及 110kVⅠ母线由运行转热备用
12	将 220kV 母联 201 开关独立过电流保护按×号定值通知单调整，并投入
13	停用 220kV 母差保护
14	用 220kV 1 号变压器 211 开关对变压器冲击合闸 3 次
15	拉开 220kV 1 号变压器 220kV 侧中性点 211-9 接地刀闸
16	停用 110kV 母差保护
17	将 10kV 1 号站用变压器负荷倒由 10kV 2 号站用变压器带（停电倒负荷）
18	将 10kVⅠ段母线由运行转热备用（即依次拉开 10kV 1 号电容器 521 开关、2 号电容器 522 开关、仿春 542 开关、仿夏 543 开关、分段 501 开关）
19	合上 220kV 1 号变压器 111、511 开关
	许可：110kVⅠ、Ⅱ母线电压互感器二次核相，且正确
	许可：10kVⅠ、Ⅱ段母线电压互感器二次核相，且正确
20	停用 220kV 1 号变压器微机保护 A、B 屏差动及高、中压侧方向性保护
21	依次合上 10kV 仿春 542 开关、仿夏 543 开关、1 号电容器 521 开关、2 号电容器 522 开关
22	将 220kV 1 号变压器 111 开关及 110kVⅠ母线由运行转热备用
23	将 110kV 母联 101 开关及 110kVⅠ母线由热备用转运行
24	将 110kV 仿甲 141 开关、仿乙 143 开关、仿丙 145 开关由 110kVⅡ母线倒至Ⅰ母线运行
25	合上 220kV 1 号变压器 111 开关（合环）
26	拉开 110kV 母联 101 开关（解环）
	许可：220kV 1 号变压器微机保护 A、B 屏差动及高、中压侧方向性保护相量测试，且正确

续表

顺序	操 作 目 的
	许可：220kV 1 号变压器高中压侧接入 220kV、110kV 母差保护相量测试，且正确
27	投入 220kV 母差保护（220kV 1 号变压器 211 开关失灵保护不投入）
28	投入 110kV 母差保护
29	将 220kV 旁路 202 开关微机高频闭锁保护中的后备保护、失灵保护定值分别按×号、×号保护定值通知单调整，并投入其后备保护及失灵保护（单相重合闸停用）
30	用 220kV 旁路 202 开关对旁路母线冲击一次，正常后拉开
31	停用 220kV 旁路 202 开关的失灵保护
32	合上 220kV 1 号变压器 211-3 刀闸，对旁路母线充电
33	将 220kV 旁路 202 开关带 220kV 1 号变压器 211 开关运行，220kV 1 号变压器 211 开关由运行转热备用
	备注：① 220kV 旁路 202 开关合环前，先投入 220kV 1 号变压器保护屏上跳“高压侧旁路开关”出口压板，再进行 220kV 旁路 202 开关电流输入端子切换（先投入接入端子，再停用短接端子）；② 220kV 1 号变压器 211 开关解环后，先进行 220kV 1 号变压器高压侧保护电压切换，再进行 220kV 1 号变压器高压侧电流输入端子切换（先投入短接端子，再停用接入端子）
34	将 110kV 旁路 102 开关微机线路保护定值按×号保护定值通知单调整，并投入距离保护和方向零序保护（三相一次重合闸停用）
35	用 110kV 旁路 102 开关对旁路母线冲击一次，正常后拉开
36	合上 220kV 1 号变压器 111-3 刀闸，对旁路母线充电
37	将 110kV 旁路 102 开关带 220kV 1 号变压器 111 开关运行，220kV 1 号变压器 111 开关由运行转热备用
	备注：① 110kV 旁路 102 开关合环前，先投入 220kV 1 号变压器保护屏上跳“中压侧旁路开关”出口压板，再进行 110kV 旁路 102 开关电流输入端子切换（先投入接入端子，再停用短接端子）；② 220kV 1 号变压器 111 开关解环后，先进行 220kV 1 号变压器中压侧保护电压切换，再进行 220kV 1 号变压器中压侧电流输入端子切换（先投入短接端子，再停用接入端子）
	许可：220kV、110kV 旁路开关带路运行时，220kV 1 号变压器微机保护 A 屏差动及高、中压侧方向性保护相量测试，且正确
38	将 220kV 1 号变压器 211 开关由热备用转运行，220kV 旁路 202 开关由运行转热备用
	备注：① 220kV 1 号变压器 211 开关合环前，先进行 220kV 1 号变压器高压侧电流输入端子切换（先投入接入端子，再停用短接端子）；② 220kV 旁路 202 开关解环后，先进行 220kV 1 号变压器高压侧保护电压切换，再进行 220kV 旁路 202 开关电流输入端子切换（先投入短接端子，再停用接入端子），并停用 220kV 1 号变压器保护屏上跳“高压侧旁路开关”出口压板
39	将 220kV 旁路 202 开关由热备用转冷备用
40	拉开 220kV 1 号变压器 211-3 刀闸
41	将 220kV 1 号变压器 111 开关由热备用转运行，110kV 旁路 102 开关由运行转热备用
	备注：① 220kV 1 号变压器 111 开关合环前，先进行 220kV 1 号变压器中压侧电流输入端子切换（先投入接入端子，再停用短接端子）；② 110kV 旁路 102 开关解环后，先进行 220kV 1 号变压器中压侧保护电压切换，再进行 110kV 旁路 102 开关电流输入端子切换（先投入短接端子，再停用接入端子），并停用 220kV 1 号变压器保护屏上跳“中压侧旁路开关”出口压板
42	将 110kV 旁路 102 开关由热备用转冷备用
43	拉开 220kV 1 号变压器 111-3 刀闸
44	投入 220kV 1 号变压器微机保护 A、B 屏差动及高、中压侧方向性保护
45	将 220kV 1 号变压器微机保护 A、B 屏高压侧后备保护中相间、接地保护定值调至正常值
46	投入 220kV 1 号变压器 211 开关失灵保护
47	停用 220kV 母联 201 开关独立过电流保护
48	将 220kV 母线恢复双母线正常运行方式
49	将站用交流电系统恢复正常方式（停电倒负荷）

注 表中按操作票填写习惯术语，断路器用“开关”表示，隔离开关用“刀闸”表示，接地隔离开关用“接地刀闸”表示。

【思考与练习】

1. 更换或大修后的线路或变压器送电时，有哪些规定？
2. 大型复杂操作前，集控站（或变电站）应做好哪些准备工作？
3. 对于双重化变压器微机保护，当旁路断路器代路时其电流切换回路有几种形式？如何进行切换？

模块2　大型复杂操作危险点源分析（ZY1000306002）

【模块描述】本模块介绍了大型复杂操作的危险点源。通过案例介绍，能正确分析大型复杂操作危险点源，并制定预控措施。

【正文】

一、旁路代线路（或变压器）断路器停、送电操作危险点分析

（1）220kV旁路202开关代仿西244开关运行、仿西244开关由运行转检修危险点分析及预控措施，见表ZY1000306002-1。

表ZY1000306002-1　220kV旁路202开关代仿西244开关运行、仿西244开关由运行转检修危险点分析及预控措施

序号	操作目的	危险点	预控措施
1	将220kV旁路202开关的后备保护、单相重合闸及失灵保护定值按带仿西244开关相应定值单调整，并投入后备保护、单相重合闸及失灵保护	（1）保护定值调整错误	查阅定值整定记录，按预置定值区域进行换区操作，换区后必须按“确认”按钮进行定值固化；在检查装置运行正常，液晶显示定值区域正确后，打印定值，并由两人认真核对，确认定值调整正确
		（2）误投或漏投压板	操作前认清保护屏及压板名称，按被带开关保护定值单，正确投入旁路保护，投入经母差保护跳本开关的压板和本开关失灵保护启动母差保护的压板，防止将该投入的压板未投入，将不该停用的压板停用；操作压板时，要仔细检查压板是否压紧牢固，防止松动造成保护不动作或不出口
2	用220kV旁路202开关对旁路母线冲击一次	（1）与被代开关运行在不同母线	双母线带专用旁路代路时，旁路开关一般应与被代出线开关运行在同一条母线，若调度指令中另有要求或受接线限制除外。运行在同一条母线环流较小，同时可防止在事故情况下，对故障母线送电或母联开关偷跳后将两条母线合环
		（2）旁路母线异常	旁路母线充电后，应仔细检查旁路母线有无异常，旁路开关三相是否合好，并检查机械位置指示和拐臂的位置，不能光看表计或开关未跳闸，而判断旁路母线充电正常
		（3）开关未拉开	检查开关时不能只看表计，应现场检查开关的机械位置指示器和拐臂位置，来确认开关已拉开，以防止被带开关旁路侧刀闸合环
		（4）电动刀闸操作后未断开控制电源	若刀闸电动机等回路异常或人为误碰，可能造成刀闸自分或自合闸而导致事故，因此电动隔离开关操作后，应及时断开刀闸控制电源
3	将220kV仿西244开关方向高频保护由跳闸改为停用	误停或漏停压板	操作前认清保护屏及压板名称，防止将不该停用的压板停用，而造成线路故障时保护拒动；防止将应该停用的压板未停用，而造成区外故障时保护误动
4	合上220kV仿西线244-5刀闸	刀闸合闸不到位	刀闸合上后要注意认真检查，确认刀闸三相确已全部合好；否则，带负荷后将造成刀闸发热，而被迫停运
5	220kV旁路202开关和仿西244开关的合、解环操作及高频闭锁保护的切换	（1）甩负荷	旁路开关合环前后，应仔细检查负荷分配情况，并现场检查开关实际位置与开关机械位置指示一致，以防止开关触头没有合上，而造成下一步拉开被代出线开关时甩负荷
		（2）通道切换开关接触不好	被代出线开关高频闭锁保护切换开关切至“旁路”位置运行后，为防止被代线路无主保护运行，应进行通道测试，来验证通道切换开关接触良好、通道正常
		（3）主保护压板投入不正确	首先应停用被代开关微机高频闭锁保护“主保护”压板，在检查旁路保护“通道异常”灯灭后，再投入旁路开关微机高频闭锁保护“主保护”压板，防止漏投或漏停，造成保护拒动或误动
6	将220kV仿西244开关由热备用转冷备用	（1）带负荷拉刀闸	在操作刀闸前，首先应检查开关三相确已拉开，其次应判断拉开该刀闸时是否会产生弧光，在确保不发生差错的前提下，对于会产生弧光的操作，则操作时应迅速而果断，尽快使电弧熄灭，以免触头烧坏
		（2）电动刀闸分闸失灵	应查明原因，检查是否由于机构异常引起失灵，只有在确保操作正确（即该刀闸相关联的设备状态正确）的前提下，才能手动操作分闸，操作前应断开电动刀闸控制电源

续表

序号	操作目的	危险点	预控措施
6	将220kV仿西244开关由热备用转冷备用	（3）手动分闸操作方法不正确	无论用手动或绝缘拉杆操作刀闸分闸时，都应果断而迅速。先拔出联锁销子再进行分闸，当刀片刚离开固定触头时应迅速，以便迅速消弧；但在分闸终了时要缓慢些，防止操动机构和支持绝缘子损坏，最后应检查联锁销子是否销好
		（4）解锁操作刀闸	刀闸闭锁打不开时，应严格履行解锁申请和批准手续，解锁操作前，应认真核对设备编号和闭锁钥匙以及设备的实际状态，方可进行实际操作
		（5）错拉刀闸	手动拉刀闸时，应先慢而谨慎，如触头刚分离时发生弧光，则应迅速合上，这时应立即检查，是否由于误操作而引起弧光；若刀闸已拉开严禁再次合上
		（6）刀闸分闸不到位	刀闸拉开后要注意认真检查，确认刀闸端口张开角或刀闸断开的距离应符合要求
7	将220kV仿西244开关由冷备用转检修	（1）不试验验电器，使用不合格的验电器	验电器应进行检查试验合格，验电时必须戴绝缘手套
		（2）验电时站位不合适	验电时应根据现场情况站在便于操作和安全的地方，不能使验电器或绝缘杆的绝缘部分过分靠近设备构架，以免造成绝缘部分被短接
		（3）误合线路接地刀闸	认真核对设备编号，严格执行监护唱票复诵制度
		（4）误停或漏停压板	操作前认清保护屏及压板名称，防止将不该停用的压板停用，对经母差保护跳本开关的压板停用，将经本开关失灵保护启动母差保护的压板停用，并停用本开关“遥控”压板
		（5）误断或漏断开关的控制电源和合闸电源开关	认清设备位置，防止与就近的电源开关混淆；若为熔断器一般应先取下正极，然后再取负极

注 表中按操作票填写习惯术语，断路器用“开关”表示，隔离开关用“刀闸”表示，接地隔离开关用“接地刀闸”表示。

（2）220kV 1号主变压器211开关由检修转运行、旁路202开关由运行转冷备用危险点分析及预控措施见表ZY1000306002-2。

表ZY1000306002-2 220kV 1号主变压器211开关由检修转运行、旁路202开关由运行转冷备用危险点分析及预控措施

序号	操作目的	危险点	预控措施
1	将220kV 1号主变压器211开关由检修转冷备用	（1）误合或漏合开关的控制电源和合闸电源开关	认清设备位置，防止与就近的电源开关混淆；若为熔断器一般应先放负极，然后再放正极
		（2）误投或漏投压板	操作前认清保护屏及压板名称，防止将不该投入的压板投入；投入本开关“遥控”压板和主变压器保护屏上高压侧跳闸出口压板，投入母差保护屏上跳本开关和失灵启动母差保护压板，投入压板时应注意压板接触良好
		（3）漏拉接地刀闸	容易造成带接地刀闸合闸而损坏设备，恢复备用前，应详细检查送电回路接地刀闸已全部拉开
2	将220kV 1号主变压器211开关由冷备用转热备用于220kVⅠ母线	（1）电动刀闸合闸失灵	应查明原因，检查是否由于机构异常引起失灵，只有在确保操作正确（即该刀闸相关联的设备状态正确）的前提下，才能手动操作合闸，操作前应断开电动刀闸控制电源
		（2）电动刀闸操作后未断开控制电源	若刀闸电动机等回路异常或人为误碰，可能造成刀闸自分闸而导致事故，因此电动刀闸操作后，应及时断开刀闸控制电源
		（3）手动合闸操作方法不正确	不论用手动或绝缘拉杆操作刀闸合闸时，都应迅速而果断。先拔出联锁销子再进行合闸，开始可缓慢一些，当刀片接近刀嘴时要迅速合上，以防止发生弧光。但在合闸终了时要注意用力不可过猛，以免发生冲击而损坏瓷件，最后应检查联锁销子是否销好
		（4）刀闸合闸不到位	刀闸合上后要注意认真检查，确认刀闸三相确已全部合好；对于母线侧刀闸合好后，应检查本保护二次电压切换正常，微机型母差保护刀闸位置正确、切换正常

续表

序号	操作目的	危险点	预控措施
2	将 220kV 1 号主变压器 211 开关由冷备用转热备用于 220kV Ⅰ母线	（5）解锁操作刀闸	刀闸闭锁打不开时，应严格履行解锁申请和批准手续。解锁操作前，应认真核对设备编号和闭锁钥匙以及设备的实际状态，方可进行实际操作
		（6）带负荷合刀闸	在操作刀闸前，首先应检查开关三相确已拉开，其次应判断合上该刀闸时是否会产生弧光，在确保不发生差错的前提下，对于会产生弧光的操作，则操作时应迅速而果断，尽快使电弧熄灭，以免触头烧坏
3	投入 220kV 旁路 202 开关微机高频闭锁保护中的后备保护，并对 220kV 1 号主变压器高压侧电流回路及其保护进行相应的切换	（1）误投或漏投旁路开关保护压板	操作前认清保护屏及压板名称，按被代开关保护定值单，正确投入旁路开关后备保护，防止漏投保护压板，而造成主变压器无后备保护运行；防止误投重合闸压板，而造成主变压器故障跳闸后重合；操作压板时，要仔细检查压板是否压紧牢固，防止松动造成保护不动作或不出口
		（2）主变压器差动或后备保护误动	为防止电流回路被短接而使保护误动，在切换主变压器 A 屏高压侧电流回路前，必须先停用 A 屏差动保护和高压侧后备保护后，才能进行 1 号主变压器 A 屏高压侧电流端子切换；待切换正常后，投入 B 屏高压侧后备保护
		（3）主变压器高压侧电流回路切换错误	为防止在切换过程中电流回路开路，应先投入接入端子，后停用短接端子；切换时，操作人应站在绝缘垫上进行操作
4	220kV 1 号主变压器 211 开关和旁路 202 开关的合、解环操作	甩负荷	变压器开关合环前后，应仔细检查负荷分配情况，并现场检查开关实际位置与开关机械位置指示一致，以防止开关触头没有合上，而造成下一步拉开旁路开关时甩负荷
5	220kV 旁路 202 开关电流回路和 220kV 1 号主变压器高压侧电压回路切换	（1）主变压器高压侧电压切换开关接触不好	主变压器高压侧电压切换开关切至“本线”位置运行后，为防止保护失压，应仔细检查保护装置电压显示正常
		（2）旁路电流回路切换错误	为防止在切换过程中电流回路开路，应先投入短接端子，后停用接入端子；切换时，操作人应站在绝缘垫上进行操作
6	220kV 1 号主变压器和旁路 202 开关保护投停	（1）变压器差流异常	为防止差动保护误动，在投入变压器差动保护之前必须检查双套差动保护差流正常后，再投入双差动保护压板
		（2）误投或漏投变压器保护压板	操作前认清保护屏及压板名称，正确投入主变压器 A 屏高压侧后备保护和失灵保护，防止漏投保护压板，而造成主变压器失去后备保护或失灵保护拒动；操作压板时，要仔细检查压板是否压紧牢固，防止松动造成保护不动作或不出口
		（3）误停或漏停旁路保护压板	操作前认清保护屏及压板名称，对主变压器屏上旁路跳闸出口压板全部停用，防止将不该停用的压板停用，而使变压器失去保护
7	拉开 220kV 1 号主变压器 211-3 刀闸	刀闸分闸不到位	刀闸分闸后要注意认真检查，确认刀闸三相确已分闸到位；否则，旁路母线一旦带电，将会引起间隙放电
8	将 220kV 旁路 202 开关由热备用转冷备用	（1）电动刀闸分闸失灵	应查明原因，检查是否由于机构异常引起失灵，只有在确保操作正确（即该刀闸相关联的设备状态正确）的前提下，才能手动操作分闸，操作前应断开电动刀闸控制电源
		（2）手动分闸操作方法不正确	无论用手动或绝缘拉杆操作刀闸分闸时，都应果断而迅速。先拔出联锁销子再进行分闸，当刀片刚离开固定触头时应迅速，以便迅速消弧；但在分闸终了时要缓慢些，防止操动机构和支持绝缘子损坏，最后应检查联锁销子是否销好
		（3）解锁操作刀闸	刀闸闭锁打不开时，应严格履行解锁申请和批准手续。解锁操作前，应认真核对设备编号和闭锁钥匙及设备的实际状态，方可进行实际操作

注　表中按操作票填写习惯术语，断路器用“开关”表示，隔离开关用“刀闸”表示，接地隔离开关用“接地刀闸”表示。

二、母联断路器串带线路或变压器断路器操作危险点分析

母联断路器串带线路或变压器断路器的操作涵盖以下设备停、送电的大部分操作：

（1）断路器停、送电操作。

（2）线路停、送电操作。

（3）变压器停、送电操作。

（4）母线停、送电操作。
（5）电压互感器停、送电操作。
（6）站用交流系统停、送电操作。
（7）旁路断路器代路停、送电操作。
（8）二次设备操作。

以上操作的危险点分析已在倒闸操作其他章节的模块中加以分析，本模块不再赘述。

【思考与练习】

1. 旁路断路器代线路断路器运行时，对继电保护和自动装置及其定值调整是如何规定的？
2. 简述旁路断路器代主变压器断路器运行时，电流回路切换是如何进行的。

第二十七章　设备运行验收与投运

模块1　设备验收项目及要求（GYBD00403001）

【模块描述】本模块包含变电站设备验收项目及要求。通过变电站设备验收项目及要求的介绍，掌握变电站设备验收项目，能参与设备验收。

【正文】

变电站设备验收是坚持设备技术质量标准的重要措施，也是保证安全可靠经济运行的重要环节。因此，运行人员必须认真严格把好“质量”关。

设备交接验收的标准是新安装工程或项目应符合工程设计的要求，电气设备安装质量、调试验收项目及其结果应符合规定，并且具备相关的技术资料和文件。

设备验收项目包括一、二次设备的安装交接、大修、小修、预试和调试。按照有关规程和国家电网公司技术标准经验收合格、验收手续齐备、符合运行条件后，才能投入运行。运行值班人员根据具体的一、二次设备的检修、调试大纲和细则，重点核对、检查验收项目，把好设备投运的质量关，以保证电网设备的安全运行。

一、变压器验收的项目及要求

（一）大修（包括更换线圈和更换内部引线等）验收的项目和要求

1. 变压器绕组

（1）清洁无破损，绑扎紧固完整，分接引线出口处封闭良好，围屏无变形、发热和树枝状放电痕迹。

（2）围屏的起头应放在绕组的垫块上，接头处搭接应错开不堵塞油道。

（3）支撑围屏的长垫块无爬电痕迹。

（4）相间隔板完整固定牢固。

（5）绕组应清洁，表面无油垢、变形。

（6）整个绕组无倾斜，位移，导线辐向无弹出现象。

（7）各垫块排列整齐，辐向间距相等，轴向成一垂直线，支撑牢固有适当压紧力，垫块外露出绕组的长度至少应超过绕组导线的厚度。

（8）绕组油道畅通，无油垢及其他杂物积存。

（9）外观整齐清洁，绝缘及导线无破损。

（10）绕组无局部过热和放电痕迹。

2. 引线及绝缘支架

（1）引线绝缘包扎完好，无变形、变脆，引线无断股、卡伤。

（2）穿缆引线已用白布带半叠包绕一层。

（3）接头表面应平整、清洁、光滑无毛刺及其他杂质。

（4）引线长短适宜，无扭曲。

（5）引线绝缘的厚度应足够。

（6）绝缘支架应无破损、裂纹、弯曲、变形及烧伤。

（7）绝缘支架与铁夹件的固定可用钢螺栓，绝缘件与绝缘支架的固定应用绝缘螺栓；两种固定螺栓均应有防松措施。

（8）绝缘夹件固定引线处已垫附加绝缘。

（9）引线固定用绝缘夹件的间距，应考虑在电动力的作用下，不致发生引线短路；线与各部位之间的绝缘距离应足够。

（10）大电流引线（铜排或铝排）与箱壁间距，一般应大于 100mm，铜（铝）排表面进行绝缘包扎处理。

3. 铁芯

（1）铁芯平整，绝缘漆膜无损伤，叠片紧密，边侧的硅钢片无翘起或成波浪状。铁芯各部表面无油垢和杂质，片间无短路，搭接现象，接缝间隙符合要求。

（2）铁芯与上、下夹件，方铁，压板，底脚板间绝缘良好。

（3）钢压板与铁芯间有明显的均匀间隙；绝缘压板应保持完整，无破损和裂纹，并有适当紧固度。

（4）钢压板不得构成闭合回路，并一点接地。

（5）压钉螺栓紧固，夹件上的正、反压钉和锁紧螺母无松动，与绝缘垫圈接触良好，无放电烧伤痕迹，反压钉与上夹件有足够距离。

（6）穿芯螺栓紧固，绝缘良好。

（7）铁芯间、铁芯与夹件间的油道畅通，油道垫块无脱落和堵塞，且排列整齐。

（8）铁芯只允许一点接地，接地片应用厚度 0.5mm，宽度不小于 30mm 的紫铜片，插入 3～4 级铁芯间，对大型变压器插入深度不小于 80mm，其外露部分已包扎白布带或绝缘。

（9）铁芯段间、组间、铁芯对地绝缘电阻良好。

（10）铁芯的拉板和钢带应紧固并有足够的机械强度，绝缘良好，不构成环路，不与铁芯相接触。

（11）铁芯与电场屏蔽金属板（箔）间绝缘良好，接地可靠。

4. 有载分接开关

（1）切换开关所有紧固件无松动。

（2）储能机构的主弹簧、复位弹簧、爪卡无变形或断裂。动作部分无严重磨损、擦毛、损伤、卡滞，动作正常无卡滞。

（3）各触头编织线完整无损。

（4）切换开关连接主通触头无过热及电弧烧伤痕迹。

（5）切换开关弧触头及过渡触头烧损情况符合制造厂要求。

（6）过渡电阻无断裂，其阻值与铭牌值比较，偏差不大于±10%。

（7）转换器和选择开关触头及导线连接正确，绝缘件无损伤，紧固件紧固，并有防松螺母，分接开关无受力变形。

（8）对带正、反调的分接开关，检查连接 K 端分接引线在“+”或“−”位置上与转换选择器的动触头支架（绝缘杆）的间隙不应小于 10mm。

（9）选择开关和转换器动静触头无烧伤痕迹与变形。

（10）切换开关油室底部放油螺栓紧固，且无渗油。

5. 油箱

（1）油箱内部洁净，无锈蚀，漆膜完整，渗漏点已补焊。

（2）强油循环管路内部清洁，导向管连接牢固，绝缘管表面光滑，漆膜完整、无破损、无放电痕迹。

（3）钟罩和油箱法兰结合面清洁平整。

（4）磁（电）屏蔽装置固定牢固，无异常，可靠接地。

（二）小修验收的项目和要求

变压器本体和附件小修验收的项目和要求如下：

（1）变压器本体和组部件等各部位均无渗漏。

（2）储油柜油位合适，油位表指示正确。

（3）套管。

1）瓷套表面清洁无裂缝、损伤。

2）套管固定可靠，各螺栓受力均匀。

3）油位指示正常，油位表朝向应便于运行巡视。

4）电容套管末屏接地可靠。

5）引线连接可靠、对地和相间距离符合要求，各导电接触面应涂有电力复合脂。引线松紧适当，无明显过紧过松现象。

（4）升高座和套管型电流互感器。

1）放气塞位置应在升高座最高处。

2）套管型电流互感器二次接线板及端子密封完好，无渗漏，清洁无氧化。

3）套管型电流互感器二次引线连接螺栓紧固、接线可靠、二次引线裸露部分不大于 5mm。

4）套管型电流互感器二次备用绕组经短接后接地，检查二次极性的正确性，电压比与实际相符。

（5）气体继电器。

1）检查气体继电器是否已解除运输用的固定，继电器应水平安装，其顶盖上标志的箭头应指向储油柜，其与连通管的连接应密封良好，连通管应有 1%～1.5%的升高坡度。

2）集气盒内应充满变压器油、且密封良好。

3）气体继电器应具备防潮和防进水的功能，如不具备应加装防雨罩。

4）轻、重瓦斯触点动作正确，气体继电器按 DL/T 540 校验合格，动作值符合整定要求。

5）气体继电器的电缆应采用耐油屏蔽电缆，电缆引线在继电器侧应有滴水弯，电缆孔应封堵完好。

6）观察窗的挡板应处于打开位置。

（6）压力释放阀。

1）压力释放阀及导向装置的安装方向应正确，阀盖和升高座内应清洁、密封良好。

2）压力释放阀的接点动作可靠，信号正确，接点和回路绝缘良好。

3）压力释放阀的电缆引线在继电器侧应有滴水弯，电缆孔应封堵完好。

4）压力释放阀应具备防潮和防进水的功能，如不具备应加装防雨罩。

（7）无励磁分接开关。

1）挡位指示器清晰，操作灵活、切换正确，内部实际挡位与外部挡位指示正确、一致。

2）机械操作闭锁装置的止钉螺栓固定到位。

3）机械操作装置应无锈蚀并涂有润滑脂。

（8）有载分接开关。

1）传动机构应固定牢靠，连接位置正确，且操作灵活，无卡涩现象；传动机构的摩擦部分涂有适合当地气候条件的润滑脂。

2）电气控制回路接线正确、螺栓紧固、绝缘良好，接触器动作正确、接触可靠。

3）远方操作、就地操作、紧急停止按钮、电气闭锁和机械闭锁正确可靠。

4）电机保护、步进保护、连动保护、相序保护、手动操作保护正确可靠。

5）切换装置的工作顺序应符合制造厂规定；正、反两个方向操作至分接开关动作时的圈数误差应符合制造厂规定。

6）在极限位置时，其机械闭锁与极限开关的电气联锁动作应正确。

7）操动机构挡位指示、分接开关本体分接位置指示、监控系统上分接开关分接位置指示应一致。

8）压力释放阀（防爆膜）完好无损。如采用防爆膜，防爆膜上面应用明显的防护警示标示；如采用压力释放阀，应按变压器本体压力释放阀的相关要求。

9）油道畅通，油位指示正常，外部密封无渗油，进出油管标志明显。

10）单相有载调压变压器组进行分接变换操作时应采用三相同步远方或就地电气操作并有失步保护。

11）带电滤油装置控制回路接线正确可靠。

12）带电滤油装置运行时应无异常的振动和噪声，压力符合制造厂规定。

13）带电滤油装置各管道连接处密封良好。

14）带电滤油装置各部位应均无残余气体（制造厂有特殊规定除外）。

（9）吸湿器。

1）吸湿器与储油柜间的连接管的密封应良好，呼吸应畅通。

2）吸湿剂应干燥，油封油位应在油面线上或满足产品的技术要求。

（10）测温装置。

1）温度计动作接点整定正确、动作可靠。

2）就地和远方温度计指示值应一致。

3）顶盖上的温度计座内应注满变压器油，密封良好；闲置的温度计座也应注满变压器油密封，不得进水。

4）膨胀式信号温度计的细金属软管（毛细管）不得有压扁或急剧扭曲，其弯曲半径不得小于50mm。

5）记忆最高温度的指针应与指示实际温度的指针重叠。

（11）净油器。

1）上、下阀门均应在开启位置。

2）滤网材质和安装正确。

3）硅胶规格和装载量符合要求。

（12）本体、中性点和铁芯接地。

1）变压器本体油箱应在不同位置分别有两根引向不同地点的水平接地体。每根接地线的截面应满足设计的要求。

2）变压器本体油箱接地引线螺栓紧固，接触良好。

3）110kV（66kV）及以上绕组的每根中性点接地引下线的截面应满足设计的要求，并有两根分别引向不同地点的水平接地体。

4）铁芯接地引出线（包括铁轭有单独引出的接地引线）的规格和与油箱间的绝缘应满足设计的要求，接地引出线可靠接地。引出线的设置位置有利于监测接地电流。

（13）控制箱（包括有载分接开关、冷却系统控制箱）。

1）控制箱及内部电器的铭牌、型号、规格应符合设计要求，外壳、漆层、手柄、瓷件、胶木电器应无损伤、裂纹或变形。

2）控制回路接线应排列整齐、清晰、美观，绝缘良好无损伤。接线应采用铜质或有电镀金属防锈层的螺栓紧固，且应有防松装置，引线裸露部分不大于5mm；连接导线截面符合设计要求、标志清晰。

3）控制箱及内部元件外壳、框架的接零或接地应符合设计要求，连接可靠。

4）内部断路器、接触器动作灵活无卡涩，触头接触紧密、可靠，无异常声音。

5）保护电动机用的热继电器或断路器的整定值应是电动机额定电流的0.95～1.05倍。

6）内部元件及转换开关各位置的命名应正确无误并符合设计要求。

7）控制箱密封良好，内外清洁无锈蚀，端子排清洁无异物，驱潮装置工作正常。

8）交直流应使用独立的电缆，回路分开。

（14）冷却装置。

1）风扇电动机及叶片应安装牢固，并应转动灵活，无卡阻；试转时应无振动、过热；叶片应无扭曲变形或与风筒碰擦等情况，转向正确；电动机保护不误动，电源线应采用具有耐油性能的绝缘导线。

2）散热片表面油漆完好，无渗油现象。

3）管路中阀门操作灵活、开闭位置正确；阀门及法兰连接处密封良好无渗油现象。

4）油泵转向正确，转动时应无异常噪声、振动或过热现象，油泵保护不误动；密封良好，无渗油或进气现象（负压区严禁渗漏）。油流继电器指示正确，无抖动现象。

5）备用、辅助冷却器应按规定投入。

6）电源应按规定投入和自动切换，信号正确。

（15）其他。

1）所有导气管外表无异常，各连接处密封良好。

2）变压器各部位均无残余气体。

3）二次电缆排列应整齐，绝缘良好。

4）储油柜、冷却装置、净油器等油系统上的油阀门应开闭正确，且开、关位置标色清晰，指示正确。

5）感温电缆应避开检修通道，安装牢固（安装固定电缆夹具应具有长期户外使用的性能）、位置正确。

6）变压器整体油漆均匀完好，相色正确。

7）进出油管标识清晰、正确。

二、高压开关的验收项目及要求

（一）高压开关的验收要求

（1）新装和检修后的高压开关设备，在竣工投运前，运行人员应参加验收工作。

（2）交接验收应按国家、电力行业和国家电网公司有关标准、规程和国家电网公司《预防高压开关设备事故措施》的要求进行。

（3）运行单位应对开关设备检修过程中的主要环节进行验收，并在检修完成后按照相关规定对检修现场、检修质量和检修记录、检修报告进行验收。

（4）验收时发现的问题，应及时处理。暂时无法处理，且不影响安全运行的，经本单位主管领导批准后方能投入运行。

（二）高压开关的验收项目

1. SF_6断路器验收项目

（1）断路器应固定牢靠，外表清洁完整，动作性能符合规定。

（2）电气连接可靠且接触良好。

（3）断路器及其操动机构的联动应正常，无卡阻现象，分、合闸指示正确，辅助开关动作正确可靠。

（4）密度继电器的报警、闭锁定值应符合规定，电气回路传动正确。

（5）SF_6气体压力、泄漏率和含水量应符合规定。

（6）操动机构灵活可靠。

（7）断路器传动良好。

（8）油漆完整，相色标志正确，接地良好。

2. SF_6封闭式组合电器的验收检查项目

（1）组合电器应安装牢靠，外壳应清洁完整，动作性能符合产品的技术规定。

（2）电气连接应可靠且接触良好。

（3）组合电器及其操动机构的联动应正常，无卡阻现象，分、合闸指示正确，辅助开关及电气闭锁应动作准确可靠。

（4）支架及接地引线应无锈蚀和损伤，接地良好。

（5）密度继电器的报警、闭锁定值应符合规定，电气回路应传动正确。

（6）SF_6气体压力正常，漏气率和含水量应符合规定。

（7）油漆应完整，相色标志正确。

3. 110kV GIS 断路器的检查验收

（1）SF_6气体压力表指示压力正常，低气压报警及闭锁操作功能正常（一般情况下，SF_6气体压力正常为0.49MPa左右，当SF_6气体压力低于0.45MPa时气压报警并应补气，当SF_6气体压力低于0.4MPa闭锁操作回路并告警）。

（2）空气气体压力表指示压力正常，低气压启动空气压缩机及闭锁操作功能正常（一般情况下，空气气体压力正常为1.47MPa左右，当空气压力低于1.45MPa时，空气压缩机启动补气，压力达到1.52MPa时停机，当空气压力低于1.20MPa时，断路器闭锁操作回路）。

（3）气动操动机构的合闸闭锁销子及分闸闭锁销子均应拔出。

（4）直流电源正常，机构箱内的控制开关合闸。

（5）位置指示器的指示位置、SF_6气压和空气阀门的位置都应正确。

（6）GIS 未充入SF_6气体不得进行断路器操作。

4. 空气断路器的验收检查项目

（1）空气断路器各部分应完整，外壳应清洁，动作性能符合规定。

（2）基础及支架应稳固，气动操作时，空气断路器不应有剧烈振动。

（3）油漆完整，相色标志正确，接地良好。

5. 真空断路器的验收检查项目

（1）真空断路器应安装牢靠，外壳应清洁完整。动作性能符合产品的技术规定。

（2）电气连接可靠且接触良好。

（3）真空断路器及其操动机构的联动应正常，无卡阻现象，分、合闸指示正确，辅助开关动作应准确可靠，触点无电弧烧损。

（4）灭弧室的真空度应符合产品的技术规定。

（5）并联电阻、电容值应符合产品的技术规定。

（6）绝缘部件、瓷件应完整无损。

（7）油漆完整，相色标志正确，接地良好。

三、高压开关操动机构的验收

操动机构是用来接通或断开断路器，并保持其在合闸或断开位置的机械传动机构。在正常运行情况下，断路器的操动机构应处于良好状态，动作灵活，下面分述各种操动机构的检查验收项目。

1. 断路器操动机构的检查验收项目

（1）操动机构固定应牢靠，底座或支架与基础间的垫片不宜超过三片，总厚度不应超过 20mm，并与断路器底座标高相配合，各片间应焊牢。

（2）操动机构的零部件应齐全，各转动部分应涂上适合当地气候条件的润滑油。

（3）电动机转向应正确。

（4）各种接触器、继电器、微动开关、压力开关和辅助开关的动作应准确可靠，触点接触良好，无烧损或锈蚀。

（5）分、合闸线圈的铁芯应动作灵活，无卡阻。

（6）液压与气动机构应有加热装置和恒温控制措施，绝缘应良好。

（7）电气连接应可靠且接触良好。

（8）操动机构与断路器的联动应正常，无卡阻现象，分、合闸指示正确，压力开关、辅助开关动作应准确可靠，接点无电弧烧损。

（9）操动机构箱应具有防尘、防潮、防小动物进入及通风措施，密封垫应完整，电缆管口、洞口应封堵。

（10）油漆完整，接地良好。

（11）控制、信号回路正确，操动机构脱扣线圈的端子动作电压应满足：低于额定电压的 30%时应不动作，高于额定电压的 65%时应可靠动作。

2. 气动机构的检查验收项目

（1）空气压缩机的空气过滤器应清洁无堵塞，吸气阀和排气阀完好，阀片方向不得装反，阀片与阀座面的密封应严密。

（2）曲轴与轴瓦应固定良好，销子的位置恰当，冷却器、风扇叶片和电动机、皮带轮等所有附件应清洁并安装牢固，运转时不因振动而松脱。

（3）气缸内油面应在标线位置，自动排污装置应动作正确，污物应引到室外，不应排在电缆沟内。

（4）压力表应检验合格，压力表的电接点动作正确可靠。

（5）储气罐、气水分离器及截止阀、逆止阀、安全阀和排污阀等应清洁无锈蚀，应检验减压阀、安全阀阀门动作灵。

3. 弹簧操动机构的检查验收项目

（1）合闸弹簧储能完毕后，辅助开关应将电动机电源切除；合闸完毕，辅助开关应将电动机电源接通。

（2）合闸弹簧储能后，牵引杆的下端或凸轮应与合闸锁扣可靠地锁住。

（3）分、合闸闭锁装置动作灵活，复位准确而迅速，并应扣合可靠。

（4）机构合闸后，应能可靠的保持在合闸位置。

（5）弹簧机构缓冲器的行程应符合产品的技术规定。

4. 液压机构的检查验收项目

（1）机构箱内部应洁净，液压油的标号符合产品的技术规定，液压油应洁净无杂质，油位指示正常。

（2）连接管部分应清洁，连接处应密封良好，且牢固可靠。

（3）补充的氮气及其预充压力应符合产品的技术规定。

（4）液压回路在额定油压时，外观检查应无渗油。

（5）机构在慢分、合时，工作缸活塞杆的运动应无卡阻和跳动现象，其行程应符合产品的技术规定。

（6）微动开关、接触器的动作应准确可靠，接触良好；电触点压力表、安全阀应校验合格，压力释放阀动作应可靠，关闭严密，联动闭锁压力值应按产品的技术规定予以整定。

（7）防失压慢分装置应可靠，并配有防“失压慢分”的机构卡具。

四、隔离开关的验收

（1）检查隔离开关的触头与触片接触紧密，动静触头间隙符合要求。

（2）检查隔离开关与接地隔离开关是否联锁可靠；检查所有操动机构、转动、连接、传动装置、辅助开关及闭锁装置安装牢固，动作灵活可靠，位置指示正确。

（3）检查相对运动部位是否润滑，所有轴锁、螺栓等是否紧固可靠。

（4）支柱绝缘子、操作绝缘子表面清洁完整、无闪络、无裂纹及折断破损现象。

（5）隔离开关合闸时三相触头同期性能、接触应良好。

（6）三相不同期值及分闸时触头打开角度和距离应符合产品的技术规定。

（7）电动操作隔离开关还要检查电动机机构操作是否正常，在电动机额定电压下操作5次，在85%和110%额定电压下分别电动操作3～5次，手动操作3～5次，均应能正常工作。

（8）引线连接应牢固，螺栓无松动接地引线应连接良好。

（9）隔离开关的防误闭锁装置应良好。

五、电容器及电抗器的验收

1. 电容器的验收

电容器是电力系统无功电源设备之一，对于电网的稳定，功率因数的提高，电能损耗的降低起到了不可替代的作用，所以电容器的验收也是不可忽视的。

（1）电容器室内的通风装置应良好；电容器的各附件及电缆试验合格。

（2）外壳应无凹凸或渗油现象，引出端子连接牢固，垫圈、螺母齐全。

（3）电容器组的布置与接线应正确，电容器组的保护回路与监视回路完整并全部投入。

（4）各部分的连接应严密可靠，电容器外壳和架构应有可靠的接地，且油漆完整。

（5）检查放电变压器或放电电压互感器的接线和容量是否符合设计要求，各部件是否完好，操作灵。

2. 电抗器的验收

（1）检查水泥电抗器的支柱完整、无裂纹，绕组应无变形，各部油漆应完整。

（2）绕组外部的绝缘漆和支柱绝缘子的接地均应良好。

（3）混凝土支柱的螺栓应拧紧。

（4）混凝土电抗器的风道应清洁无杂物。

（5）油浸电抗器的验收比照变压器的验收项目及要求。

六、互感器的验收项目及要求

1. 新安装的互感器的验收

（1）产品的技术文件应齐全。

（2）互感器器身外观应整洁，无锈蚀或损伤。

（3）包装及密封应良好。

（4）油浸式互感器油位正常，密封良好，无渗油现象。

（5）电容式电压互感器的电磁装置和谐振阻尼器的封铅应完好。

（6）气体绝缘互感器的压力表指示正常。

（7）本体附件齐全无损伤。

（8）备品备件和专用工具齐全。

2. 互感器安装、试验完毕后的验收

（1）一、二次接线端子应连接牢固，接触良好，标志清晰。

（2）互感器器身外观应整洁，无锈蚀或损伤。

（3）互感器基础安装面应水平。

（4）建筑工程质量符合国家现行的建筑工程施工及验收规范中的有关规定。

（5）设备应排列整齐，同一组互感器的极性方向应一致。

（6）油绝缘互感器油位指示器、瓷套法兰连接处、放油阀均应无渗油现象。

（7）金属膨胀器应完整无损，顶盖螺栓紧固。

（8）具有吸湿器的互感器，其吸湿剂应干燥，油封油位正常。

（9）互感器的呼吸孔的塞子带有垫片时，应将垫片取下。

（10）电容式电压互感器必须根据产品成套供应的组件编号进行安装，不得互换。各组件连接处的接触面，应除去氧化层，并涂以电力复合脂。

（11）具有均压环的互感器，均压环应安装牢固、水平，且方向正确。具有保护间隙的，应按制造厂规定调好距离。

（12）设备安装用的紧固件，除地脚螺栓外应采用镀锌制品并符合相关要求。

（13）互感器的变比、分接头的位置和极性应符合规定。

（14）气体绝缘互感器的压力表压力值正常。

（15）互感器的下列各部位应接地良好。

1）电压互感器的一次绕组的接地引出端子应接地良好。电容式电压互感器 C2 的低压端（δ ）接地（或接载波设备）良好。

2）电容型绝缘的电流互感器，其一次绕组末屏的引出端子、铁芯接地端子、互感器的外壳接地良好。

3）备用的电流互感器的二次绕组端子应先短路后接地。

3. 检修后设备的验收项目及要求

（1）所有缺陷已消除并验收合格。

（2）一、二次接线端子应连接牢固，接触良好。

（3）油浸式互感器无渗漏油，油标指示正常。

（4）气体绝缘互感器无漏气，压力指示与规定相符。

（5）极性关系正确，电流比换接位置符合运行要求。

（6）三相相序标志正确，接线端子标志清晰，运行编号完备。

（7）互感器的需要接地各部位应接地良好。

（8）金属部件油漆完整，整体擦洗干净。

（9）预防事故措施符合相关要求。

七、母线的验收

母线在发电厂、变电站中起着汇集电能和分配电能的重要作用，在进行母线的验收时应注意三相相序颜色标志正确，油漆完整；金属构件的加工、配制、焊接应符合规定；连接处的螺栓、垫圈、开口销等零件应齐全并按规定安装可靠；瓷件、铁件及胶合处应完整；母线配制及安装架设应符合有关规定，且连接正确，接触可靠，相间及对地电气距离符合要求。

八、电缆的验收

（1）电缆规格、敷设应符合规定，排列应整齐，无机械损伤，电缆头外壳接地应正确良好。编号、标志应该装设齐全、正确、清晰，且规格统一，挂装牢固。

（2）电缆的固定、曲率半径、有关距离及单芯电力电缆的金属护层的接线等应符合设计和安装的要求；电缆支架应安装牢固，横平竖直，无松动和锈蚀现象，各架的同层横挡应在同一水平面上，托架按设计要求安装；接地应良好，充油电缆及护层保护器的接地电阻应符合设计要求。

（3）电缆沟及隧道内应无杂物，盖板齐全；照明、通风、排水及防火措施等应符合设计要求，且施工质量合格；电缆终端头、电缆接头应安装牢固；电缆支架等金属部件应油漆完好、三相相序颜色正确，并有电缆的试验合格记录。

九、避雷器的验收检查项目

（1）现场制作件应符合设计和安全的要求。

（2）避雷器应安装牢固，其垂直度应符合要求。

（3）阀式避雷器拉紧绝缘子应紧固可靠，受力均匀。

（4）避雷器外部应完整无损，阀型避雷器封口处密封良好。

（5）放电计数器密封良好，绝缘垫及接地良好牢靠。

（6）法兰连接处无缝隙，排气式避雷器的倾斜角和隔离间隙应符合要求。

（7）油漆应完整，三相相序颜色标志正确。

十、接地装置的验收检查项目

（1）整个接地网外露部分和埋入部分的连接均应可靠，地线规格正确，油漆完好，标志齐全明显。

（2）避雷针的安装位置及高度符合设计要求。

（3）有完整且符合实际的设计资料图纸，供连接临时接地线用的连接板的数量和位置符合设计要求。

（4）接地电阻值符合有关规程的规定。

十一、蓄电池的验收

蓄电池室及通风、采暖、照明等装置应符合设计的要求；布线应排列整齐，极性标志清晰正确；电池编号应正确，外壳清洁，液面正常；极板应无严重弯曲、变形及活性物质剥落；初充电、放电容量及倍率校验的结果应符合要求；蓄电池组的绝缘应良好，绝缘电阻不小于 0.5MΩ。

十二、二次回路的验收

二次设备主要是对一次设备进行控制、监视、测量和保护，二次回路的正确接线、元件的正确调整和验收对整个变电站的安全运行有着极为重要的作用。

1. 保护校验等二次回路上工作完毕后，应做检查验收工作

（1）工作中所接的临时短接线是否全部拆除，拆开的线头是否全部恢复。

（2）继电保护压板的名称，投、撤位置是否正确，接触是否良好，各相关指示灯指示是否正确，定值与定值单是否相符。

（3）接线螺栓是否紧固。

（4）变动的接线是否有书面文字说明。

（5）继电保护装置、继电保护定值的变更情况及运行中的注意事项，应记入相应的记录簿内。

（6）距离保护、差动保护变动二次接线、电流互感器更换等工作完工后，必须由继电保护人员在带上负荷后实测“六角图”，确认二次接线无误后，方可正式加入运行。

（7）微机保护的操作键盘，运行人员不得操作，必要时须在保护人员指导下进行操作。

（8）微机保护二次回路各部位的耐压水平应符合要求。

以上检查完毕后，值班员应协同保护人员带断路器做联动试验。断路器传动时，由值班人员进行。值班人员应认真核对传动的断路器位置、信号、动作是否可靠正确。值班人员负责将保护装置、保护定值变更情况与调度核对无误后，双方在保护记录上分别签字，才可以结束工作票。

2. 盘柜的验收检查项目

（1）盘柜的固定接地应可靠，盘柜体应漆层完好，清洁整齐。

（2）盘柜内所装电器元件应完好，安装位置正确、牢靠。

（3）手车式配电柜的手车在推人或拉出时应灵活，机械或电气等闭锁装置符合规定要求，照明装置齐全。

（4）柜内一次设备的安装质量验收要求符合《电气装置安装工程施工及验收》的有关规定。

（5）操作及联动试验动作正确，符合设计要求。

（6）所有二次接线应正确，连接应可靠，标志应齐全清晰。

（7）保护盘、控制盘、直流盘、所用盘等，盘前盘后必须标明名称。一块保护盘或控制盘有两个以上装置时，在不同装置间要有明显的分界线。出口中间继电器和正在运行中的设备，盘面应有明显的运行标志。

十三、绝缘子套管的验收

绝缘子套管的金属构架加工、配制、螺栓连接、焊接等应符合国家现行标准的有关规定；油漆应完好，三相相序颜色正确，接地良好；所有螺栓、垫圈、闭口销、锁紧销、弹簧垫圈、锁紧螺母等应齐全；瓷件应完整、清洁，铁件和瓷件的胶合处均应完整无损，充油套管应无渗油，油位应正常；母线配置及安装架设应符合设计规定，连接正确，螺栓紧固，接触可靠，相间及对地电气距离符合要求。

十四、新建、改建和扩建工程投运启动的验收

新建、改建和扩建工程及设备项目，在投入前 3 个月由建设单位向各有关调度部门提出投入系统申请书，包括内容如下：

（1）新建、改建工程的名称、范围。

（2）预定的启动试运行日期及试运行计划。

（3）启动试运行的联系人和主要运行人员名单。

（4）启动试运行过程对系统运行的要求。

应向有关调度部门报送以下资料：

（1）平面布置图、一次电气接线图、线路走径图及相序图、二次继电保护原理图等。

（2）主要设备的规范和参数。

（3）设备运行操作规程及事故处理规程。

（4）通信的联络方式。

变电站内所有新设备或改建后的设备投入运行时，应在启动调试前三天向有关调度提出申请，调度于启动试运行前一日批复。批复内容应包括设备的命名、编号、设备管理的范围。所有新设备投入运行应得到调度的指令后，方能操作。启动前一日，有关运行人员要提前准备好操作票，做好事故预想与有关工作计划及安排。启动当日，当值值班员应向有关调度联系工作事宜，核对设备定值，在启动计划方案及调度指令下进行操作。

新设备投入运行后，运行人员应加强监护，发现问题及时记录、汇报、处理、消缺。调管设备试运行 24h 后，向调度汇报设备运行情况，并正式加入调度管理。

【思考与练习】

1. 新建、改建和扩建工程投运启动的验收的主要事项有哪些？
2. 保护校验等二次回路上工作完毕后，应做哪些检查验收工作？
3. 主变压器大修后验收的项目有哪些？

模块2 新设备投运与操作（GYBD00403002）

【模块描述】本模块介绍新设备投运必须具备的条件和调度操作规定与注意事项。通过对新设备投运条件和操作注意事项的介绍，能熟练组织、监护、指挥新设备改、扩、建设备投运启动操作。

【正文】

新设备投运操作是变电站改扩建工程及新投运变电站的一项特殊操作，与已运行的设备的送电操作有所不同。对新设备投运条件的确认以及操作中的检查、核对、试验等是新设备操作中的特殊项目。本模块培训目标：① 熟悉新设备投运与操作规定的要求和注意事项；② 掌握变电站新设备投运操作的操作方法及步骤。

一、新投运设备的基本规定

1. 新设备投运必须具备的条件

（1）操作人员已熟悉新设备的说明书。

（2）新设备的各种试验已合格。

（3）新设备接地设施已拆除。

（4）永久性安全设施已装设。

（5）新设备已由调度部门命名、编号，并且与现场设备的名称和编号一致。

（6）新设备的技术资料和施工记录已完成。

（7）具备相关部门批准的现场运行规程、典型操作票、事故处理预案及细则。

（8）具备调度部门下达制定的新设备投运启动方案。

（9）人员远离新加压的设备。

2. 电网调度对新投运设备的操作规定

新设备投入或运行设备检修后可能引起相序变化时，在并列或合环前必须定相或核相。

3. 省调对新投运设备的操作规定

（1）新设备投运时，启动验收委员会应指定现场联系工作的负责人，并将姓名提前通知调度。

（2）新设备投运时应做以下工作：

1）全电压冲击合闸，合闸时有条件应使用双重开关和双重保护。

2）对于线路须全电压冲击合闸3次，对于变压器须全电压冲击合闸5次。

3）相位及相序要核对正确。

4）相应的继电保护、安全自动装置、自动化设备同步调试并按方案要求投入运行。

5）新设备进行试运行，系统相关保护定值的变更应根据运行方式变化本着保护失去配合时间尽可能短、影响尽可能小的原则来安排更改。

（3）新设备投产的操作要考虑到设备本身故障，开关拒动，保护失灵的情况，必须有可靠的快速保护和后备跳闸开关，以防故障扩大危及电网安全。

4. 新投运设备操作中的注意事项

（1）检查新投运设备投运条件具备。

（2）新设备的充电必须由带保护的断路器进行。

（3）新设备的充电应由远离电源一侧的断路器进行。

（4）新设备的充电一般分段进行，以便在发生故障时，能够尽快查找故障点。

（5）新投运的一次设备的初次充电一般为3次，变压器为5次。

（6）充电时应严格监视被充电设备的情况，及时发现不正常现象，以便进行处理。

二、新线路启运操作

1. 线路充电注意事项

（1）对线路、断路器、隔离开关、电压互感器、电流互感器、避雷器全面验收，各项试验数据合格。设备状态符合投运方案要求，若不符合应做调整。

（2）检查导线连接牢固、可靠。

（3）检查断路器、隔离开关、电压互感器、电流互感器、避雷器等设备及其连接导线的导电部分对地距离、相间距离符合要求。

（4）充油设备无渗油，油位、油色正常；SF_6 设备无泄漏、压力值正常，气动回路无泄漏、压力值正常，液压回路正常、压力值正常。

（5）保护定值正确，装置运行正常，空气断路器、压板在退出位置。

（6）综自系统就地与远方信息核对正确，遥合、遥分正常。

（7）通信系统正常，联系畅通。

（8）新投线路充电 3 次，每次 5min，间隔 5min。充电时应监视设备充电状况，异常时退出。

2. 线路充电

线路采用全电压冲击试验，检查线路绝缘状况和耐受过电压能力，检验投、切时的操作过电压和电流冲击，考核 GIS 断路器投切空线路能力；考核继电保护装置在投、切空线路时的运行状况。

3. 线路充电方法及操作步骤

（1）隔离小系统，使Ⅰ母上无其他连接元件。

（2）线路保护应根据试验项目要求进行整定值作调整。

（3）线路保护投入运行，线路零序保护改为 0s，退出方向元件，关闭高频收发信机电源，投入线路充电保护或过电流保护。

（4）投入线路零序保护方向元件，开启高频收发信机电源，退出过电流保护，对保护定值做相应修改。

三、母线启运操作

1. 母线充电注意事项

（1）母线充电，有母联断路器时应使用母联断路器向母线充电。母联断路器的充电保护应在投入状态。严禁用 330kV 隔离开关对 330kV 母线充电。

（2）带有电磁式电压互感器的空母线充电时，为避免断路器断口间的并联电容与电压互感器感抗形成串联谐振，应在母线停送电操作前，将电压互感器隔离开关断开或在电压互感器的二次回路采取阻尼措施，或者采取线路和母线一起充电。

2. 充电方法及步骤

隔离小系统，用独立的线路对母线进行充电，充电前应按要求投入线路所有保护及充电保护，按要求对保护定值进行调整，投入母线所有保护，投入母线充电保护，有条件应采用零起升压对母线充电，当升压过程中母线出现跳闸，电压异常，电流不平衡，说明母线存在短路或接地现象，应停止升压并降到零，查明原因。零起升压正常后采用全电压冲击试验。

四、新设备投运对保护配合操作要求

1. 继电保护和自动装置的投运

（1）新设备投运时，充电断路器保护应全部投入，充电保护投入，保护方向元件投入。

（2）新设备投运时，充电断路器带时限的保护动作时限可根据需要改小，部分定值按要求修改，功率方向元件退出，防止因极性接反误动。

（3）充电断路器重合闸装置退出运行，防止充电时故障跳闸线路再次合闸。

（4）充电时故障录波装置应投入运行。

（5）对可能受到影响不能正常供电的设备应退出运行，或可能引起误动不能正常供电的设备退出运行。

（6）变压器、电抗器、母线差动保护在设备投运后，带负荷前应退出进行差压差流测试，待正常后投入运行。

（7）新设备充电正常后，保护装置定值应修改为设备正常运行时定值。

2. 主变压器充电保护操作

（1）系统保护定值、时限作修改。

（2）变压器保护定值部分作修改。

（3）变压器保护全部投入运行。

（4）投入充电侧断路器充电保护。

3. 线路、线路带高抗充电保护操作

（1）线路过电流保护定值调整。

（2）退出零序电流Ⅱ、Ⅲ段方向元件。

（3）投入线路过电流保护。

（4）投入线路充电保护。

4. 母线充电保护操作

（1）投入母线充电保护。

（2）投入母线全部保护。

五、新设备核相、极性测试

1. 核定相位

检查电源并列点的相位、相序是否相同，电压差是否在允许范围，检查并列点是否可以并列。新投变压器、高压电抗器、电压互感器、线路都必须核定相序，当相序不同的两个电源系统、变压器（电抗器、线路、电压互感器）并列运行时，将会造成短路事故。因此，严禁将相序不同的电源系统和设备并列运行。

核相是指通过电压互感器二次电压或其他方法核实需要合环（或并列）的两个电源系统（或变压器、电压互感器）的相序是否一致。核相是通过测量（直接或间接）待并系统（变压器和电压互感器也可以看作电源）同名相电压差值和非同名相电压差值的方法来进行的。同名相电压差值为零，非同名相电压差值应为对应的线电压值。

2. 核定相位的规定

（1）变压器核相。新安装或大修后的变压器、内外接线变动或接线组别变动的变压器、更换绕组的变压器、电源线路接线变动可能引起相序变化的变压器均应进行核相或定相；

（2）线路核相。新建线路或线路改线、接线有变动可能引起相序变化，母线、电缆和线路均应进行核相或定相；

（3）电压互感器核相。新安装或内外部接线有变动、电压互感器应进行核相或定相。

3. 极性测试

接于电流回路的零序方向、负序方向、距离、高频、差动等继电保护均对电压和电流的极性有严格要求，否则将无法保证继电保护装置的正确动作。因此，在以上保护正式投入运行前应带负荷测量方向。

4. 极性测试方法

用减极性法进行电流互感器极性测试是常用方法之一。在一次侧通一定数量变化的电流，二次侧用指针式电压表监测表计指针的摆动方向，由此可以判断电流互感器绕组的极性。测量继电保护、自动化、电能计量等装置的电压、电流极性和相序、相位则使用专用的仪器测试。

六、新设备投运操作案例

1. 变压器投运操作

（1）核对保护定值。

（2）合上保护装置电源，投入保护压板。

（3）合上隔离开关，用 110kV 侧断路器进行主变压器充电，充电五次，第五次不断开。

（4）变压器充电结束后退出差动保护。

（5）带负荷测试差动保护电流回路接线的正确性，确认接线无误后投入差动保护，变压器正式运行。

2. 线路投运操作

（1）核对保护定值。

（2）合上保护装置电源，投入保护压板。

（3）合上隔离开关，用断路器对线路进行充电。

（4）充电结束后带负荷测试保护电压、电流回路的正确性，确认接线无误后，线路正式运行。

3. 母线投运操作

（1）核对保护定值。

（2）合上保护装置电源，投入母线充电保护压板。

（3）合上隔离开关，用断路器对母线进行充电。

（4）充电结束后带负荷测试母线差动保护电流回路的正确性，确认接线无误后，母线正式运行。

【思考与练习】

1. 新设备投运必须具备的条件是什么？

2. 新设备核相、极性测试的内容有哪些？

3. 新设备投运对保护配合操作要求是什么？

模块 3　新设备投运方案编制与投运操作危险点源控制（GYBD00403003）

【模块描述】本模块介绍新设备投运方案的编制与投运操作危险点源控制。通过对新设备投运方案编制原则和投运操作危险点源控制的介绍，熟悉新设备投运方案的编制原则，掌握新设备投运操作危险点源控制方法，能制订相应的控制措施。

【正文】

在变电站新设备投运工作中，新设备投运方案是指导和协调各生产部进行投运行操作的重要技术文件。新设备投运方案（变电站部分）的编制是变电站值班负责人的一项重要技术工作。充分认识和分析新设备投运操作中危险点以及做好相应的控制措施是新设备投运的重要安全措施。

一、新设备投运方案的编制

1. 新设备投运方案编制的主要内容

（1）投运方案（调度编制）。

（2）投运操作安排（变电站编制）。

（3）投运危险点分析及预控措施（变电站编制）。

（4）投运工作期间事故预案（变电站编制）。

（5）投运前期准备工作（变电站编制）。

（6）投运工作安排（变电站编制）。

2. 新设备投运方案的构成及编写要点

（1）投运范围。投运范围的编制主要说明新设备投运地点、投运设备单元、相应的一、二次设备及主设备的型号。

（2）投运前完成的工作。投运前完成的工作，其编制时应主要说明投运设备应具备的条件。

（3）联系调度。联系调度的编制主要说明新设备所属的调度及向调度提交投运申请；投运变电站向调度汇报的内容；调度与变电站进行设备核对的内容。

（4）投运步骤。投运步骤的编制主要说明各调度下令步骤及内容、各相关变电站操作的投运操作步骤（操作任务的时间序列）。

（5）正常运行方式。正常运行方式的编制说明各相关变电站投运操作前的运行方式。

（6）注意事项。注意事项的编制主要说明重合闸的投入要求、操作中异常及处理等。

（7）附件。附件的编制主要有相关变电站的主接线图。

3. 投运操作安排编制及要点

（1）倒闸操作安排及职责。

1）变电站总负责。
2）安全负责人。
3）值班负责人。
4）操作监护人。
5）操作人。
6）辅助操作人。
7）监控值班记录人。
（2）变电站投运前需完成的工作。
1）一次设备应完成的工作。
2）二次设备应完成的工作。
（3）变电站投运操作工作安排。
1）调度指令名称。
2）操作监护人。
3）操作人。
4）值班负责人。
4. 投运事故预案的编制及要点
（1）系统运行方式说明。
（2）事故情况说明。
（3）处理原则及办法。
5. 投运前期准备工作的编制及要点
（1）设备验收工作。设备验收工作的编制主要有完成时间和工作内容。
（2）操作准备工作。操作准备工作编制主要有现场清理、一、二次设备的检查、核对定值等工作的安排。

二、投运操作中危险点源的控制

110kV 新线路投运操作危险点分析及预控措施如表 GYBD00403003-1 所示。

表 GYBD00403003-1　　110kV 新线路投运操作危险点分析及预控措施

序号	危险点	预控措施
1	未认真学习投运方案，投运方案不熟悉、操作步骤及任务不清楚	值班负责人组织相关人员认真学习投运方案，要求参加投运工作的人员熟知投运设备、程序及步骤
2	投运前未检查设备及设备现场情况，设备不具备投运条件	当值值班负责人安排人员认真、详细检查线路断路器、隔离开关及接地隔离开关均在断开位置，二次回路开关均在断开位置、断路器机构箱隔离开关操作箱及端子箱已完全闭锁，现场施工人员全部撤离现场
3	断路器及隔离开关的操作方式未切至远控方式	值班负责人安排人员认真核对二次设备的工作状态
4	操作前未检查开关的操动机构的工作情况	值班负责安排人员认真检查断路器的操作油压、气压正常，弹簧机构已储能，机构的工作电源正常
5	投运前设备现场清理不彻底，留有遗留物	值班负责安排人员认真检查投运设备现场，确保无任何影响设备正常运行的遗留物品
6	保护装置电源开关漏投	值班负责安排人员认真检查，检查保护装置电源开关正常投入，装置工作正常，无异常信号，必要时检查保护失电指示信号正常
7	保护压板投入、退出状态与一次设备运行方式不符	会同保护施工人员认真核对保护定值单，确保保护投入正确
8	没有与调度核对投运设备的名称、编号、保护定值及设备参数	当值值班负责人与调度认真核对设备名称、编号、保护定值及设备参数，并与相关的文件进行核对
9	设备状态与模拟屏、监控后台机、五防机的状态不一致	操作前认真核对设备状态与模拟屏、监控后台机、五防机，确保各处设备状态一致
10	监控后台通信不正常	认真检查监控后台机的网络通信畅通

续表

序号	危险点	预控措施
11	操作人员不熟悉设备、操作票不正确	操作及监护人员操作前认真熟悉投运设备的性能、运行方式、操作原则及注意事项，严格进行三级操作审核，确保操作正确无误
12	与调度的通信不正常	认真检查通信设施，保证通信畅通
13	操作走错间隔，或后台操作对象错误	认真核对设备的名称编号，认真执行“一指、二比、三对、四操作”流程，严禁擅自解锁操作
14	投运后不对设备进行检查	投运后对设备进行全面详细检查，加强对设备监视，发现异常及时汇报调度进行处理

【思考与练习】

1. 新设备投运方案主要由哪些内容构成？
2. 变电站投运前需完成的工作有哪些？
3. 举例说明变电站新投主变压器操作中的危险点源。

第六部分

异 常 处 理

第二十八章　高压开关类设备异常处理

模块1　高压开关类设备异常现象及分析（ZY1000402001）

【模块描述】本模块包含高压开关类设备异常现象和原因分析。通过现象描述和原因讲解，能够熟悉断路器、隔离开关、GIS组合电器常见异常的特征。

【正文】

高压开关类设备包括断路器、隔离开关和GIS组合电器，它们在变电站中起着改变运行方式、接通和断开电路的作用。由于高压开关类设备在系统故障时承受过电压、过电流的作用，又经常进行分、合闸操作，所以高压开关类设备比较容易发生异常。

一、高压断路器常见异常现象及分析

1. 位置指示不正确

断路器位置指示不正确在运行中发生较多，断路器位置指示不正确会使运行人员不能正确判断断路器的分、合位置，在倒闸操作或事故处理中造成误判断。如果位置指示不正确是由于控制回路故障引起的，会造成断路器不能正常操作。分闸回路故障会使断路器在故障时不能自动跳闸，扩大事故范围；合闸回路故障会使断路器在瞬时故障跳闸后不能自动重合，延长停电时间。断路器位置指示不正确的现象和原因主要有以下几点：

（1）断路器位置指示灯不亮（监控系统断路器显示为红、绿色以外的其他颜色），原因有：

1）指示灯灯泡烧毁。

2）如有“控制回路断线”信号，则是控制回路无电源或断线，红灯不亮是跳闸回路故障，绿灯不亮是合闸回路故障。如控制熔断器熔断或接触不良、控制回路接点接触不良、断路器辅助接点转换不到位、继电器线圈断线等。

3）断路器由于SF_6压力过低或操作机构储能不足被闭锁。此时会同时发出“操纵机构未储能”或“闭锁”信号。

4）监控系统断路器位置指示消失的原因有：测控装置故障或失电、测控通道故障、断路器检修时投入“置检修状态”压板等。

（2）断路器位置指示红、绿灯全亮或闪光。是由于回路中有接地点，或者分、合闸回路之间绝缘损坏（检修后一般为接线错误），或有异常连接的地方。

（3）监控系统断路器位置指示相反。即合闸时显示为绿色、分闸时显示为红色，一般是由于新投断路器或监控系统检修后将断路器分、合闸状态位置接反所致。

（4）机械位置指示器内部脱扣或位移。

2. 断路器控制回路断线

（1）断路器控制回路断线的现象有：

1）警铃响，故障断路器红、绿位置指示灯熄灭或指示异常（若为三相指示灯，则可能出现某相指示灯熄灭）。

2）相应线路控制盘发出“控制回路断线”、“压力降低分闸闭锁”、“压力降低合闸闭锁”、“装置异常”等光字牌信号。

（2）控制回路断线的原因有：

1）弹簧机构的弹簧未储能、储能未满，或液压、气动机构的压力降低至闭锁值及以下。

2）分、合闸回路接线端子松动、断线等。

3）分闸或合闸线圈断线。

4）断路器动合或动断辅助触点接触不良。

5）分、合闸位置继电器或防跳继电器线圈烧断。

6）控制熔断器熔断或松动等。

3. 断路器拒绝合闸

断路器拒合的原因主要有监控系统原因、电气方面原因和机械方面原因。

（1）监控系统显示操作闭锁未开放，则是监控系统原因，如：

1）监控系统闭锁未解除。如选择断路器错误，“五防”拒绝操作；监控系统与“五防”系统信号传输故障等原因造成闭锁不能打开。

2）监控系统遥控超时。

3）监控系统通道故障。

4）测控装置故障。

5）远方/就地控制把手在“就地”位置。

（2）合闸操作前红、绿指示灯均不亮，说明控制回路有断线现象、无控制电源或者断路器被闭锁。

（3）当操作合闸后红灯不亮，绿灯闪光且事故喇叭响时，说明操作手柄位置和断路器的位置不对应，断路器未合上。其常见的原因有：

1）合闸回路熔断器熔断或接触不良。

2）合闸接触器未动作。

3）合闸线圈故障。

4）合闸电压过低。

5）直流系统两点接地造成合闸线圈短路。

6）断路器机械故障，如合闸铁芯卡滞、合闸支架与滚轴故障等。

7）断路器采用控制手把操作时，合闸时间过短。

（4）当操作断路器合闸后，绿灯熄灭，红灯亮，但瞬间红灯又灭、绿灯闪光，事故喇叭响，说明断路器合闸后又自动跳闸。原因有：

1）直流系统两点接地造成跳闸回路接通。

2）操作机构合闸能量不足、三点过高等。

（5）操作合闸后红、绿灯均不亮并且断路器无电流，机械指示分闸或合闸。可能的原因有：控制回路断线或触头卡在中间位置等。

（6）合闸后断路器位置指示红灯亮，但断路器无电流指示，多是由于传动轴杆或销子脱出造成断路器触头未合上，此时断路器机械指示多在合闸位置。

4. 断路器拒绝分闸

断路器的拒分对系统安全运行威胁很大，一旦某一单元发生故障时，断路器拒动，将会造成上一级断路器跳闸，扩大事故停电范围，甚至可能导致系统解列，造成大面积停电的恶性事故。因此“拒分”比“拒合”带来的危害性更大。断路器拒绝分闸，监控系统的原因与拒绝合闸相同，下面主要分析电气和机械方面的原因。

（1）分闸前断路器位置红、绿灯均不亮，说明控制回路有断线现象、无控制电源或者断路器被闭锁。

（2）分闸操作后绿灯不亮、红灯闪光，说明断路器未断开。其常见的原因有：

1）分闸线圈短路。

2）分闸电压过低。

3）跳闸铁芯卡涩或脱落、动作冲击力不足。

4）分闸弹簧失灵，液压机构分闸阀卡死，气动机构大量漏气等。

5）触头发生熔焊或机械卡涩，传动部分故障，如销子脱落、绝缘拉杆断裂等。

6）三连板三点过低，部件变形。

5. 断路器非全相运行

220kV 断路器不允许非全相运行，如非全相运行后非全相保护未动作，就会发生非全相运行的现象。非全相运行的原因有：

（1）断路器一相或两相偷跳。

（2）合闸时一相或两相合不上。

（3）单相跳闸后重合闸失败或未动作，并且未启动三相跳闸。

（4）跳闸时一相或两相未跳开。

6. 断路器本体或接头过热

断路器运行中通过红外测温可发现本体或接头过热现象，严重时可看到本体外部颜色异常，且可嗅到焦臭味，常见的是接头部位过热。断路器过热会使绝缘材料老化、弹簧退火、触头熔焊等。造成断路器过热的原因有：

（1）过负荷。

（2）触头接触不良，接触电阻超过规定值。

（3）导电杆与设备接线夹连接松动。

（4）导电回路内各电流过渡部件、紧固件松动或氧化。

7. 瓷质部分裂纹或破损、放电

断路器在运行中由于环境污染、恶劣气候、外力破坏或过电压等作用，会发生瓷质部分裂纹、破损或闪络放电的现象。

8. 断路器灭弧介质异常

（1）SF_6 断路器气压异常。发现 SF_6 断路器有气压报警或气压闭锁信号发出，应检查气压表指示，将表计读数与 SF_6 压力温度曲线比较，以确定是否有误。造成断路器 SF_6 压力降低的原因有：

1）SF_6 系统有漏气现象，如瓷套与法兰胶合处胶合不良；瓷套的胶垫连接处胶垫老化或位置未放正；滑动密封处密封圈损伤，或滑动杆光洁度不够；管接头处及自动封阀处固定不紧或有杂物；压力表特别是接头处密封垫损伤等造成漏气。

2）SF_6 密度继电器失灵。

3）表计指示有误。

（2）真空断路器真空度降低。真空断路器是利用真空的高介质强度灭弧，真空度必须保证在 0.013Pa 以上，才能可靠的运行，若低于此真空度，则不能灭弧。正常巡视检查时要注意玻璃屏蔽罩（真空泡）的颜色应无异常。特别要注意断路器分闸时的弧光颜色，真空度正常情况下弧光呈微蓝色，若真空度降低则变为橙红色。造成真空断路器真空度降低的原因主要有：

1）使用材料气密情况不良。

2）金属波纹管密封质量不良。

3）在调试过程中，行程超过波纹管的范围，或超程过大，受冲击力太大。

（3）油断路器油位、油色异常。

1）油位异常。油断路器中的油起灭弧和绝缘作用，若油位过高，可能造成在切断故障电路时由于电弧与油作用分解出大量气体，产生压力过高而发生喷油现象，甚至由于缓冲空间减小而发生断路器油箱变形或爆炸事故。若油位过低，空气中的潮气进入油箱，使部件乃至灭弧室暴露在空气中，可能造成绝缘受潮故障，或由于油量少，在开断故障电路时产生气体压力过低，灭弧困难，使电弧烧坏触头和灭弧室，甚至电弧冲出油面，高温分解出来的可燃气体混入空气，引起爆炸。造成油断路器油位异常的原因有：

a. 检修时加油过多造成油位过高。

b. 渗漏油造成油位过低，如放油阀门胶垫龟裂或关闭不严引起渗漏油、油标玻璃裂纹或破损引起的漏油等。

c. 修试人员多次放油后未作补充造成油位过低。

d. 气温突降且原来油量不足造成油位过低。

2）油色异常。正常情况下，断路器中的油呈浅黄色，油断路器在运行中，可能会因多次切断故障电流而造成油中游离碳增多，使油色变黑，造成油断路器灭弧性能下降。

9. 操动机构异常

断路器操动机构在运行中发生异常的几率较高，下面按照不同的操动机构分别介绍。

（1）液压机构压力异常。

1）液压机构压力异常的现象。

a. 警铃响，控制屏可能发出“压力异常”、“合闸闭锁”、“分闸闭锁”、“控制回路断线”等光字牌信号。

b. 压力闭锁后对应断路器位置监视灯熄灭。

c. 液压机构各部分、压力参数等有异常情况，如较常见的漏油、频繁打压、油泵电机故障信号等。

2）压力过高的原因。

a. 油泵启动打压，油泵停止微动开关位置偏高或接点打不开。

b. 储压筒活塞因密封不良，液压油进入氮气内，导致预压力过高。

c. 气温过高，使预压力过高。

d. 压力表失灵。

e. 油泵电源接触器有剩磁，接触器线圈断电后触点延时打开。

3）压力过低的原因。

a. 油压正常降低，油泵因回路问题，不能自动打压储能。

b. 高压油路漏油，油泵打压但压力不上升。如 CY 型液压机构可能的漏油部位有：阀系统漏油（如管道接头密封垫处漏油、卡套密封处漏油、二级阀分合阀密封不良等），工作缸装配漏油，高压放油阀处漏油，储压器漏油，信号缸或压力表连接处漏油等。

c. 氮气泄漏。

4）液压机构油泵打压频繁的原因。

a. 液压油中有杂质。

b. 高压油路漏油，如储压筒活塞杆漏油、放油阀密封不良等。

c. 微动开关的停泵、启泵距离不合格。

d. 氮气缺失。

5）油泵打压时间过长，除了高压油路系统有漏油缺陷外，油泵本身可能有以下几个方面的原因。

a. 低压过滤器堵塞。

b. 逆止阀密封不良或密封圈损伤或老化。检查时，如发现油泵两侧耳子发热或者一个发热即可确定是密封不良。

c. 油泵出口逆止阀密封不好。

d. 阀座与柱塞配合间隙过大。

e. 油泵内残留气体影响打压时间。

（2）弹簧机构弹簧储能异常。弹簧储能异常会发出“弹簧未储能”、“控制回路断线”等信号，现场检查可发现弹簧未储能机械指示。弹簧机构储能异常的原因有：

1）储能电动机电源回路不通，触点接触不良，断线或熔丝熔断。

2）电动机本身故障。

3）弹簧裂纹或断裂。

4）弹簧调整拉力过大。

（3）电磁机构分、合闸线圈烧毁。分、合闸线圈烧毁一般发生在分、合闸操作过程中，如操作后断路器未相应的合闸或分闸，并且位置指示灯熄灭、断路器附近有焦煳味，则大部分情况为分、合闸线圈烧毁故障。

1）合闸线圈烧毁的原因。

a. 合闸接触器本身卡涩或触点粘连。

b. 操作把手的合闸触点断不开。

c. 重合闸装置辅助触点粘连。

d. 防跳跃闭锁继电器失灵。

e. 断路器辅助触点打不开。

2）跳闸线圈烧毁的主要原因。

a. 跳闸线圈内部匝间短路。

b. 跳闸铁芯卡滞，造成跳闸线圈长时间带电。

c. 断路器跳闸后，辅助触点打不开，使跳闸线圈长时间带电。

（4）气动机构气压异常。断路器气动机构一般都装有压力表，正常运行时指示在正常范围内，气压过低或过高都会影响断路器的性能。引起气动机构气压异常的原因主要有：

1）气动操作机构管道连接处漏气。

2）压缩机逆止阀被灰尘堵塞。

3）工作缸活塞磨损。

4）气动机构控制电源或工作电源故障。

5）气泵故障不能启动打压。

二、隔离开关常见异常现象及分析

（1）操作卡滞或分、合不到位。隔离开关有时在操作中会发生卡滞或分、合不到位现象，其原因有：

1）传动机构断裂或销子脱落。

2）传动机构和隔离开关转动轴处生锈或调整不到位。

3）隔离开关接头熔焊或冰冻等。

4）小车开关轨道变形，动、静触头不在一个水平面或者闭锁钩抬不起来等会造成小车推不到位；触头过热熔焊、闭锁钩打不开等会造成小车拉不出来。

（2）电动操作失灵。隔离开关电动操作失灵的原因有无操作电源、操作电源小开关跳闸、联锁触点接触不良、电机故障、机械故障等。

（3）三相分、合闸不同期。隔离开关三相分、合闸不同期主要是由于调整不到位或长期使用发生位移造成的。

（4）接触部位发热。隔离开关在运行中发热的原因主要有负荷过大、触头氧化接触不良、操作时没有完全合好所引起的。

（5）支持绝缘子破损、断裂、闪络放电。

三、GIS组合电器常见异常现象及原因分析

GIS 故障对安全运行的影响巨大。一旦发现不及时，将会造成重大损失。

1. GIS 设备常见异常现象

（1）SF_6气压降低，发出“补充 SF_6气体”信号。

（2）SF_6气体泄漏，发出“SF_6气室紧急隔离”（或“压力异常闭锁”）信号。

（3）外绝缘子破损、闪络放电。

（4）电动操作失灵。

2. GIS 设备异常原因分析

GIS 设备在运行中发生异常的情况较少，引起 GIS 设备异常的原因主要是设备制造的原因和现场安装不良造成的。

（1）制造原因。

1）GIS 制造厂的制造车间清洁度差，使得金属微粒、粉末和其他杂物残留在 GIS 内部。

2）装配误差大，可动元件与固定元件发生摩擦，产生金属粉末遗留在隐蔽的地方，未清理干净。

3）在 GIS 装配过程中，零件错装、漏装。

4）材料选用不当。

（2）现场安装原因。

1）安装人员不遵守工艺规程使得金属件有划痕、凹凸不平之处而未处理。

2）安装现场清洁度差，导致绝缘件受潮，被腐蚀；外部尘埃、杂物进入设备内部。

3）安装时错装、漏装。如屏蔽罩与导体间隙不均匀，螺栓、垫圈漏装或紧固力度不够。

【思考与练习】

1. 断路器有哪些常见的异常现象？

2. 隔离开关有哪些常见的异常现象？

3. 液压机构油泵打压频繁的原因是什么？

4. 断路器控制回路断线的现象和原因是什么？

5. 隔离开关拉合失灵的原因是什么？

6. GIS 设备运行中有哪些异常现象？

模块 2 高压开关类设备常见异常处理（ZY1000402002）

【模块描述】本模块介绍了高压开关类设备常见异常的处理。通过案例介绍，能够掌握断路器、隔离开关、GIS 组合电器等常见异常的处理方法。

【正文】

发现断路器异常应立即处理，如处理不及时可能发生断路器损坏、爆炸等设备事故，或者断路器误动或拒动造成电网事故。

一、断路器常见异常的处理方法

1. 断路器应申请停电处理的情况

（1）套管有严重破损和放电现象。

（2）断路器内部有爆裂声。

（3）SF_6 断路器严重漏气或发出操作闭锁信号。

（4）少油断路器灭弧室冒烟或内部有异常声响。

（5）油断路器严重漏油，油标管中看不见油位。

（6）空气断路器内部有异常声响或严重漏气，压力下降，橡胶吹出。

（7）真空断路器出现真空损坏的“咝咝”声。

（8）连接处过热变色或烧红。

（9）气动或液压操动机构压力闭锁。

2. 开关位置指示不正常的处理

（1）开关位置指示灯不亮，应检查有无其他信号，如无信号则首先更换指示灯泡。如有控制回路断线信号，则按照控制回路断线进行处理。如有开关闭锁信号，则应检查处理造成闭锁的原因并进行处理。

（2）开关位置指示红、绿灯全亮或闪光。检查直流有无接地，有接地应立即检查处理。无直流接地或接地点不能自行处理的应报检修人员处理。故障开关做好事故预想。

（3）监控系统开关位置指示相反，应报缺陷由检修人员处理。

（4）机械位置指示不正确应报检修人员处理。拉开两侧隔离开关时应通过电压、电流提示，手动按下机械分闸按钮等方法检查断路器在断开位置。

3. 控制回路断线处理

断路器发出控制回路断线信号后，值班员应进行以下检查处理。

（1）先检查有无其他信号同时发出，如有闭锁信号发出，应检查造成断路器闭锁的原因并进行处理。

（2）检查控制熔断器是否熔断（小开关是否跳闸）或接触不良，如控制熔断器熔断应更换（或试合控制小开关），再次熔断（或跳闸）不得再投。

（3）检查控制回路有无断线或接触不良的现象，值班员能处理的尽量处理，不能处理的报检修人员处理。

（4）断路器控制回路断线短期内不能修复的，采用倒闸操作的方法将故障断路器退出运行。

4. 拒绝合闸处理

（1）检查监控系统是否有断路器控制回路断线或闭锁信号，如有上述信号应暂停操作，待处理恢复后再进行操作。对于带有旁路母线的主变压器或出线断路器，可用旁路断路器代路送电，无法代路时，保持断路器停电状态，等待处理。

（2）检查监控机“五防”闭锁是否开放，如未开放应进行以下检查处理：

1）检查操作是否正确，是否符合“五防”逻辑。

2）检查“五防”钥匙传输是否正常，可重新传输“五防”操作指令。

3）检查监控机与“五防”机连接是否正常，如连接不正常，多是传输线接触不良，值班人员能处理的应立即处理，不能处理的报专业人员处理。

4）检查“五防”程序运行是否正常，如不正常可重启“五防”程序并重新传输操作指令。

（3）如监控机显示遥控超时，可重发一次遥控指令，如仍不能遥控应进行以下检查处理。

1）到测控装置、断路器机构箱处检查远方/就地控制小开关是否在“远方”位置，如在“就地”位置应切换到远方位置。

2）检查断路器检修状态压板是否在投入位置。

3）经以上检查不能处理，可考虑到测控装置处手动操作，然后再由检修人员处理遥控超时的故障。

（4）检查监控机通道或测控装置是否正常，如有异常应报检修人员处理，必要时值班员可在检修人员指导下重启测控装置。

（5）检查断路器操动机构有无异常现象，如有，按照操动机构异常处理的方法处理。

（6）检查直流母线电压是否过低，如过低可调节蓄电池组端电压或充电机整定值，使电压达到规定值。

（7）经以上检查查不出拒绝合闸原因时，应按照危急缺陷汇报调度和工区，由检修人员处理，值班人员做好检修准备。有旁路母线的可将拒动断路器用旁路断路器代路。

5. 拒绝分闸处理

操作时断路器分不开，不存在对用户供电的问题，但为了防止越级跳闸事故的发生，应立即汇报调度，迅速采取措施。

（1）按照断路器拒绝合闸的处理方法（1）～（5）条进行检查处理。

（2）仍不能分闸的，带有自由脱扣机构的断路器可到断路器操动机构处按下“紧急分闸”按钮分闸。

（3）没有自由脱扣机构的断路器或者采用“紧急分闸”按钮仍不能分闸的断路器，采取禁止分闸的措施。

1）断开断路器控制电源。

2）断开断路器操动机构电源（液压机构油泵电源、弹簧机构电机电源、气动机构气泵电源）。

3）如断路器已被电气闭锁，有机械闭锁卡具的应安装机械闭锁卡具，将断路器机械闭锁在合闸位置。

（4）按照不同的主接线方式和拒分断路器的位置，采用倒闸操作的方法将拒分断路器退出运行，做好安全措施，报调度和检修人员处理。

1）双母线接线方式操作方法。

a. 线路或主变压器断路器拒绝分闸，可将故障断路器以外的其他断路器热倒至一条母线上，用母联断路器断开故障断路器电源，再拉开故障断路器两侧隔离开关，然后恢复正常运行方式。

如图 ZY1000402002-1 所示，142 断路器发生分闸闭锁故障，可将 110kV 2 号母线上运行的 144、150 断路器和 112 断路器热倒至 1 号母线运行，用母联 101 断路器和 142 断路器串联运行，断开 101 断路器使 142 回路电流为零，再拉开 142-5、142-2 隔离开关使 142 断路器退出运行。然后合上母联 101

断路器，将 144、150、112 断路器热倒回 2 号母线恢复正常运行方式。最后将 142 断路器转检修，做好安全措施，等待检修人员处理。

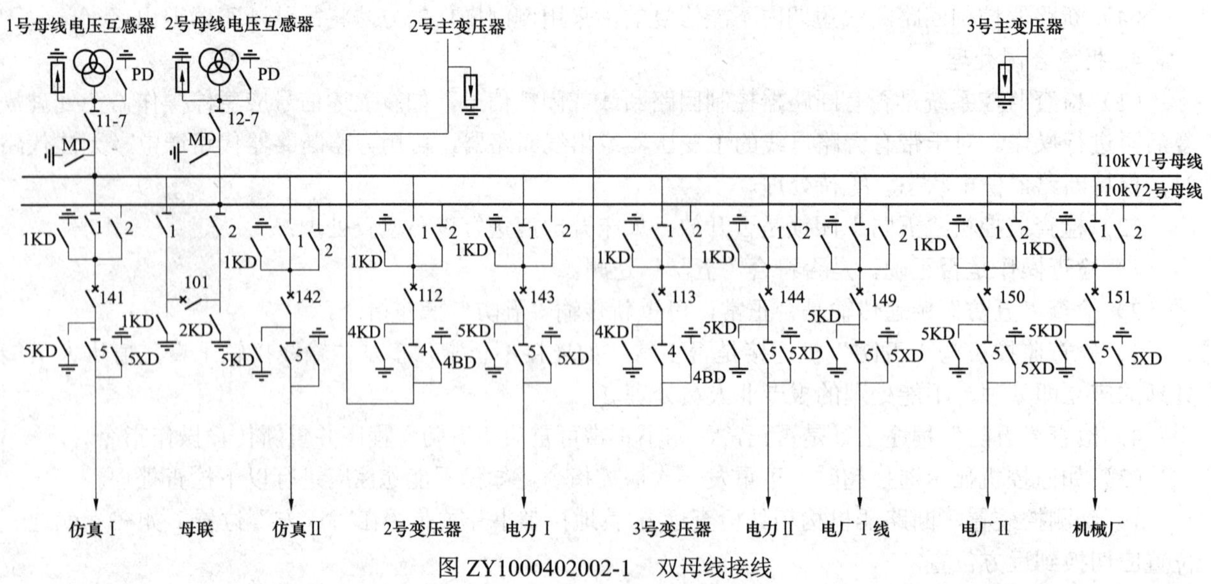

图 ZY1000402002-1　双母线接线

b. 母联断路器拒分可将一条母线上的断路器热倒至另一条母线上，用母联隔离开关断开空载母线，将母联断路器隔离；也可将某一回路两条母线隔离开关同时合上，再断开母联断路器的两侧隔离开关，但需注意跨接隔离开关的容量应满足作为母联使用的要求，如主变压器回路的隔离开关。

如图 ZY1000402002-1 所示，母联 101 断路器分闸闭锁，一种方法是将 1 号母线上运行的 141、143、149、151、113 断路器热倒至 2 号母线运行（也可将 142、144、150、112 断路器热倒至 1 号母线），用 101-1、101-2 隔离开关拉开空载母线将 101 断路器退出运行，将 101 断路器转检修，做好安全措施等待检修人员处理。另一种方法是合上 113-2 隔离开关（或合上 112-1 隔离开关，如其他线路隔离开关满足负荷要求也可以），拉开 101-1 和 101-2 隔离开关，将 101 断路器退出运行后处理。

2）带旁母接线，可用旁路断路器代供故障断路器，断开旁路断路器控制电源，拉开故障断路器两侧隔离开关，再投入旁路断路器控制电源，将故障断路器退出运行。

如图 ZY1000402002-2 所示，245 断路器分闸闭锁，可合上 202-1 隔离开关、202-3 隔离开关、202 断路器和 245-3 隔离开关，使 202 和 245 断路器并列运行（保护进行相应投退），断开 202 断路器控制电源（防止在拉开 245 断路器两侧隔离开关时 202 断路器跳闸造成带负荷拉隔离开关），拉开 245-5 和 245-1 隔离开关，使 245 断路器退出运行，再投入 202 断路器控制电源恢复正常运行，最后将 245 断路器做好检修措施等待处理。

3）3/2 断路器接线方式，在有另外两串及以上运行时，可在断开闭锁断路器同串的断路器控制电源后，直接拉开其两侧隔离开关隔离。

如图 ZY1000402002-3 所示，2843 断路器发生分闸闭锁，由于 2821、2822、2823 断路器串，2831、2832、2833 断路器串运行，断开 2841、2842 断路器控制电源后，可直接拉开 2843-1 和 2843-2 隔离开关将 2843 断路器退出运行，再投入 2841、2842 断路器控制电源恢复正常运行，最后将 2843 断路器做好安全措施后等待处理。

4）单母线或单母线分段接线，可拉开母线上其他断路器后，将上一级电源断路器断开，拉开故障断路器两侧隔离开关，隔离故障断路器后，再恢复其他部分供电。

如图 ZY1000402002-4 所示，582 断路器发生分闸闭锁，可在拉开 522、516 断路器后，拉开 512 断路器，将 10kV Ⅱ段母线停电，然后拉开 582-5 和 582-2 隔离开关将 582 断路器退出运行，恢复母线送电，做好安全措施后等待处理。

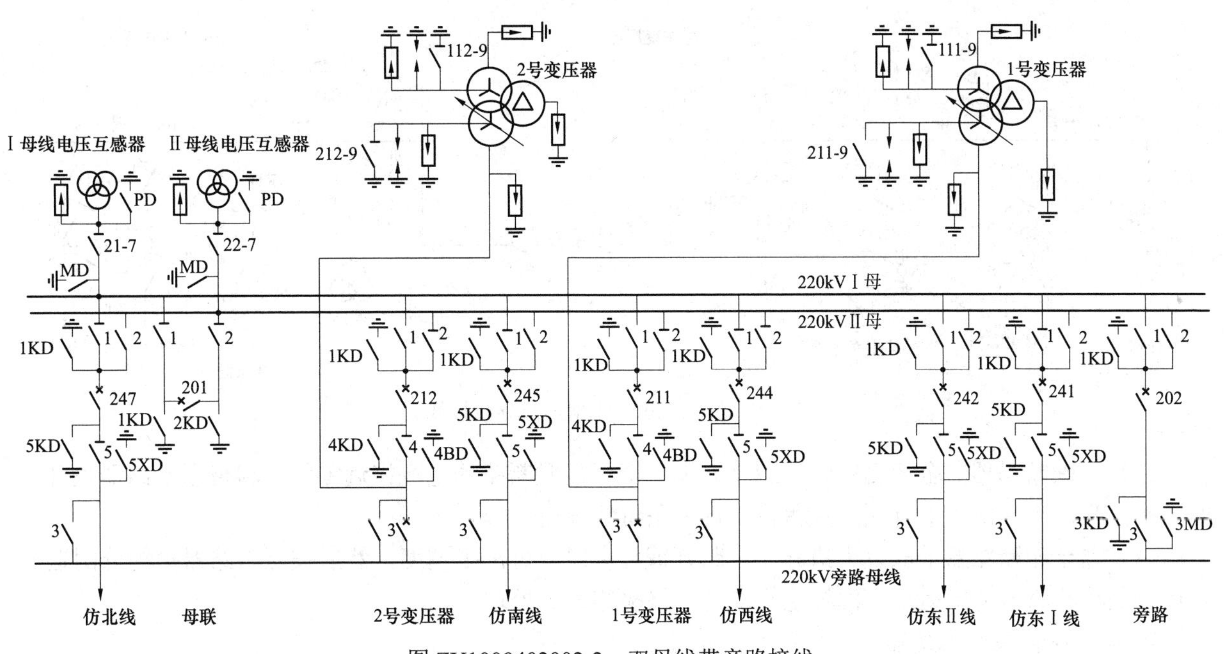

图 ZY1000402002-2 双母线带旁路接线

图 ZY1000402002-3 3/2 接线

6. 非全相运行处理

断路器在运行中出现非全相，220kV 断路器非全相保护未动作，应根据断路器不同的非全相运行情况，分别采取以下措施：

（1）断路器一相断开，两相运行，可立即按调度指令手动合闸一次，合闸不成功则应切开其余两相断路器。

（2）断路器两相断开，应立即将断路器断开。

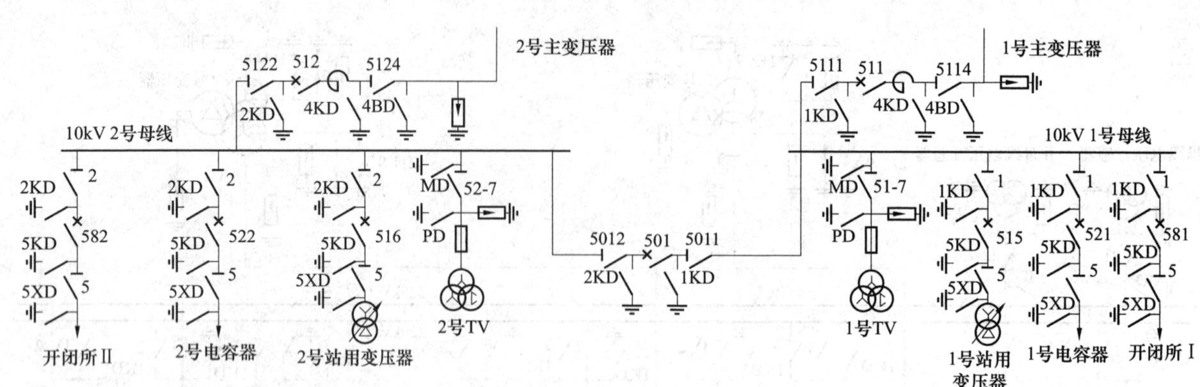

图 ZY1000402002-4 单母线分段接线

（3）母联断路器非全相运行时，应立即调整降低母联断路器电流接近零值，将母联断路器拉开。如不能拉开，应冷倒为单母线方式运行，将一条母线停电处理。

（4）非全相断路器采取以上措施无法断开或合上时，可汇报调度，然后按照断路器拒绝分闸退出运行方法将断路器退出运行，做好检修准备，报检修人员处理。

7. 本体或接头过热处理

（1）开关本体过热应立即停电处理。

（2）开关接头过热应根据环境温度和负荷情况确定缺陷等级，报缺陷处理。停电前可先汇报调度通过限负荷或倒负荷的方式减小开关负荷电流，降低发热程度。

8. 灭弧介质异常处理

（1）油开关油位、油色异常。

1）油位异常的处理。

a. 油位降低应检查有无渗漏油，若是由于渗漏油造成油位过低，应观察渗漏油的速度，根据油位和渗漏油的速度确定缺陷等级上报处理。在处理前运行人员应加强监视，做好事故预想和应急处理准备。

b. 油位过高应上报缺陷，加强监视，做好事故预想和应急处理准备。

c. 油断路器严重缺油时，禁止将其直接断开。应按照分闸闭锁的处理方法将断路器退出运行，以防断路器突然跳闸，造成设备的更大损坏。

2）断路器油色变黑后，能否继续运行，应根据下列原则处理：

a. 油断路器切断故障电流的次数达到规定值的，应将重合闸退出，并安排换油或检修。

b. 油断路器切断故障电流的次数未达到规定值而油变黑，应根据油的击穿电压和油质化验分析来确定是否对断路器进行换油检修工作。

（2）SF_6断路器气压异常。

正常运行中用SF_6气体密度继电器监视气体密度的变化，当运行中SF_6密度继电器报警时，则说明断路器有压力异常现象。此时应记录SF_6压力值，并将表计的数值根据环境温度折算成标准温度下的压力值，判断压力值是否在规定的范围内。

1）发出告警信号时：

a. 及时检查压力表指示，根据温度和压力信号指示判断信号发出是否正确，断路器是否有漏气现象。

b. 若没有明显漏气现象，应汇报检修人员进行带电补气，补气后继续监视气压。

c. 若有漏气现象（有刺激性气味或“嘶嘶”声），应立即远离故障断路器，汇报调度，及时转移负荷或改变运行方式，将故障断路器停电处理（此时，SF_6气压尚可保证灭弧）。

2）发出SF_6气体闭锁压力信号，说明气体压力下降较多，漏气严重。这时，断路器跳、合闸回路已被闭锁，此时可参考断路器分闸闭锁的方法进行处理。

（3）真空断路器真空度降低。断路器在运行中，发现真空度降低，严禁对断路器进行停、送电操作，应立即断开故障断路器的控制电源，及时采取措施，参照断路器分闸闭锁的方法进行处理，将故障断路器退出运行。

9. 操动机构异常处理

（1）液压机构压力异常。

1）压力过高的处理。气温正常情况下液压机构压力过高应向上级汇报，由专业人员进行处理。若属于气温过高的影响，应使机构箱通风降温。

2）压力过低的处理。

a. 检查油泵电源是否正常，如电源中断或缺相应检查上级电源开关是否跳闸，电源接头、线路等是否断路，运行人员能处理的应及时处理，不能处理的报缺陷。

b. 检查油泵电源熔断器是否熔断（或小开关跳闸）或接触不良，如熔断器（或小开关）熔断（或跳闸），应更换熔断器（或试合小开关），如接触不良应使其接触良好，启动油泵打压，使压力上升至正常工作压力；如果熔断器再次熔断（或小开关再次跳闸），说明回路中有短路故障，不得加大熔断器容量。运行人员不能处理的，应报检修人员处理。

c. 如油泵电源正常，则可能是油泵控制回路中的各微动开关某一触点接触不良或损坏，应通知专业人员进行处理。

d. 接触器动作，油泵电机不转，可能是接触器本身的问题应通知检修人员进行处理。

e. 液压机构压力尚未低于分闸闭锁值时，若机构有手动打压机构，可以断开储能电源后，手动打压将压力恢复，然后再报缺陷处理。

f. 液压机构压力已降至零，严禁手动打压，应断开油泵电源，有机械闭锁卡具的加装机械闭锁卡具，按照断路器拒绝分闸的方法处理。

（2）弹簧机构弹簧储能异常。采用弹簧储能操动机构的断路器在运行中发出弹簧未储能信号时，运行人员应做如下检查处理：

1）检查电机电源回路及电机是否有故障，熔断器是否熔断。若电机无故障而且弹簧已拉紧（储能），则是二次回路误发信号。

2）若电源回路熔断器熔断或小开关跳闸，应更换熔断器或试合小开关，正常后启动电机打压，若再次熔断或跳闸不应再次投入。

3）检查电机接触器是否有断线、烧坏或卡滞现象，热继电器是否动作未复归。

4）若电机有故障时，应手动将弹簧储能。

5）若系弹簧锁住机构有故障或弹簧故障且不能处理时，应汇报调度。停用本断路器的重合闸，通过倒闸操作将断路器退出运行。

（3）气动机构压力降低。

1）检查机构是否漏气，用听声音的方法确定漏气的部位，应报缺陷处理。

2）对管道连接处漏气及活塞环磨损而造成的机构频繁启动，应申请将该断路器停电进行处理，防止在运行中发生大排气情况。

3）断路器在送电操作时，在合闸后如果听到压缩机有漏气声，则压缩机逆止阀被灰尘堵住的可能性较大，可汇报调度对该断路器进行几次分、合操作，一般能够消除这种异常现象。

4）如气泵未启动，应检查气泵电源、熔断器（或小开关）、接触器或导线是否正常，查出故障部位后能处理的应立即处理，然后启动气泵打压。如不能处理的应报检修人员处理。

5）断路器在合闸状态下出现气动机构气压降低，且不能恢复时，可按照断路器分闸闭锁的方法通过改变运行方式，将故障断路器停运，报专业人员检修。

10. 断路器异常处理举例

某站 35kV 断路器检修，该断路器为弹簧操动机构，检修内容为处理断路器分闸速度偏低缺陷。合闸送电时，将断路器控制把手转至合闸位置后，断路器红、绿灯均熄灭，电流表无电流指示，判断为断路器未合上。检查断路器控制电源小开关未跳闸，到断路器处检查时，听到断路器机构箱内不断发出弹簧打压的“嗒嗒”声，立即远离该断路器，防止断路器机构零件断裂伤人，或者断路器触头停在中间位置，合闸电弧未熄灭发生爆炸。断开 35kV 断路器机构打压电源，待故障断路器打压声停止后，打开机构箱，断开该断路器机构电源，再恢复 35kV 断路器机构打压电源，报缺陷由检修人员处理。经检修人员检查为在处理断路器分闸速度偏低缺陷时，将分闸弹簧拉力调整的过大，造成合闸弹簧拉力不够，使断路器不能正常合闸。

二、隔离开关异常处理的原则和方法

1. 操作拒动处理

（1）首先检查操作步骤是否正确，是否由于操作步骤不符合“五防”逻辑造成隔离开关机械或电气闭锁。

（2）遥控操作时，隔离开关拒动，应检查隔离开关“五防”闭锁是否开放，如未开放应检查操作步骤是否正确、“五防”机与监控机信号传输是否正常、“五防”程序运行是否正常等，处理后再进行操作。

（3）隔离开关电动操作拒动，应进行以下检查处理：

1）检查电机电源开关是否合上，如未合上应合上电机电源开关，合不上时报检修人员处理。

2）检查电机电源是否中断或缺相，如电源不正常应查明原因处理。

3）电动操作闭锁是否动作，如某些电动操作隔离开关在手动操作侧的机构箱门打开时自动闭锁电动操作。查明原因能处理的应立即处理，不能处理的报检修人员处理。

4）如电机电源正常，并且回路中无闭锁则是电动机故障，应报缺陷处理。

5）电动操作失灵时，可断开电机电源，改为手动操作，然后再检查处理电动操作失灵的原因。

（4）检查其操动机构是否正常、传动机构各部分元件有无明显卡阻现象。若操动机构有问题，应进行处理，恢复正常后进行操作。

（5）检查传动部件有无脱落、断开，方向接头等部件是否变形、断损。如传动部件故障，应汇报调度，停电处理。

（6）静触头是否有卡阻现象。在操作时发生动触头与静触头有抵触时，不应强行操作，否则可能造成支持绝缘子的破坏而造成事故，应停电处理。

2. 接头过热处理

（1）若接头属轻微过热，应加强巡视，在高峰负荷时用红外测温装置等监测温度，严密监视接头过热是否在发展。

（2）隔离开关触头过热，可用绝缘拉杆轻轻调整接触面，继续观察其发热是否减弱。如 35kV 及以下 GN 或 GT 型隔离开关发热，经检查，如发现有三相合后位置不同期现象，可用相应电压等级的绝缘棒将隔离开关的三相触头顶到位，但要小心从事，以防滑脱而造成事故。事后应加强监视，防止继续发热。对室内隔离开关，还应加强通风及降温措施。

（3）若接头严重过热，应立即汇报调度，根据本站接线形式采用倒母线或旁路代替运行及降低负荷等方法进行紧急处理。若接头已发红变形，负荷不能马上转移的，应立即停电检修。停运操作方法是：

1）负荷侧隔离开关可将回路断路器和线路转冷备用。

2）母线侧隔离开关需拉开回路断路器并将母线转冷备用，双母线接线可先将该线路倒换至另一条母线运行，发热的母线隔离开关在以后的母线停役（双母接线的还必须该回路同时停役）时，进行处理。

3）主变压器侧隔离开关需将该回路断路器和主变压器转冷备用。

4）专用旁路接线中，如果某一回路母线侧或线路侧隔离开关发热，可用旁路替代该线路运行，发热的隔离开关安排停电检修。

3. 分、合闸三相不到位或不同期处理

隔离开关在分、合闸操作中发生三相不到位或三相不同期的情况，运行人员必须高度重视，否则隔离开关会因接触不良发热造成触头烧熔，或烧损或者分闸距离不够闪络放电等事故。处理方法为：

（1）三相不能完全分、合到位或三相不同期时应再操作一次。

（2）如重复操作后隔离开关的上述情况依然存在，可使用绝缘棒将隔离开关的三相触头顶到位，缺陷可在下次计划停电时处理。

（3）电动隔离开关在隔离开关的分、合闸操作过程中出现中途停止时，应立即按“停止”按钮并切断隔离开关操作电源，迅速手动将隔离开关拉开或合上。事后应汇报上级主管部门，安排检修停电时处理。

（4）如经以上处理后仍无法操作到位，应汇报调度及上级主管部门安排停电检修。

4. 辅助开关触点转换不到位处理

母线侧隔离开关或者电压互感器隔离开关操作后发生电压切换不正常或电压中断等现象，多是由于隔离开关辅助触点转换不到位引起的。对于连杆传动型的隔离开关辅助触点，可采用推合连杆使之转换到位的方法，其他形式传动的隔离开关辅助开关触点转换不到位，可将隔离开关再操作一次，如辅助开关触点转换仍不到位，应将隔离开关恢复原运行状态，停止操作，将情况汇报给调度和上级主管部门，由检修人员处理。

5. 绝缘子外伤、硬伤处理

隔离开关支柱绝缘子有裂纹和裙边有轻微外伤或破损的，应立即汇报调度及上级主管部门，尽快处理，在停电处理前应加强监视。

（1）隔离开关支柱绝缘子有裂纹的应禁止操作，与母线连接的隔离开关其支柱绝缘子有裂纹的应尽可能采取母线与回路同时停电的处理方法。

（2）绝缘子裙边有轻微外伤或破损，可采取停电后修补涂 RTV 的手段；外伤或破损严重则应立即停电更换处理。

6. 误拉、合隔离开关的处理

（1）一旦发生误拉隔离开关的情况，触头刚分开时，发现有异常电弧，则应立即合上，以防止由于电弧短路而造成事故。但如果已将隔离开关拉开，则禁止再将被误拉开的隔离开关合上。

（2）误合隔离开关，不论何种情况，都不准再将误合的隔离开关拉开。如确需拉开，则应汇报调度使用该回路断路器将负荷切断或采用倒母线方式将回路停电后，再拉开误合的隔离开关。

三、GIS 设备异常处理

（1）当 GIS 任一间隔发出“补充 SF_6 气体”（或“压力降低”）信号时，允许保持原运行状态，但应迅速到该间隔的现场汇控柜判明为哪一气室需补气，然后立即报缺陷，通知检修人员处理，并根据要求做好安全措施。

（2）当 GIS 任一间隔发出“补充 SF_6 气体”信号，同时又发出“SF_6 气室紧急隔离”（或“压力异常闭锁”）信号时，则可能发生大量漏气情况，将危及设备安全。此间隔不允许继续运行，同时此间隔任何设备禁止操作，应立即汇报调度，并断开与该间隔相连接的开关，将该间隔和带电部分隔离。在情况危急时，运行人员可在值长领导下，先行对需隔离的气室内的设备停电，然后及时将处理情况向调度和上级汇报。

（3）GIS 发生故障有气体外逸时的处理。

1）GIS 设备发生故障有 SF_6 气体外逸时，全体人员立即撤离现场，并立即投入全部通风设备（室内）。

2）在事故发生后 15min 之内，只准抢救人员进入 GIS 室内。4h 内任何人进入 GIS 室必须穿防护服、戴防护手套及防毒面具。4h 后进入 GIS 室内虽可不用上述措施，但清扫设备时仍需采用上述安全措施。

3）若故障时有人被外逸气体侵袭，应立即送医院诊治。

4）处理 GIS 内部故障时，应将 SF_6 气体回收加以净化处理，严禁直接排放到大气中。

5）防毒面具、塑料手套、橡皮靴及其他防护用品必须用肥皂洗涤后晾干，防止低氟化合物的剧毒伤害人身。并应定期进行检查试验，使其经常处于备用状态。

【思考与练习】

1. 高压断路器发生哪些异常时应停电处理？

2. 隔离开关拒动应如何处理？

3. 误拉、合隔离开关后应如何处理？

4. GIS 发生故障有气体外逸时，处理中有哪些注意事项？

模块 3 高压开关类设备异常处理危险点源分析（ZY1000402003）

【模块描述】本模块介绍了高压开关类设备异常处理的危险点。通过要点介绍和分析，了解断路器、隔离开关、GIS 组合电器异常处理的危险点，并能制定预控措施。

【正文】

一、断路器异常处理危险点源分析

（1）误投退开关控制保险。

控制措施：两人一起进行检查，加强监护，认真核对设备编号。

（2）检查控制回路、合闸或储能回路时，人员触电。

控制措施：

1）检查过程中使用绝缘工具。

2）两人进行，一人操作，一人监护。

3）不得徒手接触控制回路、合闸回路和储能电源回路的导电部分。

（3）交、直流接地或短路。

控制措施：

1）检查过程中使用绝缘工具。

2）检查二次回路时，不得随意触动、拆接导线。

3）使用万用表在回路上测量时，万用表应使用电压挡，严防误用电流挡进行电压测量。

（4）误拉、合开关。

控制措施：

1）需拉、合开关时，应执行“五防”闭锁程序，通过远方控制操作。

2）认真核对设备编号，严格执行监护唱票复诵制度。

3）远方/就地小开关与断路器就地控制开关分开布置时，切换前应检查核对清楚切换的开关名称，防止将断路器控制开关误当成远方/就地开关。

4）远方/就地小开关与断路器就地控制开关合一时，切换时应小心谨慎，看清切换位置，防止用力过大，造成断路器误操作。

（5）机械伤害。

控制措施：

1）检查操动机构时，不得触动机构零件，防止造成机构突然动作。

2）不得在机构箱门打开的情况下，试验机构动作情况，防止机构零件损坏、断裂飞出伤人。

3）检查处理液压操动机构压力异常时，不得打开液压阀门，尤其是高压油路液体阀门，防止高压油伤人。

4）处理液压操动机构压力过低异常时，不得手动按住微动开关接点启动油泵打压，防止油泵不能自动停止，造成压力过高，机构损坏或高压油泄漏伤人。

5）检查处理气动操动机构气压异常时，不得打开放气阀门，防止压缩空气突然泄漏伤人。

（6）气体中毒。

控制措施：

1）检查处理 SF_6 断路器异常时，室外应从上风头接近断路器，并判断断路器无明显的漏气故障方可接近断路器进行检查。室内应先通风 15min，如有含氧量测试仪的应在测量含氧量合格（浓度大于

18%）后方可进入高压室进行检查，并且检查时应由两人进行。

2）SF_6 气体外泄后，4h 内，任何人进入室内都必须穿防护衣、戴手套及防毒面具；4h 以后进入室内进行清扫，仍需采取上述安全措施，单人不得留在 SF_6 高压设备室内。

3）SF_6 断路器气压过高，检查断路器时不得在断路器防爆膜附近停留，防止防爆膜破裂伤人，或者由于防爆膜破裂，SF_6 气体泄漏造成人员窒息或中毒。

（7）处理不当造成断路器爆炸，甚至造成人身伤害。

控制措施：

1）如油断路器油位过高或过低，则在检查时不得进行操作，并且检查后应立即远离故障断路器，防止由于断路器自动分、合闸，引起爆炸伤害检查人员。

2）发现真空断路器真空度下降、SF_6 断路器或压缩空气断路器气压降低后，运行人员不得再进入高压室或接近故障断路器，更不能对断路器进行操作。

3）液压操动机构失压，处理过程中不得启动油泵打压，防止油泵启动打压过程中，断路器失压慢分，造成断路器爆炸。

（8）分闸闭锁断路器停电操作的危险点和控制措施。

1）旁路转代将闭锁断路器停运操作时，带负荷拉隔离开关。

控制措施：拉开故障断路器两侧隔离开关前，必须断开旁路断路器和故障断路器的控制熔断器，防止在拉隔离开关时旁路断路器跳闸造成带负荷拉隔离开关。

2）单母线接线方式，将闭锁断路器停运操作时带负荷拉隔离开关。

控制措施：拉开电源侧断路器后，检查母线电压为零且故障断路器电流为零后再拉开故障断路器两侧隔离开关，防止有线路侧电源反送电的现象。

3）倒母线操作，将闭锁断路器停运操作时带负荷拉隔离开关。

控制措施：双母线接线方式，拉开异常断路器两侧隔离开关前，应先断开与其串联运行的母联断路器，检查异常断路器回路中无电流后，再进行拉开隔离开关的操作。

4）3/2 接线方式，将闭锁断路器停运操作时带负荷拉隔离开关。

控制措施：拉开故障断路器两侧隔离开关前应至少保证有两串以上的断路器并联运行，并断开与异常断路器同串的另两台断路器的控制电源。

5）处理双母线母联断路器闭锁时，带负荷拉隔离开关。

控制措施：拉开母联断路器两侧隔离开关前，先检查有至少一组母线隔离开关双跨运行，或者一条母线空载运行。

二、隔离开关异常处理危险点源分析

（1）误操作（带负荷拉合隔离开关、带接地隔离开关合隔离开关或者带电合接地隔离开关）。

控制措施：隔离开关拒动后应详细检查，严禁不经检查就随意更改操作票或解除闭锁进行操作。

（2）用绝缘杆调整分、合不到位的隔离开关时，带负荷拉、合隔离开关。

控制措施：用绝缘杆调整隔离开关时，应小心谨慎，缓慢调整，防止用力过大造成隔离开关误分、合闸。

（3）用绝缘杆调整分、合不到位的隔离开关时，碰伤隔离开关支持绝缘子。

控制措施：采用绝缘杆调整隔离开关时，应小心谨慎，不得用力过猛，防止由于绝缘杆滑脱碰伤支持绝缘子。

（4）隔离开关支持绝缘子断裂伤人或造成短路跳闸。

控制措施：

1）隔离开关拒动时，应查明拒动原因，不应强行操作。

2）发生支持绝缘子破损、断裂等异常的隔离开关不能再继续操作。

3）操作隔离开关时选择好操作位置和逃生路线，监护人、 操作人操作时观察隔离开关动作情况，发现危险立即撤离到安全位置。

（5）检查操动机构时机械伤害。

控制措施：

1）检查操动机构时，不得触动机构零件，防止机构突然动作发生人身伤害。

2）启动电动机构进行试验或操作前，必须取下手动操作把手，防止把手跟随机构转动伤人。

（6）检查处理电动隔离开关异常过程中人员触电。

控制措施：

1）检查过程中使用绝缘工具。

2）两人进行，一人操作，一人监护。

3）不得徒手接触控制回路、合闸回路和储能电源回路的导电部分。

（7）检查处理电动隔离开关异常过程中造成交、直流接地或短路。

控制措施：

1）检查过程中使用绝缘工具。

2）检查二次回路时，不得随意触动、拆接导线。

3）使用万用表在回路上测量时，万用表应使用电压挡，严防误用电流挡进行电压测量。

三、GIS 设备异常处理危险点源分析

（1）人员中毒。

控制措施：

1）室外应从上风头接近设备，并判断无明显的漏气故障方可接近断路器进行检查。室内应先通风 15min，如有含氧量测试仪的应在测量含氧量合格（浓度大于 18%）后方可进入高压室进行检查，并且检查应由两人进行，单人不得留在 SF_6 高压设备室内。

2）设备漏气后，4h 内，任何人进入室内都必须穿防护衣，戴手套及防毒面具；4h 以后进入室内进行清扫，仍需采取上述安全措施。

3）SF_6 气压过高，检查时不得处在断路器、隔离开关等气室防爆膜附近，防止防爆膜破裂伤人，或者由于防爆膜破裂，SF_6 气体泄漏造成人员窒息或中毒。

（2）带负荷操作 SF_6 气体绝缘性能降低气室内的设备造成闪络事故。

控制措施：当 GIS 任一间隔发出“补充 SF_6 气体”信号，同时又发出“SF_6 气室紧急隔离”（或“压力异常闭锁”）信号时。此间隔任何设备禁止操作，断开该间隔设备操作电源，并断开与该间隔相连接的开关，将该间隔和带电部分隔离。

【思考与练习】

1. 处理断路器异常时，防止误拉合开关的控制措施是什么？
2. 处理断路器异常时，防止人员受到机械伤害的控制措施是什么？
3. 分闸闭锁断路器停电操作中有哪些危险点？控制措施是什么？
4. GIS 设备异常处理时，防止人员中毒的控制措施是什么？

第二十九章　变压器异常处理

模块1　变压器异常现象及分析（ZY1000401001）

【模块描述】本模块包含变压器异常现象和原因分析。通过现象描述和原因讲解，能够熟悉变压器声音异常、油位异常、油温异常等常见异常的特征。

【正文】

变压器是变电站中的主要设备，一旦发生事故，就会中断对部分用户的供电，修复所用时间也较长，会造成严重的经济损失。一般变压器的异常都发生在绕组、铁芯、套管、分接开关、油箱、冷却装置等部位上。及时发现并处理变压器的异常对电力系统的稳定性有很大作用。

一、声音异常

变压器正常运行时，会发出均匀的“嗡嗡”声，若产生不均匀声或其他响声，都属不正常现象。变压器声音异常的类别及原因主要有以下几种。

1. 短时的“哇哇”声

一种可能是电网发生过电压，如中性点不接地系统发生单相接地或产生谐振过电压；另一种可能是大动力设备（如电弧炉、大电机等）启动，负荷突然增大，因高次谐波作用而产生。可根据当时有无接地信号，电压、电流表指示情况，有无负荷的摆动来判断。

2. 较高且沉闷的“嗡嗡”声

可能是变压器过负荷，由于电流大，铁芯振动力增大引起的，可根据变压器负荷情况进行判断。

3. 声音比平常增大而均匀

可能是电网电压过高引起的，也可能是变压器过负荷、负载变化较大（如大电机、电弧炉等）、谐波或直流偏磁作用引起的。

4. 声音比平时大或听到其他明显杂声

可能为变压器铁芯穿芯螺栓松动，硅钢片间产生振动；绑扎松动或张力变化、硅钢片振动增大所致。如负荷突变，个别零件松动，内部有“叮当”声；轻负荷时，某些离开叠层的硅钢片振动发出“嘤嘤”声等。

5. 局部有放电声

（1）变压器发出“吱吱”的连续放电声。可能是引出线套管裙边对地电场强度较大，对外壳放电；也可能是变压器内部放电。产生原因有线圈或引出线对外壳放电；铁芯接地线断线，使铁芯对外壳感应高电压放电；分接开关接触不良放电。

（2）声音中夹杂有“噼啪”声。可能是由于变压器内部或外表面发生局部放电所致。如果外表面放电，在夜间或阴雨天可以在变压器瓷套管附近看到蓝色的电晕或火花，说明瓷套管绝缘污秽严重或引线接触不良。

（3）变压器有水沸腾声。若变压器的声音夹杂有水沸腾声，且温度急剧上升、油位升高，则应判断为变压器绕组发生短路故障或分接开关因接触不良引起严重过热。

（4）变压器有爆裂声。若变压器声音中夹杂有不均匀的爆裂声，则是变压器内部或表面绝缘击穿。

6. 机械撞击声或摩擦声

如运行中有“叮当”声，可能是散热器螺栓松动或有载调压机构连杆振动所致，也可能是由于有载调压机构箱或端子箱与变压器连接松动。如风扇或油泵运行声音过大或有摩擦声，可能是由于风扇或油泵轴承损坏或偏移造成的。

二、油位异常

变压器油位异常分为本体或套管油位过低、油位过高。

1. 油位过高或冒油

变压器本体或有载调压油箱油位过高一般有以下原因：

（1）加油过多，气温升高时造成油位过高。

（2）有载调压油枕油位过高，可能是内部渗漏，主变压器本体的油渗漏到有载调压分接开关油箱内部造成的。

（3）假油位。如变压器温度变化正常，而油位不正常或不随温度变化，则说明油枕油位是假油位。其原因有以下几方面：

1）呼吸器堵塞。

2）防爆管通气孔堵塞。

3）油标管堵塞或油位表指针损坏、失灵。

4）全密封油枕未按全密封方式加油，在胶囊袋与油面之间有空气（存在气压）。

2. 油位过低

变压器本体或有载调压油箱油位过低一般有以下原因：

（1）变压器严重漏油或长期渗漏油。

（2）设计制造不当，油枕容量与变压器油箱容量配合不当（一般油枕容积应为变压器油量的 8%～10%），环境气温过低时造成油位过低。

（3）未按照标准温度油线加油。

（4）检修人员因工作多次放油后没有及时补油。

3. 套管油位过低

主变压器套管油位过低会使套管与导电柱间的绝缘降低，造成套管内部放电。套管油位过低的原因有：

（1）套管外部有油迹则是由于套管密封不严，套管渗漏油。

（2）套管外部无油迹可能是套管与油箱间密封不严，套管油渗漏到油箱中。

（3）套管安装时加油不足，气温降低时油位过低。

三、温度异常

变压器在运行中温度变化是有规律的。当发热与散热相等并达到平衡状态时，各部分的温度趋于稳定。若在同样条件（冷却条件、负荷大小、环境温度）下，上层油温比平时高出 10℃以上，或负荷不变而油温不断上升，并且冷却装置良好，则可认为是变压器内部故障引起的。

1. 铁芯局部过热

铁芯是由绝缘的硅钢片叠成的，由于外力损伤或绝缘老化使硅钢片间的绝缘损坏，会形成涡流造成局部过热。另外，铁芯穿芯螺杆绝缘损坏会造成短路，短路电流也会使铁芯局部过热。

2. 线圈过热

相邻几个线圈匝间的绝缘损坏，将形成一个闭合的短路环流，同时，使一相的绕组匝数减少。在短路环流内的交变磁通会感应出短路电流并产生高温。匝间短路在变压器故障中所占的比重较大。引起匝间短路的原因很多，如线圈导线有毛刺或制造过程中绝缘机械损伤，绝缘老化或油中杂物堵塞油道产生高温损坏绝缘，穿越性短路故障，线匝轴向、辐向位移磨损绝缘等。

3. 分接开关过热

分接开关接触不良，接触电阻过大，易造成局部过热。分接开关接触不良最容易在大修或切换分接头后发生，穿越性故障后可能烧伤接触面。调节分头或变压器过负荷运行时应特别注意分接开关局部过热问题。分接开关接触不良的原因有：

（1）触点压力不够。

（2）动、静触点间有油泥膜。

（3）接触面有烧伤。

（4）定位指示与开关接触位置不对应。

（5）DW 型鼓型分接开关几个接触环与接触柱不同时接触等。

4. 其他部分过热

除上述集中局部过热情况外，还有接头发热，因压环螺钉绝缘损坏或压环触碰铁芯造成环漏磁使铁件涡流增大等引起的过热。运行中判断具体过热部位是很困难的，必要时，需吊芯检查。

四、颜色、气味异常

变压器的许多故障常伴有过热现象，使得某些部件或局部过热，因而引起一些有关部件的颜色发生变化或产生特殊气味。变压器颜色、气味异常包括内部故障引起的油色异常，引线接头处过热变色，呼吸器硅胶变色，套管或瓷瓶电晕、闪络，有焦煳味等。

1. 油色异常

一般是由于变压器油质劣化，变压器油中杂质、氧化物增多所致。

2. 呼吸器硅胶变色

正常干燥时呼吸器硅胶一般为蓝色或白色。当硅胶颜色变为粉红色时，表明硅胶已受潮并且失效。硅胶变色过快的原因主要有以下几点：

（1）长时间天气阴雨，空气湿度较大，因吸湿量大而过快变色。

（2）呼吸器容量过小。

（3）硅胶玻璃罩有裂纹、破损。

（4）呼吸器下部油封罩内无油或油位太低，起不到良好的油封作用，使湿空气未经油滤而直接进入硅胶罐内。

（5）呼吸器安装不良，如胶垫龟裂不合格、螺栓松动、安装不密封等。

3. 引线及接头线夹处过热变色

套管引线端部紧固部分松动或引线头线夹紧固件滑牙等，接触面氧化严重，使接触部分过热，颜色变暗失去光泽，表面镀层也会遭到破坏。温度很高时，会产生焦臭味。

4. 气味异常

套管、绝缘子污秽或者损伤严重，发生放电、闪络时会产生一种特殊的臭氧味。

五、外观异常

变压器外观异常包括防爆管防爆膜破裂、压力释放阀异常、套管闪络放电、渗漏油等。下面逐项分析产生原因。

1. 渗漏油

渗漏油是变压器常见的缺陷，造成渗漏油的原因如下：

（1）胶垫不密封造成渗漏：一般胶垫应保持压缩 2/3 时仍有一定的弹性，随运行时间、温度、振动等因素，胶垫易老化龟裂失去弹性；胶垫材质不合格，安装位置不对称、偏心也会造成胶垫不密封。

（2）阀门系统、蝶阀胶垫材质不良、安装不良、放油阀精度不高导致螺纹处渗漏。

（3）高压套管基座电流互感器出线桩头胶垫处不密封或无弹性，造成接线桩头胶垫处渗漏。小绝缘子破裂，造成渗漏油。

（4）设计制造不良。高压套管升高座法兰、油箱外表、油箱底盘大法兰等焊接处，因有的法兰材质太薄、加工粗糙而造成渗漏油。

2. 压力释放器异常

压力释放装置的作用是当变压器油压超过一定标准时释放器动作进行溢油或喷油，从而减少油压，保护了油箱。如变压器油量过多和气温过高而非内部故障发生溢油现象，释放器便自动复位，释放器备有信号报警，以便运行人员迅速检查处理。

3. 防爆管防爆膜破裂

防爆管防爆膜破裂，会引起水和潮气进入变压器内，导致绝缘油乳化及变压器的绝缘强度降低。防爆膜破裂原因有以下几种：

（1）防爆膜材质或玻璃选择、处理不当。如材质未经压力试验，玻璃未经退火处理，由于自身内应力的不均匀而导致破裂。

（2）防爆膜及法兰加工不精密、不平整，装置结构不合理，检修人员安装防爆膜时工艺不符合要求，紧固螺钉受力不均匀，接触面无弹性等造成。

（3）呼吸器堵塞或抽真空充氮气情况下操作不慎使之承受压力而破损。

（4）受外力或自然灾害袭击。

（5）变压器发生内部故障。

4. 套管闪络放电

套管闪络放电会造成发热，导致绝缘老化受损，甚至引起爆炸。其常见的原因如下：

（1）套管表面脏污。如在阴雨天粉尘污秽等会引起套管表面绝缘强度降低，就容易发生闪络事故。如果套管制造不良，表面不光洁，在运行中会因电场不均匀而发生放电。尤其是制造质量不良的套管过脏，在阴雨天吸取污水后，导电性能增大，使泄漏电流增加，引起套管发热，则可能使套管内部产生裂缝而导致击穿。

（2）高压套管制造中末屏接地焊接不良形成绝缘损坏，或末屏接地出线的绝缘子中心轴与接地螺套不同心，造成接触不良或末屏不接地，也有可能导致电位提高而逐步损坏。

（3）系统出现内部或外部过电压，套管制造有隐患而未能查出（如套管干燥不足，运行一段时间后出现介损上升），油质劣化等共同作用。

六、有载分接开关异常

值班人员在检查变压器时，如发现变压器有载调压油箱上部有放电声，电流表发生摆动，有载分接开关瓦斯保护可能发出信号，此时可初步判断为分接开关故障。另外，分接开关的故障还包括调压时拒动、滑挡、反方向动作、切换不到位（停在过渡位置）等。

有载分接开关操作时拒动，如电机转动，则可能是频繁多次调压操作，使涡轮与连接套上的连接插销脱落。如电机不转，则有下列原因：

（1）有载调压开关在极限位置（最高挡或最低挡），机械极限闭锁动作。

（2）有载调压开关挡位机械闭锁装置卡死。

（3）操作控制回路电源熔断器熔断或接触不良。

（4）操作控制二次回路断线、接触器烧坏。

（5）电机交流电源未送上或电机烧坏。

七、冷却装置异常

220kV 变电站的主变压器大部分为强油风冷式变压器或片散式风冷变压器，冷却装置运行异常会造成主变压器被迫减少出力甚至停运。

冷却装置常见异常的现象及原因如下：

（1）风扇或油泵声音过大。可能是轴承偏移摩擦过大、扇叶变形等。

（2）风扇不转。风扇电动机过载造成热继电器动作、风扇热继电器整定值过小、风扇电源断线、风扇机械故障等都会造成风扇不转。

（3）油流指示异常的原因如下：

1）油流指示器故障。

2）油泵停转。如油泵由于电机故障（缺相或短线）、本身机械故障或过载造成热继电器动作，以及由于散热器阀门未打开造成电机过载等引起油泵停转。

（4）整组冷却装置停运的原因如下：

1）控制回路继电器故障。

2）控制回路电源消失。

3）冷却装置动力电源消失。

4）回路绝缘损坏，冷却装置空气断路器跳闸。

5）一组冷却装置故障后备用冷却装置由于自动切换回路问题而不能自动投入。

（5）冷却装置运行正常，但是一部分散热器温度异常升高，是由于散热器阀门未打开，散热器的各散热管之间被油垢、脏物堵塞或覆盖都会影响散热。

八、输出电压异常

在正常情况下，变压器输出电压应维持在一定范围内，偏低或偏高都属于电气故障。变压器输出电压异常的现象和原因有：

（1）电源电压偏低或偏高，造成输出电压必然偏低或偏高。

（2）分接开关挡位不正确。

（3）绕组匝间短路。变压器高压或低压绕组发生匝间短路，实际上改变了高低压绕组的匝数比，即改变了电压比。

1）若高压绕组发生匝间短路，一次侧绕组匝数减少，变压器电压比减小，输出电压升高。

2）若低压绕组发生匝间短路，二次侧绕组匝数减少，变压器电压比增加，输出电压降低。

（4）铁芯和绕组缺陷。当变压器带上负载后，如果较空载时输出电压降低很多，说明变压器内部电压降低太多，这是由于铁芯和绕组存在某些缺陷，使漏磁阻抗增加，负载电流通过时，电压降低过多。

（5）三相负载不对称。如果变压器三相负载不对称，会发生三相电流不平衡、三相电压不平衡、中性点电压位移或者零序保护发信号等现象。三相负载不对称主要是由于有大容量单相负载或线路单相断线造成的。

九、过负荷运行

变压器过负荷运行是电流超过正常值，过负荷保护动作发出过负荷信号。过负荷分为正常过负荷和事故过负荷两种。过负荷运行的原因有：

（1）变压器容量过小，不满足负荷需要。

（2）负荷突然大量增加。

（3）无功补偿容量不足。

（4）系统中或站内设备检修或故障，使部分变压器退出运行。

十、轻瓦斯保护动作

变压器轻瓦斯保护动作会发出动作信号，有时气体继电器内有气体。轻瓦斯保护动作的原因有：

（1）变压器内部有轻微故障产生气体。

（2）变压器内部聚积空气。聚积空气的原因有：

1）变压器（含有载开关）注油时油中含气量较大。

2）注入油时将空气带入；真空脱气不够，空气未排净。

3）由于变压器运行或有载开关动作频繁发热等，使油中气体逐步溢出，造成气体积聚过多。

4）部件密封不严密，潜油泵产生负压进气等。

（3）外部发生穿越性短路故障，造成变压器油过热气化。

（4）直流多点接地、轻瓦斯保护二次回路短路。如气体继电器接线盒进水，电缆绝缘老化腐蚀等。

（5）油温降低或漏油使油面降低。

（6）受强烈振动影响。

（7）气体继电器本身故障，如接点粘连等。

【思考与练习】

1. 主变压器有哪些常见异常现象？
2. 引起主变压器温度异常的主要原因是什么？
3. 主变压器由哪几种过负荷运行状态？
4. 主变压器轻瓦斯保护动作的主要原因是什么？
5. 造成主变压器呼吸器硅胶变色过快的原因是什么？
6. 主变压器有载分接开关拒动的原因有哪些？

模块2 变压器常见异常处理（ZY1000401002）

【模块描述】本模块介绍了变压器常见异常的处理。通过案例介绍，能够掌握变压器声音异常、油位异常、油温异常等常见异常的处理方法。

【正文】

变压器是变电站中的主设备，变压器的故障和缺陷常常都伴随着一些体表现象的变化，处理前应根据变压器的声音、振动、气味、颜色、负荷、温度及其他现象对变压器缺陷作出初步判断，并通过绝缘油及电气量测试，作出综合分析，才能较为准确地找出故障原因，判明缺陷的性质，做出正确的处理。

一、主变压器异常处理方法

1. 声音异常的处理

发现主变压器声音与平时不同时，应进行以下处理：

（1）仔细倾听，判明发出异常声音的部位，可用听筒贴近变压器仔细听变压器内部发出的声音。

（2）检查变压器的运行电压、负荷电流、温度、油位和油色有无变化。

（3）根据以上检查，分别情况进行处理。

1）声音有以下异常时，应加强监视、汇报调度并增加特巡次数。

a. 变压器响声比平常增大而均匀时。

b. 变压器外部发出机械撞击声或摩擦声。

2）声音有以下异常时，应汇报调度，将变压器退出运行，报检修人员处理。

a. 声响较大而嘈杂时。

b. 变压器声响明显增大，内部有爆裂声。

c. 变压器器身或套管发生表面局部放电，音响夹有放电的“吱吱”声。

d. 变压器内部局部放电或接触不良而发出的“吱吱”或“噼啪”声。

e. 声响中夹有水的沸腾声。

f. 响声中夹有爆裂声，既大又不均匀。

g. 内部发出的响声中夹有连续的、有规律的撞击或摩擦声。

2. 油位异常的处理

当发现变压器的油位异常时，应立即检查变压器的负荷和温度情况，并对变压器加强监视，分别采取措施。

（1）变压器本体油位异常的处理。

1）检查油箱呼吸器是否堵塞，有无漏油现象。查明原因汇报调度及有关部门。当油位计的油面异常升高或呼吸系统有异常，需打开放气或放油阀时，应先将重瓦斯改接信号。

2）若油位异常降低是由主变压器漏油引起的，则需迅速采取防止漏油的措施，并立即通知有关部门安排处理。如大量漏油使油位显著降低时，禁止将瓦斯保护改信号，并尽快将变压器停运处理。

3）若变压器本体无渗漏，且有载调压油箱内油位正常，则可能是属于大修后注油不足（通过检查大修后的巡视记录与当前油位进行对比），应进行带电加油。

4）若主油箱油位异常低，而有载调压油箱油位异常高，可能是主油箱与有载调压油箱之间密封损坏，造成主油箱的油向调压油箱内漏，可以考虑停电后处理。

5）变压器油位因温度上升有可能高出油位指示极限，经查明不是假油位所致时，则应放油，使油位降至与当时油温相对应的高度，以免溢油。

6）变压器中的油因低温凝滞时，应不投冷却器空载运行，同时监视顶层油温，逐步增加负载，直至投入相应数量冷却器，转入正常运行。

（2）套管油位异常的处理。

1）套管严重渗漏或瓷套破裂时，变压器应立即停运，经电气试验合格后方可将变压器投入运行。

2）套管油位异常下降，确认套管发生内漏（即套管油与变压器油已连通），应安排停电处理。如油标管中已看不到油位，应立即将变压器退出运行，进行处理。

3）套管油位过高时，应加强监视，报检修人员安排处理。

3. 油温异常的处理

变压器顶层油温异常升高，超过制造厂规定或大于 75℃时，应按以下步骤检查处理。

（1）检查变压器的负载和冷却介质的温度，并与在同一负载和冷却介质温度下正常的温度核对。

（2）核对温度测量装置。若远方测温装置发出温度告警信号，且指示温度值很高，而现场温度计指示并不高，变压器又没有其他故障现象，可能是远方测温回路故障误告警，这类故障应报缺陷消除。

（3）检查变压器冷却装置和变压器室的通风情况。

（4）若温度升高的原因是由于冷却系统的故障，且在运行中无法修理者，应将变压器停运修理；若不能立即停运修理，则应将变压器的负载调整至规程规定的允许运行温度下的相应容量。在正常负载和冷却条件下，变压器温度不正常并不断上升，且经检查证明温度指示正确，则认为变压器已发生内部故障，应立即将变压器停运。

（5）若由于变压器过负荷运行引起，应汇报调度减负荷。变压器在各种超额定电流方式下运行，若油温持续上升应立即向调度部门汇报，一般顶层油温应不超过 105℃。

4. 颜色、气味异常的处理

（1）正常变压器油的颜色为淡黄色，如发现变压器油色加深或油中有杂质，应汇报调度和工区，报缺陷并对变压器加强监视。

（2）正常运行中，呼吸器硅胶会从下部开始变色，当呼吸器硅胶变色达 2/3 时，运行人员应通知检修人员更换。如呼吸器内的上层硅胶先变色时，则可判定呼吸器密封不好，应进行检查并通知检修人员处理。

（3）运行中发现引线及接头线夹处过热变色，应立即汇报调度，减小负荷，有备用变压器的先投入备用变压器，将故障变压器退出运行。无备用变压器的也应尽快将负荷倒出后停电处理。

（4）由于绝缘子放电造成气味异常或由于变压器过热造成气味异常时，应立即汇报调度将变压器退出运行。

5. 外观异常的处理

（1）变压器渗漏油的处理。

1）油泵负压区密封不良容易造成变压器进水进气受潮和轻瓦斯发信。应立即停用该油泵，并进行处理。

2）主变外壳渗油应加强监视，报检修单位处理。

3）高压套管处渗油，应检查套管油位，尽快将变压器停运处理。

（2）压力释放阀冒油的处理。

1）检查压力释放阀的密封是否完好。

2）检查变压器本体与储油柜连接阀是否已开启、呼吸器是否畅通、储油柜内气体是否排净，防止由于假油位引起压力释放阀动作。

3）压力释放阀冒油而变压器的气体继电器和差动保护等电气保护未动作时，应立即报检修人员取变压器本体油样进行色谱分析。

（3）防爆管防爆膜破裂应查明原因，报检修单位处理。

（4）发现套管闪络放电，应立即将变压器退出运行。

6. 有载分接开关异常的处理

（1）有载分接开关拒动。

1）两个方向均拒动，进行以下检查后，如电源故障能处理的应立即处理，不能处理的报检修人员处理。

a. 有无操作电源，空气开关是否跳闸或转换开关未合上（SYXZ 型）。

b. 三相电源是否缺相。

c. 操作电源电压是否过低。

d. 控制回路是否有熔丝熔断、导线断头、零件拆除等情况。

2）一个方向可以运转，另一个方向拒动，应报检修人员处理。

（2）开关操作时发生连动。出现这种情况，分接开关可能会一直调到“终点”位置，操作机构实现机械闭锁限位为止。此时应立即按下“急停”按钮或断开调压电动机的电源（时间应选在刚好一个挡位调整的动作完成时，或在“终点”挡位时），然后断开操作电源，使用操作手柄，手动调整到适当的挡位，通知检修人员处理。同时，应仔细倾听调压装置内部有无异音，若有异常，应投入备用变压器或备用电源，变压器停电检修。

（3）分接开关操作中停止，此时应检查分接开关是否停在过渡位置，如停在过渡位置应立即断开操作电源，手动调整到分接位置，并报缺陷停电检修。

（4）分接开关慢动。如果分接开关慢动，将有可能烧坏过渡电阻，导致分接开关顶盖冒烟，分接开关的气体继电器动作；分接开关慢动时，从电流指示上可发现电流向下降的方向大幅度摆动。若发现分接开关慢动，应停止下一次调挡，并把变压器停运进行检修。

（5）调压指示灯亮，变压器输出电压不变化，分接开关挡位指示也不变化。应检查有载调压机构，多为传动杆销子脱落的原因。如两台以上主变压器运行，应调整其他主变压器分接开关与故障主变压器位置一致，然后报检修人员处理。

（6）分接开关实际位置与指示位置不一致，应报检修人员处理。

7. 冷却装置异常运行的处理

冷却装置正常与否，是变压器正常运行的重要条件。在冷却设备存在故障或冷却效率达不到设计要求时，变压器不宜满负荷运行，更不宜过负荷运行。需要注意的是，在油温上升过程中，绕组和铁芯的温度上升快，而油温上升较慢，可能从表面上看油温上升不多，但铁芯和绕组的温度已经很高了。所以，在冷却装置存在故障时，不仅要观察油温，还应注意变压器运行的其他变化，如声音、油位、油色等，综合判断变压器的运行状况。

（1）冷却装置异常运行处理原则。

1）当冷却系统发生故障切除全部冷却器时，强油风冷变压器在额定负载下允许运行时间不小于20min。当油面温度尚未达到75℃时，允许上升到75℃，但冷却器全停的最长运行时间不得超过1h。对于同时具有多种冷却方式（如油浸自冷式、油浸风冷式或强油风冷式）的变压器应按制造厂规定执行。

2）变压器冷却装置异常，使油温升高超过规定值，应作进一步检查处理。油浸式变压器顶层油温一般限值见表ZY1000401002-1。

表ZY1000401002-1　　油浸式变压器顶层油温一般限值　　℃

冷却方式	冷却介质最高温度	最高顶层油温
自然循环自冷、风冷	40	95
强迫油循环风冷	40	85
强迫油循环水冷	30	70

3）冷却装置部分故障时，变压器的允许负载和运行时间应按制造厂规定。

（2）一台风扇或油泵停止运行的处理。发现一台风扇或油泵停运，应检查主变压器风冷控制箱内该风扇或油泵的热继电器是否动作，如热继电器动作，可按复归按钮复归热继电器；如再次动作或运行一段时间后又动作，应报检修人员处理。

（3）冷却装置全部停运的处理。

1）冷却系统全停时，应立即向上级汇报，查明原因，恢复冷却系统运行，同时注意监视控制主变压器上层油温和允许运行时间。

2）将冷却装置运行状态由“自动”切换至“手动”，检查冷却装置是否恢复运行，如恢复运行，则是控制回路问题，应报缺陷处理，同时监视主变压器负荷和温度情况，根据主变压器负荷和温度投切冷却装置。如不能恢复运行，应继续查找冷却装置电源是否正常。

3）如电源指示灯不亮，则是电源故障，或者是电源故障后，备用电源自动投入装置未启动。可切换风冷控制箱内电源切换把手，如切换后备用电源能够投入，则先恢复冷却装置运行，再查找工作电源故障的原因（如熔断器是否熔断、导线接触不良或断线等）。

4）如两组工作电源均失电，应检查风冷控制箱内和低压配电柜内风冷电源熔断器是否熔断、导线接触不良或断线等，查明故障点，迅速处理。若电源已恢复正常，风扇或潜油泵仍不能运转，则可按动热继电器复归按钮试一下。若电源故障一时来不及恢复，且变压器负荷又很大，可采用临时电源使冷却装置先运行起来，再去检查和处理电源故障。

（4）油流故障的处理。出现油流故障现象，运行人员应立即查找原因进行处理，其处理方法如下：

1）启动备用冷却器。

2）检查油泵和油流指示器是否完好。如属于油泵故障，该组冷却器在故障处理前不得再投入运行。如属于油流指示器故障，则冷却器可运行，指示器故障报缺陷处理。

3）检查潜油泵交流电源接线是否正确，其回路是否有断线现象。如交流回路断线，运行人员能处理的应立即处理，不能处理的报缺陷由专业人员处理。

4）检查潜油泵控制回路是否有故障。如热继电器是否动作，如动作可复归后试送一次，再次动作不得再送，应报专业人员处理。

5）检查油路阀门位置是否正常，油路有无异常。如油路阀门未打开，造成油路不通，应报调度后，将重瓦斯保护改投信号位置后，打开油路阀门。

（5）散热器出现渗漏油时，应临时采取堵漏油措施，然后报检修人员处理。

（6）当散热器表面油垢严重时，应报检修人员清扫散热器表面。

（7）强油冷却装置运行中出现过热、振动、杂音及严重渗漏油、漏气等现象时，在允许的条件下，应将该组冷却器退出运行，报检修人员处理。

8. 输出电压异常的处理

发现变压器输出电压异常应根据系统电压和负荷情况进行综合分析，分别进行处理：

（1）系统电压过高、过低或由于分接头位置不正确造成输出电压不正常，应调整有载调压变压器分接头，或投入、退出站内无功补偿设备调整输出电压。站内不能调整时，申请调度进行调整。

（2）由于主变压器内、外部故障造成输出电压不正常，应汇报调度，有备用变压器的投入备用变压器，将故障变压器停运。

（3）由于负荷过大或不平衡造成输出电压不正常，应汇报调度，调整负荷。

9. 过负荷运行的处理

（1）运行中发现变压器负荷达到额定值90%及以上时，应立即向调度汇报，并做好记录。

（2）检查并记录负荷电流、油温和油位的变化，检查变压器声音是否正常，接头是否发热，冷却装置投入量是否足够、运行是否正常，防爆膜、压力释放器是否动作。

（3）如冷却器未自动全部投入，应手动将冷却器全部投入运行。

（4）当有载调压变压器过载1.2倍运行时，禁止进行分接开关变换操作。如可预见到变压器过负荷运行，应提前调整电压。

（5）变压器的负荷超过允许的正常负荷时，联系调度，申请降低负荷。过负荷倍数及运行时间按照现场规程中的规定执行。

（6）如属正常过负荷，可根据正常过负荷的倍数确定允许运行时间，并加强监视变压器油位、油温。运行时间不得超过规定，若超过时间，则应立即汇报调度申请减少负荷。

（7）若属事故过负荷，则过负荷的允许倍数和时间，应依照制造厂的规定执行。若过负荷倍数及时间超过允许值，应按规定减少变压器的负荷（如按照紧急拉路序位表进行限负荷）。

（8）过负荷结束后，应及时向调度汇报，并记录过负荷结束时间。

10. 轻瓦斯保护动作后的处理

轻瓦斯动作发出信号时，值班人员应立即汇报调度和上级，并检查有无其他信号，对变压器进行巡视检查。

（1）检查是否因积聚空气、油位降低、二次回路故障或是变压器内部故障造成。如气体继电器内有气体，则应记录气体量，观察气体的颜色及试验是否可燃，并取气样及油样做色谱分析，根据有关规程和导则判断变压器的故障性质。

1）若气体继电器内的气体为无色、无臭且不可燃，色谱分析判断为空气，则变压器可继续运行，但应报检修人员检查、消除进气缺陷。

2）若气体是可燃的或油中溶解气体分析结果异常，应综合判断确定变压器是否停运。

3）如一时不能对气体继电器内的气体进行色谱分析，则可按下面方法鉴别。

a. 无色、不可燃的是空气。

b. 黄色、可燃的是木质故障产生的气体。

c. 淡灰色、可燃并有臭味的是纸质故障产生的气体。

d. 灰黑色、易燃的是铁质故障使绝缘油分解产生的气体。

（2）如果轻瓦斯动作发信后经分析判断为变压器内部存在故障，且发信间隔时间逐次缩短，则说明故障正在发展，这时应尽快将该变压器停运。

二、变压器异常处理举例

1. 变压器内部故障造成轻瓦斯保护动作

某台主变压器轻瓦斯保护动作，经试验和吊芯检查判断为220kV侧A相绕组上部匝间绝缘损坏，形成层或匝间短路造成的。另一台220kV、180MVA的主变压器，轻瓦斯保护一天连续动作两次，色谱分析为裸金属过热，经测直流电阻为分接开关故障，吊芯检查发现分接开关的动静触头错位 2/3，这是引起瓦斯继电器动作的根本原因。

2. 冷却器入口阀门关闭造成瓦斯继电器动作

某变压器大修后，投运一段时间，瓦斯继电器突然动作，但色谱分析正常，经检查发现冷却器入口阀门堵塞，相当于潜油泵向变压器注入空气，造成气体继电器频繁动作。

3. 有载分接开关拒动

某站两台有载调压变压器并列运行，由于电压偏低调整电压。先调整1号主变压器分接头，在调整2号主变压器分接头后发现分接头位置变化正确，但调整后中、低压侧电压无变化，调整时变压器电流也无变化，到室外检查发现有载调压机构箱内分接头机械指示与室内指示相同，均显示分接头上升了一个挡位，主变压器无其他异常现象。于是一人在室外观察，室内再次进行分接头变换操作（由于上次上升了一个挡位，所以本次向下调整一个挡位）。调整时发现有载调压机构箱内电机转动正常，但是连接螺杆不动作。值班员立即将正常主变压器挡位调回，并向调度和检修单位报缺陷，经检修单位检查是由于连接螺杆销子脱落，造成螺杆与电机传动轴脱扣使调压失灵。

【思考与练习】

1. 变压器运行中发生哪些异常应停运处理？
2. 变压器轻瓦斯保护动作应如何处理？
3. 变压器温度过高的处理方法是什么？
4. 变压器冷却器全停应如何处理？
5. 变压器过负荷的处理方法是什么？
6. 有载调压变压器在调压时发生连动如何处理？

模块3 变压器异常处理危险点源分析（ZY1000401003）

【模块描述】本模块介绍了变压器异常处理的危险点。通过要点介绍和分析，了解变压器常见异常处理的危险点，并能制定预控措施。

【正文】

一、声音异常处理的危险点和控制措施

（1）误判断造成变压器误停运。将主变压器过负荷、系统谐振、穿越故障或变压器外部元件由于安装间隙产生的碰撞等声音误判断为变压器内部故障，造成变压器误停运。

控制措施：发现主变压器声音异常时，应仔细分辨声音性质，根据电网运行情况和变压器电压、电流和温度的变化综合判断主变压器声音异常的形成原因。

（2）处理不及时，造成主变压器损坏。如对主变压器内部或外部故障引起的声音异常未发现，或发现后未能判断声音异常是由于故障引起的，就会延误处理时机，造成主变压器损坏或事故跳闸。

控制措施：

1）严格按照规定时间和巡视项目对主变压器进行巡视。

2）发现主变压器电流、温度等运行参数异常、系统中有故障或主变压器过负荷运行时，应增加对主变压器的巡视次数。

3）如短时间内不能判断故障性质，应按照规程要求增加巡视次数，并严密监视主变压器的温度、负荷情况，同时向上级汇报。

二、油温异常处理的危险点和控制措施

（1）将油温表错误指示误判断为主变压器发生内部故障，造成主变压器误停运。

控制措施：巡视检查变压器时，应记录环境温度、负荷情况和上层油温，并与同样条件下的油温相对照，发现油温异常时应首先核对变压器上所有油温表指示是否一致，并结合远红外测温值进行综合判断，如仅有一个温度表指示油温过高，则可判断为油温表异常。

（2）将异常的油温升高误认为是正常情况，造成延误处理时机，使主变压器损坏或造成事故跳闸。

控制措施：巡视检查变压器时，应记录环境温度、负荷情况和上层油温，并与同样条件下的油温相对照，发现油温异常时应首先核对变压器上所有油温表指示是否一致，并结合主变压器负荷、冷却器运行情况、油位变化和声音进行综合判断。

（3）启动或检查冷却器时，重瓦斯保护跳闸。

控制措施：

1）检查潜油泵阀门开启情况时不得转动阀门开关，若需打开阀门时，应先申请调度将重瓦斯保护退出运行。打开阀门运行无异常后，再投入重瓦斯保护。

2）开启冷却器潜油泵时，两组潜油泵启动时间应间隔 3min 以上，特别要注意控制装置带有时间延时时，先投入第一时间启动的油泵电源，后投入延时启动的油泵电源，避免潜油泵同时启动油流冲击造成重瓦斯保护跳闸。

3）分组运行的冷却器投入时应按照位置对称的原则投入。

三、油位异常处理的危险点和控制措施

（1）将假油位判断为故障，造成主变压器误停运。

控制措施：巡视检查变压器时，应记录油位和上层油温，并与同样条件下的油位相对照，发现油位异常时应对主变压器油温、有无渗漏油和声音进行综合判断。

（2）将故障或渗漏油造成的油位异常判断为正常运行，延误处理时间。

控制措施：巡视检查变压器时，应记录油位和上层油温，并与同样条件下的油位相对照，发现油位异常时应对主变压器油温、有无渗漏油和声音进行综合判断。

（3）处理油位异常时，重瓦斯保护跳闸。

控制措施：处理油位异常，打开呼吸器、疏通油位计等工作前应将重瓦斯保护退出运行，防止由于打开呼吸器时回吸空气冲击重瓦斯保护造成误动。

（4）处理油位异常时，重瓦斯保护拒动。

控制措施：发现主变压器油位因漏油显著降低时，禁止将重瓦斯保护改接信号，防止油位降低，使变压器绕组暴露在空气中，造成绕组绝缘损坏，重瓦斯保护拒动。

四、轻瓦斯保护动作处理的危险点和控制措施

（1）将误动或空气引起轻瓦斯保护动作判断为变压器内部故障，造成变压器误停运。

控制措施：轻瓦斯保护动作后，结合变压器其他信号和温度、油位、声音等运行状况进行综合分析，并取气试验。

（2）将内部故障造成的轻瓦斯保护动作判断为空气所致，延误处理时间，造成变压器更大的损坏甚至事故跳闸。

控制措施：轻瓦斯保护动作后，结合变压器其他信号和温度、油位、声音等运行状况进行综合分析，并取气试验。

（3）取气不成功，气体泄漏，失去分析证据。

控制措施：严格按照操作规程操作，检查取气装置与取气管连接正常后，再打开取气阀门取气。

（4）处理过程中发生人身触电。

控制措施：取气过程中，加强监护，操作人员选择好工作位置，必要时将变压器停运，做好安全措施后再进行取气工作。

五、过负荷处理的危险点和控制措施

（1）过负荷倍数过大、时间过长，造成变压器过热损坏。

控制措施：

1）变压器过负荷运行时，应将全部冷却器投入运行，并监视负荷电流和变压器温度。

2）记录过负荷倍数和运行时间，严格按照现场规程规定的数值和时间进行控制，及时与调度联系拉、限负荷。

（2）误停运负荷。

控制措施：

1）发现变压器过负荷时，严格按照现场规程中规定的过负荷倍数和运行时间掌握。

2）严格按照调度令进行限电操作。

六、冷却装置异常运行处理的危险点和控制措施

（1）低压触电。

控制措施：

1）检查处理冷却装置电源故障或更换保险时，应断开电源开关。

2）接触设备导电部分前先进行验电，确认无电后再进行工作。

3）工作中应有专人监护，操作人员穿绝缘鞋或站在干燥的木板（绝缘板）上进行工作。

（2）电弧烧伤或灼伤。

控制措施：

1）禁止直接断开运行中的风扇或油泵熔断器。

2）防止造成交、直流回路短路。

（3）机械伤害。

控制措施：试验启动风扇或油泵前，必须确认无人在设备上工作或在试验设备附近。

（4）重瓦斯保护误动。

控制措施：

1）处理主变压器温度异常，检查冷却器运行情况时，检查潜油泵阀门开启情况时不得转动阀门开关，若需打开阀门时，应先申请调度将重瓦斯保护退出运行。打开阀门运行无异常后，再投入重瓦斯保护。

2）开启冷却器潜油泵时，两组潜油泵启动时间应间隔 3min 以上，特别要注意控制装置带有时间延时时，先投入第一时间启动的油泵电源，后投入延时启动的油泵电源，避免潜油泵同时启动油流冲击造成重瓦斯保护跳闸。

3）分组运行的冷却器投入时应按照位置对称的原则投入。

（5）低压交流电源短路。

控制措施：

1）工作前断开电源。

2）使用的工具应做好绝缘，使用表计测量电压时应确认表计挡位正确，防止使用电流挡进行电压测量。

3）拆、接回路前应做好标记，回路恢复送电前应检查无错接线。

（6）变压器温度过高损坏。

控制措施：

1）冷却器异常运行时，应专人监视变压器负荷和温度情况，如负荷或温度过高，及时联系调度采取限制负荷的措施。

2）强油风冷变压器冷却器全停至规定的时间或温度，冷却器不能恢复运行，应将变压器停运。

（7）变压器冷控失电保护误动跳闸。

控制措施：冷却器全停后，强油循环片散式变压器按规定可带一定负荷长期运行，为防止保护误跳闸，应检查冷控失电保护跳闸压板处于断开位置。

（8）案例：

1）某站变压器冷却器检修，检修人员在进行油泵启动时限试验时，先投入了第二组油泵电源，然后投入第一组油泵电源，恰好操作时间与油泵启动继电器的延时时间相同，造成第二组油泵电源投入经延时后与第一组油泵同时启动，油流冲击造成重瓦斯保护动作跳闸。

2）某站主变压器冷却装置为片散式强油风冷，现场规程规定变压器可在冷却器全停的情况下温度不超过55℃时，带60%以下的负荷长期运行。在一次冷却器检修工作中，检修人员为了工作需要断开了冷却器电源，而站内主变压器冷却器全停跳闸保护压板未断开，当冷却器电源断开时间达到60min时，冷控失电保护动作跳闸。

七、有载分接开关异常处理危险点和控制措施

（1）低压触电。

控制措施：

1）检查处理有载分接开关电源故障或更换熔断器时，应断开电源开关。

2）接触设备导电部分前先进行验电，确认无电后再进行工作。

3）工作中应有专人监护，操作人员穿绝缘鞋或站在干燥的木板（绝缘板）上进行工作。

（2）机械伤害。

控制措施：有载分接开关电动操作前，必须确认无人在设备上工作。

（3）分接开关调整不到位，造成电压异常或分接开关烧毁。

控制措施：

1）分接开关连动急停后或者分接开关电动调整卡滞，应立即手动调整到合适的分接位置，不得停在两个分头之间。

2）分接开关异常处理时，不论电动或手动操作均应调整到位。

（4）并列运行的变压器中、低压侧电压不相等，产生环流使主变压器过热或损坏。

控制措施：主变压器有载分接开关在调整中发生异常，应立即手动调整使并列运行的主变压器分接头挡位一致，如不能调整应汇报调度后停电处理。

【思考与练习】

1. 主变压器声音异常处理的危险点和控制措施是什么？
2. 主变压器有载分接开关异常处理的危险点和控制措施是什么？
3. 主变压器冷却器异常处理的危险点和控制措施是什么？

国家电网公司
生产技能人员职业能力培训专用教材

第三十章 母线异常处理

模块1 母线异常现象及分析（ZY1000403001）

【模块描述】本模块包含高压母线异常现象和原因分析。通过现象描述和原因讲解，能够熟悉高压母线常见异常的特征。

【正文】

母线的正常运行状态是指母线在额定条件下，能够长期、连续地汇集、分配和传送额定电流的工作状态。高压母线在运行中发生故障的几率较少，大部分故障都是由于运行时间过长，设备老化而造成的。

下面对高压母线常见异常现象及原因进行分析。

一、母线上搭挂杂物

母线上搭挂杂物是母线异常中较为多见的一种，尤其是变电站四周有棉纱、塑料薄膜等易被大风吹起的物品时，极易发生大风吹起塑料薄膜等杂物搭挂到母线或母线绝缘子上，母线上搭挂杂物会降低母线的绝缘性能，可能造成母线接地或短路故障。

二、母线接触部分过热

母线接触部分过热可通过远红外测温或雨、雪天及夜间巡视发现。

母线过热的原因有：

（1）母线容量偏小，运行电流过大。

（2）接头处连接螺栓松动或接触面氧化，使接触电阻增大。

三、母线绝缘子破损放电

母线绝缘子在雷雨、冰雹等恶劣天气或者过电压运行时，易发生破损或放电现象，如母线绝缘子放电可听到放电的“噼啪”声，有时在夜间或光线较暗时可看到放电的蓝色闪光。母线绝缘子破损放电的原因有：

（1）表面污秽严重，尤其在污秽严重地区的变电站，含有大量硅钙的氧化物粉尘落在绝缘子表面，形成固体和不易被雨水冲走的薄膜。阴雨天气，这些粉尘薄膜能够导电，使绝缘子表面耐压降低，泄漏电流增大，导致绝缘子对地放电。

（2）系统短路冲击、气温骤变等使绝缘子上产生很大的应力，造成绝缘子断裂破损。

（3）长时间未清扫，污染过大、脏污。

（4）施工时造成机械损伤。

（5）系统过电压击穿。

（6）大风、冰雹等恶劣天气影响。

四、软母线弧垂过大，松股、散股、断股或者室内母线铝排变形

（1）软母线断股的原因可能是：施工时造成机械损伤，冬季气候影响造成导线内部张力过大。

（2）室内母线铝排变形的原因可能是：外力机械损伤，较大短路电流产生的电动力作用。

五、硬母线伸缩接头部分断裂破损

硬母线伸缩接头在使用中有时会发生部分软连接片断裂或破损的现象，这主要是由于使用时间过长，伸缩接头热胀冷缩运动造成的。如软连接片断裂部分占全部连接片比例较大会使母线伸缩接头部分电阻增大，长期通过电流时发热。

六、母线电压异常

电网监视控制点电压规定：超出电力系统调度规定的电压曲线数值的±5%，且延续时间超过 1h，

或超过规定数值的±10%，且延续时间超过 30min 为电压异常。母线电压异常分为电压过高和电压过低两种。

（1）电压过高的原因有：

1）系统电压过高。

2）负荷大量减少。

3）变压器带大量容性负荷运行，无功补偿容量过大，甚至反送无功。

4）变压器分接头位置调整偏高。

（2）电压过低的原因有：

1）上一级电压过低，超过规定值。

2）负荷过大或过负荷运行。

3）无功补偿容量不足，功率因数过低。

4）变压器分接头位置调整偏低。

【思考与练习】

1. 高压母线有哪些常见异常现象？
2. 母线绝缘子破损、放电的原因有哪些？
3. 母线电压过高和过低的原因是什么？

模块 2 母线常见异常处理（ZY1000403002）

【模块描述】本模块包含高压母线常见异常的处理。通过要点介绍，能够掌握高压母线常见异常的处理方法。

【正文】

母线在变电站中起着汇集和分配电流的作用，如果母线发生故障会造成大面积停电，所以发现母线异常应立即进行处理。

下面介绍母线常见异常处理的方法。

一、搭挂杂物的处理

（1）发现母线或绝缘子上搭挂有塑料薄膜等杂物时，应立即由两人（一人监护、一人操作）用绝缘杆将杂物挑开，挑开杂物时应注意防止造成短路或接地，如塑料薄膜较长时，为了防止在处理时发生短路，或在用绝缘杆挑起时塑料薄膜由于大风又被吹走，可以先将塑料薄膜缠绕在绝缘杆上，再将其挑走。

（2）母线架构上有鸟窝等杂物无法用绝缘杆清除时，应报缺陷由检修人员处理，同时应加强监视，做好事故处理准备。

二、过热的处理

发现母线过热时，应尽快报告调度员，采取倒换母线或转移负荷的方法，直至停电检修处理。

（1）单母线可先减少负荷，再将母线停电处理。

（2）双母线可将过热母线上的运行开关热倒至正常母线上，再将过热母线停电处理。

（3）当母线过热情况比较严重，过热处已烧红，随时可能烧断发生弧光短路时，为防止热倒母线时过热处发生弧光短路造成两条母线全部停电，应采用冷倒母线的方法将过热母线上的断路器倒至正常母线上恢复运行，再将过热母线停电处理。

（4）带有旁路母线时，如母线过热部位在母线与线路连接处，可先用旁路母线将过热处连接的线路代路，将该线路停电，消除过热的根源，再将过热母线停电处理。

（5）3/2 接线母线发生过热，可直接将母线停电处理。但是主变压器没有进串运行的应先转移负荷，保证母线停电后运行主变压器不会过负荷。

三、绝缘子故障处理

发现母线绝缘子断裂、破损、放电等异常情况时，应立即报告调度员，请求停电处理。在停电更换绝缘子前，应加强对破损绝缘子的监视，增加巡视检查次数，并做好事故预想与处理准备。

（1）单母线接线应将母线停电处理。

（2）双母线接线应视绝缘子破损程度、天气情况等采用热倒母线或冷倒母线的方法将异常绝缘子所在母线上的开关倒出后，将母线停电处理。如发现绝缘子裂纹，在晴天时可采用热倒母线处理；而在雨、雪等天气，为了防止在倒母线时裂纹进水造成闪络接地，使两条母线全部跳闸，宜采用冷倒母线的方式处理。

（3）3/2 接线母线绝缘子异常，可直接将母线停电处理。但是主变压器没有进串运行的应先转移负荷，保证母线停电后运行主变压器不会过负荷。

四、电压异常的处理

母线电压异常包括电压过低和电压过高两种情况，下面分别进行处理。

（1）电压过低的处理：

1）投入电容器组，增加无功补偿容量。对装有调相机的变电站，应增加其无功功率。

2）根据调度命令，改变运行方式或调整有载调压变压器分接开关，提高输出电压。

3）汇报调度，由调度进行调整。

4）根据调度命令，拉闸限制负荷。

（2）电压过高的处理：

1）退出电容器组，减小无功补偿容量。对装有调相机的变电站，应减小其无功功率。

2）调整有载变压器分接开关，降低输出电压。

3）汇报调度，由调度进行调整。

【思考与练习】

1. 母线绝缘子故障应如何处理？

2. 母线电压过高，运行人员应如何处理？

3. 母线电压过低，运行人员应如何处理？

模块 3　母线异常处理危险点源分析（ZY1000403003）

【模块描述】本模块介绍了高压母线异常处理的危险点源。通过要点介绍和分析，了解母线常见异常处理的危险点源，并能制定预控措施。

【正文】

下面对母线异常处理危险点源进行分析。

一、用绝缘杆处理搭挂的杂物时碰伤设备

控制措施：

（1）绝缘杆的金属部分应尽量远离设备的瓷质部分。

（2）处理时应小心谨慎，不得用力过猛。

（3）用力的方向应朝向设备外侧。

二、用绝缘杆处理搭挂的杂物时造成母线接地或短路

控制措施：

（1）发现母线上搭挂有杂物，应立即处理。

（2）处理时尽量将杂物缠绕或挂在绝缘杆上，无法使杂物固定在绝缘杆上的，挑落时应注意观察风向、判断杂物掉落方向，防止造成母线接地或短路。

三、处理方法错误造成大面积停电

控制措施：双母线接线方式下，如母线异常情况严重，倒母线操作避免采用热倒母线的方法，应选择冷倒母线的处理措施。防止在倒母线过程中异常母线发生接地或短路故障，造成两条母线全部停运。

四、人身触电

控制措施：发现母线异常，如支持绝缘子破损断裂、引线断股或脱落时，人员应远离异常设备，防止设备突然断裂或引线脱落造成人身触电。

五、人身伤害

控制措施：检查处理支持绝缘子破损断裂时，人员应远离异常设备，防止设备突然断裂砸伤。

六、母线电压过低时由于处理不当造成电压进一步降低

控制措施：在母线电压低时，应根据无功负荷的大小进行调整，在系统中无功补偿容量不足时，不应采用调整有载调压变压器分接头的方式调整电压，而应投入补偿电容器，防止调整分接头后由于电压升高造成无功补偿容量更加不足，使系统电压更加降低。

【思考与练习】

1. 用绝缘杆处理搭挂的杂物时，防止碰伤设备的控制措施是什么？
2. 处理母线绝缘子破损断裂时，有哪些危险点？控制措施是什么？

第三十一章　互感器异常处理

模块 1　互感器异常现象及分析（ZY1000404001）

【模块描述】 本模块包含互感器异常现象和原因分析。通过现象描述和原因讲解，能够熟悉电压互感器、电流互感器常见异常的特征。

【正文】

互感器在电力系统中起着将高电压、大电流变换为低电压、小电流的作用，互感器二次侧连接着继电保护和自动装置、仪表或监控系统、电能计量等设备，对电力系统的稳定可靠运行至关重要。

一、电压互感器的常见异常现象及原因分析

1. 本体、引线接头过热

电压互感器内部匝间、层间短路或接地时，高压熔断器可能不熔断，引起本体过热甚至可能会冒烟起火。接头部分接触不良或氧化腐蚀造成接触电阻增大，也会发生过热现象。

2. 内部声音异常或有放电声

内部有放电时会发出“噼啪”的响声或其他噪声。内部声音异常也可能是由于内部短路、接地、夹紧螺栓松动引起的。

3. 本体渗漏油、油位过低

长期渗油或严重漏油，会引起互感器严重缺油，若此时同步发生油位指示器堵塞，出现假油位，运行人员未能及时发现，会使互感器铁芯暴露在空气中，造成绝缘老化加速，过电压时引起互感器内部绝缘闪络，使互感器烧毁或爆炸。

4. 互感器喷油、流胶或外壳开裂变形

互感器内或引线出口处有严重喷油、漏油或流胶现象。此现象可能是由于套管破裂、密封件老化、四周螺栓吃力不均造成的。

5. 内部发出焦臭味、冒烟、着火

内部发出焦臭味、冒烟、着火，此情况说明内部发热严重，绝缘已受损或烧坏。

6. 套管破裂、放电，引线与外壳之间有火花放电

套管严重破裂、放电，引线与外壳之间有火花放电现象，可能是由于套管受外力破坏，或者套管材质不良，在气温变化时破裂；也有可能是外绝缘严重污浊、受潮造成的。

7. 二次小开关连续跳开或熔断器连续熔断

（1）低压侧小开关跳闸或熔断器熔断的现象：

1）熔断相电压为零，完好相电压不变，与熔断相有关的线电压降低。

2）有功功率表、无功功率表指示降低，电能表走慢。

3）接有故障录波器时，可能引起录波器低电压启动动作。

4）中央信号屏发出电压回路断线光字牌。

（2）低压侧小开关跳闸或熔断器熔断的原因：

1）低压侧有短路或者低压负荷过大，以及低压侧熔断器选择不当等。

2）小开关本身机械故障造成脱扣。

8. 高压侧熔断器熔断

（1）高压侧熔断器熔断的现象：

1）熔断相电压降低但不为零，完好相电压不变，与熔断相有关的线电压降低。

2）有功功率表、无功功率表指示降低，电能表走慢。

3）接有故障录波器的可能引起录波器低电压启动动作。

4）中央信号屏发出电压回路断线、母线单相接地及掉牌未复归光字牌。

（2）高压侧熔断器熔断的原因有：

1）电压互感器绕组发生匝间、层间或相间短路及单相接地等现象。

2）电压互感器二次绕组或二次回路故障。二次回路故障可能造成电压互感器过流，若二次侧熔断器容量选择不合理，也有可能造成一次侧熔断器熔断。

3）过电压，当中性点不接地系统中发生单相接地时，其他两相对地电压升高到相电压的$\sqrt{3}$倍；或由于间歇性电弧接地，可能产生数倍的过电压。过电压会使互感器严重饱和，使电流急剧增加而造成熔断器熔断。

4）系统发生铁磁谐振，电压互感器上将产生过电压或过电流。电流的激增，除了造成一次侧熔断器熔断外，还常导致电压互感器的烧毁事故。

5）熔断器接触部位锈蚀，接触不良造成过热引起熔断器熔断。

9. 二次输出电压波动或异常

（1）电磁式电压互感器二次电压明显降低，可能是下节绝缘支架放电击穿或下节一次绕组匝间短路。

（2）电容式电压互感器二次电压波动或异常原因分析。

1）二次电压波动的原因有：

a. 二次接线松动、接触不良。

b. 分压器低压端子未接地或未接载波线圈。

c. 电容单元可能被间断击穿。

d. 铁磁谐振等。

2）二次电压低的主要原因有：

a. 二次接线不良或接触不良。

b. 电磁单元故障或电容单元C2损坏等。

3）二次电压高的主要原因可能有：

a. 电容单元C1损坏。

b. 分压电容接地端未接地。

c. 开口三角形电压异常升高，其引起的主要原因可能为某相互感器的电容单元故障，某相二次回路绝缘损坏、绕组断线。

10. 铁磁谐振

铁磁谐振常发生在中性点不接地系统中。电压互感器铁磁谐振常受到的激发有两种：一种是电源对只带电压互感器的空母线合闸；另一种是发生单相接地。电压互感器铁磁谐振可能是基波的，也可能是分频的，甚至是高频的，经常发生的是基波和分频谐振。

根据运行经验，当电源对只带有电压互感器的空母线突然合闸时易产生基波谐振。基波谐振的现象是两相对地电压升高，一相降低，或是两相对地电压降低，一相升高。当发生单相接地时易产生分频谐振。分频谐振的现象是：三相电压同时升高或依次轮流升高，电压表指针在同范围内低频（每秒一次左右）摆动。铁磁谐振时线电压表指示不变。

电压互感器发生铁磁谐振的危害是：

（1）因低频摆动产生高电压，引起绝缘闪络或避雷器爆炸。

（2）产生高值零序电压分量，出现虚幻接地现象和不正确的接地指示。

（3）使电压互感器一次线圈通过相当大的电流，在一次熔断器未熔断时使电压互感器烧毁。

（4）造成一次熔断器熔断。

二、电流互感器的常见异常现象及原因分析

电流互感器故障会导致表计显示不正常、电能计量装置计量不准确、继电保护及自动装置发出告警信号等，严重时会造成保护及自动装置误动作。

1. 本体过热、冒烟

原因可能是负荷过大、一次侧接线接触不良、接头表面氧化或铜铝过渡板质量不良、内部故障、二次回路开路等。

2. 声音异常

电流互感器正常运行时无声音，如有声音即是异常现象。声音异常的原因有：

（1）铁芯松动，发出不随一次负荷变化的“嗡嗡”声。某些离开叠层的硅钢片，在空负荷（或轻负荷）时，会有一定的“嗡嗡”声。

（2）二次开路，因磁饱和及磁通的非正弦性，使硅钢片震荡且震荡不均匀而发出较大的噪声。

（3）电流互感器严重过负荷时，铁芯会发出噪声。

（4）半导体漆涂刷不均匀形成的内部电晕。

（5）末屏开路及绝缘损坏放电。

3. 套管闪络

套管严重破裂或套管、引线与外壳之间有火花放电。

4. 干式电流互感器外壳开裂

干式电流互感器外壳开裂会造成内部绝缘暴露在空气中，加快内部绝缘的老化。裂纹处会积聚污浊物质，在雨、雪、雾天等空气湿度大的天气发生闪络或接地。干式电流互感器外壳开裂的原因有：

（1）长期过负荷运行造成互感器过热，使内部材料膨胀过大。

（2）内部故障，绝缘材料由于过热膨胀或气化。

（3）安装不合格，使外壳承受过大的机械应力。

（4）外壳材质不良等制造原因。

5. 充油式电流互感器严重漏油

充油式电流互感器严重漏油会使内部的绕组、铁芯暴露在空气中，使绝缘老化加剧或损坏造成接地事故。电流互感器严重漏油原因有密封件老化，瓷套损坏或放油阀关闭不紧、螺栓吃力不均等。

6. 过负荷运行

电流互感器过负荷运行时会有噪声、过热、测量电流误差过大等现象。电流互感器不允许长期过负荷运行，电流互感器过负荷一方面会使铁芯磁通密度饱和或过饱和，使电流互感器误差增大，测量不准确，不容易掌握实际负荷；另一方面由于磁通增大，使铁芯和二次绕组过热、绝缘老化加快甚至损坏等情况，造成电流互感器烧损，引起短路、接地等事故。

【思考与练习】

1. 电压互感器有哪些常见异常现象？
2. 电压互感器小开关跳闸或二次熔断器熔断的原因是什么？
3. 电压互感器高压侧熔断器熔断与低压侧熔断器熔断有什么区别？
4. 电流互感器有哪些常见异常现象？
5. 电流互感器声音异常的原因有哪些？

模块2 互感器常见异常处理（ZY1000404002）

【模块描述】本模块包含互感器常见异常的处理。通过案例介绍，能够掌握电压互感器、电流互感器二次短路、开路等异常处理的处理方法。

【正文】

一、电压互感器异常处理

1. 电压互感器应立即停用的情况

（1）高压熔断器连续熔断2～3次。

（2）内部发热，本体或接头处温度过高。

（3）内部有放电声或其他噪声。

（4）严重漏油、流胶或喷油，从油位指示器中看不到油位。

（5）内部发出焦臭味、冒烟或着火。

（6）套管严重污浊、破裂放电，套管、引线与外壳之间有火花放电。

（7）金属膨胀器异常膨胀变形。

（8）二次电压异常波动。

（9）SF_6气体压力表为零。

2. 电压互感器渗漏油的处理

（1）电压互感器本体渗漏油若不严重，并且油位正常，应加强监视。

（2）电压互感器本体渗漏油严重，并且油位未低于下限，但一时又不能停电检修，应加强监视，增加巡视的次数；若低于下限，则应将电压互感器停电。

（3）电容式电压互感器电容单元渗油应立即停电处理。

3. 二次小开关跳闸、接触不良或熔断器熔断的处理

（1）先将可能误动的保护和自动装置退出，如距离保护、备用电源自动投入装置等，退出主变压器保护电压回路断线侧启动其他侧的复合电压等，并汇报调度。

（2）检查是否是二次熔断器、小开关端子线头接触不良，可拨动底座夹片使熔断器或小开关接触良好，或者上紧松动的端子螺栓。

（3）在二次熔断器或小开关电源侧测量相电压和线电压判别电源侧是否正常，如熔断器电源侧电压异常，说明故障发生在二次熔断器上侧，应将电压互感器停电，报专业人员处理。

（4）如电源侧电压正常，熔断器出线侧电压异常说明熔断器熔断或小开关接触不良，应更换熔断器，更换后再次熔断不得再换，不得加大熔断器容量。如判断属于小开关接触不良，可在退出可能误动的保护和自动装置的情况下，试拉合小开关几次。如二次熔断器连续熔断、小开关合不上或更换熔断器后故障不消除，应通知专业人员检查二次回路中有无短路、接地或开路故障点。

（5）二次回路恢复正常后投入所断开的保护和自动装置。

4. 高压熔断器熔断的处理

判断二次电压输出异常是由于高压保熔断器熔断造成的，应按照以下方法处理：

（1）退出可能误动的保护和自动装置。

（2）将电压互感器停电，做好安全措施，检查电压互感器外部有无故障，更换熔断器，恢复运行。如再次熔断则可判断为电压互感器内部故障，这时应申请停用该互感器。

（3）处理良好后，投入所断开的保护和自动装置。短时间内不能恢复正常时，经检查确认二次熔断器以下的回路中无短路或接地故障，可汇报调度，先使一次母线并列后，合上电压互感器二次并列开关，投入所退出的保护及自动装置。

5. 二次输出电压波动或过低的处理

如果电压互感器二次输出电压波动或过低不是由于熔断器熔断、二次小开关跳闸或二次回路故障造成的，应按照以下原则处理：

（1）电磁式电压互感器从发现二次电压降低到互感器爆炸的时间很短，应尽快汇报调度，采取停电措施。这期间，不得靠近该异常互感器。

（2）电容式电压互感器二次电压降低及升高在排除二次回路异常后，则应申请停用该电压互感器。

6. 铁磁谐振的处理

（1）当只带有电压互感器的空载母线产生基波谐振时，应立即投入一个备用设备，改变电网参数，消除谐振。送电时，应避免用带有均压电容的开关向只带有电磁式电压互感器的空载母线充电，可先对母线充电后再投入电压互感器或者带一条线路送电。

（2）发生单相接地引起分频谐振时，应立即切除接地故障点。或者在线路侧投入一个单相负荷，

由于分频谐振具有零序分量性质，故此时投入三相对称负荷不起作用。

（3）如谐振不消除，应拉开电源开关，将母线停电。

（4）谐振造成一次熔断器熔断后，谐振可自行消除。但可能带来保护和自动装置的误动作，此时应迅速处理误动作的后果，然后迅速更换一次熔断器，恢复电压互感器的运行。

（5）由于谐振时电压互感器一次侧电流很大，所有禁止用拉开电压互感器隔离开关或取下一次熔断器的方法来消除谐振。

7. 电压互感器异常处理注意事项

（1）电压互感器故障时，应将可能误动（备自投、距离保护）的保护停用。但不得将故障电压互感器所在母线的差动保护停用。

（2）电压互感器二次电压异常检查时，在退出可能误动的保护和自动装置前，不得随意断开二次小开关或取下三相熔断器，防止由于三相电压同时消失造成保护或自动装置误动。

（3）故障电压互感器二次回路在隔离故障点前，禁止与其他电压互感器二次回路并列。

（4）隔离异常电压互感器，双母线接线可将故障电压互感器母线空出，用母联断路器、分段断路器停电 （禁止用隔离开关分合故障电压互感器），单母线或单母线分段接线拉开主进断路器，将故障电压互感器停运。

（5）电压互感器着火，切断电源后，用合适的灭火器灭火。

8. 电压互感器停运操作方法

（1）单母线或单母线分段接线，可采用将母线停电的方法处理电压互感器故障。如图ZY1000404002-1 所示，10kV 1 号电压互感器发生异常现象需退出运行，应先将 1 号母线停电后，再拉开 51-7 隔离开关，将故障电压互感器退出运行。

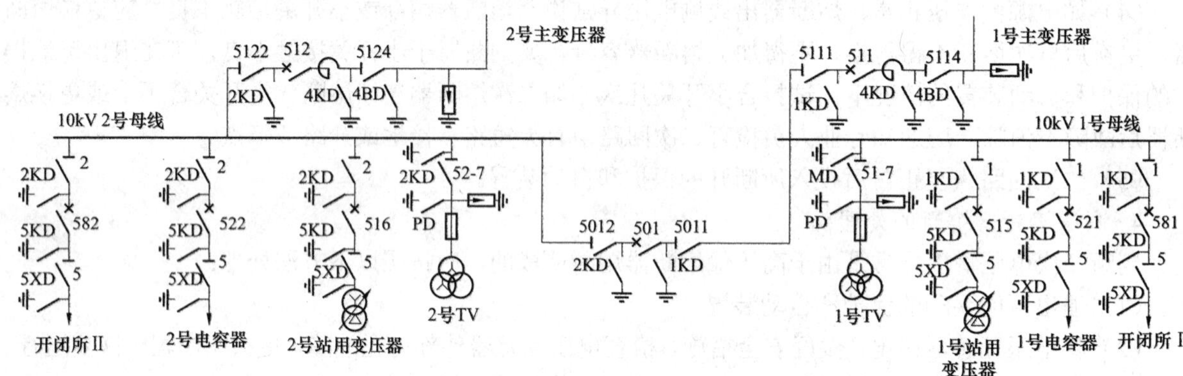

图 ZY1000404002-1 单母线分段接线

（2）双母线接线方式下，如电压互感器异常不至于短时间内造成接地或短路，可将故障电压互感器所在母线上的断路器热倒至另一条母线运行；如异常有快速发展成接地或短路事故的可能，应将电压互感器所在母线上的断路器冷倒至另一条母线运行。倒母线后拉开母联开关使故障电压互感器停电。

1）如图 ZY1000404002-2 所示，110kV 1 号电压互感器绝缘子裂纹，天气晴朗，电压互感器不至于随时发生接地。可采用热倒母线的方法，将 1 号母线上运行的 141、143、149、151 和 113 断路器热倒至 2 号母线，拉开母联 101 断路器将 1 号母线停电后，再拉开 11-7 隔离开关将 1 号电压互感器退出运行。

2）如图 ZY1000404002-2 所示，110kV 2 号电压互感器内部有放电声，随时可能发生接地或爆炸等事故。此时应立即先拉开 101 断路器将两条母线隔离，再拉开 142、144、150、112 断路器将 2 号母线停电，使 2 号电压互感器退出运行。将 112、142、144、150 断路器冷倒至 1 号母线恢复运行，再拉开 101-2、101-1、12-7 隔离开关，将 2 号电压互感器转检修处理。

（3）3/2 接线方式下，需将故障电压互感器所在的母线停电，将故障电压互感器转检修处理。

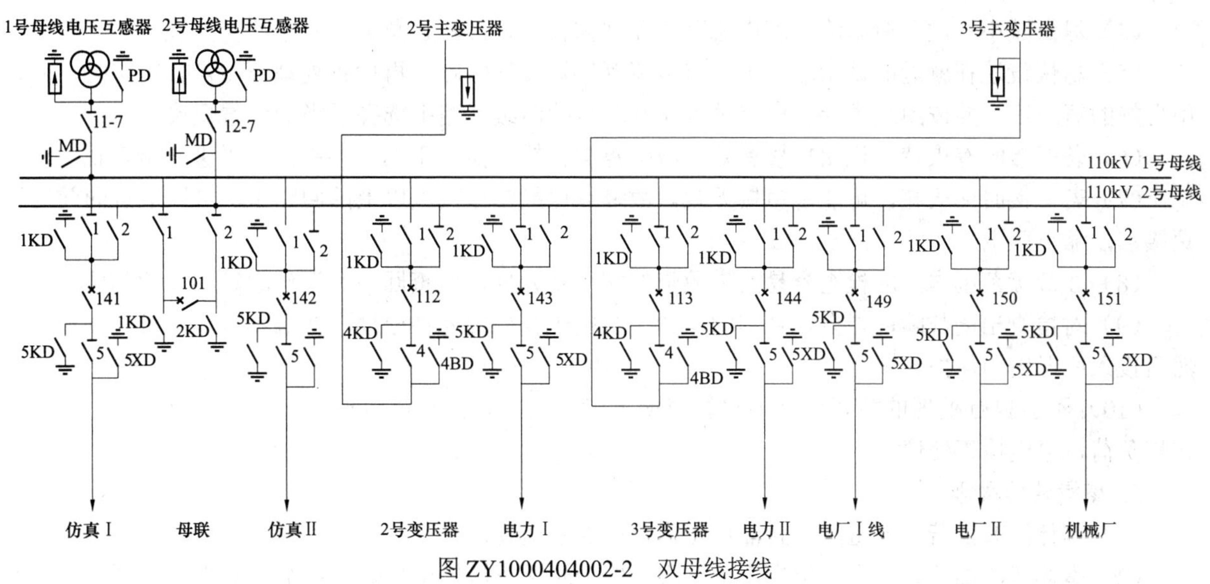

图 ZY1000404002-2　双母线接线

二、电流互感器异常处理

1. 电流互感器应立即停用的情况

（1）漏油，从油位指示器中看不到油位。

（2）有噼啪声或其他噪声。

（3）内部发出焦臭味且冒烟。

（4）设备严重放电或瓷质部分有明显裂纹。

（5）SF_6气体压力表为零。

（6）瓷质部分严重污浊、破损或闪络放电。

（7）金属膨胀器异常膨胀变形。

（8）主导流部分接触不良，引起发热变色。

2. 声音异常处理

（1）在运行中，若发现电流互感器有异常声音，可从声响、表计指示及保护异常信号情况判断是否是二次回路开路。若是，应处理二次回路开路故障。

（2）若不属于二次回路开路故障，而是本体故障，应转移负荷并申请停电处理。

（3）若声音异常较轻，可不立即停电，但必须加强监视，同时向上级调度及主管部门汇报，安排停电处理。

3. 内部故障处理

电流互感器内部故障时，其运行声音可能会严重不正常，二次侧所接表计及监控系统潮流显示与正常情况相比会不正常。继电保护及自动装置可能会伴随有异常告警信号，严重时会造成保护及自动装置动作。电流互感器内部故障的处理步骤为：

（1）立即汇报调度，申请停电处理，故障的电流互感器在停电前应加强监视。

（2）断开回路，隔离故障电流互感器，在未停电之前，禁止在故障的电流互感器二次回路上工作。

（3）故障的电流互感器停电后，应将该电流互感器的二次侧所接保护及自动装置停用，或将故障电流互感器二次侧从保护、测量回路中断开，短接后再进行工作。

4. 二次回路开路处理

（1）应先分清故障属于哪一组电流回路、开路的相别、对保护有无影响。汇报调度，停用可能误动的保护。

（2）处理时要防止二次绕组开路而危及设备与人身安全，应穿绝缘靴，戴绝缘手套，使用绝缘良好的工具。

（3）查明开路位置并设法将开路处进行短路，如果不能进行短路处理时，可向调度申请停电处理。在进行短接处理过程中，必须注意安全，戴绝缘手套，使用合格的绝缘工具，在严格监护下进行。

（4）尽量减小一次负荷电流。若电流互感器严重损伤，应转移负荷，停电检查处理。

（5）尽快设法在就近的试验端子上，将电流互感器二次短路，再检查处理开路点。短接时，应使用良好的短路线，并按图纸进行。短接时应在开路点的前级回路中选择适当的位置短接。

（6）若短接时有火花，说明短接有效。故障点就在短接点以下的回路中，可以进一步查找。

（7）若短接时无火花，可能是短接无效。故障点可能在短接点以上的回路中，可以逐点向前变换短接点，缩小范围。

（8）在故障范围内，应检查容易发生故障的端子及元件，检查回路有工作时触动过的部位。

（9）对检查出的故障，能自行处理的，如接线端子等外部元件松动、接触不良等，可立即处理，然后投入所退出的保护。

（10）不能自行处理的故障或不能自行查明故障，应汇报上级派专业人员处理，或经倒运行方式转移负荷，停电检查处理。

5. 渗漏油的处理

（1）本体渗漏油若不严重，并且油位正常，应加强监视。

（2）本体渗漏油严重，且油位未低于下限，但一时又不能停电检修，应加强监视，增加巡视的次数；若低于下限，则应将互感器停运。

（3）严重漏油应向调度申请进行停电处理。

6. 过负荷处理

当发现电流互感器过负荷时，应立即向调度汇报，设法转移负荷或减负荷。记录电能表读数，防止由于过负荷造成电能表计量不准确。

7. 异常处理举例

（1）某站监控机发 35kV 母差保护闭锁信号，检查 35kV 母差保护装置，发现保护发电流互感器断线闭锁信号，立即退出母差保护跳各分路开关压板，向调度汇报。根据调度命令，查找开路部位。查找过程中发现 L35 线路开关处有异常响声，并且 L35 线路 A 相电流偏小，判断为 L35 线路电流互感器二次开路，穿戴好绝缘靴和绝缘手套，打开 L35 开关机构箱，发现机构箱内开关内附电流互感器接线处放电打火，将接线紧固好后，电流互感器断线信号消失。然后向调度汇报故障原因和处理过程，根据调度命令投入母差保护跳各分路开关压板。最后将故障处理情况汇报上级，填写相关记录。

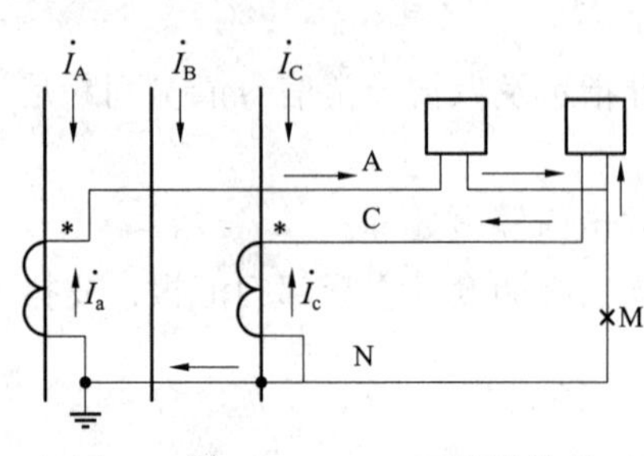

图 ZY1000404002-3　两表法接线

（2）某 110kV 站 110kV 进线电流互感器有噪声，运行人员检查一次电流不过负荷，二次回路无放电打火现象。经检修人员停电检查试验各项参数正常，保护人员用钳形电流表测量二次回路有电流，检查二次回路接线正常，但发现计量回路电流偏小。经进一步检查发现计量回路采用两表法接线，如图 ZY1000404002-3 所示。从二次端子箱到计量表计连接 A、C、N 三条线，但是 N 线未连接，在图中 M 点断开，所以回路变为 A 到 C，造成电流互感器计量二次回路过载，引起噪声。

【思考与练习】

1. 电压互感器发生哪些异常现象时应立即停电处理？
2. 电压互感器二次熔断器熔断应如何处理？
3. 如图 ZY1000404002-2 所示，写出 110kV 2 号电压互感器冒烟的处理步骤。
4. 电流互感器发生哪些异常现象时应立即停电处理？
5. 电流互感器二次侧开路应如何检查处理？

模块 3　互感器异常处理危险点源分析（ZY1000404003）

【模块描述】本模块介绍了互感器异常处理的危险点源。通过要点介绍和分析，了解互感器二次开路、短路等常见异常处理的危险点源，并能制定预控措施。

【正文】

一、电压互感器异常处理危险点源分析

（1）将熔断器熔断误判断为单相接地，造成误拉断路器。

控制措施：发现母线电压异常后，详细检查异常现象，结合电压、电流和设备声音综合判断。

（2）误投、退保护和自动装置压板，造成保护或自动装置误动、拒动。

控制措施：处理过程中投入、退出保护或自动装置出口压板时，两人进行操作，加强监护，操作前详细核对压板名称。

（3）更换高压熔断器时发生人身触电。

控制措施：

1）处理过程中两人进行工作，详细核对设备名称和编号，防止走错间隔。

2）更换高压熔断器前，必须将电压互感器停电、验电并接地，做好安全措施。

（4）检查处理二次回路异常时人身触电。

控制措施：处理过程中两人进行工作，使用带有绝缘手柄的工具，禁止徒手接触二次回路导电部分。

（5）检查处理二次回路异常时造成二次回路短路或接地。

控制措施：

1）使用的工具做好绝缘。

2）检查工作中禁止随意拆接二次接线。

3）使用万用表测量二次电压时，应使用万用表的交流电压挡，禁止使用电流或电阻挡进行测量。

（6）带负荷拉隔离开关。

控制措施：判断为电压互感器内部故障后，严禁直接使用隔离开关进行故障电压互感器退出电网运行的操作。

（7）电压互感器爆炸造成人身伤害。

控制措施：发现电压互感器发生外壳破损、断裂，二次电压波动或异常降低，铁磁谐振等异常现象时，应避免接近异常运行的电压互感器。

（8）大面积停电。

控制措施：

1）发现电压互感器异常应及时处理，防止处理不及时造成母线跳闸事故。

2）处理双母线接线电压互感器异常时，如异常有快速发展成接地或短路事故的可能，应立即拉开母联断路器将两条母线隔离，然后采用冷倒母线的方法将异常电压互感器停电处理。

（9）丢失电量。

控制措施：发现电压互感器异常运行，二次电压降低甚至为零时，应记录该互感器所在母线所有线路的负荷电流和异常运行时间。

（10）断开二次熔断器（或小开关）造成保护或自动装置误动。

控制措施：需断开二次熔断器（或小开关）时，应先退出可能误动的保护或自动装置，特别是距离保护和备用电源自投装置。

二、电流互感器异常处理危险点源分析

1. 保护或自动装置误动、拒动

控制措施：

（1）处理过程中投入、退出保护或自动装置出口压板时，两人进行操作，加强监护，操作前详细核对压板名称。

（2）查找处理时应两人进行，使用绝缘工具，防止造成二次开路。

（3）不得拆开二次回路接线进行查找，如需查找处理应由专业人员进行。

2. 人身触电

控制措施：

（1）禁止在异常运行的电流互感器二次回路上进行工作。

（2）查找处理电流互感器二次开路故障时，应采取以下安全措施：

1）两人进行，穿绝缘靴、戴绝缘手套。

2）尽量减小二次开路的电流互感器回路中的负荷，有条件的应停电处理。

3）发现开路点，立即就近进行短接处理。

3. 电流互感器爆炸造成人身伤害

控制措施：发现电流互感器有声音异常、大量漏油看不见油位等异常现象时，在将互感器停运处理前，不要接近异常运行的电流互感器，防止互感器过热发生爆炸。

4. 丢失电量

控制措施：发现电流互感器异常运行，可能造成丢失电量时，应记录当时的负荷电流和异常运行时间。

5. 处理不及时造成保护误动或大面积停电

控制措施：

（1）发现电流互感器异常可能引起保护误动时，应立即退出相关保护跳闸压板。

（2）带有母差保护的电流互感器发生异常现象，危及设备安全时，应立即将电流互感器停电退出运行。

【思考与练习】

1. 某站 10kV 1 号电压互感器发生高压侧熔断器熔断，请进行检查处理过程中的危险点源分析。

2. 某站 110kV 系统为双母线接线，2 号电压互感器发生过热冒烟现象，请进行处理过程中的危险点源分析。

3. 查找处理电流互感器二次回路异常时有哪些危险点？控制措施是什么？

第三十二章 防雷设备异常处理

模块1 防雷设备异常现象及分析（ZY1000405001）

【模块描述】本模块包含防雷设备异常现象和原因分析。通过现象描述和原因讲解，能够熟悉防雷设备常见异常的特征。

【正文】

一、避雷器常见异常现象及原因分析

1. 避雷器外绝缘污秽、污闪或冰闪

避雷器外绝缘在污染严重的环境下，容易积聚污秽。瓷套管表面有污损时，会使避雷器的放电特性降低，严重的情况下，避雷器会击穿。同时，污损在雨、雪、雾等潮湿的天气时也会成为瓷套表面闪络的原因。

2. 避雷器瓷套破裂

由于避雷器是密封性结构，如果瓷套管上发生裂缝，则外部的潮气会侵入瓷套管内部，引起绝缘降低，造成接地事故。避雷器瓷套破裂的原因有承受雷电流的作用、恶劣天气、外力破坏或者质量不良等。

3. 引线断损或松脱

当避雷器接线端子的紧固不良时，因风的压力或积雪等会使引线脱落，或加上雷击过电压产生电火花，有时会造成导线熔断。

4. 泄漏电流超标

运行中的避雷器应经常检查其泄漏电流值，泄漏电流比基准值偏大或偏小都属于泄漏电流超标。避雷器泄漏电流超标的原因有：

（1）天气影响，如雨、雾天气，空气湿度过大等。

（2）避雷器内部故障，避雷器内部材料烧损会造成泄漏电流偏小或为零；内部绝缘性能降低会造成泄漏电流偏大。

（3）泄漏电流表故障。

5. 泄漏电流表故障

泄漏电流表故障包括内部进水、表针断裂、指示刻度脱落或掉色、接地线断裂等。

二、避雷针常见异常现象及原因分析

避雷针由于结构简单，运行中的异常较少，主要有锈蚀、倾斜、断裂或基础损坏等。发生异常主要是由于运行时间较长、防腐处理不合格、外力破坏、安装工艺不合格、通过过大的雷电流等造成的。

三、接地装置常见异常现象及原因分析

（1）接地装置在变电站中起着设备工作接地和保护接地的作用，如果接地电阻过大，会造成以下危害：

1）发生接地故障时，使中性点电压偏移增大，可能使健全相和中性点电压过高，超过绝缘要求的水平而造成设备损坏。

2）在雷击或雷电波袭击时，由于电流很大，会产生很高的残压，使附近的设备遭受到反击的威胁，并降低接地网本身保护设备带电导体的耐雷水平，使设备损坏。

3）设备外壳和架构接地不良，可能带电运行，造成人身触电。

4）发生误操作如带地线合闸或带电挂地线时造成人身触电。

（2）接地装置的常见异常现象主要有接地体、设备接地引下线锈蚀、断裂，接地电阻不合格等。

（3）接地装置异常的原因有：

1）运行时间较长，防腐处理不够。

2）外力破坏。

3）通过过大的接地故障电流造成过热烧损。

【思考与练习】

1. 避雷器在运行中经常发生哪些异常现象？

2. 接地装置接地电阻过大有哪些危害？

模块2 防雷设备常见异常处理（ZY1000405002）

【模块描述】本模块包含防雷设备常见异常的处理。通过案例介绍，能够掌握避雷器泄漏电流超标、引线松脱等常见异常的处理方法。

【正文】

一、避雷器常见异常处理方法

1. 避雷器外绝缘套污闪或冰闪

（1）发现避雷器外绝缘套有闪络放电现象后，应立即向调度及上级汇报。

（2）若闪络严重，应申请停电进行处理。

（3）若不能停电处理，应用红外线检测设备对避雷器进行检测，并加强对避雷器的监视，做好事故处理准备。

2. 避雷器瓷套裂纹

（1）避雷器瓷套裂纹严重，可能造成接地者，需停电更换，禁止用隔离开关停用故障的避雷器。

（2）避雷器瓷套裂纹较小，如天气正常，应请示调度停下避雷器，更换为合格的避雷器；如天气不正常（雷雨），应尽可能不使避雷器退出运行，待雷雨后再处理。如果因瓷质裂纹已造成闪络，但未接地者，在可能条件下应将避雷器停用。

3. 引线断损或松脱

（1）发现避雷器引线断损或松脱后，立即向调度及上级主管部门汇报，申请停电处理。

（2）运行人员要做好现场的安全措施，以便检修人员对故障设备进行检查。

4. 避雷器的泄漏电流值超标

避雷器的泄漏电流值在正常时应该在规定值以下，当运行人员发现避雷器的泄漏电流值明显增大时，应当进行以下检查和处理：

（1）立即向调度及上级主管部门汇报。

（2）与近期的巡视记录进行对比分析。

（3）用红外线检测仪对避雷器的温度进行测量。

（4）若确认不属于表计故障 ，则可能为内部故障，应申请停电处理。

5. 避雷器停运操作方法

（1）线路避雷器故障需停电，只需将相应线路停电即可。

（2）单母线接线母线避雷器故障需停电，需将母线所有设备停电后拉开故障避雷器刀闸，再恢复母线运行。

如图ZY1000405002-1所示，10kV 2号母线避雷器发生裂纹现象，停运步骤是：拉开516、522、582断路器后，拉开512断路器，将10kV 2号母线停电后，再拉开52-7隔离开关将避雷器停运，做好安全措施检修。

（3）双母线接线母线避雷器故障需停电，如异常现象短时间内不可能造成接地或短路，可将故障避雷器所在母线上的断路器热倒至另一条母线上运行；如异常现象短时间内有可能造成接地或短路，可将故障避雷器所在母线上的断路器冷倒至另一条母线上运行。倒母线后用母联断路器串带故障避雷器，拉开母联断路器将故障避雷器所在母线停电。

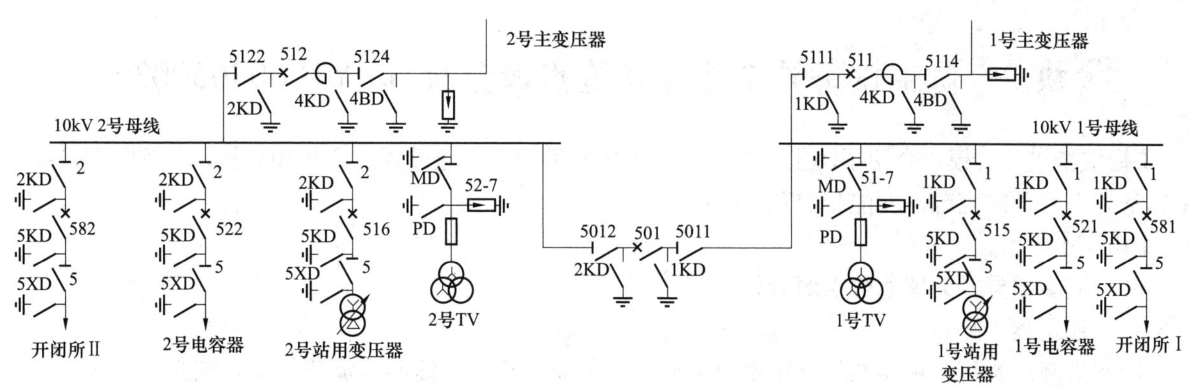

图 ZY1000405002-1 单母线分段接线

1）如图 ZY1000405002-2 所示，110kV 1 号母线避雷器发生瓷套裂纹故障，在天气晴朗的情况下，裂纹部分不至于立即造成接地故障，停运时可以采用热倒母线的方法，将 110kV 1 号母线上运行的 141、143、149、151、113 断路器热倒至 2 号母线运行，拉开 101 断路器将 1 号母线停电后，再拉开 11-7 隔离开关将 1 号避雷器退出运行，做好安全措施处理。

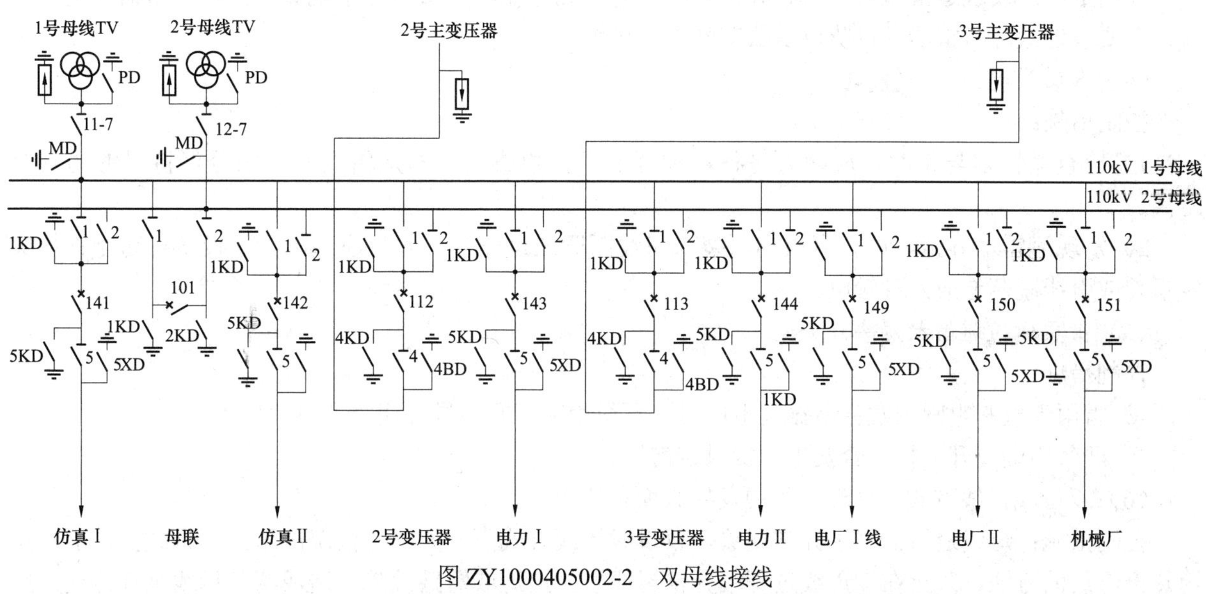

图 ZY1000405002-2 双母线接线

2）如图 ZY1000405002-2 所示，110kV 1 号母线避雷器发生泄漏电流严重超标故障，随时可能发生接地或爆炸事故，此时应立即拉开母联 101 断路器，将两条母线隔离，再拉开 110kV 1 号母线上的 141、143、149、151、113 断路器，将 1 号母线停电，拉开 11-7 隔离开关将 1 号避雷器退出运行。然后再采用冷倒母线的方法将 141、143、149、151、113 断路器冷倒至 2 号母线恢复运行。最后再将 1 号避雷器做好安全措施处理。

（4）主变压器桥避雷器故障，需将主变压器停电。将避雷器退出运行做好安全措施处理。

二、避雷针和接地装置常见异常处理方法

（1）发现避雷针和接地装置发生锈蚀、断裂和倾斜等异常现象时，应按缺陷汇报调度和上级。

（2）对倾斜和部分断裂的避雷针观察其倒伏的方向，防止由于避雷针倒伏在设备上造成事故，同时巡视时应尽量远离故障避雷针。

（3）设置安全围网，提醒人员不要接近接地装置异常的设备，更不要接触其外壳和架构。

（4）异常未消除前，对设备加强监视，制定应急处理措施，做好事故预想。

【思考与练习】

1. 避雷器异常处理的原则是什么？
2. 避雷器泄漏电流超标应如何处理？

模块3 防雷设备异常处理危险点源分析（ZY1000405003）

【模块描述】本模块介绍了防雷设备异常处理的危险点源。通过要点介绍和分析，了解防雷设备常见异常处理的危险点源，并能制定预控措施。

【正文】

一、避雷器异常处理危险点源分析

（1）避雷器误停运。

控制措施：发现避雷器发生异常现象，应根据外观、声音、泄漏电流值等综合判断。不属于需立即停电处理的缺陷不要立即将避雷器退出运行。

（2）延误处理时间造成事故。

控制措施：发现避雷器发生异常现象，应根据外观、声音、泄漏电流值等综合判断。对于需立即停运的故障，应立即停电处理，不得延误处理时间。

（3）避雷器爆炸造成人身伤亡。

控制措施：发现避雷器有裂纹、异常音响或者泄漏电流不正常等异常现象后，在避雷器停电检修前，不要靠近故障避雷器，以防避雷器突然发生爆炸。

（4）人员触电。

控制措施：

1）检查避雷器异常时，应两人进行，加强监护，检查人员与避雷器带电部分保持足够的安全距离。

2）发现避雷器异常，如瓷套破损断裂、引线断股或过热时，人员应远离异常设备，防止设备突然断裂或引线脱落造成人身触电。

（5）带负荷拉避雷器隔离开关。

控制措施：

1）雷雨天气和电网中发生谐振过电压时，不得用隔离开关进行避雷器投、停操作。

2）严禁用隔离开关拉、合发生异常的避雷器。

（6）双母线接线方式，处理过程中发生大面积停电。

控制措施：母线避雷器发生异常现象，双母线接线方式下，如异常情况严重，倒母线操作避免采用热倒母线的方法，防止在倒母线过程中异常母线发生接地或短路故障，造成两条母线全部停运。应选择冷倒母线的处理措施。

（7）3/2 接线方式，主变压器未进串运行时，母线避雷器异常，或者所有接线方式下，变压器桥避雷器异常，一台主变压器停运后，其余主变压器过负荷。

控制措施：

1）母线停运操作前，检查负荷情况，联系调度，提前限制负荷。

2）拉开主变压器低、中压侧断路器后，检查运行主变压器各侧负荷情况，发现过负荷及时处理。

3）主变压器过负荷严重时，联系调度，按照紧急拉路序位表进行拉限负荷。

二、避雷针和接地装置异常处理危险点源分析

（1）人身触电。

控制措施：

1）不得徒手接触接地装置断裂或接触不良的设备外壳或架构，若有必要接触上述部分时应穿绝缘靴并戴绝缘手套。

2）雷雨天气或系统中有过电压时，不得靠近接地装置断裂或接触不良的设备。

（2）人身伤害。

控制措施：

1）检查避雷针异常时，不得攀爬避雷针。

2）发现避雷针有倾倒可能时，人员应远离避雷针可能倾倒的位置。

（3）避雷针倒伏在设备上造成事故跳闸或设备损坏。

控制措施：发现避雷针有倒伏危险时，应立即汇报调度和工区，尽快采取措施固定。

【思考与练习】

1. 单母线接线，母线避雷器发生瓷质裂纹现象，请进行处理过程中的危险点源分析。

2. 双母线接线，在大风天气母线避雷器发生引线脱落故障，请进行处理过程中的危险点源分析。

第三十三章　站用交、直流系统异常处理

模块1　站用交、直流系统异常现象及分析（ZY1000407001）

【模块描述】本模块包含站用交、直流系统异常现象和原因分析。通过现象描述和原因讲解，能够熟悉站用交流消失、直流接地等常见异常的特征。

【正文】

站用交、直流系统在变电站内起着非常重要的作用，380/220V交流系统为站内设备提供操作电源、加热电源、冷却器电源，还是直流系统的上级电源。直流系统为事故照明、操作、信号、保护和自动装置提供电源。站用交、直流系统的正常运行是变电站高压设备正常运行的保障。

一、站用交流系统常见异常现象及原因分析

1. 站用交流消失

（1）站用交流消失的主要现象。

1）正常照明全部或部分失去。

2）直流硅整流装置跳闸，事故照明切换。

3）变压器冷却电源失去，风扇、油泵停转。

4）站用交流电压表、电流表指示为零。

（2）站用交流消失对设备运行的影响。

1）造成主变压器风冷装置停止运行，影响主变压器的出力甚至造成被迫停运。

2）开关交流储能电源或电动隔离开关操作电源中断，影响正常操作。

3）设备加热/除湿装置和空调系统停止运行，影响设备正常运行。

4）直流充电机电源消失，影响直流系统可靠运行。长时间不能恢复时造成蓄电池过放电，直流失电使保护和自动装置停止运行，事故时拒动，严重威胁电网和设备安全运行。

（3）站用电部分或全部失电的原因有：

1）高压侧电源中断会造成站用电全部消失。

2）站用变压器或者高压侧引线故障，高压侧开关跳闸或高压熔断器熔断。

3）低压母线故障，造成站用变压器低压侧开关跳闸或熔断器熔断。

4）站用变压器低压侧自投装置在高压侧失电或低压开关跳闸后未动作。

5）站用电低压回路故障。如回路过热烧断、缺相运行、分路熔断器熔断、分路小开关跳闸等。

2. 站用变压器常见异常及原因分析

（1）站用变压器内有放电声，原因有内部分接头接触不良、内部局部绝缘性能下降、变压器油绝缘性能下降等。

（2）站用变压器冒烟着火，一般是由变压器内部故障短路、过热引起的。

（3）站用变压器渗漏油，原因有密封件老化，四周螺栓吃力不均、有砂眼、油标管破损等。

（4）油位降低，油色变黑。油位异常原因：① 假油位，由于油标管堵塞，油枕呼吸器堵塞所致；② 变压器严重漏油，修试人员因工作需要多次放油后未做补充，或气温过低油量不足所致。油色变黑是油内杂质和氧化物增多所致。

（5）呼吸器硅胶变色。呼吸器硅胶一般为蓝色或白色。当硅胶颜色变为粉红色时，表明硅胶已受潮并且失效。硅胶变色的原因主要有以下几点：

1）长时间天气阴雨，空气湿度较大，因吸湿量大而过快变色。

2）硅胶玻璃罩有裂纹、破损。

3）呼吸器下部油封罩内无油或油位太低，起不到良好的油封作用，使湿空气未经油滤而直接进入硅胶罐内。

4）呼吸器安装不良，如胶垫龟裂不合格、螺栓松动、安装不密封等。

二、直流系统常见异常现象及原因分析

1. 直流接地

（1）直流接地的现象。

1）“直流接地”光字牌亮。

2）直流绝缘装置显示一极对地电压降低，另外一极电压升高。

3）发生其他异常现象，如直流熔断器熔断、误发信号、断路器误动、拒动等。

（2）直流接地的危害。直流系统发生一点接地是常见的异常运行状态，虽不直接产生恶果，但危害性很大。如直流系统发生一点接地后，在同一极的另一地点再发生接地或另一极的一点发生接地时，就构成两点接地短路，将造成继电保护、信号、自动装置误动拒动，或造成电源熔断器熔断、保护及自动装置失去电源。

1）直流正极接地，有造成保护及自动装置误动的可能。因为一般跳合闸线圈、继电器线圈正常与负极电源接通，若这些回路中再发生一点接地，因两接地点使正极电源被接通，构成回路就可能引起误动作。

如图 ZY1000407001-1 所示，当直流接地发生在 A、B 两点时，将电流继电器动合触点 KA1、KA2 触点短接，中间继电器启动，动合触点 K1 闭合，由于断路器在合闸位置，所以直流正电源 L+→K1→KS→XB→Q2→Y2→L–，回路接通使断路器跳闸，当 A、D 两点或 D、F 两点接地时，都能使断路器误跳闸。同理，两点接地还可以导致误合闸、误报信号。

2）直流负极接地，可能使继电保护、自动装置拒绝动作。因为回路中若再发生某一点接地时，则跳（合）闸线圈被接地点短接而不能动作。

如图 ZY1000407001-1 所示，B、E 两点接地，K1 线圈被短接，保护动作时，K1 不动作，断路器不跳闸。D、E 两点或 C、E 两点接地时。Y2 被短接，保护动作时，断路器不跳闸，易造成越级跳闸以致扩大事故。同理，两点接地，也可能使断路器拒合，不能报信号。

3）直流系统正、负极各有一点接地，会造成短路使熔断器熔断，使保护及自动装置、控制回路失去电源。

如图 ZY1000407001-1 所示，直流接地故障发生在 A、E 两点或 F、E 两点时，即形成短路使熔断器熔断。B、E 两点和 C、E 两点接地时，在保护动作时，不但断路器拒跳，而且使熔断器熔断，同时还会烧坏继电器触点。

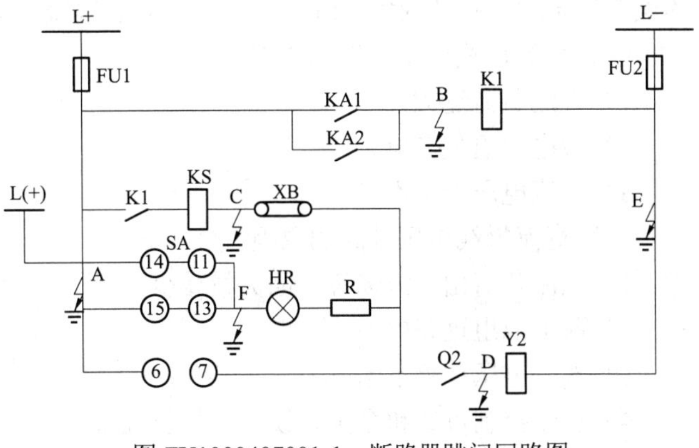

图 ZY1000407001-1　断路器跳闸回路图

（3）直流接地的原因。

1）人为原因，如误碰、接线错误、工具使用不当等。

2）直流回路严重污秽、受潮，接线盒、端子箱、机构箱进水造成直流绝缘下降或接地。

3）直流回路绝缘材料不合格、老化，绝缘受损引起直流接地。如磨伤、砸伤、压伤或过电流引起的烧伤，靠近发热元件（如灯泡、加热器）引起的烧伤等。

4）大风刮动，使带电线头与接地体相碰造成接地。

5）小动物爬入或异物跌落造成直流接地。

6）由于带电体与接地体、直流带电体与交流带电体之间的距离过小等，当直流回路出现过电压时，将间隙击穿，形成直流接地。

7）二次回路连接的设备元件组装不合理或错误及平时不易发现的潜伏性接地故障。如交流电经高阻混入直流系统，某些平时不通电的回路，一旦通电，就出现接地。

8）直流系统运行方式不当，如一个直流系统中两套绝缘监测装置同时投入造成直流假接地现象，造成绝缘监察故障误报。

2. 直流电压消失

（1）直流电压消失的现象。

1）直流电压消失伴随有电源指示灯灭，发出“直流电源消失”、“控制回路断线”、“保护直流电源消失”或“保护装置异常”等光字信号及熔丝熔断等现象。

2）控制盘上指示灯、信号、音响等全部或部分失去功能。

（2）直流电压消失的危害。

1）变电站直流电压消失将导致控制回路、保护及自动装置等设备不能正常工作，在操作或系统发生故障、设备异常时，控制回路不能正常动作，事故无法有效切除，事故范围扩大并使一次设备受到损害。

2）使采用直流作为储能电源的断路器操动机构失去储能电源，造成断路器合闸后不能自动储能。

3）监控机、“五防”机等采用UPS电源的设备供电质量和可靠性下降。

4）交流照明断电后，事故照明不能启动，影响运行人员检查处理设备故障。

（3）直流电压消失的原因。

1）熔断器或小开关容量小或不匹配，在大负荷冲击下造成熔丝熔断，导致部分回路直流电压消失。

2）熔断器或小开关质量不合格，接触不良导致直流电压消失。

3）直流两点接地或短路造成熔丝熔断导致直流消失。

4）直流接线断线。

5）由于酸腐蚀、脱焊或烧熔使得直流蓄电池之间接条断路，使后备电源失去，导致在充电机（或称硅整流）故障或站用交流失去时引起全站直流电压消失。

3. 直流母线电压过高或过低

直流母线电压过低会造成断路器、保护及自动装置动作不可靠现象；若电压过高又会使长期带电的电气设备过热损坏或增加继电保护、自动装置误动的可能。

（1）直流母线电压过低的原因。

1）直流负荷过大。

2）蓄电池组欠充电。

3）直流电压调整不当。

（2）直流母线电压过高的原因。

1）直流负荷由于故障等原因大量减少。

2）蓄电池组过充电。

3）直流电压调整不当。

4）直流控制母线和合闸母线间的降压硅堆击穿，造成直流控制母线电压过高。

4. 蓄电池组常见异常现象和原因分析

（1）过充电。现象是正极板的颜色较鲜艳，电池的气泡较多，电压高于2.2V，脱落物大部分是从正极板脱落的；过充电会造成正极板提前损坏。

（2）欠充电。现象是正极板的颜色不鲜明，电池的气泡较少，电压低于2.1V，脱落物大部分是从负极板脱落的，比重低，放电时端电压下降快；欠充电将使负极板硫化，使容量降低。

（3）铅酸蓄电池比重过高或过低。铅酸蓄电池运行中保养维护不及时，未及时添加蒸馏水或电解液会造成比重过高或过低现象。过充电和欠充电也会造成比重过高或过低现象。

（4）单只电池电压过低或过高。原因有：维护不当、尾电池充电不及时、电池质量不良等。

5. 直流充电机常见异常现象和原因分析

（1）直流充电机交流断电。原因有：

1）站用电消失。

2）低压配电屏直流充电机用交流电源开关跳闸或熔断器熔断。

3）直流充电机交流开关跳闸或熔断器熔断。

4）连接直流充电机的交流线路断线。

（2）直流开关模块停止运行。主要原因有直流开关模块损坏、模块交流电源线路断线等。

（3）充电方式不能自动切换或切换异常。一般是由于控制模块故障造成的。

【思考与练习】

1. 站用电消失的原因有哪些？

2. 站用电消失对设备运行有哪些影响？

3. 直流失电的危害是什么？

4. 蓄电池组有哪些异常现象？

5. 直流系统接地有哪些危害？

模块 2　站用交、直流系统常见异常处理（ZY1000407002）

【模块描述】本模块包含站用交、直流系统常见异常的处理。通过要点介绍，能够掌握站用交流消失、直流接地等常见异常的处理方法。

【正文】

一、站用交流系统异常的处理

1. 站用交流消失的处理

（1）先区分是否由于站用变压器高压侧失压引起，如高压侧电压消失，应检查处理站用变压器高压母线失电的故障。

（2）检查站用变压器高压侧断路器是否跳闸（或高压侧熔断器熔断），如跳闸（或熔断）应检查站用变压器有无异常，高压侧引线是否短路。高压侧断路器跳闸未查明原因前不得试送电；高压侧熔断器熔断可将站用变压器转检修做好安全措施后更换保险，试送电，再次熔断应查明原因并处理。

（3）检查工作电源跳闸后备用电源是否已正常切换，若未自动切换应手动切换，保证站用负荷正常供电，再检查处理自投装置拒动的原因。

1）若因自投开关没有打在投入位置，则应立即将其打到投入，使备用电源能正常投入运行。

2）若因自投回路故障使分段开关自投失败，则应手动拉开工作变压器低压侧开关，手合低压分段开关，使停电母线恢复供电。

3）电源恢复正常后，运行人员应当对各回路的设备进行巡查，检查各设备是否已正常投入运行，对没有投入运行的则应手动投入。事后汇报调度及有关部门。

（4）如分路失电，应检查分路断路器是否跳闸、熔断器是否熔断、引线接头是否烧断以及线路有无断线故障等。

1）当交流配电屏各分路的空气断路器跳闸时，允许立即强送一次，如不成功，则查明故障原因。

2）各分路配电箱的熔丝熔断时，允许用相同规格的熔丝更换一次。在更换之前，应先将该回路的空气断路器或隔离开关退出，换上熔丝后，再合上。严禁带负荷或在带电回路换熔丝，以免电弧伤人。再次熔断则应查明原因，消除故障后再送；严禁增大熔丝规格或使用铜、铁丝代替熔丝。

（5）对站内交流负荷失电进行紧急处理，主要有投入事故照明、监视主变压器温度、监视直流系统电压等。

1）在站用电失去期间要注意减少直流负荷，检查站内主变压器负荷及温度，保护运行情况等。

2）恢复站用电时，必须首先保证尽快恢复主变压器强油循环冷却装置和直流充电机电源。

2. 站用变压器异常处理

（1）站用变压器有下列情况之一者，应立即投入备用变压器，停下故障站用变压器检修。

1）站用变压器内部音响很大或异常，有爆裂声。

2）在正常负荷和冷却条件下，站用变压器温度不正常并不断上升。

3）套管有严重的破损和放电现象。

4）引线接头过热变色或烧断。

5）高压熔断器连续熔断。

6）严重渗漏油，油位计中已看不到油面。

（2）站用变压器有油位降低、渗漏油、油色变黑或者呼吸器硅胶变色等缺陷时，应加强监视，尽快安排处理。

二、直流系统异常处理

1. 直流接地的处理

（1）直流接地查找处理原则。直流接地的查找，应先判明故障的极性，利用直流绝缘监测装置测量正、负极对地电压，判明是正极接地或负极接地，然后按如下顺序和方法查找：

1）分清接地极性，初步分析故障原因。如二次回路是否有工作或设备相关操作；是否因天气影响，如梅雨、潮湿、进水等。若二次回路上有检修试验工作，应立即停止，检查接地现象是否消失。

2）直流接地时，有直流接地检测仪的使用检测仪查找接地回路。

3）将直流系统分开为相对独立的系统，即分网法缩小查找范围，应注意查找过程中不能使保护或控制直流失去。

4）对不重要的直流馈线，可采用瞬时停电法查找有无接地点。拉路查找的顺序是：

a. 先找事故照明、信号回路、通信用电源回路，后找其他回路。

b. 先找主合闸回路，后找保护回路。

c. 先找室外设备，后找室内设备。

d. 先找简单保护回路，后找复杂回路。

5）对于较为重要的直流馈线，可采用转移负荷法查找支路上有无接地点。即先合上另一条直流母线馈线开关使直流负荷由两条母线并联供电，再拉开接地直流母线上的馈线开关，将直流负荷从一条直流母线转移至另一条直流母线，观察接地是否也随回路转移至另一条直流母线，来判断该直流馈线有无接地。如无接地应倒回原运行方式。

6）查出接地线路后恢复线路运行，再分别断开该线路所带的设备直流电源开关，找出接地点。未找到具体接地点时应断开接地线路直流开关，不得使直流系统长期带接地运行。

7）若查找不成功，未找出接地线路，应通知上级有关部门，由专业人员进行查找。

（2）直流接地处理注意事项。

1）查找直流接地时，必须由两人及以上配合进行，其中一人操作，一人监护，防止人身触电，做好安全监护。

2）发生直流接地时，禁止在二次回路上进行工作。

3）尽量避免在高峰负荷时进行接地查找。

4）防止人为造成短路或另一点接地。

5）瞬断直流电源前，应经调度员同意，断开电源的时间一般不应超过3s，不论回路中有无故障、接地信号是否消失，均应及时投入。

6）断开直流熔断器时，应先断正极、后断负极，投入时顺序相反。不得只断开一极，以防止断开一极时，接地点发生“转移”而不易查找。

7）防止保护误动作，在瞬断操作电源前，解除可能误动的保护，操作电源给上后再投入保护。

8）禁止使用灯泡查找直流接地故障。

9）使用仪表检查时，应使用高内阻电压表，表计内阻不低于2000Ω/V。

10）运行人员不得打开继电器和保护箱。

（3）用以上方法查找直流接地，有时找不到接地点，可能的原因有：

1）直流接地发生在充电设备、蓄电池本身和直流母线上。

2）当直流采取环网供电方式时，如不首先使环网解列，不能找到接地点。

3）发生直流串电（寄生回路）、同极两点接地、直流系统绝缘不良多处虚接地等情况，在拉路查找时，往往不能一下全部拉掉接地点，因而仍然有接地现象存在。

2. 直流电压消失的处理

（1）直流电压消失后，应汇报调度，停用相关保护，防止造成保护误动。

（2）检查直流开关是否跳闸（或熔断器是否熔断），如跳闸试合直流开关（或更换容量满足要求的合格熔断器）。

（3）直流开关合不上或熔断器再次熔断应报专业人员处理。

3. 直流母线电压过低或过高的处理

直流母线电压不正常，过低或过高时，有电压调整装置的应调整直流电压至正常范围，再检查处理造成电压异常的原因。

（1）直流母线电压过低处理。

1）检查充电装置是否正常，是否有直流输出。如充电装置退出运行应将其重新投入。

2）检查浮充电流是否正常，直流负荷是否突然增大。若属直流负荷突然增大时，应迅速调整直流母线电压，使母线电压保持在正常值。

3）检查蓄电池是否有严重损坏。

（2）直流母线电压过高处理。

1）检查充电机充电方式是否正确，如充电机长时间运行在“均充”方式会造成直流母线电压过高。

2）检查浮充电流是否过大，如浮充电流过大造成电压过高，应降低浮充电流，使母线电压恢复正常。

3）检查直流负荷是否大量减少。

4）如控制母线直流电压过高，应检查降压硅堆是否击穿。

（3）交、直流回路串电处理。交、直流回路串电的故障现象是：直流盘表指示正常，但有直流电压过高、过低、接地等信号同时不规则出现。处理方法与查找直流接地处理方法相同，但此时很容易造成保护误动，应做好安全措施和事故预想。

4. 蓄电池组异常处理

（1）蓄电池在运行中发现下列异常应报告工区进行处理。

1）容器破损、电解液漏出。

2）蓄电池组绝缘降低，造成直流接地，清扫后仍不能消除时。

（2）防酸蓄电池故障及处理。

1）防酸蓄电池内部极板短路或开路，应更换蓄电池。

2）长期处于浮充运行方式的防酸蓄电池，极板表面逐渐会产生白色的硫酸铅结晶体，通常称之为硫化。处理方法：对故障蓄电池加强监视，增加对其电压、比重的测试次数，报缺陷处理。

3）防酸蓄电池底部沉淀物过多，用吸管清除沉淀物，并补充配置的标准电解液。

4）防酸蓄电池极板弯曲、龟裂、变形，若经核对性充放电容量仍然达不到 80%以上，此蓄电池应更换。

5）防酸蓄电池绝缘降低，当绝缘电阻值低于现场规定时，将会发出接地信号，且正对地或负对地均能测到电压时，应对蓄电池外壳和绝缘支架用酒精擦拭，改善蓄电池室的通风条件，降低湿度，绝缘将会得到提高。

（3）阀控密封铅酸蓄电池故障及处理。

1）阀控密封铅酸蓄电池壳体变形。一般造成的原因有充电电流过大、充电电压超过了 $2.4\text{V}\times N$、内部有短路或局部放电、温升超标、安全阀动作失灵等原因造成内部压力升高。处理方法是减小充电电流，降低充电电压，检查安全阀是否堵死。

2）运行中浮充电压正常，但一放电，电压很快下降到终止电压值。一般原因是蓄电池内部失水干涸、电解物质变质，处理方法是更换蓄电池。

（4）镉镍蓄电池故障处理。镉镍蓄电池会发生容量下降，放电电压低的故障，处理办法是更换电解液或者更换无法修复的电池。

（5）如蓄电池接线断路，应到蓄电池室内对蓄电池逐个进行检查，发现接线断开时，可临时采用容量满足要求的跨线将断路的蓄电池跨接，即将断路电池相邻两个电池正、负极相连，并立即通知专业人员检查处理。

5. 充电机异常处理

运行中当警铃响、充电机故障指示灯亮，发出“Ⅰ段直流故障”或“Ⅱ段直流故障”及“充电机交流失电”光字牌后，应作如下处理：

（1）按下复位按钮，解除音响、信号。

（2）检查充电机外观有无异常。

（3）检查充电机盘后电源熔断器是否熔断、开关是否跳开。

（4）检查站用低压盘充电机交流开关是否跳开。

（5）若无明显异常，试投一次。试投成功则继续运行；若不成功，不得再投，断开故障充电机交流电源后，投入备用充电机，并立即上报。

【思考与练习】

1. 站用交流消失应如何处理？
2. 采用瞬时停电法查找直流接地的操作顺序是什么？
3. 查找直流接地的注意事项有哪些？
4. 直流母线电压过高或过低如何处理？

模块3 站用交、直流系统异常处理危险点源分析（ZY1000407003）

【模块描述】本模块包含站用交、直流系统异常处理的危险点源。通过要点介绍和分析，了解站用交、直流系统异常处理危险点源，并能制定预控措施。

【正文】

一、站用交流系统异常处理危险点源分析

（1）检查处理时人员触电。

控制措施：

1）两人一起进行工作，加强监护。

2）工作前断开工作地点的电源、熔断器，在电源操作把手上挂“禁止合闸，有人工作！”标示牌。

3）工作前必须验电。

4）工作人员站在绝缘垫、绝缘凳或绝缘梯上。

（2）带负荷拉、合低压隔离开关，造成弧光短路。

控制措施：

1）拉、合各回路隔离开关前，应尽量减小回路电流。

2）拉、合低压侧总隔离开关前应先断开各分路隔离开关，使低压侧负荷为零。

（3）带负荷拉合站用变压器高压侧隔离开关。

控制措施：在站用变压器高压侧采用隔离开关时，只能用隔离开关进行空载站用变压器的停、送电操作。禁止使用隔离开关投入或退出异常运行的站用变压器。

（4）带负荷投、退熔断器造成烧伤或灼伤。

控制措施：

1）取下或投入熔断器前，应检查回路已断开电源。

2）更换熔断器应戴绝缘手套和护目镜。

（5）站用交流消失造成主变压器冷却器失电全停，主变压器温度过高。

控制措施：低压交流失电后，应监视主变压器负荷和温度，按照现场规程中规定的负荷和温度极限掌握，超出规定的负荷和温度时，汇报调度采取限制负荷的措施，必要时将主变压器停运。

（6）站用交流消失造成直流电压严重下降。

控制措施：站用交流失压后，应严密监视直流系统电压，尽量减小直流负荷，发现直流电压下降严重应及时调整电压。

（7）处理不当造成站用变压器损坏。

控制措施：站用变压器发生过热、内部有异常响声、套管严重破损放电等异常现象时，应立即停运处理。

（8）检查处理中造成交流短路或接地。

控制措施：

1）两人一起进行工作，加强监护。

2）使用的工具做好绝缘。

3）检查工作中禁止随意拆接交流回路接线。

4）使用万用表测量交流电压时，应使用万用表的交流电压挡，禁止使用电流或电阻挡进行测量。

二、直流系统异常处理危险点源分析

（1）检查处理中直流短路或接地。

控制措施：

1）两人一起进行工作，加强监护。

2）使用的工具做好绝缘。

3）检查工作中禁止随意拆接直流接线。

4）查找直流回路异常应使用高内阻电压表，禁止使用灯泡查找。

5）使用万用表测量直流电压时，应使用万用表的直流电压挡，禁止使用电流或电阻挡进行测量。

（2）检查处理中发生人身触电。

控制措施：

1）两人一起进行工作，加强监护。

2）使用工具应合格并绝缘良好。

3）不得徒手接触直流回路的导电部分。

（3）保护和自动装置拒动、误动。

控制措施：

1）断开、投入控制和保护回路直流电源前应经调度同意，并尽量缩短直流断开时间。

2）断开保护回路直流电源前应经调度同意退出保护和自动装置，投入直流电源后再投入。

3）处理过程中避免造成直流接地。

4）运行人员不得打开继电器和保护箱。

（4）微机保护及自动装置损坏。

控制措施：断开微机保护或自动装置直流电源前先将装置停用，投入直流电源后再启动，禁止未将装置停运就直接断开直流电源。

（5）蓄电池室氢气爆炸。

控制措施：

1）蓄电池室内严禁烟火。

2）进入蓄电池室前应先开启通风装置通风15min。

（6）蓄电池因过充电或欠充电损坏。

控制措施：

1）非自动控制的充电机应每月由浮充电倒全充电运行48h。

2）自动控制充电装置应监视其运行情况，防止由于充电装置故障造成蓄电池过充电或全充电运行时间过长而损坏。

3）每月按照规定时间进行蓄电池电压（和比重）的测试，根据测试结果判断蓄电池运行状态，进行适当维护。

【思考与练习】

1. 某站低压交流系统发生一条低压母线全停事故，经检查为主变压器冷却装置回路发生接地故障，请进行处理过程中的危险点源分析。

2. 某站开关控制回路发生直流接地现象，请进行检查和处理过程中的危险点源分析。

国家电网公司
生产技能人员职业能力培训专用教材

第三十四章　二次设备异常处理

模块1　二次设备异常现象及分析（ZY1000406001）

【模块描述】本模块包含二次设备异常现象和原因分析。通过现象描述和原因讲解，能够熟悉二次回路、继电保护装置、综合自动化系统常见异常的特征。

【正文】

变电站中的二次设备主要有继电保护和自动装置、综合自动化监控设备和控制、保护二次回路等。

一、二次回路常见异常现象及原因分析

1. 交流失电

保护或自动装置交流失电会造成装置告警或闭锁，发出告警信号和电压或电流回路断线信号。交流失电包括失去交流电压和交流电流断线两种情况。

（1）交流失电主要影响以下保护和自动装置。

1）交流电压消失主要影响距离保护、方向高频保护、零序保护、复合电压闭锁过电流保护、零序电压闭锁零序过电流保护、备用电源自投装置、故障录波器等接入电压量的保护和自动装置。

2）交流电流消失主要影响相差高频保护、光纤差动保护、母差保护、变压器差动保护、失灵保护、零序保护、电流速断和过电流保护、零序横差保护、故障录波器等接入电流量的保护。

（2）交流电压消失的现象和原因。

1）交流电压消失的现象："电压互感器回路断线"光字牌亮，警铃响，有功功率表指示不正常，电压表指示为零或三相电压不一致，电能表停走或走慢，低电压继电器动作，同期鉴定继电器发出响声等。除上述现象外，还可能发出"接地"信号，绝缘监视电压表指示值比正常值偏低等。

2）交流电压消失的原因。

a. 电压互感器高、低压侧的熔断器熔断或小开关跳闸。

b. 电压回路接头松动或断线。

c. 电压切换回路辅助触点和电压切换开关接触不良。其所造成的电压回路断线现象主要发生在操作后。主要有：电压互感器隔离开关辅助接点接触不良、回路断线；双母线接线方式，母线侧隔离开关辅助接点接触不良，这种现象常发生在倒闸操作过程中；电压切换继电器断线或接点接触不良、继电器损坏、端子排线头松动、保护装置本身问题等；交流切换回路直流电源熔断器熔断或小开关跳闸；误操作，在电压互感器二次侧未并列的情况下将电压互感器停运。

（3）交流电流回路开路的现象和原因。电流互感器是将大电流变换为一定量标准电流（1A或5A）的设备，正常运行时是接近于短路的变压器，其二次电流的大小决定于一次电流，若二次回路开路，二次电流等于零，一次回路所产生的磁势将全部作用于励磁，二次线圈上将感应很高的电压，峰值可达几千上万伏，严重威胁人身和二次设备的安全。同时，由于磁饱和，铁损增大，发热严重，易烧损设备，也易导致保护的误动和拒动。因此，电流回路断线开路是非常危险的。

1）交流电流二次开路的现象。

a. 三相电流表指示不一致（某相电流为零），功率指示降低，计量表计转慢或停转。

b. 差动断线或电流回路断线光字牌亮。

c. 电流互感器二次回路端子、元件线头等放电、打火。

d. 电流互感器本体有异常声音或发热、冒烟等现象。

e. 二次电流回路、二次设备有放电、冒火现象，严重时绝缘击穿。

f. 由负序、零序电流启动的继电保护和自动装置频繁动作，但不一定出口跳闸（还有其他条件闭锁），继电保护和自动装置闭锁（具有二次断线闭锁功能）、误动或拒动。

g. 仪表、继电保护和自动装置等冒烟烧坏。

2）二次开路的原因。

a. 二次设备（如继电器、端子排等）部件设计制造不良或安装不良。

b. 修试工作失误，如二次电流回路的线头漏接或未接好，验收时又未能发现，造成开路。

c. 二次电流端子接头压接不紧，长时间氧化、振动或回路电流大造成接线发热烧断。

d. 室外端子箱、接线盒进水受潮，端子螺丝和垫片锈蚀严重，锈断或发热烧断。

e. 电流端子操作错误或未拧紧等。

2. 中央信号异常

中央信号异常会影响运行人员对设备运行状况的监视和判断。

（1）中央信号的异常现象。

1）中央信号监视灯不亮或闪光。

2）喇叭或警铃试验时不响或报警不能复归。

3）光字牌试验时不亮或运行中常亮。

（2）中央信号装置异常的原因。

1）电源熔断器熔断或小开关跳闸造成装置失电。

2）灯泡烧坏或电阻与灯座断线。

3）端子松动、接触不良造成电源中断。

4）继电器质量不合格，线圈烧断或者接点接触不良、粘连等。

5）喇叭或警铃损坏。

二、继电保护和自动装置常见异常现象及原因分析

1. 装置告警灯亮

保护装置告警的原因主要有：

（1）装置软件故障。

（2）装置硬件自检故障或内部通信出错。

（3）TV 断线、TA 断线或极性错误等。

（4）断路器或隔离开关等位置开入异常。如某些型号的保护功能投退后未复归，保护定值区改变后未复位确认，母差保护隔离开关变位后未复归确认等。

2. 装置闭锁

当自检到硬件出现严重故障时，例如：RAM 异常、程序存储器出错、EEPROM 出错、定值无效、光电隔离失电报警、DSP 出错和跳闸出口异常、光纤通道故障等情况时，保护装置不能够继续工作。此时装置闭锁所有保护功能，并且“运行”指示灯熄灭。

3. 高频或光纤保护通道异常

通道异常时，发出通道异常信号或高频测试时信号显示不正常。

（1）高频通道异常原因。

1）对端收发信机异常或故障。

2）高频收发信机故障。

3）线路载波故障或导频消失。

4）由于天气等环境因素影响，通道信号衰减过大。

5）功率放大器电源未复归，信号不能复归。

6）高频通道受严重干扰，如线路结合滤波器内部避雷器击穿放电，产生高次谐波，影响高频保护，造成高频保护频繁发出信号。

7）结合滤波器接地隔离开关工作后未拉开。

（2）光纤通道异常的原因。

1）光端机故障。

2）光纤接头断开。

3）光纤中继设备故障或断电。

4. 液晶、灯光显示不正确或消失

液晶、灯光显示不正确或消失的原因有：

（1）液晶屏幕或灯泡故障。

（2）装置故障或异常。

（3）装置电源中断。

5. 重合闸未充电

重合闸未充电会造成线路瞬时故障开关跳闸后不能重合或备用电源自投装置在母线失电后不动作，造成不必要的停电事故。重合闸充电不正常的原因有：

（1）重合闸装置失去电源。

（2）位置继电器线圈或开关辅助触点接触不良。

（3）重合闸装置内部时间继电器，中间继电器线圈断线或接触不良。

（4）重合闸装置内部电容器或充电回路故障。

（5）重合闸连接片漏投、接触不良或者重合闸闭锁连接片误投入。

6. 时间误差过大

装置时间误差过大会造成保护动作后动作时间记录错误，影响对事故的分析判断，可能造成事故处理延误或错误。装置时间误差过大的原因有：

（1）内部时钟装置故障。

（2）GPS 校时装置故障或连接不正常。

（3）运行维护不当，长期未校时或校时错误。

7. 故障录波装置异常

（1）故障录波装置异常的现象。

1）录波装置在事故时不启动。

2）录波器后台电脑死机。

3）录波器频繁启动。

4）显示器黑屏。

（2）故障录波装置异常的主要原因。

1）交流回路异常。

2）电源中断。

3）装置硬件故障。

4）装置软件缺陷或感染病毒。

8. 继电器接点粘连、冒烟、声音异常

（1）继电器运行时间过长，接点老化或烧损会造成接触不良或粘连，继电器发出异常声音。

（2）继电器线圈过热会造成线圈冒烟烧损。

三、监控系统异常

1. 遥测数据不更新

主要现象包括：全部遥测数据不更新、个别遥测数据不更新、多路遥测数据不更新和一批遥测数据不更新。遥测数据不更新的原因有：

（1）某一单元全部遥测数据不更新。

1）测控单元失电，测控单元电源故障。

2）采样输入回路故障或 A/D 变换部分故障。

3）TV 回路失压。

4）TA 回路短路。

5）通信中断。

6）人工禁止更新。

7）前景与数据库不对应等。

（2）个别遥测数据不更新。

1）信号回路断线，信号继电器的触点卡死。

2）对应的光电隔离器件损坏。

3）转发点号未定义或定义错。

4）画面前景错。

5）数据库定义错。

6）设置禁止更新。

7）前景和数据库不对应。

8）其他原因。

（3）多组遥测、遥信数据不更新。

1）通信中断。

2）测控与通信机通信中断或通信机与计算机通信中断。

3）主计算机程序异常。

4）各测控单元地址冲突。

（4）一批遥测、遥信数据不更新。

1）有外部故障或遥信公共端断线。

2）遥信电源失电或电源故障。

3）对应的遥信接口板故障。

4）测控单元地址冲突或测控单元故障。

5）通信中断，测控单元与通信机的通信中断，通信机与主计算机通信中断。

6）设置禁止更新。

7）前景与数据库不对应。

8）画面刷新停止。

9）主计算机程序异常。

2. 遥测、遥信数据错误

遥测、遥信数据错误的原因有：

（1）测控单元故障。

（2）采样输入回路故障或 A/D 变换部分故障。

（3）TV 回路失压。

（4）TA 回路短路或电流、电压输入回路错误。

（5）电流、电压波形畸变。

（6）测控单元地址错误。

（7）前景与数据库不对应。

（8）主计算机程序异常。

3. 遥测精度差

遥测精度差的原因有：

（1）测控单元异常。

（2）采样回路接触不良或 A/D 变换部分故障。

（3）TV 回路异常。

（4）TA 回路异常。

（5）标度系数有误。

4. 个别遥信频繁变位

个别遥信频繁变位的原因有：

（1）信号线接触不良或辅助触点松动。

（2）设备处在检修或试验状态。

（3）开关机构有故障。

（4）信号受到干扰。

5. 遥控命令发出后遥控拒动

遥控拒动的原因有：

（1）就地/远方开关在就地位置。

（2）测控单元出口压板未投上。

（3）控制回路断线或控制电源消失。

（4）遥控出口继电器故障。

（5）遥控闭锁回路故障。

（6）遥控被强制闭锁。

6. 遥控返校错或遥控超时

遥控返校错或遥控超时的原因有：

（1）通信受到干扰。

（2）测控单元故障。

（3）通信中断。遥控与通信机通信中断或通信机与主计算机通信中断。

（4）控制回路断线或控制电源消失。

（5）同时有多个遥控操作。

（6）遥控出口继电器发生故障。

（7）遥控闭锁回路发生故障。

7. 遥控命令被拒绝

遥控命令被拒绝的原因有：

（1）开关号或者对象号错误。

（2）该遥控违反操作规程被闭锁。

（3）受控开关位置为检修状态。

（4）开关前景定义错误。

8. 遥调命令发出后遥调拒动

遥调拒动原因有：

（1）分接头控制电源未投入或控制电源故障。

（2）遥调压板未投入。

（3）出口继电器损坏。

（4）挡位信号未更新。

（5）遥调被闭锁。

（6）变压器处于异常状态。

9. 遥控单元失电

遥控单元失电的原因有：

（1）发生外部故障，如电源熔丝熔断、电源线断开或接触不良。

（2）测控单元电源故障。

10. 通信异常或中断

通信机与测控单元、保护、主计算机等通信异常或中断的原因有：

（1）通信机电源异常。

（2）通信接口异常，通信连线接触不良。

（3）接口板发生故障。
（4）通信连线受干扰严重。
（5）通信机软件异常。
（6）各待通信单元地址发生冲突。

11. 主计算机误报警

主计算机误报警的原因有：
（1）被监视量限值不合理。
（2）报警装置报警延时不合理或未设报警死区。
（3）保护或测控单元异常。
（4）主计算机软件异常。

12. 画面显示错误

画面显示错误的原因有：
（1）画面前景出现错误。
（2）前景与数据库不对应。
（3）测控或保护出现异常。
（4）通信控制机转发错误。
（5）数据被设置停止更新。
（6）通信中断。
（7）主计算机程序异常。
（8）标度系数出现错误。
（9）测控单元输入信号错误。

13. 计算机不能查看保护信息或动作信息没有显示

计算机不能查看保护信息或动作信息没有显示的原因有：
（1）计算机与通信机通信中断。
（2）保护与通信机通信中断。
（3）保护处于停用状态。
（4）通信机软件异常。
（5）数据库未定义或定义错误。

【思考与练习】

1. 保护和自动装置在运行中常发生哪些异常现象？
2. 交流电压消失的现象和原因是什么？
3. 交流电流回路开路的现象和原因是什么？
4. 遥控失灵的原因是什么？

模块2 二次设备常见异常处理（ZY1000406002）

【模块描述】本模块包含二次设备常见异常的处理。通过要点介绍，能够掌握二次回路、继电保护装置、综合自动化系统常见异常处理的方法。

【正文】

二次设备异常会影响运行人员对一次设备运行参数、状态的监视和判断，处理不及时会造成电能质量降低、丢失电量、设备异常运行不能及时发现引起事故、保护和自动装置误动或拒动以及误判断等。

一、二次回路异常处理

1. 二次回路异常处理的一般原则

（1）必须按符合实际的图纸进行工作。
（2）停用保护和自动装置，必须经调度同意。

（3）在互感器二次回路上查找故障时，必须考虑对保护及自动装置的影响，防止误动或拒动。

（4）投、退直流熔断器时，应考虑对保护的影响，防止直流消失或投入时误动跳闸。取直流电源熔断器时，应先取正极，后取负极；装熔断器时，顺序与此相反。目的是为了防止因寄生回路而误动跳闸。

（5）带电用表计测量时，必须使用高内阻电压表（如万用表等），防止误动跳闸。

（6）防止造成电流互感器二次开路，电压互感器二次短路或接地。

（7）使用的工具应合格并绝缘良好，尽量使必须外露的金属部分减少，防止发生接地、短路或人身触电。

（8）拆动二次接线端子，应先核对图纸及端子标号，做好记录和明显的标记，及时恢复所拆接线，并应核对无误，检查接触是否良好。

（9）凡因查找故障，需要作模拟试验、保护和断路器传动试验时，传动试验之前，必须汇报调度。根据调度命令，先断开该设备启动失灵保护、远方跳闸的回路。防止万一出现所传动的断路器不能跳闸，失灵保护、远方跳闸误动作，造成母线停电的恶性事故。

2. 二次回路故障查找的一般步骤

（1）根据故障现象和图纸分析故障可能的原因。

（2）保持原状，进行外部检查和观察。

（3）检查出故障可能性大的、容易出问题的、常出问题的薄弱点。

（4）用缩小范围法逐步查找。

（5）使用正确的方法，查明故障点并排除故障。

3. 交流失电处理

（1）交流电压消失处理。

1）退出距离保护、备用电源自投等装置，其他如母差或主变压器后备等保护电压闭锁会开放引起装置告警，但不会引起误动作，不需退出。

2）检查其他装置有无交流电压消失信号，检查监控系统显示的母线电压是否正常，如监控装置显示不正常或其他设备也有交流电压消失信号，应检查电压互感器二次回路是否正常。

3）检查装置交流电压小开关是否跳闸（或熔断器是否熔断），如小开关跳闸应试合小开关（或更换熔断器），处理好后汇报调度投入退出的保护或自动装置。小开关合闸后再次跳开（或熔断器再次熔断），应查找装置回路中有无接地或短路点。

4）检查隔离开关辅助接点切换是否到位，若属隔离开关辅助接点切换不到位，可在现场处理隔离开关的限位接点，若属隔离开关本身辅助接点行程问题，应请专业人员对辅助接点进行行程调整或更换。

5）若交流“电压回路断线”、保护“直流回路断线”同时报警，说明直流电源有问题。应先处理直流回路故障，更换直流回路熔断器（或试合小开关），若无问题再投入保护。

（2）交流电流回路断线处理。

1）交流电流回路开路应退出母线差动保护、主变压器差动保护和光纤差动保护等保护装置。

2）检查处理开路点，正常后投入所退出的保护装置，不能处理时报专业人员处理。

4. 信号回路的故障处理

（1）检查信号回路电源是否正常，如小开关跳闸（或熔断器熔断）应试合小开关（或更换熔断器），再次跳闸（或熔断）应检查回路中有无接地或短路点，处理后再恢复送电。

（2）断路器事故跳闸后，蜂鸣器不响时，首先按信号试验按钮，蜂鸣器仍不响，则说明事故信号装置故障。这时，应检查冲击继电器及蜂鸣器是否断线或接触不良，电源熔断器是否熔断或接触不良。若按试验按钮蜂鸣器响，则应检查控制开关和断路器的不对应启动回路，包括断路器辅助触点（或位置继电器触点）、控制开关触点及辅助电阻等。

（3）在设备发生异常工作状态时，预告信号警铃不响、光字牌不亮。可能的原因是：光字牌中两灯泡均已损坏或接触不良、信号电源熔断器熔断或接触不良、启动该信号的继电器的触点接触不良等。

此时，应用转换开关检查光字牌，若所有光字牌均不亮，就要检查信号电源，若只有个别不亮，则应更换灯泡。

（4）若光字牌信号发出，警铃不响，首先应按预告信号试验按钮，若警铃还是不响，则说明预告信号装置故障，这时，应检查冲击继电器及警铃是否断线或接触不良。若按试验按钮后警铃响，则应检查光字牌信号转换开关的触点是否导通、连接线是否断线或接触不良。

二、继电保护和自动装置异常处理

1. 继电保护和自动装置异常处理原则

（1）严禁打开装置机箱进行查找或处理。

（2）停用保护和自动装置，必须经调度同意。

（3）投、退直流电源时，应注意考虑对保护的影响，防止直流消失或投入时误动跳闸。

（4）继电保护和自动装置在运行中，发生下列情况之一者，应退出有关装置，汇报调度和上级，通知专业人员处理。

1）继电器有明显故障，接点振动很大或位置不正确，有误动作的可能。

2）装置出现异常可能误动。

3）电压回路断线或者电流回路开路可能造成误动时。

（5）因查找故障，需要作模拟试验、保护和断路器传动试验时，传动试验之前，必须汇报调度。根据调度命令，先断开该设备启动失灵保护、远方跳闸的回路。防止万一出现所传动的断路器不能跳闸，失灵保护、远方跳闸误动作，造成母线停电的恶性事故。

2. 装置告警处理

（1）按复归按钮复归，如不能复归则根据显示信息检查告警原因，能处理的进行处理，不能处理的报专业人员处理。如四方系列保护装置在投退功能压板后会发开入变位告警；BP-2B 型和 RCS-915 型母差保护在隔离开关操作后发出隔离开关变位告警，上述告警按复归按钮复归即可恢复正常运行。

（2）检查有无交流电压回路断线或差流异常信号，如因交流失电引起保护告警，应退出可能误动的保护或自动装置，再处理交流失电。

（3）装置自检告警应观察保护告警信息，打印故障报告，按照现场规程或保护说明书进行处理，不能准确判断时报专业人员处理。

3. 装置闭锁处理

发现保护或自动装置发出闭锁信号时，应立即退出被闭锁的保护功能，然后汇报调度，检查闭锁原因，运行人员能处理的应立即处理（如能够恢复的交流电压或电流消失故障），不能处理的应报专业人员处理。同时分析保护闭锁对运行设备的影响，做好事故预想和应急处理准备。

4. 高频或光纤保护通道异常处理

保护通道故障时，应立即向调度汇报，然后再处理通道异常。

（1）高频通道异常处理。

1）闭锁式的高频方向保护，通道异常时应申请停用，以防止区外故障造成误动。

2）对允许式的高频方向保护，通道异常时将失去速断功能，按调度命令投退。

3）高频相差保护通道异常时应申请停用，以防止保护误动。

4）高频闭锁距离、零序保护在通道异常时，保护将无法正确动作，应申请改为普通距离、零序保护运行。

5）发信机长期发信，可能为发信机内部元件故障，应申请停用；若对侧长期发信，本侧长期收信，可能为对侧发信机内部故障，应汇报调度处理。

6）运行人员无法处理时应通知专业人员处理，在通道恢复正常前，不得投入退出的保护。

（2）高频收发信机异常处理举例。

1）SF600 型收发信机异常处理。

a. 当实际收发信电平较正常低 4dB 时，“通道异常”灯亮，此时仅有 18、15、12、9dB 灯亮时，收发信机尚可继续运行。

b. 当实际收信电平较正常低 8dB 时，“裕度告警”灯亮，此时只有 15、12、9dB 电平指示灯亮时，收发信机已不能正常工作。

c. 出现上述情况时，值班人员应及时向调度申请将高频保护停用，然后将收发信机“本机—通道”插头切换至“本机—负载”位置，按下装置上的“启信”按钮，并按下“高频电压”和“高频电流”按钮，测量高频电压和电流值，检查其比值是否为 75Ω左右，如果比值为 75Ω左右，则表示收发信机无故障，可判断通道出现故障，然后对高频设备（电缆插头、结合滤波器、阻波器、线路等）进行检查，最后将检查情况汇报调度和上级部门听候处理；如果比值不为 75Ω左右，则表示收发信机本机有故障，应汇报调度和上级部门，由专业人员处理。

d. 当测量收发信电压较以往的值有较大的变化时，值班人员应及时向调度和上级部门汇报，检查收发信机（方法同上），听候处理。

2）YBX-1（K）型收发信机故障处理。

a. YBX-1（K）型收发信机“保护故障”灯亮或“合成”灯熄，先复归信号一次，不能复归时汇报调度申请停用高频保护，并向上级汇报，由专业人员处理。

b. 在交换信号时（0～5s 内），“电平正常”灯熄灭，先记录测试值，同以往信号测试值进行比较，变化较大表明收发信机输出出现问题或通道衰耗超过整定电平，应及时汇报调度及上级部门，由专业人员处理。

c. 当按下收信高滤插件上的 8dB 衰耗按钮测量通道高频电压数值，收信输出灯熄灭，表示通道裕度已经不够，此时高频保护已不能正常工作，应汇报调度申请停用保护，并向上级部门汇报，由专业人员处理。

d. 当测量的收发信电压较以往的值有较大的变化时，值班人员应及时向调度和上级部门汇报，检查收发信机，听候处理。

（3）光纤通道异常处理。

1）检查光端机运行是否正常，如光端机运行异常可重新启动一次。

2）检查光纤插头是否松脱或断线，如松脱可重新插好。

5. 重合闸异常处理

（1）检查重合闸装置电源是否正常，如电源中断应恢复电源。

（2）检查重合闸连接片和闭锁连接片投退是否正常，如连接片投退异常，应查明原因，恢复正常运行方式。

（3）检查重合闸继电器有无明显异常现象。

6. 时间误差过大处理

（1）先检查装置有无告警信息，如有相关告警信息一般为装置内部故障或与 GPS 校时装置自动校时错误，应报专业人员处理。

（2）无告警信息和自动校时装置时，应手动校时并加强巡视，观察时钟是否运行正常，如校时后短时间内又发生错误则应报专业人员处理。

7. 微机故障录波装置异常处理

（1）装置发出“呼唤”信号，后台机启动，但中央信号控制屏无“微机故障录波呼唤”光字牌，应在录波任务完成后再检查信号回路予以消除。

（2）装置频繁发出“呼唤”信号，而系统中无电流、电压冲击时，可复归“呼唤”信号。检查其他保护有无告警或动作信号，交流电压、电流回路是否正常。故障录波器交流电压小开关是否跳闸，熔断器有无熔断。若由于交流电压消失造成故障录波频繁启动，可将录波器的电压启动回路暂时退出。

（3）频繁启动或软件死机经调度同意可重启动，重启不能消除异常应报专业人员处理。

8. 继电器接点粘连、冒烟、声音异常处理

（1）发现继电器有接点粘连、冒烟、声音异常的现象，应先查清故障继电器的作用，判断是否会造成保护误动或拒动，对可能造成保护装置误动的应先退出相关保护装置。

（2）汇报调度，可能的情况下断开继电器电源。

（3）报专业人员处理或更换。

三、综合自动化系统异常处理

1. 综合自动化系统异常处理的原则

变电站监控系统为变电站值班人员提供操作平台，如果变电站综合自动化系统出现故障，监控软件可以通过语音、屏幕窗口等各种方式提请值班人员注意，监控系统报警后，值班人员一般应该采取如下措施：

（1）详细检查记录监控机上的告警信息。

（2）综自、远动电源设备有异常声音和现象时，应汇报调度和相关班组，根据检修人员的要求对特殊情况进行紧急处理。

（3）遥测、遥信量与实际设备状态不符或误发信号时，应及时汇报远动、综自设备的主管部门，运行人员应立即到现场检查并与主站核对，如与设备运行工况不一致，应立即通知有关检修人员处理。

（4）变电站微机监控系统程序出错，死机和其他异常情况。可以重新启动计算机程序或复位通信装置，不能恢复时，汇报调度并且通知检修人员处理。

（5）监控系统中网络通信异常，但检查监控网络硬件正常，可将主控室通信装置电源快速断开后再合上，此处理方法不会影响设备运行。但不得对保护测控一体装置断电复位。应报专业人员处理。

（6）当监控系统发出保护异常或动作信号时，应立即检查相关保护装置，进行判断处理。

（7）监控系统不能执行遥控、遥调指令时，应对操作设备、操作步骤和设备实际状态进行详细检查。

（8）监控系统发生异常后，应加强对本站设备巡视。

2. 综合自动化系统异常处理具体方法

（1）由变电站微机监控系统程序出错、死机及其他异常情况产生的软故障的一般处理方法是重新启动。

1）若监控系统某一应用功能出现软故障，可重新启动该应用程序。

2）若监控系统某台计算机完全死机（操作系统软件故障等情况造成），必须重新启动该台计算机并重新执行监控应用程序。

3）变电站监控系统网络在传输数据时由于数据阻塞造成通信死机，必须重新启动传输数据的HUB。

4）任何情况下发现监控系统应用程序异常，都可在满足必需的监视、控制能力的前提下，重新启动异常计算机。

5）重新启动计算机或任何应用程序前，应先征得调度和专业班组同意，采用热启动的方式重新启动，避免直接关机重启造成计算机或程序损坏。

（2）微机监控系统通信中断的处理。

1）应判断该装置通信中断是由保护装置异常引起的，还是由站内计算机网络异常引起的。

2）一般来说，若装置通信中断是由保护装置异常引起的，则该装置还会有“直流消失”信号。

3）大多数的通信中断信号是由站内计算机网络异常引起的，可通过监控网络总复归命令，以重新确认网络的通信状态。

4）当监控系统某个电压等级通信全部中断时，应检查相应的公用屏，HUB 或光纤盒工作是否正常。

5）对计算机网络异常引起的通信中断，处理时不得对该保护装置进行断电复位。

6）工作站、监控主机死机或网络中断短时间内不能恢复时，应加强设备监视，派人到控制室、继电保护室和现场监视设备运行情况，并应对主变的负荷和冷却系统运行情况作重点检查。

（3）在监控机上不能对一次设备进行操作时的处理步骤。

1）当操作员工作站，发生拒绝执行遥控命令时，应立即停止操作，检查发出的操作命令是否符合“五防”逻辑关系，操作过程中所选设备与操作对象是否一致，若“五防”系统有禁止操作的提示，说明该操作命令有问题，必须检查是否为误操作。发生不一致时，应立即停止一切操作，立即报告调度和专业管理部门。

2）检查“五防”程序运行是否正常，“五防”机与监控机通信是否正常，必要时可重新启动“五防”计算机并重新执行“五防”程序。

3）检查装置遥控压板、远方就地把手、测控装置的运行状态是否正常，若远方控制闭锁，应将远方/就地选择开关切换至“远方”位置。对不能自行处理的按缺陷上报。

4）当监控系统不能进行遥控操作，潮流数据为死数据（不随时间变化）、通信窗口显示红灯闪烁时，判断为通信中断，应检查通道中各设备运行是否正常。

5）检查被操作设备的操作电源开关是否已送上。

6）检查被操作设备的断路器控制装置运行是否正常。

7）检查出故障原因后，运行人员能处理的应立即处理，不能处理的应报专业人员处理。

8）如由于监控机或网络传输系统故障造成设备不能操作，短时间内不能恢复时，可在一次设备控制装置上进行操作。

【思考与练习】

1. 继电保护和自动装置在运行中，发生哪些情况时应退出有关装置？
2. 二次回路故障查找的步骤是什么？
3. 保护高频通道故障应如何处理？
4. 在监控机上不能对开关进行遥控操作时，应如何检查处理？

模块3　二次设备异常处理危险点源分析（ZY1000406003）

【模块描述】本模块介绍了二次设备异常处理的危险点源。通过要点介绍和分析，了解二次回路、继电保护装置、综合自动化系统异常处理的危险点源，并能制定预控措施。

【正文】

一、二次回路异常处理危险点源分析

（1）二次电压回路断线造成保护和自动装置误动。

控制措施：发现二次电压回路断线故障后或断开二次电压回路前，退出失压可能误动的距离保护和备用电源自投装置。

（2）带电测量回路电压时造成短路，甚至保护和自动装置误动。

控制措施：测量时必须使用高内阻电压表（如万用表），测量前检查表计选择开关位于电压挡。禁止使用灯泡代替仪表查找故障。禁止用万用表电阻挡进行带电测量。

（3）检查处理中造成短路、接地或装置误动。

控制措施：

1）检查处理时两人进行，加强监护。

2）使用工具应合格并绝缘良好，尽量使必须外露的金属部分减少（可包绝缘），不许触动继电器的机械部分。

3）不准拆接二次回路引线和打开保护、自动装置机箱。

（4）检查处理时人员触电。

控制措施：

1）检查处理时两人进行，加强监护。

2）使用工具应合格并绝缘良好。

3）不得徒手接触二次回路的导电部分。

（5）交流电流回路开路造成人员触电。

控制措施：查找二次电流回路开路时应由两人进行，穿绝缘靴、戴绝缘手套。

（6）交流电流回路开路造成差动保护误动。

控制措施：

1）发现交流电流回路开路后应立即退出该回路所带的主变压器、母线差动保护或线路纵联差动保护。

2）检查处理二次回路异常时防止造成交流电流回路开路。

二、继电保护和自动装置异常处理危险点源分析

（1）保护装置高频或光纤通道异常造成误动。

控制措施：

1）高频通道故障应退出高频闭锁保护和高频相差保护。

2）光纤通道故障应将主保护退出运行。

（2）检查处理中保护和自动装置拒动。

控制措施：

1）断开装置直流电源或退出保护功能前应经调度同意，并尽量缩短停运时间。

2）不准拆接二次回路引线和打开保护、自动装置机箱。

3）因保护或二次回路异常使设备失去保护时，应将设备停运。

（3）异常检查处理中保护和自动装置误动。

控制措施：

1）检查过程中需断开或接通装置直流电源时，应先将保护跳闸压板断开。

2）不得随意调整装置定值。

3）不得随意操作保护“复位”按钮。

（4）随意重启或退出故障录波器影响系统事故判断。

控制措施：重启或退出故障录波器必须经调度员批准。

（5）检查处理时造成设备损坏。

控制措施：

1）不得打开装置机箱进行检查。

2）不得随意重启保护或自动装置以及高频收发信机、光端机。

三、综合自动化系统异常处理危险点源分析

（1）误遥控、遥调设备。

控制措施：

1）操作员机发出禁止操作命令时，应检查命令是否符合“五防”逻辑关系，操作过程中所选设备与操作对象是否一致，禁止不经检查，随意解除闭锁操作。

2）发现监控系统运行异常，严禁进行实际操作试验。

3）重新启动计算机或任何应用程序前，应先征得调度和专业班组同意。

（2）检查过程中误拉合开关。

控制措施：

1）检查应由两人进行，加强监护。

2）远方/就地切换把手与断路器分、合闸操作把手在同一个监控屏时，切换监控屏远方/就地切换把手时应先确认详细检查，防止将断路器操作把手误当做远方/就地把手切换。

3）远方/就地切换把手与断路器分、合闸为同一个把手时，切换时应小心谨慎，防止用力过大发生误操作。

（3）造成监控机或程序损坏。

控制措施：

1）计算机应采用热启动的方式重新启动，禁止采用断开、投入主机电源的方法重启动计算机。

2）除USB接口和网络接口外，不得随意插拔其他计算机接口。

3）不得打开计算机外壳。

4）不得执行删除程序。

（4）人身触电。

控制措施：禁止打开计算机或其他监控设备外壳进行检查。

（5）处理时造成断路器误动。

控制措施：处理过程中不得随意重启动监控设备，确需重启动方能恢复正常运行时应在专业人员指导下进行，并征得调度同意。

【思考与练习】

1. 某站 220kV 线路高频保护装置由于高频收发信机断电，发出通道故障信号，请进行处理过程中的危险点源分析。

2. 某站综合自动化监控系统在操作 1 号主变压器 110kV 侧主进 111 断路器时，系统提示操作不成功，请进行处理过程中的危险点源分析。

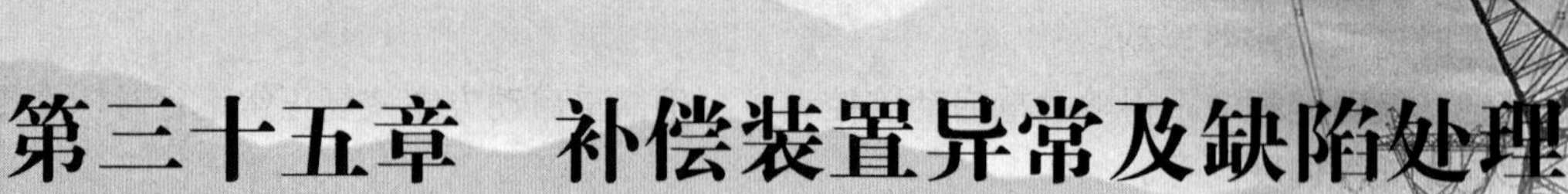

第三十五章　补偿装置异常及缺陷处理

模块 1　补偿装置异常现象及分析（GYBD00501001）

【模块描述】本模块介绍了补偿装置的常见异常。通过原理讲解、要点归纳，了解电容器、电抗器常见异常现象和产生的原因。

【正文】

补偿装置主要有并联电容器组、电抗器、接地变压器、消弧线圈及静止无功补偿器等。补偿装置在变电站中主要起着补偿系统的无功功率，维持系统电压的作用。消弧线圈和接地变压器可以补偿小电流接地系统接地电流。

一、并联电容器组常见异常现象及原因分析

（1）渗漏油。电容器在运行中如外壳或下部有油渍则可能是发生了渗漏油，渗漏油会使电容器中的浸渍剂减少，内部元件易受潮从而导致局部击穿。造成电容器渗漏油的原因有：

1）搬运、安装、检修时造成法兰或焊接处损伤，使法兰焊接出现裂缝。

2）接线时拧螺钉过紧、瓷套焊接出现损伤。

3）产品制造缺陷。

4）温度急剧变化，由于热胀冷缩使外壳开裂。

5）在长期运行中漆层脱落，外壳严重锈蚀。

6）设计不合理，如使用硬排连接，由于热胀冷缩，极易拉断电容器套管。

（2）外壳膨胀变形。运行中电容器的外壳可能发生鼓肚等变形现象。外壳膨胀变形的原因有：

1）介质内产生局部放电，使介质分解而析出气体。

2）部分元件击穿或极对外壳击穿，使介质析出气体。

3）运行电压过高或拉开断路器时重燃引起的操作过电压作用。

4）运行温度过高，内部介质膨胀过大。

（3）单台电容器熔丝熔断。单台电容器熔丝熔断的现象可通过巡视发现，有时也会反映为电容器组三相电流不平衡。单台电容器熔丝熔断的原因有：

1）过电流。

2）电容器内部短路。

3）外壳绝缘故障。

（4）温升过高，接头过热或熔化。通过红外测温、试温蜡片或雨雪天观察能够发现电容器或接头温度过高的现象。造成电容器组温度过高的原因有：

1）电容器组冷却条件变差，如室内布置的电容器通风不良，环境温度过高，电容器布置过密等。

2）系统中的高次谐波电流影响。

3）频繁切合电容器，使电容器反复承受过电压的作用。

4）电容器内部元件故障，介质老化、介质损耗增大。

5）电容器组过电压或过电流运行。

（5）声音异常。电容器发出异常音响的原因有：

1）内部故障击穿放电。

2）外绝缘放电闪络。

3）固定螺钉或支架等松动。

（6）过电流运行。运行中的电容器可能发生过电流运行的现象。造成电容器过电流的原因有：

1）过电压。

2）高次谐波影响。

3）运行中的电容器容量发生变化，容量增大。

（7）过电压运行。电容器组运行电压过高的主要原因有：

1）电网电压过高。

2）电容器未根据无功负荷的变化及时退出，造成补偿容量过大。

3）系统中发生谐振过电压。

（8）套管破裂或放电，瓷绝缘子表面闪络。电容器套管表面脏污或环境污染，再遇上恶劣天气（如雨、雪）和遇有过电压时，可能产生表面闪络放电，引起电容器损坏或跳闸。电容器套管破裂会使套管绝缘性能降低，在雨雪天气，裂缝处进水造成闪络接地，冬天融雪水进入套管裂缝处结冰会造成套管破裂。

（9）三相电流不平衡。电容器组在运行中容量发生变化或者分散布置电容器组某一相有单只电容器熔丝熔断造成三相容量不平衡，会引起电容器三相电流不平衡。

二、电抗器常见异常现象及原因分析

变电站中的电抗器分为串联电抗器和并联电抗器两种。串联在电容器组内的电抗器，用以减小电容器组涌流倍数及抑制谐波电压。并联电抗器接在主变压器低压侧，用于补偿输电线路的容性无功功率，维持系统电压稳定。下面介绍电抗器常见的异常现象及产生原因。

（1）声音异常。电抗器正常运行时，发出均匀的“嗡嗡”声，如果声音比平时增大或有其他声音都属于声音异常。

1）响声均匀，但比平时增大，可能是电网电压较高，发生单相过电压或产生谐振过电压等，可结合电压表计的指示进行综合判断。

2）有杂音，可能是零部件松动或内部原因造成的。

3）有放电声，外表放电多半是污秽严重或接头接触不良造成的；内部放电声多半是不接地部件静电放电、线圈匝间放电等。

4）对于干式空芯电抗器，在运行中或拉开后经常会听到“咔咔”声，这是电抗器由于热胀冷缩而发出的正常声音，如有其他异声，可能是紧固件、螺钉等松动或是内部放电造成的。

（2）温度异常。温度异常一般表现为油浸电抗器温度计指示偏高或已经发出超温报警，干式电抗器接头及包封表面过热、冒烟。电抗器过热的主要原因有：

1）过电压运行。

2）温升的设计裕度取得过小，使设计值与国标规定的温升限值很接近。

3）制造的原因，如绕制绕组时，线轴的配重不够、绕制速度过快和停机均可造成绕组松紧度不好和绕组电阻的变化。

4）附近有铁磁性材料形成铁磁环路，造成电抗器漏磁损耗过大。

5）接线端子与绕组焊接处的焊接电阻由于焊接质量的问题产生附加电阻，该焊接电阻产生附加损耗使接线端子处温升过高；另外，在焊接时由于接头设计不当、焊缝深宽比太大，焊道太小，热脆性等原因产生的焊缝金属裂纹都将降低焊接质量，增大焊接电阻，也会造成焊接处温度升高。

（3）套管闪络放电。套管闪络放电会导致发热老化，绝缘下降引发爆炸。常见原因如下：

1）表面粉尘污秽过多，阴雨雾天气因电场不均匀发生放电。

2）系统出现过电压，套管内存在隐患而放电闪络击穿。

3）高压套管制造质量不良，末屏出线焊接不良或小绝缘子芯轴与接地螺套不同心，接触不良以及末屏不接地，导致电位提高而逐步损坏形成放电闪络。

（4）引线断股或散股。

（5）油浸式电抗器常见异常及原因分析。

1）油位异常。现象和原因有：

a. 油位过低。主要原因是电抗器严重渗漏油、气温过低、油枕储量不足、气囊漏气等。

b. 油位过高。当环境温度很高，高压电抗器油枕储油较多时，可能出现油位高信号。

2）油浸高压电抗器渗漏油。常见部位和原因如下：

a. 阀门系统。蝶阀胶垫材质安装不良，放油阀精度不高，螺纹处渗漏。

b. 胶垫、接线螺钉、高压套管基座、TA 出线接线螺钉胶垫密封不良无弹性，小绝缘子破裂渗漏。

c. 胶垫因材质不良龟裂失去弹性，不密封而渗漏。

d. 高压套管升高座法兰、油箱外表、油箱法兰等焊接处因材质薄加工粗糙形成渗漏等。

3）呼吸器硅胶变色过快。可能是由于硅胶罐有裂纹破损，呼吸管道密封不严，油封罩内无油或油位太低，胶垫龟裂不合格，螺钉松动或安装不良等使湿空气未经油过滤而直接进入硅胶罐中。

（6）干式电抗器常见异常现象及原因分析。

1）干式电抗器包封表面有爬电痕迹、裂纹或沿面放电。电抗器在户外的大气条件下运行一段时间后，其表面会有污物沉积，同时表面喷涂的绝缘材料也会出现粉化现象，形成污层。在大雾或雨天，表面污层会受潮，导致表面泄漏电流增大，产生热量。这使得表面电场集中区域的水分蒸发较快，造成表面部分区域出现干区，引起局部表面电阻改变。电流在该中断处形成很小的局部电弧。随着时间的增长，电弧将发展合并，在表面形成树枝状放电烧痕，引起沿面树枝状放电，绝大多数树枝状放电产生于电抗器端部表面与星状板相接触的区域。而匝间短路是树枝状放电的进一步发展，即短路线匝中电流剧增，温度升高到使线匝绝缘损坏，高温下导线熔化。

2）支持绝缘子有倾斜变形或位移、绝缘子裂纹。电抗器安装时支持绝缘子受力不均匀、基础沉陷或地震等都会造成支持绝缘子倾斜变形或绝缘子破裂。变电站中常见的是由于电抗器基础沉陷造成支持绝缘子倾斜变形或破裂。另外，绝缘子受到冰雹或大风刮起的杂物碰撞也会造成破损裂纹。

3）接地体、围网、围栏等异常发热。在电抗器轴向位置有接地网，径向位置有设备、遮栏、构架等，都可能因金属体构成闭环造成较严重的漏磁问题，对周围环境造成严重影响。若有闭环回路，如地网、构架、金属遮栏等，其漏磁感应环流达数百安培。这不仅增大损耗，更因其建立的反向磁场同电抗器的部分绕组耦合而产生严重问题，如是径向位置有闭环，将使电抗器绕组过热或局部过热，相当于电抗器二次侧短路；如是轴向位置存在闭环，将使电抗器电流增大和电位分布改变，故漏磁问题并不能简单地认为只是发热或增加损耗。

4）有撑条松动或脱落情况。造成这种现象的原因主要有安装质量不良或长期运行振动导致紧固螺钉松动等。

5）绝缘支柱绝缘子或包封不清洁，金属部分有锈蚀现象。

6）干式电抗器内有鸟窝或有异物，影响通风散热。

三、接地变压器和消弧线圈的常见异常现象及原因分析

接地变压器和消弧线圈出现故障和系统中的故障及异常运行情况有很密切的关系。接地变压器和消弧线圈一般只有在系统有接地、断线及三相电流严重不对称时，才有较大的电流通过，内部故障的现象才会显现出来。

（1）渗漏油。接地变压器和消弧线圈发生渗漏油时能在其外壳或下部看到油渍或油滴，渗漏油会造成油面降低，使绝缘暴露在空气中，使绝缘材料老化加剧，绝缘性能降低。渗漏油还会使绝缘油中进入空气，造成绝缘油劣化。渗漏油的原因有：

1）外壳密封不良。

2）油标管与外壳间有缝隙。

3）放油或加油后阀门关闭不严密。

4）油位过高，温度升高时有油从上部溢出。

（2）内部有放电声。巡视时如听到接地变压器和消弧线圈内部有“噼啪”声或“吱吱”声，则可能是内部发生了放电现象，内部放电会造成绝缘过热烧损，甚至击穿造成事故。引起内部放电的原因有：

1）绕组绝缘损坏，对外壳或铁芯放电。

2）铁芯接地不良，在感应电压作用下对外壳放电。

（3）套管污秽严重、破裂、放电或接地。

1）接地变压器和消弧线圈安装地点空气污染较重、长期得不到清扫等会造成套管污秽严重。在雨、雪、大雾等潮湿天气，套管上的污秽与水相结合会形成导电带，造成套管放电或接地。

2）套管安装质量不良，受力不均匀或者受到恶劣天气（如冰雹等）影响会使套管破损裂纹，套管破裂后潮气侵入套管内部使套管绝缘性能下降，严重时也会造成套管放电或接地。

（4）本体温度（或温升）超过极限值、冒烟甚至着火。接地变压器和消弧线圈内部放电、分接开关接触不良、主变压器中性点电压位移过大或者长时间通过接地电流时都会产生温升过高现象，严重时会造成接地变压器和消弧线圈内部绝缘材料烧坏、冒烟甚至起火。

（5）分接开关接触不良。消弧线圈分接位置调整不到位、分接头接触部分生锈或有油膜会造成分接开关接触不良。分接开关接触不良会造成在通过接地补偿电流时发生过热现象，严重时会使设备烧损。

（6）接地变压器和消弧线圈外壳鼓包或开裂。接地变压器和消弧线圈外壳膨胀、开裂缺陷常会伴随发生渗漏油现象。外壳膨胀或开裂的原因有：

1）内部过热使绝缘油膨胀或气化，外壳承受过高的压力造成膨胀或开裂。

2）地震等外力破坏使外壳承受过高的应力作用发生开裂。

3）外壳焊接质量不良造成开裂。

（7）中性点位移电压大于15%相电压。系统中性点位移电压过大的原因有：

1）系统中有接地故障。

2）系统负荷严重不平衡。

3）系统电源非全相运行。

4）谐振过电压。

（8）一次导流部分发热变色。由于导流部分接触不良，引起过热。

（9）设备的试验、油化验等主要指标超过相关规定。

【思考与练习】

1. 并联电容器组有哪些常见异常现象？

2. 消弧线圈有哪些常见异常现象？

3. 电容器外壳膨胀变形的原因有哪些？

4. 电抗器有哪些常见异常现象？

5. 为什么有些电抗器周围的围栏会发热？

模块2　补偿装置异常处理（GYBD00501002）

【模块描述】本模块介绍了补偿装置常见异常的处理。通过案例介绍，掌握电容器、电抗器异常的处理方法。

【正文】

补偿装置发生异常，会影响变电站无功补偿能力，造成系统电压质量降低，所以发现补偿装置异常应及时进行处理。

一、电容器组异常处理

1. 电容器组立即停运的情况

遇有下列异常情况之一时电容器应立即退出运行：

（1）电容器发生爆炸。

（2）触头严重发热或电容器外壳测温蜡片熔化。

（3）电容器外壳温度超过55℃或室温超过40℃，采取降温措施无效时。

（4）电容器套管发生破裂并有闪络放电。

（5）电容器严重喷油或起火。

（6）电容器外壳明显膨胀或有油质流出。

（7）三相电流不平衡超过 5%以上。

（8）由于内部放电或外部放电造成声音异常。

（9）密集型并联电容器压力释放阀动作。

2. 电容器组应加强监视的情况

电容器组有以下异常现象时应查找原因、采取措施尽快停电处理：

（1）电容器组渗油时，如渗油不严重，可不申请停电处理，只需要按照缺陷管理制度上报缺陷，但必须随时监视；若渗油严重，必须申请停电进行处理。

（2）电容器温度过高，必须严密监视和控制环境温度，如室温过高，应改善通风条件或采取冷却措施控制温度在允许范围内，如控制不住则应停电处理。在高温、长时间运行的情况下，应定时对电容器进行温度检测。如系电容器本身的问题或触点温度过高则应停电处理。

（3）由于外部固定螺钉或支架松动等外部原因造成声音异常。

（4）电容器单台熔断器熔断后的处理：

1）严格控制运行电压。

2）将电容器组停电并充分放电后更换熔断器，投入后继续熔断，应退出该组电容器。

3）报缺陷由检修人员测量绝缘，对于双极对地绝缘电阻不合格或交流耐压不合格的应及时更换。

4）因熔断器熔断引起相间电流不平衡接近 2.5%时，应更换故障电容器或拆除其他相电容器进行调整。

（5）发现电容器三相电流不平衡度不超过 5%时，应立即检查系统电压是否平衡、单台电容器熔丝是否熔断，查出原因后报调度或检修单位处理。如无上述现象，可能是电容器组容量发生变化，应尽快将该组电容器退出运行，报检修单位处理。

（6）母线电压超过电容器额定电压后，过电压倍数及运行持续时间按表 GYBD00501002-1 规定执行。

（7）电容器运行电流超过额定电流，但不到 1.3 倍时。

表 GYBD00501002-1　　电力电容器过电压倍数及运行持续时间表

过电压倍数（U_g/U_n）	持续时间	说明
1.05	连续	—
1.10	每 24h 中 8h	—
1.15	每 24h 中 30min	系统电压调整与波动
1.20	5min	轻荷载时电压升高
1.30	1min	

二、高压电抗器异常处理

1. 干式电抗器异常处理

（1）干式电抗器有以下异常应立即停电处理：

1）接头及包封表面异常过热、冒烟。

2）干式电抗器出现沿面放电。

3）绝缘子有明显裂纹或倾斜变形。

4）并联电抗器包封表面有严重开裂现象。

（2）电抗器有以下异常时应加强监视并尽快退出运行：

1）设备有过热点，接地体发热，围网、围栏等异常发热。若发现电抗器有局部发热现象，则应减少该电抗器的负荷，并加强通风。必要时可采用临时措施，采用轴流风扇冷却（户内设备），待有机会停电时，再进行处理。

2）包封表面存在爬电痕迹以及裂纹现象。

3）支持绝缘子有倾斜变形（或位移），暂不影响继续运行。

4）有撑条松动或脱落情况。

（3）电抗器有以下异常时应报缺陷按检修计划处理：

1）包封表面不明显变色或轻微振动。

2）绝缘支柱绝缘子或包封不清洁，金属部分有锈蚀现象。

3）干式电抗器内有鸟窝或有异物，影响通风散热。

4）引线散股。

2. 油浸高压电抗器异常处理

（1）温度异常。检查油位、油色有无异常，并结合无功负荷、电压高低、环境温度分析对照，初步判明高压电抗器内部有无问题。将检查分析结果汇报调度和工区，听候处理。

（2）声响异常。

1）高压电抗器响声均匀，但比平时增大，应加强监视。

2）高压电抗器有杂音，首先检查有无零部件松动，查看电流表、电压表指示是否正常。以上检查未见异常时，有可能是内部原因造成的，应报告调度和工区。

3）高压电抗器有放电声。应仔细检查判明放电声是来自表面还是由内部发出，外表放电多半是污秽严重或接头接触不良造成的，应停电处理；内部放电声多半是不接地部件静电放电、线圈匝间放电等。这时应严密监视，及时上报调度和工区。

（3）油位异常。

1）油位偏低或偏高时，应加强监视，报缺陷处理。

2）由于渗漏油造成油位过低，应汇报调度申请停电处理。

（4）渗漏油。

1）轻微漏油或渗油属于一般缺陷，可加强监视，报调度和工区，安排计划处理。

2）严重漏油应申请停电处理，在停电前加强监视，做好事故预想和应急处理准备。

（5）呼吸器硅胶变色过快，应查找变色过快的原因，报缺陷处理。

三、接地变压器和消弧线圈异常处理

消弧线圈动作或发生异常现象时，应记录好动作时间、中性点位移电压、电流及三相对地电压，并及时向调度汇报。

1. 接地变压器和消弧线圈立即停运的情况

接地变压器或消弧线圈有以下异常时应立即退出运行：

（1）设备漏油，从油位指示器中看不到油位。

（2）设备内部有放电声响。

（3）一次导流部分接触不良，引起发热变色。

（4）设备严重放电或瓷质部分有明显裂纹。

（5）绝缘污秽严重，存在污闪可能。

（6）阻尼电阻发热、烧毁或接地变压器温度异常升高。

（7）设备的试验、油化验等主要指标超过相关规定，由试验人员判定不能继续运行。

（8）消弧线圈本体或接地变压器外壳鼓包或开裂。

2. 接地变压器和消弧线圈应加强监视的情况

接地变压器或消弧线圈有以下异常时，应查找原因、采取措施并尽快退出运行：

（1）设备渗漏油，还能够看到油位。

（2）红外测量设备内部异常发热。

（3）工作、保护接地失效。

（4）瓷质部分有掉瓷现象，不影响继续运行。

（5）绝缘油中有微量水分，游离碳呈淡黑色。

（6）二次回路绝缘下降，但不超过30%。

（7）中性点位移电压大于15%相电压。

（8）设备不清洁、有锈蚀现象。

3. 隔离故障设备的方法

将故障接地变压器或消弧线圈退出运行的方法如下：

（1）在系统存在接地故障的情况下，不得停用消弧线圈，且应严格对其上层油温加强监视，其值最高不得超过95℃，并迅速查找和处理单相接地故障，应注意允许带单相接地故障运行时间不得超过2h，否则应将故障线路断开，停用消弧线圈。

（2）若接地故障已查明，将接地故障切除以后，检查接地信号已消失，中性点位移电压很小时，方可用隔离开关将消弧线圈拉开。

（3）若接地故障点未查明，或中性点位移电压超过相电压的15%时，接地信号未消失，不准用隔离开关拉开消弧线圈。可作如下处理：

1）投入备用变压器或备用电源。

2）将接有消弧线圈的变压器各侧断路器断开。

3）拉开消弧线圈的隔离开关，隔离故障。

4）恢复原运行方式。

四、补偿装置异常处理举例

某变电站电容器组频繁发生单台熔丝熔断现象，经检修单位测试检查电容器有轻微容量变化，但尚在允许范围内。运行一段时间后，电容器组事故跳闸，检查发现多台电容器熔丝发生熔断，电容器本体及围栏有烧损现象。测试发现该组电容器均发生容量增大现象。经事故调查分析，原因为电容器组断路器分闸速度不够，在操作中拉开电容器时发生电弧重燃。电容器组在电弧重燃过电压的作用下内部绝缘介质局部击穿，造成电流增大，损坏严重的电容器熔丝熔断。同时，由于电容器熔丝安装时角度调整不够，使熔丝熔断时分断速度过小，电弧不能断开，造成弧光短路，引起整组电容器跳闸。事后该变电站更换了所有电容器组断路器，并对全部电容器熔丝进行了调整，消除了电容器组缺陷。

【思考与练习】

1. 电容器有哪些异常现象时应停电处理？
2. 电抗器有哪些异常现象时应停电处理？
3. 接地变压器或消弧线圈有哪些异常现象时应停电处理？

模块3 补偿装置异常处理危险点源分析（GYBD00501003）

【模块描述】本模块对补偿装置异常处理中的危险点源进行了分析。通过要点讲解，能够制定相应的预控措施。

【正文】

一、补偿电容器组异常处理危险点分析

1. 检查处理电容器组异常现象时人身触电

控制措施：检查处理电容器组异常现象时，不得触及电容器外壳或引线，以防止电容器内部绝缘损坏造成外壳带电；若有必要接触电容器，应先拉开断路器及隔离开关，然后验电装设接地线，并对电容器进行充分放电。

2. 更换单只电容器熔断器时人身触电

控制措施：在接触电容器前，应戴绝缘手套，用短路线将电容器的两极短接，方可动手拆卸；对双星形接线电容器的中性线及多个电容器的串接线，还应单独放电。

3. 摇测电容器两极对外壳和两极间绝缘电阻时人身触电

控制措施：由两人进行，测量前用导线将电容器放电；测试完毕后，将电容器上的电荷放尽。

4. 处理电容器着火时人身触电

控制措施：先将电容器停电后再进行灭火，由于电容器可能有部分电荷未释放，所以应使用绝缘介质的灭火器，并不得接触电容器外壳和引线。

5. 检查处理电容器组异常现象时电容器爆炸伤人

控制措施：发现电容器内部有异常音响或外壳严重膨胀等异常现象，应立即将电容器停电，停电前不得再接近发生异常的电容器组。

6. 电容器组投切操作时电容器爆炸伤人

控制措施：应先检查无人在电容器组附近后再进行操作。

7. 由于处理不当造成电容器爆炸

控制措施：

（1）电容器组断路器跳闸后，在未查明原因并处理前不得试送电容器。

（2）电容器组切除后再次投入运行，应间隔 5min 后进行。

（3）发现电容器有需要立即退出运行的异常现象时，应立即将电容器停电处理。

二、电抗器异常处理危险点分析

1. 由于处理不当造成设备损坏

控制措施：按照电抗器异常处理方法将需立即停电的电抗器退出运行。

2. 处理电抗器异常时人身被烧、烫伤

控制措施：

（1）发现电抗器或周围围栏等设备过热时，不得触及设备过热部分。

（2）电抗器冒烟或着火，灭火时应做好个人防护措施，必要时报火警。

3. 检查处理电抗器异常时人身受到伤害

控制措施：发现干式电抗器有异常声响、放电或支持绝缘子严重破损或位移时，应立即远离故障电抗器，并迅速将其退出运行。

4. 检查处理电抗器异常时人身触电

控制措施：

（1）在电抗器停电并做好安全措施前，不得进入电抗器围栏或接触干式电抗器外壳。

（2）电抗器冒烟或着火，应在断开电源后用干粉、二氧化碳等采用绝缘灭火材料的灭火器灭火。

三、接地变压器或消弧线圈异常处理危险点源分析

1. 接地变压器和消弧线圈停电操作中带负荷拉合隔离开关

控制措施：

（1）在进行接地变压器或消弧线圈投、停操作前，需查明电网内确无单相接地，且消弧线圈电流小于 10A 后，方可用隔离开关进行操作。

（2）若接地故障点未查明，或中性点位移电压超过相电压的 15%时，接地信号未消失，不准用隔离开关拉开接地变压器或消弧线圈。

（3）严禁用隔离开关拉、合发生异常的接地变压器或消弧线圈。

2. 将带有消弧线圈的主变压器退出运行后其他主变压器过负荷

控制措施：

（1）一台主变压器停运操作前，先检查负荷情况，联系调度，提前限制负荷。

（2）拉开主变压器低、中压侧断路器后，检查运行主变压器各侧负荷情况，发现过负荷及时处理。

3. 处理过程中发生系统谐振

控制措施：在进行消弧线圈投入和退出电网的操作时，应密切监视电网运行情况，发现谐振立即处理。

【思考与练习】

1. 电容器组发生一台电容器熔断器熔断，需运行人员更换熔断器，请进行处理过程中的危险点源分析。

2. 如何防止接地变压器或消弧线圈异常处理过程中发生带负荷拉隔离开关？

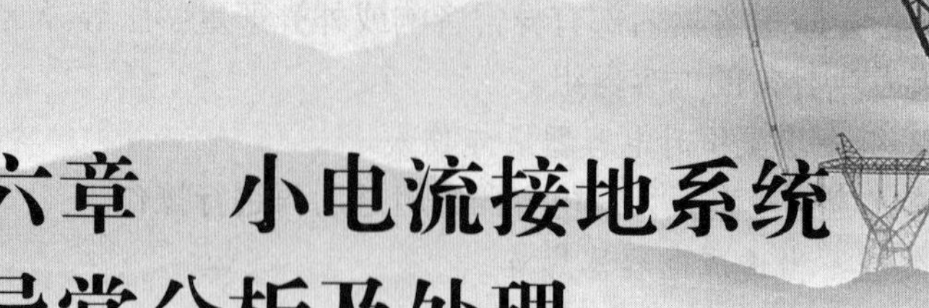

第三十六章　小电流接地系统异常分析及处理

模块1　小电流接地系统异常现象及分析（GYBD00502001）

【模块描述】本模块介绍了小电流接地系统常见异常。通过现象描述、原理讲解，了解小电流接地系统常见异常现象和产生的原因。

【正文】

小电流接地系统中，中性点接地方式有中性点不接地和中性点经消弧线圈接地两种。该系统常见异常主要有单相接地和缺相运行两种。

一、单相接地故障现象及分析

1. 单相接地故障现象

（1）警铃响，同时发出接地光字信号，接地信号继电器掉牌。综合自动化变电站内监控机发出预告音响并有系统接地报文。

（2）如故障点高电阻接地，则接地相电压降低，其他两相对地电压高于相电压；如金属性接地，则接地相电压降到零，其他两相对地电压升高为线电压；若三相电压表的指针不停地摆动，则为间歇性接地。

（3）中性点经消弧线圈接地系统，接地时消弧线圈动作光字牌亮，电流表有读数。装有中性点位移电压表时，可看到有一定指示（不完全接地）或指示为相电压值（完全接地）。消弧线圈的接地告警灯亮。

（4）发生弧光接地时，产生过电压，非故障相电压很高，电压互感器高压熔断器可能熔断，甚至可能烧坏电压互感器。

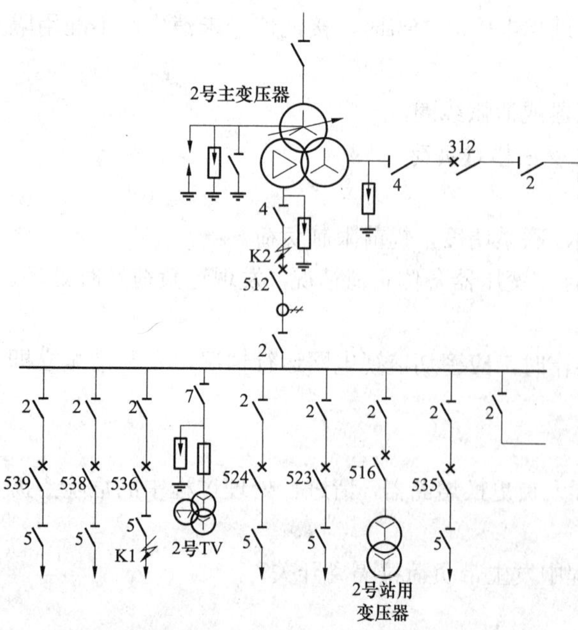

图 GYBD00502001-1　单母线接线单相接地示意图

2. 单相接地故障的危害

（1）由于非故障相对地电压升高（金属性接地时升高至线电压值），系统中的绝缘薄弱点可能击穿，形成短路故障，造成线路、母线或主变压器开关跳闸。

如图 GYBD00502001-1 所示，536 线路 K1 点 A 相接地，在未拉开 536 断路器切除接地点前，10kV 2 号母线及所属设备和所带的线路以及 2 号主变压器低压侧 B、C 相均承受线电压甚至是谐振过电压的作用，若此时另一条线路（如 538 线路）B 相绝缘子击穿接地，则单相接地就变成了两相接地短路，造成 538 和 536 线路过电流保护动作跳闸（如线路过电流保护只接 A、C 相电流，则 536 线路过电流保护跳闸，538 线路保护不动作）；如 10kV 2 号母线设备 B 相或 C 相绝缘击穿，536 线路保护拒动或 536 断路器拒动时，则会造成 2 号主变压器低压侧后备保护动作跳开 512 断路器，造成 10kV 2

号母线全停；如2号主变压器低压侧K2点发生B相或C相接地，则会造成2号主变压器差动保护动作跳开2号主变压器三侧断路器，造成主变压器停运，35kV 2号母线和10kV 2号母线全部停电。

（2）故障点产生电弧，会烧坏设备甚至引起火灾，并可能发展成相间短路故障。

（3）故障点产生间歇性电弧时，在一定条件下，产生串联谐振过电压，其值可达相电压的2.5～3倍，对系统绝缘危害很大。

（4）在拉路查找接地及处理接地故障的过程中，中断对用户的供电。

3. 单相接地故障的原因

（1）设备绝缘不良，如老化、受潮、绝缘子破裂、表面脏污等，发生击穿接地。

（2）小动物、鸟类及其他外力破坏。

（3）线路断线后导线触碰金属支架或地面。

（4）恶劣天气影响，如雷雨、大风等。

4. 接地故障的判断

系统发生接地时，可根据信号、电压的变化进行综合判断。但是在某些情况下，系统的绝缘没有损坏，而因其他原因产生某些不对称状态，如电压互感器高压熔断器一相熔断，系统谐振等，也可能报出接地信号，所以，应注意正确区分判断。

（1）接地故障时，故障相电压降低，另两相升高，线电压不变。而高压熔断器一相熔断时，对地电压一相降低，另两相不会升高，与熔断相相关的线电压则会降低。对三相五柱式电压互感器，熔断相绝缘电压降低但不为零，非熔断相绝缘电压正常（见表GYBD00502001-1）。

表GYBD00502001-1　　单相接地与电压互感器高压熔断器熔断、铁磁谐振的区别

故障现象 项目 / 故障类别	相对地电压	主控盘信号
单相接地	接地相电压降低，其他两相电压升高；金属性接地时，接地相电压为0，其他两相升高为线电压	接地报警
高压熔断器熔断	熔断相降低，其他两相不变	接地报警，电压回路断线
铁磁谐振	三相电压无规律变化，如一相降低、两相升高或两相降低、一相升高或三相同时升高	接地报警

（2）铁磁谐振经常发生的是基波和分频谐振。根据运行经验，当电源对只带有电压互感器的空母线突然合闸时易产生基波谐振。基波谐振的现象是：两相对地电压升高，一相降低，或是两相对地电压降低，一相升高。当发生单相接地时易产生分频谐振。分频谐振的现象是：三相电压同时升高或依次轮流升高，电压表指针在同范围内低频（每秒一次左右）摆动。

（3）用变压器对空载母线充电时断路器三相合闸不同期，三相对地电容不平衡，使中性点位移，三相电压不对称，报出接地信号。这种情况只在操作时发生，只要检查母线及连接设备无异常，即可以判定，投入一条线路或投入一台站用变压器，即可消失。

（4）系统中三相参数不对称，消弧线圈的补偿度调整不当，在倒运行方式时，会报出接地信号。此情况多发生在系统中有倒运行方式操作时，经汇报调度，相互联系，可以先恢复原运行方式，将消弧线圈停电调分接头，然后投入，重新倒运行方式。

二、缺相运行故障现象及分析

小电流接地系统中除了短路、接地故障外，还可能发生一相或两相断线的情况，造成系统缺相运行。

1. 缺相运行的故障现象

（1）线路缺相运行会造成三相负荷不平衡，引起线路三相电流不平衡，断线相电流为零，正常相电流增大。三相电流不平衡也会引起功率表指示和电能表计量电量变化。但是当线路电流表只接一相或两相电流互感器时，如断线发生在未接电流表的相，电流变化不易发现。

（2）由于三相负荷不平衡造成中性点位移，引起相电压发生变化，断线相电压升高，正常相电压

降低，接地保护可能发出接地信号。中性点带有消弧线圈时，消弧线圈电压升高，电流增大。

（3）缺相运行会造成系统对地电容不平衡，在系统中产生零序电压，引起主变压器本侧零序过电压发出信号。

（4）母线缺相运行时，断线相电压降低为零，正常相电压基本不变。

2. 造成缺相运行的原因

（1）导线接头锈蚀、发热烧断。

（2）连接设备质量问题，如支持绝缘子损坏等。

（3）导线受外力伤害断线。

（4）恶劣天气影响，如大风、冰雹等造成线路断线。

（5）断路器内部绝缘拉杆断裂，操作时一相未变位。

3. 缺相运行案例

某站在拉开电容器断路器后，主变压器低压侧后备保护发出告警信号，检查发现主变压器低压侧零序电压保护报警动作，并且信号无法复归。经运行人员详细检查，发现拉开的电容器断路器C相有微弱的电流，现场检查断路器位置指示在分闸位置。判断电容器断路器C相由于某种原因未断开。将故障断路器退出运行后，经检修人员检查发现断路器C相绝缘拉杆断裂，造成该相触头未断开。

【思考与练习】

1. 小电流接地系统发生单相接地时有什么现象？
2. 单相接地故障的危害有哪些？
3. 小电流接地系统发生单相接地与铁磁谐振及电压互感器高压熔断器一相熔断有什么区别？
4. 线路缺相运行有哪些异常现象？

模块2 小电流接地系统异常处理（GYBD00502002）

【模块描述】本模块介绍了小电流接地系统常见异常的处理。通过案例介绍，掌握小电流接地系统单相接地、缺相运行等异常的处理方法。

【正文】

一、单相接地故障处理

小电流接地系统发生单相接地故障时，由于线电压的大小和相位不变，且系统的绝缘又是按线电压设计的，所以不需要立即切除故障，仍可继续运行一段时间，但一般不宜超过2h。中性点经消弧线圈接地的系统，允许带接地故障运行的时间取决于消弧线圈的允许运行条件，制造厂一般规定为2h。

1. 单相接地处理的注意事项

（1）发现设备接地后，应立即汇报调度，查找出接地点并迅速隔离，特别是对于间歇性接地，更应尽快查出接地点并停电隔离，防止由于间歇接地产生谐振过电压造成设备绝缘击穿损坏。

（2）查找接地故障时应穿绝缘靴，接触设备的外壳和架构时应戴绝缘手套。

（3）站内发生接地时，在隔离故障点消除接地前，应加强对站内设备运行状态的监视，尤其是发生接地的母线、避雷器和电压互感器等承受过电压运行的设备，并做好事故处理的准备。

2. 单相接地的查找方法

（1）检查、记录接地现象。站内发出接地信号时，首先应汇报调度，将时间、光字指示、故障报文、表计指示等信息做好记录。

（2）判断接地相别。切换检查相电压表计，根据相电压指示，判断是否为接地故障，如是接地故障则判明故障相别。

（3）检查站内设备有无故障。对接地母线上的一次设备进行外部检查，主要检查各设备瓷质部分有无损坏、有无放电闪络，检查设备上有无落物、小动物及外力破坏现象，检查各引线有无断线接地，检查互感器、避雷器、电缆头等有无击穿损坏。

（4）采用拉路或倒母线的方法查找接地点。

1）分网运行缩小范围。分网包括系统分网运行和站内分网运行。对于变电站，分网是使母线分列运行，分列后对仍有接地信号的一段母线进行查找处理。

如图 GYBD00502002-1 所示，当 1 号、2 号母线通过分段 501 断路器并列运行时，如 534 线路接地，则两段母线均会发出接地信号。处理时应首先拉开分段 501 断路器，将两段母线分开，由于接地线路 534 位于 1 号母线，则断开 501 断路器后 2 号母线接地现象就会消失。这样就缩小了查找范围。

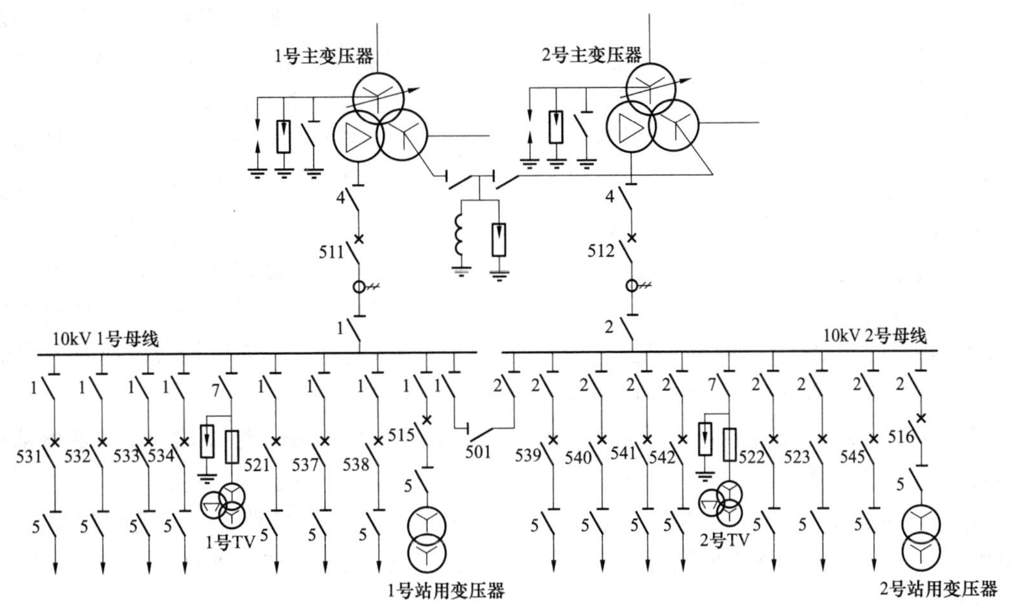

图 GYBD00502002-1　单母线分段接线

2）依次短时断开故障所在母线上各出线断路器，如果断开断路器后接地信号消失，绝缘监察电压表的指示恢复正常，即可证明所停的线路上有接地故障。利用瞬停法查找有接地故障的线路，一般拉路顺序为：

a. 充电备用线路。

b. 双回路用户分别停。

c. 线路长、分支多、负荷小、不太重要用户的线路，或者发生故障几率高的线路。

d. 分支少、线路短、负荷较大、较重要用户的线路。

e. 剩最后一条线路也应试停。

如图 GYBD00502002-1 所示，两段母线出线中，533、542 断路器备用，531、534、537、539 线路为农业和照明负荷；532、538、540、541 线路所带负荷为行政、化工和煤矿重要负荷，其中 532 线路和 540 线路为双回线路，545 线路充电备用。如 2 号母线发生接地，拉路查找顺序为：先拉充电备用线路 545，再检查 532 线路运行后拉开 540 线路，然后拉负荷不重要的线路 539，最后拉重要负荷线路 541。

3）对侧带有备自投的双回线路，应汇报调度，将对侧备自投退出后，再进行拉路查找。否则拉开一条线路后，由于对侧备自投动作，会将接地点转移到另一条线路上，造成误判断。

4）对于双母线接线，可以依次将一条母线上的回路倒至另一母线上，然后断开母联断路器，若发现接地信号也随线路转移到另一条母线上，说明所倒换的线路上有接地故障。

如图 GYBD00502002-2 所示，35kV 1 号母线和 2 号母线通过母联 301 断路器并列运行，35kV 系统接地的查找方法是：接地查找时应先拉升 301 断路器，检查接地在哪条母线上。如拉开 301 断路器后 2 号母线接地信号消失，1 号母线仍然有接地信号，则说明 1 号母线设备接地，可合上 301 断路器，将 331 线路热倒至 2 号母线，然后再拉开 301 断路器，检查接地现象是否也随 331 线路转移到 2 号母线，如 2 号母线发出接地信号则说明 331 线路有接地故障，这时再拉开 331 断路器。如将 331 线路倒至 2 号母线后无接地信号，则继续将 333、337 线路依次倒至 2 号母线，检查

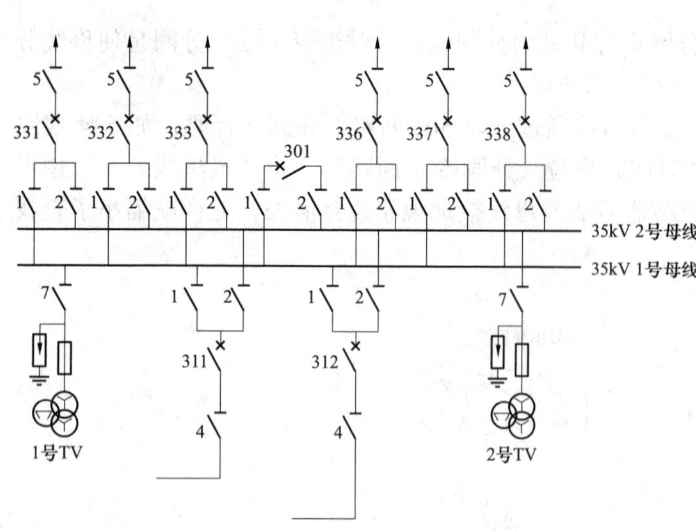

图 GYBD00502002-2 双母线接线

线路是否接地。

5）如出线装有接地信号装置，故障范围很容易区分。若报出母线接地信号的同时，某一线路也有接地信号，则故障点多在该线路上。若只报出母线接地信号，故障点可能在母线及连接设备上。

（5）拉路查找仍不能查出接地线路时，应考虑双、多回线路同相接地，站内母线设备接地（无可见异常现象），主变压器低压侧套管、母线桥接地的可能。

1）查找双、多回线路同相接地时，先将一条母线上的线路断路器全部拉开，然后逐条线路试送电，如某条线路送电后发出接地信号，则说明该条线路接地，将接地线路断开后继续试送其他线路，直至母线上的线路全部恢复运行，即可查找出所有的接地线路。双母线接线方式，通过倒母线的方法即可查找出所有的接地线路。

如图 GYBD00502002-2 所示，通过倒母线的方法查找出 331 线路接地，拉开 331 断路器后，1 号母线仍然有接地信号，可继续将 333、337 逐路倒至 2 号母线，检查线路是否接地。

2）经检查不是双、多条线路同相接地，可合上分段（或母联）断路器，拉开母线主进断路器。如接地现象消失，即是主变压器低压套管或母线桥接地；如接地现象扩大到另一段（条）母线上，则是母线设备接地。

如图 GYBD00502002-2 所示，将 1 号母线上所有线路全部倒至 2 号母线后，拉开 301 断路器后，1 号母线接地信号仍不消失，这时可合上 301 断路器，拉开 311 断路器，如接地信号消失，说明接地发生在 311 断路器至主变压器低压侧（一般在母线桥上）；如接地现象仍不消失，说明 1 号母线设备接地。

3. 单相接地故障点隔离方法

查找到接地故障点后，应汇报调度，根据调度命令，结合本站设备接线方式，通过倒闸操作将接地点隔离，做好安全措施处理。

（1）对于一般不重要用户的线路，可停电处理。对于重要用户的线路，可以在转移负荷后或等用户做好准备后，将故障线路停电。

（2）站内设备接地的隔离方法。

1）故障点可以用断路器隔离，如线路、电流互感器、出线穿墙套管、出线避雷器、电缆头、隔离开关（线路侧）、耦合电容器等断路器外侧（出线侧）的设备接地。应汇报调度，转移负荷以后，拉开断路器隔离故障，然后把故障设备各侧隔离开关拉开，汇报上级，通知检修人员检修故障设备。

2）故障点不能用断路器隔离，如断路器、母线侧隔离开关、电压互感器、母线避雷器等设备接地。这种情况下必须注意：切记不可用隔离开关拉开接地故障设备和线路负荷电流。

a. 母线设备接地，可将母线停电后，隔离接地点。接地点断开后，母线能够恢复运行的应恢复运行。

如图 GYBD00502002-1 所示，539 断路器接地，需将 10kV 2 号母线转热备用后，拉开 539 断路器两侧隔离开关，隔离接地故障点，恢复 10kV 2 号母线运行。

如图 GYBD00502002-2 所示，332 断路器接地，需将 35kV 2 号母线上 312、336、338 断路器热倒至 1 号母线，用 301 断路器串带 332 断路器，拉开 301 断路器将 2 号母线停电，然后再拉开 332 断路器两侧隔离开关，隔离接地点，再恢复 2 号母线运行。

b. 主变压器低压侧接地，需将主变压器停电转检修。

c. 有旁路母线的，可以将故障点所在线路倒旁路母线运行，转移负荷并转移故障点，用断路器隔离故障点。

如图 GYBD00502002-3 所示，533 断路器接地，可用旁路 502 断路器转代 533 断路器，使 502 断路器与 533 断路器并列运行，断开 502 断路器控制电源，拉开 533 断路器母线侧隔离开关，然后拉开 502 断路器隔离接地故障点。

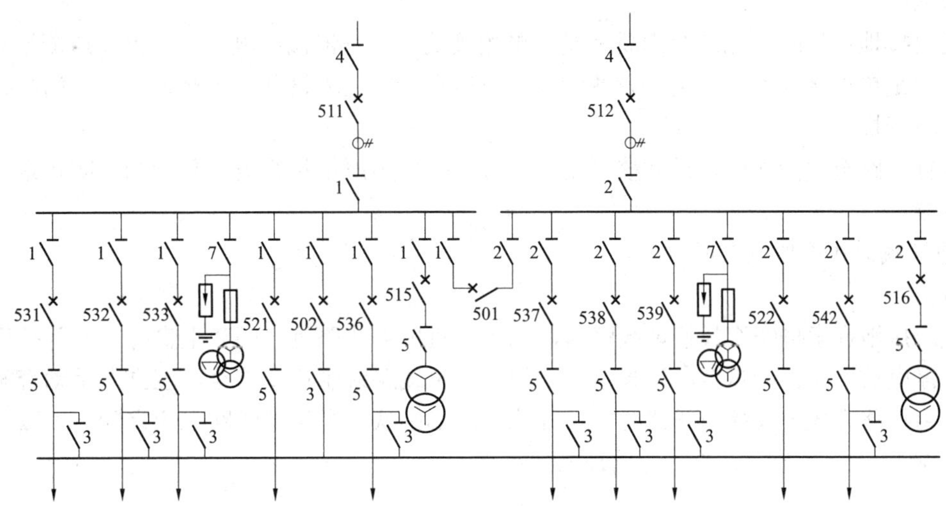

图 GYBD00502002-3 用断路器隔离故障点

d. 不能通过倒运行方式停电隔离接地点，又不允许母线或主变压器停电时，可采取人工转移接地点操作，隔离接地点，恢复设备正常运行。

二、缺相运行的处理

（1）站内有缺相运行的信号或现象时，应进行判断分析。单相断线与单相接地现象相近，应注意区分，单相接地是一相电压降低，两相升高；单相断线是一相电压升高，两相降低。并且线路单相断线还有电流变化、保护发信号等其他异常现象，应收集全部现象进行综合分析。

（2）确认线路或母线缺相运行，应汇报调度后将线路或母线停电处理。

（3）由于断路器绝缘拉杆断裂造成缺相运行，一相合不上时应将断路器拉开；一相不能拉开时，不能用隔离开关拉开，应采用倒闸操作的方法将故障断路器退出运行，操作方法与断路器接地相同。

【思考与练习】

1. 两条线路同相接地如何查找处理？
2. 采用瞬时拉路法查找接地线路时的拉路顺序是什么？
3. 缺相运行如何处理？

模块 3 小电流接地系统异常处理危险点源分析（GYBD00502003）

【模块描述】本模块对小电流接地系统单相接地、缺相运行处理过程中的危险点源进行了分析。通过要点讲解，能够制定相应的预控措施。

【正文】

一、单相接地处理危险点分析

1. 检查站内设备时人身触电

控制措施：发生单相接地时，室内不得接近接地点 4m 以内，室外不得接近接地点 8m 以内，进入上述范围的人员应穿绝缘靴，接触设备的外壳和架构时应戴绝缘手套。

经验介绍：当站用变压器高压侧有外来备用电源时，设备发生单相接地，本站可能没有接地告警，所以巡视该处设备时，如有异常声响，巡视人员应采取防护措施后再靠近检查。

2. 检查、处理时设备爆炸造成人身伤害

控制措施：站内发生接地异常，检查处理过程中不要在避雷器、电压互感器和消弧线圈设备处停留，防止这些设备因接地过电压发生爆炸、喷油。

3. 查找接地线路时误拉、合断路器

控制措施：

（1）发出接地信号时，先综合判断是发生单相接地，还是谐振或电压互感器高压侧熔断器熔断。

（2）判明是单相接地后，应结合设备运行情况检查判断站内设备有无接地，确认站内设备无接地后再进行拉路查找。

（3）进行拉路查找操作时，详细核对设备编号，操作中严格执行监护复诵制，防止走错间隔，误拉、合断路器。

4. 接地查找时线路停电时间过长

控制措施：

（1）采用接地探索按钮查找接地线路前，应先检查所停线路重合闸充电良好，并且按钮时间不能过长，防止停电后不能自动重合，延长停电时间，如果线路跳闸后未重合，应立即手动合闸。

（2）采用拉路方式查找接地线路时，拉开线路后如确认不是接地线路，应立即将线路合闸送电。

5. 设备带接地运行时间过长，造成过电压损坏

控制措施：

（1）发现接地现象后，应尽快查找、断开接地点，查找过程中注意接地运行时间不超过允许时间。

（2）发现站内设备因接地过电压发生异常现象，应将异常设备退出运行。

6. 隔离接地点时带负荷拉隔离开关

控制措施：

（1）严禁用隔离开关拉开接地设备。

（2）采用转代的方法隔离时，拉开接地点电源侧隔离开关前，应断开旁路断路器控制电源。

7. 人工转移接地点操作时带负荷拉隔离开关

控制措施：采用人工转移接地点的方法拉开接地设备的隔离开关前，应确认接地点已和人工接地点并联，并断开人工接地点回路断路器的控制电源。

8. 人工转移接地点操作时造成相间短路

控制措施：

（1）转移接地点操作前，应核实接地相别，装设人工接地线相别应和接地相相同。

（2）装设人工接地线时，应装设单相接地线。

9. 主变压器低压侧母线桥接地处理，一台主变压器停运后，其他主变压器过负荷

控制措施：

（1）主变压器停运操作前，检查负荷情况，联系调度，提前限制负荷。

（2）拉开主变压器低中压侧断路器后，检查运行主变压器各侧负荷情况，发现过负荷及时处理。

10. 接地查找时操作失误造成保护动作跳闸

控制措施：双母线或单母线分段接线，两条母线均发生单相接地，并且接地相别不同时，严禁合上母联或分段断路器，否则在两条母线并列运行后，两条母线上的单相接地转变为两相接地短路，造成线路保护或主变压器保护动作跳闸。

二、缺相运行处理危险点分析

1. 未发现缺相运行故障

控制措施：认真监视设备运行情况，对站内出现的任何异常现象均应查明原因。

2. 判断错误，将缺相运行判断为单相接地

控制措施：收集全部现象进行综合分析判断。

3. 处理断路器不能断开造成的缺相运行时，带负荷拉隔离开关

控制措施：判断为断路器一相或两相未断开时，严禁使用隔离开关将故障断路器隔离，应按照接

线方式的不同，采用倒闸操作的方法，将故障断路器停电后再拉开两侧隔离开关。

【思考与练习】

1. 某站 10kV 母线桥接地，请进行检查处理过程中的危险点源分析。

2. 缺相运行处理过程中有哪些危险点？控制措施是什么？

模块 4　人工转移接地点操作（GYBD00502004）

【模块描述】本模块介绍了小电流接地系统人工转移接地点的方法。通过案例介绍，掌握通过人工转移接地点，消除接地故障的方法。

【正文】

小电流接地系统中发生单相接地，如接地故障点不能通过倒运行方式隔离，又不允许母线停电时，在接地点可用隔离开关断开的情况下，采取人工转移接地点操作，隔离接地点，确保其他设备正常运行。

一、人工转移接地点操作方法

（1）确定接地相别。

（2）选择一条回路，拉开回路断路器和两侧隔离开关，在断路器和线路侧隔离开关之间装设与接地相同相的单相接地线。

（3）合上人工接地回路母线侧隔离开关和断路器，使人工接地点和故障接地点并联。

（4）断开人工接地点断路器控制电源，用隔离开关拉开故障接地点。

（5）投入人工接地点断路器控制电源，拉开断路器和母线侧隔离开关，拆除单相接地线，恢复回路正常运行。

二、人工转移接地点操作举例

如图 GYBD00502004-1 所示，K 点发生 A 相接地故障，不能用 515-1 隔离开关直接隔离故障点，将母线停电处理会中断对用户的供电，因此可采用人工转移接地点的处理方法。

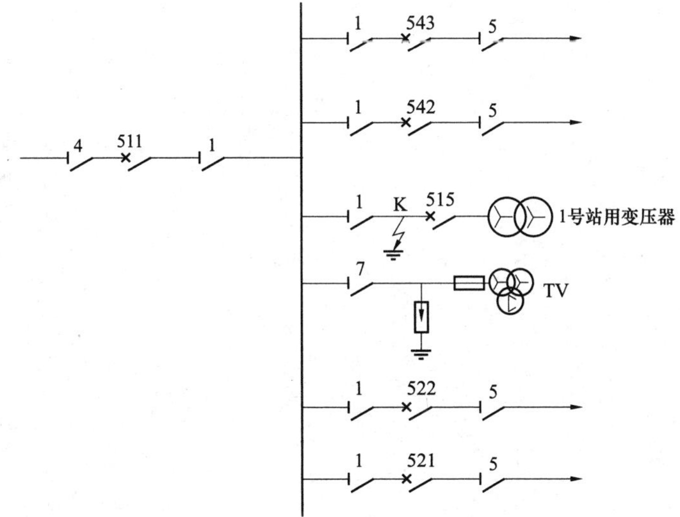

图 GYBD00502004-1　单母线接线

（1）检查母线三相电压，确认是 A 相接地，将 1 号站用变压器所带低压负荷倒出。

（2）拉开 543 断路器和两侧隔离开关。在 543-5 隔离开关断路器侧验明无电后，在 543-5 隔离开关断路器侧 A 相装设单相接地线。

（3）合上 543-1 隔离开关，合上 543 断路器，这时人工接地点与接地点 K 形成并联。

（4）断开 543 断路器控制电源，拉开 515-1 隔离开关，隔离接地故障点。

（5）投入 543 断路器控制电源，拉开 543 断路器和 543-1 隔离开关，拆除人工接地线，恢复 543

线路供电。

（6）待接地点消除后再恢复 1 号站用变压器的运行。

【思考与练习】

1. 什么情况下应采用人工转移接地点的方法消除接地故障？

2. 人工转移接地点的操作顺序是什么？

3. 如图 GYBD00502004-2 所示，10kV 1 号站用变压器 515 断路器接地，采用人工转移接地点的方法如何处理？

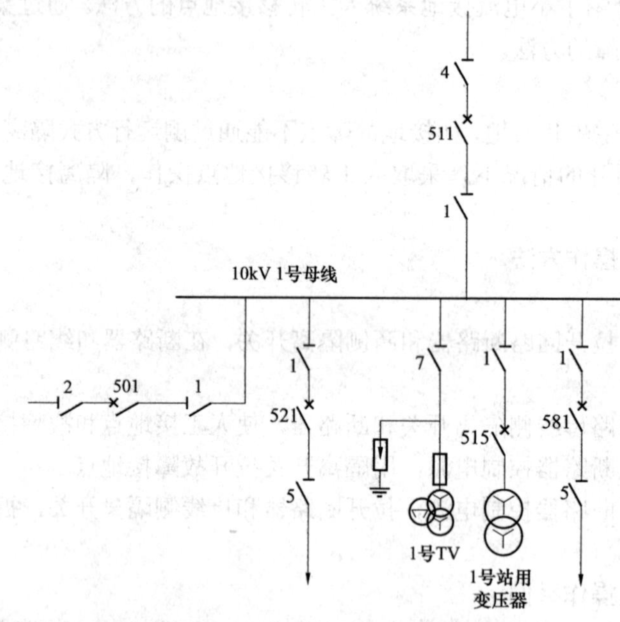

图 GYBD00502004-2　思考与练习题 3 接线图

第七部分

事 故 处 理

第三十七章　事故处理基础知识

模块1　事故处理基本原则及步骤（GYBD00601001）

【模块描述】本模块介绍事故处理的主要任务、基本原则和有关规定。通过要点讲解，掌握电力系统产生事故的主要原因、事故处理的主要任务、事故处理的一般步骤、基本原则、要求、有关规定和注意事项。

【正文】

电力系统事故是指由于电力系统设备故障或人员工作失误而影响电能供应数量或质量超过规定范围的事件。事故分为人身事故、电网事故和设备事故三大类，其中设备和电网事故又可分为特大事故、重大事故和一般事故。

当电力系统发生事故时，变电站运行人员应根据断路器跳闸情况、保护动作情况、表计指示变化情况、监控后台信息和设备故障等现象，迅速准确地判断事故性质，尽快处理，以控制事故范围，减少损失和危害。

一、引起电力系统事故的原因

引起电力系统事故的原因主要有下面三类：

（1）自然灾害引起的有大风、雷击、污闪、覆冰、树障、山火等。

（2）设备原因引起的有设计、产品制造质量、安装检修工艺、设备缺陷等。

（3）人为因素引起的有设备检修后验收不到位、外力破坏、维护管理不当、运行方式不合理、继电保护定值错误和装置损坏、运行人员误操作、设备事故处理不当等。

二、事故处理的主要任务

（1）尽速限制事故的发展，消除事故的根源，解除对人身和设备的威胁。

（2）用一切可能的方法保持对用户的正常供电，保证站用电源正常。

（3）尽速对已停电的用户恢复供电，对重要用户应优先恢复供电。

（4）及时调整系统的运行方式，使其恢复正常运行。

三、事故处理的一般步骤

（1）系统发生故障时，变电站运行人员初步判断事故性质和停电范围后迅速向调度汇报故障发生时间、跳闸断路器、继电保护和自动装置的动作情况及其故障后的状态、相关设备潮流变化情况、现场天气情况。

（2）根据初步判断检查保护范围内的所有一次设备故障和异常现象及保护、自动装置动作信息，综合分析判断事故性质，作好相关记录，复归保护信号，把详细情况报告调度。如果人身和设备受到威胁，应立即设法解除这种威胁，并在必要时停止设备的运行。

（3）迅速隔离故障点并尽力设法保持或恢复设备的正常运行。根据应急处理预案和现场运行规程的有关规定采取必要的应急措施，如投入备用电源或设备，对允许强送电的设备进行强送电，停用有可能误动的保护，拉开控制电源解除设备自保持等。

（4）进行检查和试验，判明故障的性质、地点及其范围（在绝大多数的情况下，处理事故的快慢决定于判明事故原因或设备是否完整的迅速程度。电气部分发生的事故常常只是由于系统中的某个元件发生了事故，故应力求直接判明事故的原因，使停电部分迅速恢复送电）。如果运行人员自己不能检查出或处理损坏的设备时，应立即通知检修或有关专业人员（如试验、继保等专业人员）前来处理。在检修人员到达之前，运行人员应把工作现场的安全措施做好（如将设备停电、安装接地线、装设围栏和悬挂标示牌等）。

（5）除必要的应急处理以外，事故处理的全过程应在调度的统一指挥下进行。

（6）作好事故全过程的详细记录，事故处理结束后编写现场事故报告。

四、事故处理的组织原则

（1）各级当值调度员是领导事故处理的指挥者，应对事故处理的正确性、及时性负责。变电站当班值长是现场事故、异常处理的负责人，应对汇报信息和事故操作处理的正确性负责。因此，变电站运行人员要和值班调度员密切配合，迅速果断地处理事故。在事故处理和异常中必须严格遵守安全工作规程、事故处理规程、调度规程、运行规程及其他有关规定。

（2）发生事故和异常时，运行人员应坚守岗位，服从调度指挥，正确执行当值调度员和值长的命令。值长要将事故和异常现象准确无误地汇报给当值调度员，并迅速执行调度命令。

（3）运行人员如果认为调度命令有误时，应先指出，并作必要解释。但当值班调度员认为自己的命令正确时，变电站运行人员应该立即执行。如果值班调度员的命令直接威胁人身或设备的安全，则在任何情况下均不得执行。当值值长接到此类命令时，应该把拒绝执行命令的理由报告值班调度员和本单位的总工程师，并记载在值班日志中。

（4）如果在交接班时发生事故，而交接班的签字手续尚未完成，交班人员应留在自己的岗位上，进行事故处理，接班人员可在上值值长的领导下协助处理事故。

（5）事故处理时，除有关领导和相关专业人员以外，其他人员均不得进入主控制室和事故地点，事前已进入的人员均应迅速离开，便于事故处理。发生事故和异常时，运行人员应及时向站长（工区主任）汇报。站长可以临时代理值长工作，指挥事故处理，但应立即报告值班调度员。

（6）发生事故时，如果不能与值班调度员取得联系，则应按调度规程和现场事故处理规程中有关规定处理。这些规定应经本单位的总工程师批准。

五、事故处理的要求和有关规定

（1）变电站事故处理必须严格遵守电力安全工作规程、事故处理规程、调度规程、现场运行规程、反事故措施以及其他有关规定。

（2）事故和异常处理过程中，运行人员应认真监视监控画面和表计、信号指示。事故及处理过程应在值班日志、事故障碍记录及断路器跳闸等记录簿上作好详细记录。

（3）对设备的检查要认真、仔细，正确判断故障的范围及性质，汇报术语准确并简明扼要，所有电话联系均应录音。

（4）事故处理可以不用操作票，但为了提高操作的正确性，可参考典型操作票操作。操作中应严格执行操作监护制并认真核对设备的位置、名称、编号和拉合方向，防止误操作。事故抢修、试验可以不用工作票，但应使用事故抢修单。所有事故抢修、试验均应履行工作许可手续。事故处理后恢复送电的操作应填写倒闸操作票。

（5）下列各项操作现场运行人员可不待调度指令而自行进行：

1）将直接威胁人身或设备安全的设备停电。

2）确知无来电可能性时，将已损坏的设备隔离。

3）当站用电源部分或全部停电时，恢复其电源。

4）交流电压回路断线或交流电流回路断线时，按规定将有关保护或自动装置停用，防止保护和自动装置误动。

5）单电源负荷线路断路器由于误碰跳闸，将跳闸断路器立即合上。

6）当确认电网频率、电压等参数达到自动装置整定动作值而断路器未动作时，立即手动断开应跳的断路器。

7）当母线失压时，将连接该母线上的断路器断开（除调度指定保留的断路器外）。

除自行管辖的站用变压器停电处理以外，以上事故紧急处理以后应立即向调度汇报。

（6）发生事故后应将事故的详细情况及时汇报给本单位生产领导。发生重大事故或者有人员责任的事故，在事故处理结束以后，运行人员应将事故处理的全过程的资料进行汇总，汇总资料应完整、准确、明了。编写出详细的现场事故报告，以便专业人员对事故进行分析。现场事故报告应包括以下内容：

1）发生事故的时间、事故前后的负荷情况等。

2）中央信号、表计指示、断路器跳闸情况和设备告警信息。

3）保护、自动装置动作情况。

4）微机保护的打印报告并对其进行的分析。

5）故障录波器打印报告及测距。

6）现场设备的检查情况。

7）事故的处理过程和时间顺序。

8）人员和设备存在的问题。

9）事故初步分析结论。

六、事故处理的注意事项

1. 准确判断事故的性质和影响范围

（1）运行人员在处理故障时应沉着、冷静、果断、有序地将各种故障现象，如断路器动作情况、潮流变化情况、信号报警情况、保护及自动装置动作情况、设备的异常情况，以及事故的处理过程作好记录，并及时向调度汇报。

（2）运行人员在平时应了解全站保护的相互配合和保护范围，充分利用保护和自动装置提供的信息，便于准确分析和判断事故的范围和性质。

（3）运行人员要全面了解保护和自动装置的动作情况，在检查保护和自动装置动作情况时应依次检查，作好记录，防止漏查、漏记信号影响对事故的判断。

（4）为准确分析事故原因和故障查找，在不影响事故处理和停送电的情况下，应尽可能保留事故现场和故障设备的原状。

2. 限制事故的发展和扩大

（1）故障初步判断后，运行人员应到相应的设备处进行仔细地查找和检查，找出故障点和导致故障发生的直接原因。若出现着火、持续异味等危及设备或人身安全的情况，应迅速进行处理，防止事故的进一步扩大。确认故障点后，运行人员要对故障进行有效地隔离，然后在调度的指令下进行恢复送电操作。

（2）发生越级跳闸事故，要及时拉开保护拒动的断路器和拒分断路器的两侧隔离开关。在操作两侧隔离开关前，一般需要解除五防闭锁，因而应提前作好准备，以便缩短事故停电时间。在拉隔离开关前，必须检查向该回路供电的断路器在断开位置，防止带负荷拉隔离开关。

（3）对于事故紧急处理中的操作，应注意防止系统解列或非同期并列。对于联络线，应经过并列装置合闸，确认线路无电时方可解除同期闭锁合闸。

（4）用控制开关操作合闸，若合闸不成功，不能简单地判断为合闸失灵，应注意在合闸过程中监视表计指示和保护动作信息，防止多次合闸于故障线路或设备，导致事故的扩大。

（5）加强监视故障后线路、变压器的负荷状况，防止因故障致使负荷转移，造成其他设备长期过负荷运行，及时联系调度消除过负荷。

3. 恢复送电时防止误操作

（1）恢复送电时应在调度的统一指挥下进行，运行人员应根据调度命令，考虑运行方式变化时本站自动装置、保护的投退和定值的更改，满足新方式的要求。

（2）恢复送电和调整运行方式时要考虑不同电源系统的操作顺序。

（3）运行人员在恢复送电时要分清故障设备的影响范围，先隔离故障设备，对于经判断无故障的设备，按调度命令恢复送电，防止误操作导致故障的扩大。

4. 事故时应保证站用交直流系统的正常运行

站用交直流系统是变电站正常运行、操作、监控、通信的保证。交直流系统异常会造成失去保护自动装置、操作、通信、变压器冷却系统电源，将使得事故处理更困难，若在短时间内交直流系统不能恢复，会使事故范围扩大，甚至造成电网事故和大面积停电事故。因而事故处理时，应设法保证交直流系统正常运行。

【思考与练习】

1. 发生事故时，运行人员应向调度汇报哪些内容？
2. 哪些项目在事故处理时运行人员可以自行操作后再汇报调度？
3. 简述事故处理的一般步骤。
4. 现场事故报告应包括哪些内容？

国家电网公司
生产技能人员职业能力培训专用教材

第三十八章　线路事故处理

模块1　线路事故处理基本原则和处理步骤（ZY1000503001）

【**模块描述**】本模块介绍了导致线路事故的主要原因、处理基本原则和步骤。通过要点分析和归纳，掌握线路事故处理的总体要求。

【**正文**】

输电线路故障在电力系统故障中所占比例较大，对电网的影响较大，同时，输电线路故障原因很多，情况也比较复杂，主要有站内线路设备支持绝缘子、线路绝缘子闪络，大雾、大雪、雷电、大风等天气原因造成的雷击、风偏舞动、雾闪、冰闪等。输电线路故障是电力系统常见事故，因此掌握输电线路事故的处理原则、处理步骤是对变电运行人员的基本要求。

一、输电线路故障类型

（1）从故障性质上分为：

1）单相接地。

2）两相相间短路。

3）两相接地短路。

4）三相相间短路。

5）三相接地短路。

6）线路断线故障。

（2）从故障持续时间分为：

1）瞬时性故障。

2）永久性故障。

运行经验表明，单相接地故障占输电线路故障80%左右。由于线路上普遍采用自动重合闸，线路发生瞬时性故障，自动重合闸动作，使线路在极短时间内恢复运行，这大大提高了供电可靠性。

二、线路事故的主要现象

（1）事故音响、预告警铃响，线路断路器变位，故障线路的电流、功率等遥测值发生变化。

（2）监控系统显示线路保护动作、重合闸动作等光字牌。

（3）监控系统告警窗显示打压电源启动、故障录波器启动等信号。

（4）故障线路保护屏显示保护动作情况、故障相别、跳闸相别、重合闸动作情况。

三、线路事故处理的基本原则

（1）线路故障跳闸，重合闸重合成功，运行值班人员应尽快检查保护动作情况、故障波形和故障测距距离，汇报调度。

（2）馈电线路跳闸后，线路开关重合闸未投入或重合闸未动作时，值班人员可无需调度命令立即强送一次。如果强送不成功，现场检查开关设备无异常，可根据调度命令再试送一次，当线路有T接变电站或分路开关时，应拉开T接变电站或分路开关再试送。

（3）双电源线路开关跳闸的处理。

1）线路开关跳闸且线路有电压时，可及时向调度汇报，根据调度命令进行检同期并列或合环。

2）当线路重合未成功或未投自动重合闸，应向调度汇报，等待调度命令试送一次。如果试送不成功，可根据调度命令再试送一次，当线路有T接变电站或分路开关时，应拉开T接变电站或分路开关再试送。

（4）线路故障跳闸，无论重合闸动作成功与否，均应对断路器进行详细检查，主要检查断路器的三相位置、压力指示等。

（5）开关偷跳、误跳等站内设备故障引起的线路跳闸，应充分考虑旁路代路等运行方式。

（6）220kV线路其中一套主保护误动，则申请退出误动主保护，根据调度命令恢复线路送电。

（7）下列情况线路跳闸后不宜强送。

1）充电运行的线路。

2）试运行线路。

3）电缆线路。

4）线路跳闸后，经备用电源自投入装置已将负荷转移到其他线路上，不影响供电。

5）有带电作业并声明不能强送电的线路。

6）线路变压器组断路器跳闸，重合不成功。

7）运行人员已发现明显故障现象。

8）线路断路器有缺陷或遮断容量不够，或事故跳闸次数累计超过规定，重合闸装置退出运行，保护动作跳闸后，一般不能试送。

（8）发生输电线路越级跳闸，处理上应首先查找、判断越级原因（开关拒动或保护拒动），然后隔离故障设备，恢复送电。

四、线路事故处理步骤

（1）线路保护动作跳闸后，运行值班人员首先应记录事故发生时间、设备名称、开关变位情况、重合闸动作、主要保护动作信号等事故信息。

（2）将以上信息和当时的负荷情况及时汇报调度和有关部门，便于调度及有关人员及时、全面地掌握事故情况，进行分析判断。

（3）检查受事故影响的运行设备运行状况，主要是指双回线路，如一条线路跳闸，另一条线路设备运行状况。

（4）记录保护及自动装置屏上的所有信号，尤其是检查线路故障录波器的测距数据。打印故障录波报告及微机保护报告。

（5）到现场检查故障线路对应的断路器的实际位置，无论重合与否，都应检查断路器及线路侧所有设备有无短路、接地、闪络、瓷件破损、爆炸、喷油等现象。

（6）检查站内其他相关设备有无异常。

（7）将详细检查结果汇报调度和有关部门。

（8）根据调度命令对故障设备进行隔离，恢复无故障设备运行，将故障设备转检修，做好安全措施。

（9）事故处理完毕后，值班人员填写运行日志、断路器分合闸等记录，并根据断路器跳闸情况、保护及自动装置的动作情况、故障录波报告以及处理过程，整理详细的事故处理经过。

五、瞬时性和永久性故障的区别

为更好的掌握瞬时性故障和永久性故障的区别，可从保护动作情况、断路器动作情况以及故障跳闸时间进行分析说明，具体见表ZY1000503001-1。

表ZY1000503001-1 瞬时性故障和永久性故障的区别

故障性质 / 区别项目	瞬时性故障	永久性故障
保护动作情况	线路保护动作1次	线路保护动作2次
重合闸动作情况	重合闸动作，重合成功	重合闸动作，重合不成功
故障录波情况	故障录波1次	故障录波1次
断路器动作情况	断路器跳闸1次，合闸1次	断路器跳闸2次，合闸1次
故障时间	保护动作时间+断路器跳闸时间+重合闸整定时间+断路器合闸时间	保护动作时间+断路器跳闸时间+重合闸整定时间+断路器合闸时间+保护动作时间+断路器三相跳闸时间

六、单相重复性故障和单相永久性故障的区别

为使运行人员更好的掌握单相重复性故障和单相永久性故障的区别，可从故障主要动作过程、保护动作情况、故障录波情况以及故障跳闸时间进行说明，具体见表 ZY1000503001-2。

表 ZY1000503001-2　　单相重复性故障和单相永久性故障区别

故障性质 区别项目	单相永久性故障	单相重复性故障
故障主要动作过程	单相线路故障→单相断路器跳闸→经重合闸整定时间→重合闸动作→单相重合→重合于故障→断路器三相跳闸	单相线路故障→单相断路器跳闸→经重合闸整定时间→重合闸动作→单相重合→重合成功→恢复正常运行→运行时间间隔小于重合闸充电时间（15s）→断路器三相跳闸。 注：若恢复运行时间大于重合闸充电时间 15s，本次保护动作，重合闸仍会动作
保护动作情况	线路保护动作→重合闸动作→线路保护动作（主保护和加速保护动作）→断路器保护沟通三相跳闸	线路保护动作→重合闸动作（重合成功）→线路保护动作（主保护动作）→断路器三相跳闸
保护动作报告	动作报告 1 次	动作报告 2 次
故障录波情况	故障录波 1 次	分两种情况：① 故障录波 2 次，重合闸重合成功后，故障消除，录波器返回，当第二次故障发生后，录波器再次启动录波；② 故障录波 1 次，重合闸重合成功后，故障消除，录波器未返回，当第二次故障发生后，录波器连续录波
故障、跳闸时间	保护动作时间+断路器单相跳闸时间+重合闸整定时间+断路器单相合闸时间+保护动作时间+断路器三相跳闸时间	保护动作时间+断路器单相跳闸时间+重合闸整定时间+断路器单相合闸时间+正常运行时间+保护动作时间+断路器三相跳闸时间

【思考与练习】

1. 双电源线路跳闸处理原则是什么？
2. 在哪些情况下线路故障跳闸不宜强送？
3. 输电线路故障跳闸处理步骤是什么？
4. 单相瞬时性故障和永久性故障的区别是什么？

模块 2　线路事故处理案例分析（ZY1000503002）

【模块描述】本模块介绍了典型线路事故的处理。通过案例分析，掌握线路事故处理的方法和注意事项。

【正文】

线路故障类型较多，同时各种故障在不同接线方式、不同运行方式下的处理方式也略有不同，本模块按图 ZY1000503002-1 所示接线方式介绍永久性故障的分析。

220kV 卓越变电站运行方式：220kV Ⅰ、Ⅱ母线并列运行，241 开关在Ⅰ母线运行，242 开关在Ⅱ母线运行，母联 201 开关合位，线路投单相重合闸（重合闸整定时间为 0.6s）。卓东双回保护配置：RCS-931（光纤）/PRS753（光纤）型、CZX-12R1 型。卓东双回用 PRS753 型保护的单相重合闸，RCS-931 型的不用。

案例：卓东Ⅰ线 B 相永久性接地故障。

一、事故基本情况

2008 年 7 月 02 日 08:52:03，卓东Ⅰ线 B 相发生永久性故障。

1. 监控系统主要信号

（1）241 开关变位闪烁。

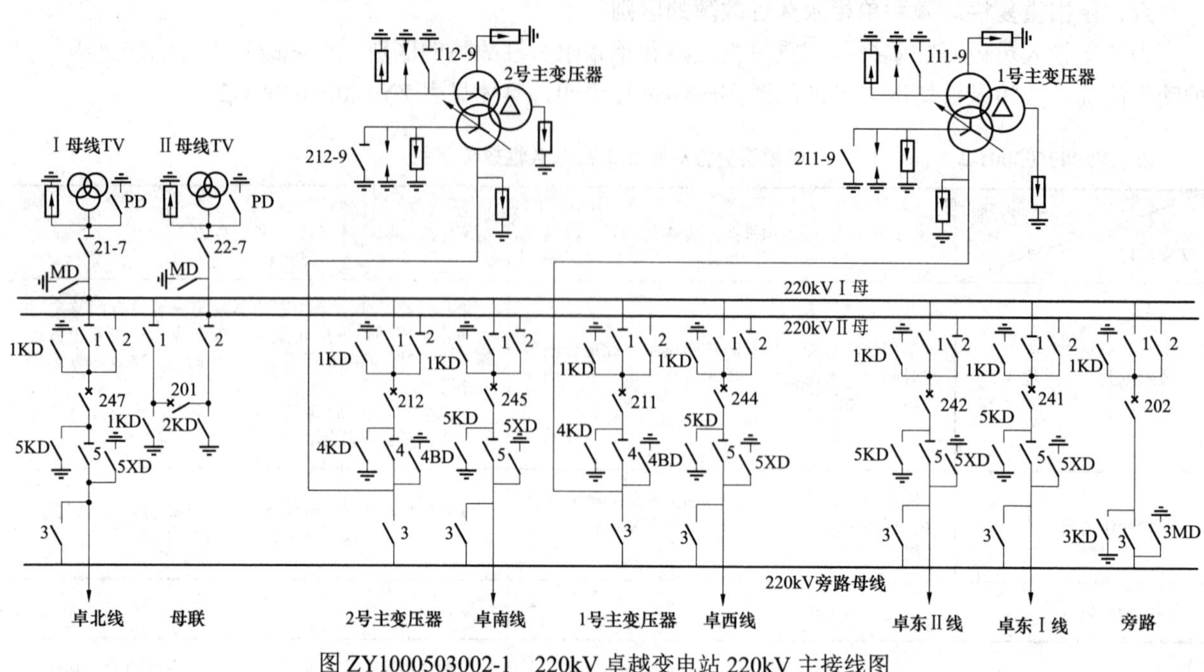

图 ZY1000503002-1 220kV 卓越变电站 220kV 主接线图

（2）卓东Ⅰ线“RCS 保护动作”、“PRS 保护动作”、“重合闸动作”、“故障录波器动作”光字牌亮，241 开关电流、有功功率、无功功率指示为零。

2. 保护屏保护信号

（1）RCS-931 保护：跳 A 灯亮、跳 B 灯亮、跳 C 灯亮。

（2）PRS753 保护：跳 A 灯亮、跳 B 灯亮、跳 C 灯亮、重合闸灯亮。

（3）241 开关操作箱：第一组 TA、TB、TC，第二组 TA、TB、TC 灯亮。

二、故障录波和保护动作报告

1. 故障录波

故障录波如图 ZY1000503002-2、图 ZY1000503002-3 所示。

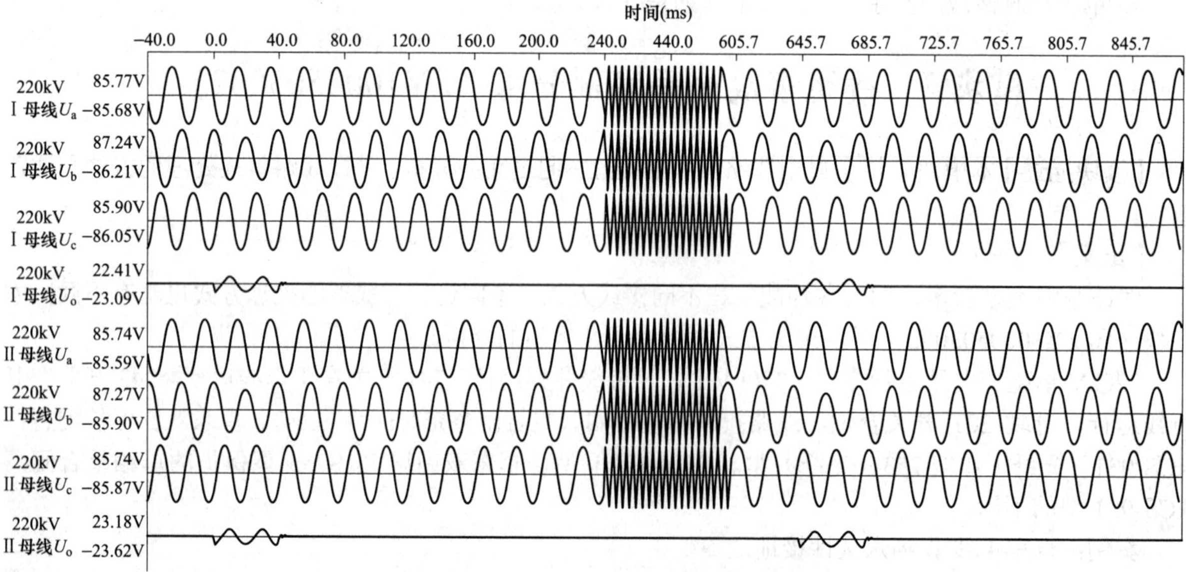

图 ZY1000503002-2 卓东Ⅰ线永久性故障录波图（电压）

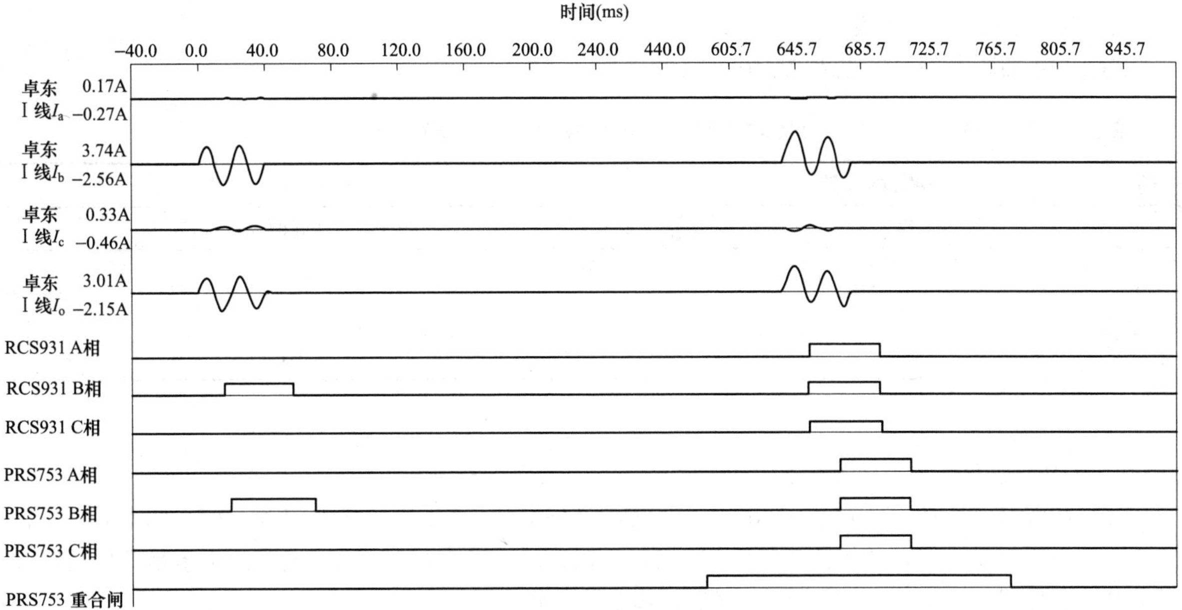

图 ZY1000503002-3　卓东Ⅰ线永久性故障录波图（电流和开关量）

2. RCS-931 跳闸动作报告

RCS-931 跳闸动作报告见表 ZY1000503002-1。

表 ZY1000503002-1　　RCS-931 跳闸动作报告（不含录波图）

<table>
<tr><td colspan="2">动作序号</td><td>024</td><td>起动绝对时间</td><td colspan="2">2008 年 7 月 2 日 08:52:03:809</td></tr>
<tr><td colspan="2">序号</td><td>动作相</td><td>动作相对时间</td><td colspan="2">动作元件</td></tr>
<tr><td colspan="2">01</td><td>B</td><td>00011ms</td><td colspan="2">电流差动保护</td></tr>
<tr><td colspan="2">02</td><td>ABC</td><td>00688ms</td><td colspan="2">电流差动保护</td></tr>
<tr><td colspan="2">故障测距结果</td><td colspan="4">0064.5km</td></tr>
<tr><td colspan="2">故障相别</td><td colspan="4">B</td></tr>
<tr><td colspan="2">故障相电流值</td><td colspan="4">001.36A</td></tr>
<tr><td colspan="2">故障零序电流</td><td colspan="4">001.13A</td></tr>
<tr><td colspan="2">故障差动电流</td><td colspan="4">005.96A</td></tr>
<tr><td colspan="6">启动时开入量状态</td></tr>
<tr><td>01</td><td>差动保护</td><td>1</td><td>12</td><td>合闸压力降低</td><td>0</td></tr>
<tr><td>02</td><td>距离保护</td><td>1</td><td>13</td><td>发远跳</td><td>0</td></tr>
<tr><td>03</td><td>零序保护</td><td>1</td><td>14</td><td>发远传 1</td><td>0</td></tr>
<tr><td>04</td><td>重合闸方式 1</td><td>1</td><td>15</td><td>发远传 2</td><td>0</td></tr>
<tr><td>05</td><td>重合闸方式 2</td><td>1</td><td>16</td><td>收远跳</td><td>0</td></tr>
<tr><td>06</td><td>闭重三跳</td><td>0</td><td>17</td><td>收远传 1</td><td>0</td></tr>
<tr><td>07</td><td>跳闸起动重合</td><td>0</td><td>18</td><td>收远传 2</td><td>0</td></tr>
<tr><td>08</td><td>三跳起动重合</td><td>0</td><td>19</td><td>主保护压板 S</td><td>1</td></tr>
<tr><td>09</td><td>A 相跳闸位置</td><td>0</td><td>20</td><td>距离压板 S</td><td>1</td></tr>
<tr><td>10</td><td>B 相跳闸位置</td><td>0</td><td>21</td><td>零序压板 S</td><td>1</td></tr>
<tr><td>11</td><td>C 相跳闸位置</td><td>0</td><td>22</td><td>闭重二跳 S</td><td>0</td></tr>
<tr><td colspan="6">起动后变位报告</td></tr>
<tr><td>01</td><td>00084ms</td><td>B 相跳闸位置　0→1</td><td>04</td><td>00771ms</td><td>A 相跳闸位置　0→1</td></tr>
<tr><td>02</td><td>00590ms</td><td>B 相跳闸位置　1→0</td><td>05</td><td>00775ms</td><td>C 相跳闸位置　0→1</td></tr>
<tr><td>03</td><td>00767ms</td><td>B 相跳闸位置　0→1</td><td>06</td><td></td><td></td></tr>
</table>

3. PRS-753 故障跳闸报告

PRS-753 故障跳闸报告见表 ZY1000503002-2。

表 ZY1000503002-2　　PRS-753 故障跳闸动作报告（不含录波图）

故障序号	00198
起动绝对时间	2008 年 7 月 2 日 08:52:03:810
跳 B 时间	7ms
重合闸时间	573ms
三跳时间	646ms

三、故障分析

1. 故障录波和保护动作报告分析

（1）故障录波如图 ZY1000503002-2、图 ZY1000503002-3 所示，主要包含 12 个模拟量和 7 个开关量，其中模拟量为线路的电流 I_a、I_b、I_c、$3I_o$，电压 U_a、U_b、U_c、$3U_o$（说明：由于是双母线接线，线路电压取母线电压）；开关量为线路保护、重合闸动作。

（2）故障相：从故障电流、故障电压可看出，故障相为 B 相，从调取的保护动作报告中，故障相为 B 相。故障录波中 B 相电流突然增大、并且产生零序电流说明是接地故障，B 相电压波动且减少，产生零序电压。

（3）故障类型：永久性故障，如图 ZY1000503002-3 所示，重合后，保护再次动作，开关跳开，A、B、C 相电流都为零。电压取自母线 CVT 电压，不受线路故障影响，故母线电压正常。

（4）故障过程：故障发生后，两套保护动作，开关 B 相跳开。573ms 重合闸启动，B 相重合，重合后线路保护再启动，开关 A、B、C 相跳闸。从 RCS-931 保护动作报告中变位情况很明显的看到开关动作情况。

2. 故障原因分析

线路发生 B 相单相接地故障，保护正常启动，重合闸动作，重合于故障，开关三相跳闸。

四、事故处理步骤

（1）将事故发生时间、设备名称、开关变位情况、保护动作主要信号做好记录并立即汇报调度，关注卓东Ⅱ线负荷情况。

（2）值班人员分两组，一组负责主控室监控信号记录和检查、继电保护及自动装置检查；另一组负责保护范围内一次设备检查。

（3）将检查详细情况尽快汇报调度。

（4）根据调度命令，试送线路。

（5）事故处理完毕后，值班人员填写运行日志、事故跳闸记录、开关分/合闸记录等，并根据开关跳闸情况、保护及自动装置的动作情况、事件记录、故障录波、微机保护打印报告及处理情况，整理详细的事故经过。

五、处理的注意事项

（1）重合闸动作，重合未成功，应重点对开关外观进行检查，如果一次设备检查无问题，可申请试送一次，若试送成功则做好记录，若试送不成功则做好设备转检修准备。试送线路前，将保护信号复归，防止信号不清造成误判断。

（2）对于双回线路，应监视故障后另一条线路的负荷情况。

（3）根据保护动作、故障录波器录波情况分析判断线路故障类型以及测距距离。

【思考与练习】

1. 卓东Ⅱ线 B 相永久性故障主要事故现象和事故处理的关键点是什么？
2. 故障录波图上主要的信息量有哪些，代表的含义是什么？
3. 线路事故处理过程中的注意事项有哪些？

第三十九章　变压器事故处理

模块1　变压器事故处理基本原则和处理步骤（ZY1000502001）

【模块描述】本模块介绍了导致变压器事故的主要原因、处理基本原则和步骤。通过要点分析和归纳，掌握变压器事故处理的总体要求。

【正文】

变压器是电网中非常重要的设备，变压器事故对电网的影响巨大，正确、快速地处理事故，防止事故的扩大，减小事故的损失，显得尤为重要。

一、变压器故障类型

变压器与其他设备相比发生事故的概率较小，变压器的故障分为内部故障和外部故障两种。

（1）内部故障。包括绕组故障（绕组的匝间短路、层间短路、接地短路、相间短路等）、铁芯故障（铁芯多点接地、相间短路等）。

（2）外部故障。包括变压器引出线和套管上发生故障或系统短路和接地故障引起的变压器过电流。

二、变压器跳闸的主要原因

（1）变压器绕组发生匝间短路、层间短路、接地短路、相间短路。

（2）变压器铁芯发生多点接地和相间短路。

（3）套管故障爆炸、闪络放电及严重漏油。

（4）有载调压装置故障。

（5）变压器出线套管至各侧TA之间发生相间短路和接地短路故障。

（6）变压器保护误动、误整定、误碰造成主变压器跳闸。

三、变压器事故处理的基本原则

（1）当并列运行中的一台变压器跳闸后，应密切关注运行中的变压器有无过负荷现象，并考虑中性点接地情况。

（2）变压器跳闸后应密切关注站用电的供电，确保站用电、直流系统的安全稳定运行。

（3）变压器的重瓦斯、差动保护同时动作跳闸，未经查明原因和消除故障之前不得进行强送。

（4）重瓦斯或差动保护之一动作跳闸，在检查变压器外部无明显故障，检查瓦斯气体，证明变压器内部无明显故障者，在系统急需时可以试送一次，有条件时，应尽量进行零起升压。

（5）若变压器后备保护动作跳闸，一般经外部检查、初步分析（必要时经电气试验），无明显故障，可以试送一次。

（6）若主变压器重瓦斯保护误动作，两套差动保护中一套误动作或者后备保护误动作造成变压器跳闸，应根据调度命令，停用误动作保护，将主变压器送电。

（7）变压器故障跳闸造成电网解列时，在试送变压器或投入备用变压器时，要防止非同期并列。

（8）如因线路或母线故障，保护越级动作引起变压器跳闸，则在故障线路断路器断开后，可立即恢复变压器运行。

（9）变压器主保护动作，在未查明故障原因前，值班人员不要复归保护屏信号，做好相关记录以便专业人员进一步分析和检查。

（10）对于不同的接线方式，应及时调整运行方式，本着无故障变压器尽快恢复送电的原则。

（11）主变压器保护动作，若 220kV 侧开关拒动，则启动失灵；若是 110kV 侧、35kV 侧（10kV 侧）开关拒动，则由电源对侧或主变压器后备保护动作跳闸，切除故障。运行值班人员根据越级情况，尽快隔离拒动开关设备，恢复送电。

四、变压器各种保护动作的原因、现象和主要检查工作

（一）差动保护动作

1. 差动保护动作的原因

（1）变压器套管引出线至各侧差动保护用电流互感器之间的一次设备故障。

（2）保护二次回路异常引起保护误动作或保护误整定。

（3）差动保护用电流互感器二次开路或短路。

（4）变压器内部故障。

2. 变压器差动保护动作的主要现象

（1）事故音响、预告警铃响，变压器三侧断路器出现变位信息。

（2）监控系统显示变压器差动保护动作等光字牌。

（3）监控系统告警窗显示打压电源启动、故障录波器启动等信号。

（4）变压器三侧的电流、功率等为零。

（5）低压侧母线失压（无自投装置）。

3. 差动保护动作后运行人员应进行的检查工作

（1）检查变压器中性点接地方式。

（2）检查并列运行变压器及各线路的负荷情况。

（3）检查站用系统电源是否切换正常，直流系统是否正常。

（4）检查现场一次设备（特别是变压器差动范围内设备）有无着火、爆炸、喷油、放电痕迹、导线断线、短路、小动物爬入引起短路等情况。

（二）本体重瓦斯保护动作

1. 本体重瓦斯保护动作跳闸的原因

（1）变压器内部严重故障（如匝间、层间短路、绝缘损坏、接触不良、铁芯多点接地故障等）。

（2）二次回路异常引起误动作或保护误整定。

（3）附属设备故障［如油枕内的胶囊（隔膜）安装不良造成呼吸器阻塞；散热器上部进油阀关闭；油温发生变化后，呼吸器突然冲开，油流冲动使重瓦斯保护误动作跳闸等］。

（4）外部发生穿越性短路故障（外部发生穿越性短路故障时，变压器通过很大短路电流，内部产生的电动力使变压器油发生很大波动而发生重瓦斯保护误动作）。

（5）变压器附近有较强的振动。

2. 本体重瓦斯保护动作的现象

（1）事故音响、预告警铃响，变压器三侧断路器出现变位信息。

（2）监控系统显示“变压器重瓦斯保护动作”等光字牌。

（3）监控系统告警窗显示打压电源启动、故障录波器启动等信号。

（4）变压器三侧的电流、功率等为零。

（5）低压侧母线失压（无自投装置）。

3. 本体重瓦斯保护动作后运行人员应进行的检查工作

（1）检查中性点接地方式。

（2）检查并列运行变压器及各线路的负荷情况。

（3）检查变电站站用系统电源是否切换正常，直流系统是否正常。

（4）检查变压器油温、油位、油色情况，有无爆炸、喷油、漏油等情况。

（5）检查变压器外壳有无鼓起变形，套管有无破损裂纹。

（6）检查变压器压力释放阀是否喷油。

（7）检查气体继电器内有无气体积聚。

（8）检查气体继电器的二次接线有无异常。

（三）有载分接开关重瓦斯保护动作

1. 有载分接开关重瓦斯保护动作跳闸的原因

（1）有载分接开关内部严重故障。

（2）气体继电器定值的误整定。

（3）有载分接开关气体继电器接线盒内受潮或异物造成端子短路。

2. 有载分接开关重瓦斯动作的现象

（1）事故音响、预告警铃响，变压器三侧断路器出现变位信息。

（2）监控系统显示变压器有载分接开关重瓦斯保护动作等光字牌。

（3）监控系统告警窗显示打压电源启动、故障录波器启动等信号。

（4）变压器三侧的电流、功率等为零。

（5）低压侧母线失压（无自投装置）。

3. 有载分接开关重瓦斯保护动作后运行人员应进行的检查工作

（1）检查中性点接地方式。

（2）检查并列运行变压器及各线路的负荷情况。

（3）检查变电站站用系统电源是否切换正常，直流系统是否正常。

（4）检查变压器有载调压油枕、压力释放阀和呼吸器是否破裂，压力释放装置是否动作。

（5）检查变压器油温、油位、油色情况，有无爆炸、喷油、漏油等情况。

（6）检查变压器外壳有无鼓起变形，套管有无破损裂纹。

（7）检查有载分接开关气体继电器内有无气体积聚。

（8）检查变压器有载分接开关油位情况。

（9）检查有载分接开关气体继电器的二次接线有无异常。

（四）变压器后备保护动作

变压器后备保护动作跳闸，而主保护未动作时，一般情况下为差动保护范围以外故障，在实际发生的事故中，母线故障或线路故障越级使变压器后备保护动作跳闸的情况比较多。下面分别从高、中、低压侧后备保护动作进行分析说明。

1. 高压侧后备保护动作

（1）高压侧后备保护动作的原因。

1）变压器差动和瓦斯保护拒动。

2）本侧母线差动保护或者线路保护拒动。

3）本侧开关拒动。

4）中低压侧后备保护拒动或开关拒动。

5）高压侧后备保护误动、误整定。

（2）高压侧后备保护动作后的主要检查工作。

1）检查本侧线路保护、母差保护是否有动作信号，是否有开关闭锁信号。

2）检查中、低压侧是否有故障、保护动作信号、开关闭锁信号。

2. 中压侧后备保护动作

（1）中压侧后备保护动作的原因。

1）变压器差动和瓦斯保护拒动。

2）本侧母线差动保护或者线路保护拒动。

3）本侧开关拒动。

4）中压侧后备保护误动、误整定。

（2）中压侧后备保护动作后主要检查工作。包括本侧线路保护、母差保护是否有动作信号，是否有开关闭锁信号。

3. 低压侧后备保护动作

（1）低压侧后备保护动作的原因。

1）低压线路发生故障跳闸，保护拒动或开关拒动。

2）低压母线发生故障（未装设母差保护）。

（2）低压侧后备保护动作后主要检查工作。包括低压母线是否发生短路故障或者是低压线路故障保护拒动或开关拒动。

4. 主变压器中性点间隙保护动作

（1）间隙保护动作的原因。中性点不接地的变压器带单相接地故障运行时，会引起间隙保护动作。

（2）间隙保护动作后主要检查工作。包括高、中压系统的越级跳闸及保护误动、误整定。

五、变压器套管爆炸的事故处理

1. 变压器套管爆炸的原因

（1）套管表面污秽。

（2）密封不良，绝缘受潮、劣化。

（3）套管有破损、裂纹没有及时发现处理。

（4）由于操作、事故或雷击等原因造成的过电压。

（5）套管电容芯击穿故障。

2. 变压器套管爆炸的检查

（1）检查中性点接地方式。

（2）检查并列运行变压器及各线路的负荷情况。

（3）检查变电站站用系统电源是否切换正常，直流系统是否正常。

（4）检查变压器有无着火等情况，检查消防设施是否启动。

（5）检查套管爆炸引起其他设备的损坏情况。

六、变压器起火事故处理

1. 变压器起火的主要原因

（1）套管的破损和闪络。

（2）油在油枕的压力下流出并在顶盖上燃烧。

（3）变压器内部故障造成外壳或散热器破裂，使燃烧的变压器油溢出。

（4）变压器周围用喷灯或者有烟火等情况。

2. 变压器起火的处理

（1）变压器起火时，首先应检查变压器各侧开关是否已跳闸，否则应立即手动拉开故障变压器各侧开关，立即停运冷却装置，立即拉开变压器各侧电源。

（2）立即切除变压器所有二次控制电源。

（3）立即启动灭火装置。

（4）立即向消防部门报警。

（5）确保人身安全的情况下采取必要的灭火措施。

（6）应立即将情况向调度及有关部门汇报。

七、变压器事故处理的步骤

（1）变压器保护动作跳闸后，运行值班人员首先应记录事故发生时间、设备名称、开关变位情况、主要保护和自动装置动作信号等事故信息。

（2）检查受事故影响的运行设备状况，主要是指两台主变压器并列运行，如一台主变压器跳闸，另一台主变压器运行状况及站用变压器运行情况。

（3）立即检查主变压器中性点接地情况，根据实际情况完成接地操作。

（4）检查站用系统电源是否切换正常，直流系统是否正常。

（5）将以上信息、天气情况、停电范围和当时的负荷情况及时汇报调度和有关部门，便于调度及有关人员及时、全面地掌握事故情况，进行分析判断。

（6）记录保护及自动装置屏上的所有信号，检查故障录波器的动作情况。打印故障录波报告及微机保护报告。

（7）检查保护范围内一次设备。

（8）将详细检查结果汇报调度和有关部门，根据调度命令进行处理。

（9）事故处理完毕后，值班人员填写运行日志、事故跳闸记录、断路器分合闸记录等，并根据断路器跳闸情况、保护及自动装置的动作情况、事件记录、故障录波、微机保护打印报告及处理情况，整理详细的事故经过。

【思考与练习】

1. 变压器主保护动作最主要的原因有哪些？动作后主要检查内容是什么？应如何进行处理？
2. 变压器套管故障处理步骤是什么？
3. 变压器起火处理的步骤是什么？

模块2　变压器事故处理案例分析（ZY1000502002）

【模块描述】本模块介绍了典型变压器事故的处理。通过案例分析，掌握变压器事故处理的方法和注意事项。

【正文】

卓越变电站主变压器接线如图ZY1000502002-1所示。

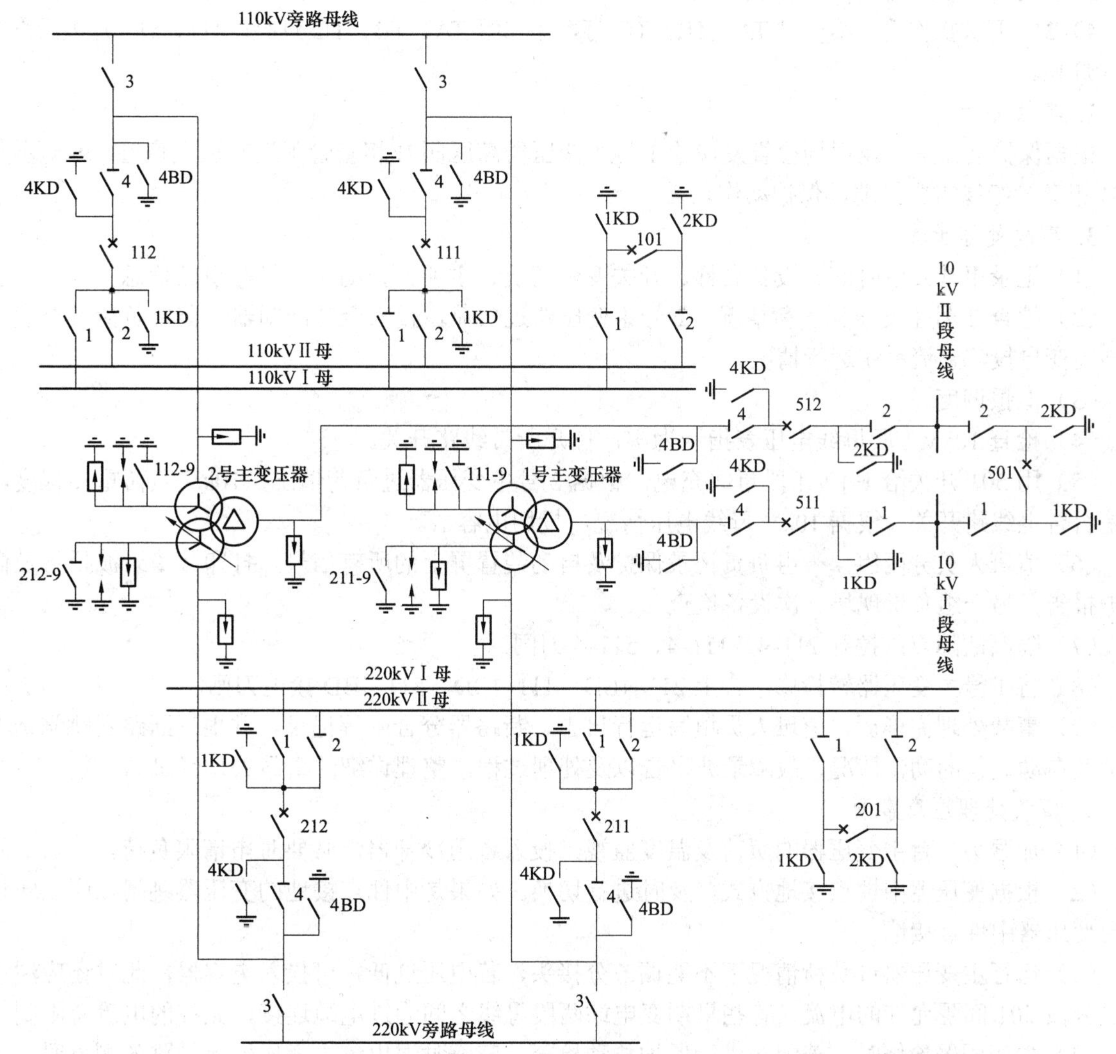

图ZY1000502002-1　卓越变电站主变压器接线图

运行方式：220kVⅠ、Ⅱ母线并列运行，110kV 母线并列运行，2 号主变压器高、中压侧中性点接地。1、2 号主变压器容量为 120MVA。

1 号主变压器保护配置：PST-1202A、PST-1212、PST-1206A，PST-1202B、PST-1211、PST-1210、PST-1210C。

2 号主变压器保护配置：RCS-978、RCS-974A、LFP-974B，RCS-978、LFP-974E。

一、案例 1：卓越变电站 1 号主变压器高压侧 B 相套管绝缘击穿接地

1. 事故基本情况

2008 年 10 月 8 日 09:18，1 号主变压器差动保护动作跳闸。事故前 1 号主变压器负荷为 70MVA，2 号主变压器负荷为 69MVA。

（1）监控系统主要信息。

1）211、111、511 开关变位，电流、功率指示为零。

2）1 号主变压器 PST-1202A、PST-1202B 差动保护动作、故障录波器动作光字牌亮。

3）10kVⅠ段母线所连接线路和电容器组的电流为零，功率指示为零。

4）10kVⅠ段母线电压为零。

5）站用变压器自投动作光字牌亮。

（2）保护主要信息。

1）1 号主变压器保护：差动保护动作。

2）电容器保护：低电压动作。

3）1 号站用变压器保护：备自投动作。

4）211 开关操作箱：第一组 TA、TB、TC 灯，第二组 TA、TB、TC 灯亮。111、511 开关操作箱：TWJ 灯亮。

2. 事故分析

根据保护动作信息及现场检查发现的 1 号主变压器高压侧 B 相套管附近有放电痕迹，可初步判断为 B 相套管绝缘击穿接地，保护动作正常。

3. 事故处理步骤

（1）记录事故发生时间、设备名称、开关变位情况、主要保护动作信号等事故信息。

（2）检查 2 号主变压器负荷情况，2 号主变压器过负荷，投入全部冷却器，监视负荷及温度。检查站用变自投、直流系统运行情况。

（3）汇报调度。

（4）检查 10kVⅠ段母线电压表指示为零，拉开所带线路开关。

（5）用 501 开关给 10kVⅠ段母线充电，根据 2 号主变压器过负荷情况，10kV 负荷重要程度，决定是否合上线路开关；根据 10kV 母线电压情况，投切电容器。

（6）值班人员分两组：一组负责记录保护及自动装置屏上的所有信号，打印故障录波报告及微机保护报告；另一组负责现场一次设备检查。

（7）隔离故障点：拉开 211-4、111-4、511-4 刀闸。

（8）将 1 号主变压器转检修：合上 211-4BD、111-4BD、511-4BD 接地刀闸。

（9）事故处理完毕后，值班人员填写运行日志、断路器分合闸等记录，并根据断路器跳闸情况、保护及自动装置的动作情况、故障录波报告以及处理过程，整理详细的事故处理经过。

4. 事故处理注意事项

（1）加强另一台主变压器的负荷及温度监视，投入备用冷却器，必要时申请限负荷。

（2）根据变压器中性点接地方式，及时进行切换。如果是中性点接地的变压器跳闸，应立即将另一台变压器中性点接地。

（3）运行主变压器过负荷情况下不能调节分接头，若电压过低，可投入电容器，此时还应注意不超过分段 501 间隔允许的电流（有些早期变电站两段母线之间通过电缆连接，允许的电流有限制）。

（4）主变压器检修时，若配合进行保护传动检查，应及时退出该主变压器保护跳各侧母联、分段开关压板。

二、案例 2：卓越站 2 号主变压器内部相间短路故障

1. 事故基本情况

2007 年 6 月 12 日 19:09 分，2 号主变压器差动保护、重瓦斯保护动作跳闸。

（1）监控系统主要信息。

1）212、112、512 开关变位闪烁，三侧电流表、功率表指示为零。

2）2 号主变压器双套 RCS-978 差动保护动作，非电量保护 RCS-974A 保护动作，故障录波器动作光字牌亮。

3）10kVⅡ段母线所连接线路和电容器组的电流、功率指示为零。

4）10kVⅡ段母线电压为零。

5）站用变压器自投动作光字牌亮。

（2）保护主要信息。

1）2 号主变压器保护：差动保护动作、重瓦斯保护动作。

2）电容器保护：低电压动作。

3）站用变压器保护：2 号站用变压器备自投动作。

4）212 开关操作箱：第一组 TA、TB、TC 灯，第二组 TA、TB、TC 灯亮。112、512 开关操作箱：TWJ 灯亮。

2. 事故分析

根据保护动作信息，尤其是两套差动和重瓦斯保护同时动作，一般是变压器内部严重故障。

3. 事故处理步骤

（1）记录事故发生时间、设备名称、开关变位情况、主要保护动作信号等事故信息。

（2）检查 1 号主变压器负荷情况，1 号主变压器可能过负荷，投入全部冷却器，监视负荷及温度。检查站用变压器自投、直流系统运行情况。

（3）汇报调度。

（4）退出 1 号主变压器间隙保护，合上 1 号主变压器中性点接地刀闸。

（5）检查 10kVⅡ段母线电压表指示为零，拉开线路开关。

（6）用 501 开关给 10kVⅡ段母线充电，根据 1 号主变压器负荷情况，10kV 负荷重要程度，决定是否合上出线开关；根据 10kV 母线电压情况，投切电容器。

（7）值班人员分两组：一组负责记录保护及自动装置屏上的所有信号，打印故障录波报告及微机保护报告；另一组负责现场一次检查。

（8）隔离故障点：拉开 212-4、112-4、512-4 刀闸。

（9）将 2 号主变压器转检修：合上 212-4BD、112-4BD、512-4BD 接地刀闸。

（10）事故处理完毕后，值班人员填写运行日志、开关分/合闸等记录，并根据开关跳闸情况、保护及自动装置的动作情况、故障录波报告以及处理过程，整理详细的事故处理经过。

4. 事故处理注意事项

（1）加强另一台主变压器的负荷及温度监视，投入备用冷却器，必要时申请限负荷。

（2）本案例是中性点接地的变压器跳闸，应立即将另一台变压器中性点接地。

（3）运行主变压器过负荷情况下不能调节分接头，若电压过低，可投入电容器，此时还应注意不超过分段 501 间隔允许的电流（有些早期变电站两段母线之间通过电缆连接，允许的电流有限制）。

（4）此案例差动、重瓦斯保护都动作，未查明故障原因时，2 号主变压器不允许试送，值班人员尽量不要复归 2 号主变压器保护屏信号，做好相关记录以便专业人员进一步分析和检查。

（5）主变压器检修时，若配合进行保护传动检查，应及时退出该主变压器保护跳各侧母联、分段开关压板。

【思考与练习】

1. 卓越站 2 号主变压器 A 相引线断裂与 B 相发生短路，有何现象？应如何处理？

2. 卓越站 1 号主变压器内部故障跳闸，有何现象？应如何处理？

3. 变压器发生故障后，密切关注的主要问题有哪些？

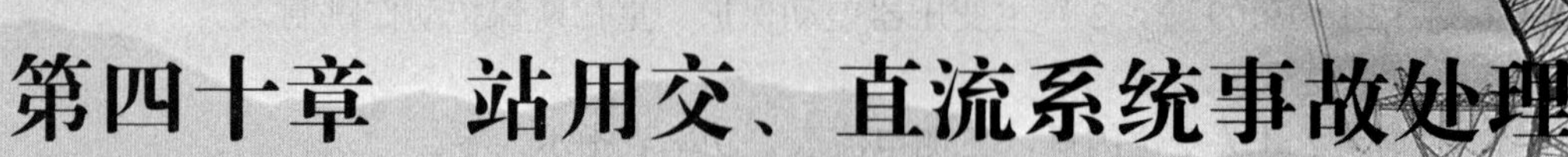

第四十章　站用交、直流系统事故处理

模块1　站用交、直流系统事故处理基本原则和处理步骤（ZY1000504001）

【模块描述】本模块介绍了导致站用交、直流系统事故的主要原因、处理基本原则和步骤。通过要点分析和归纳，掌握站用交、直流系统事故处理的总体要求。

【正文】

变电站站用交流系统是保证变电站安全可靠输送电能的一个必不可少的环节，若交流失电，则将严重影响变电站设备的正常运行，甚至引起系统停电和设备损坏事故。

变电站直流系统为变电站控制系统、继电保护和自动装置、信号系统提供电源，同时直流电源还可以作为应急的备用电源。若直流系统故障，将直接导致控制回路、保护及自动装置等设备不能正常工作，如果此时发生异常或事故，保护及自动装置不能启动，将引起故障无法有效切除，事故范围扩大，并且无法进行正常操作。直流系统的可靠稳定运行非常重要，确保直流系统的正常运行是保证变电站安全运行的决定性条件之一。

一、站用交流系统

1. 站用交流系统事故的主要原因

（1）空气小开关质量不合格，接触不良造成交流失电。

（2）交流空气断路器拒动，造成站用交流系统越级跳闸。

（3）上一级电源失电。

（4）站用电二次回路故障引起跳闸导致交流失电。

（5）站用变压器故障。

（6）低压母线故障。

2. 站用交流系统事故处理原则

（1）站用电突然失去时，不论是站用变压器故障还是其他原因使电源消失，均应优先恢复下列回路供电：

1）监控系统电源。

2）主变压器冷却系统电源。

3）直流系统充电电源。

4）通信电源。

5）开关的操作机构电源。

（2）站用电配电屏空气断路器跳闸时，应对该回路进行检查，在未发现明显的故障现象或故障点的情况下，允许合开关试送一次，试送不成则不得再行强送，并尽可能查明故障原因，在未查明原因并加以消除前，严禁将该回路切至另一段母线运行或合上环路联络隔离开关以免事故扩大。

（3）站用变压器高压开关（高压熔断器）跳闸（熔断），是由于变压器内部故障或者某一段低压侧母线上短路，低压开关（熔断器）未跳开（熔断）。站用变压器高压开关（高压熔断器）跳闸（熔断）后，处理方法是：

1）拉开低压侧断路器 （或拉开低压侧隔离开关），检查低压侧母线无问题，再把负荷倒至备用站用变压器或者另一段母线带。

2）对站用变压器外部检查。

3）如未发现异常，应考虑站用变压器存在内部故障的可能，通知专业人员查找。

（4）站用变压器低压侧开关跳闸，应进行以下处理：

1）若系站用变压器失电需手动投入备用电源。

2）若系母线故障则将该段母线上负荷移至另一段母线运行后进行消除或通知检修人员进行处理。

3）如母线上未见明显故障现象或故障点，则应对各负载回路进行检查，必要时可拉开跳闸站用变压器所在母线上全部负荷回路开关，再逐路试送以寻找故障点。

（5）当 0.4kV 母线某一段失压，备自投动作不成功时，应按以下方法处理。

1）应拉开失电站用变压器的低压进线断路器和隔离开关，并设置“禁止合闸，有人工作！”标示牌。

2）如果检查 0.4kV 母线无故障时，确认失压母线站用变压器低压断路器确已断开后，可合上 0.4kV 分段断路器，试送母线。

3）如果 0.4kV 母线确有故障，则禁止合上 0.4kV 分段断路器。

4）检查主变压器冷却电源等是否恢复。

5）检查失电站用变压器有无异常或故障现象，如有应立即隔离站用变压器。

（6）当 0.4kV 母线分支故障，越级造成母线失压，应按以下方法处理。

1）拉开 0.4kV 母线上分支线路。

2）检查 0.4kV 母线确无其他故障，合上 0.4kV 母线开关，恢复母线供电。

3）合上 0.4kV 母线上分支线路，当合上某一分支时母线故障跳闸，将该分支隔离，恢复母线送电。

4）检查主变压器冷却电源等是否恢复。

（7）当 0.4kV 母线某一段故障失压，备自投动作后另一段母线故障，导致全站站用交流消失，应按以下方法处理：

1）立即上报调度，同时加强对主变压器温度、负荷的监视。

2）如果有第三台站用变压器，考虑用第三台站用变压器送电，操作前应拉开失电的两台站用变压器进线断路器和隔离开关，如果判断是由于备自投动作造成另一段母线故障则尽快恢复无故障母线。

3）密切关注蓄电池的电压，停用不必要的负荷。

（8）上级电源停电，导致全站站用交流消失，应按以下方法处理。

1）立即上报调度，同时加强对主变压器温度、负荷的监视。

2）如果有第三台站用变压器，考虑用第三台站用变压器送电，操作前应拉开失电的两台站用变压器进线断路器和隔离开关。

二、直流系统

1. 直流系统事故的主要原因

（1）熔断器容量小或者不匹配，在大负荷冲击下造成熔丝熔断，导致部分回路直流消失。

（2）熔断器质量不合格，接触不良导致直流消失。

（3）由于直流两点接地或短路造成熔丝熔断导致直流消失。

（4）充电机故障或者站内交流失去引起直流消失。

（5）直流母线故障或者蓄电池组故障。

2. 直流系统事故处理原则

（1）直流屏空气断路器跳闸，应对该回路进行检查，在未发现明显故障现象或故障点的情况下，允许合开关试送一次，试送不成则不得再行强送。

（2）直流某一段电压消失的检查处理。

1）蓄电池总熔断器熔断，充电机跳闸，应先重点检查母线上的设备，找出故障点，设法消除，更换熔丝后试送，如再次熔断或充电机跳闸，应通知专业人员来处理。

2）直流熔断器熔断，经外部检查无异常现象和气味，可更换熔断器后试送一次，如果故障依然存在，通知检修人员处理，没查出故障点前，禁止用任何方式对其供电。

（3）充电机（或充电模块）故障的处理。

1）如有备用充电机，应改为备用充电机运行。

2）检查交流电源熔丝是否熔断或电源是否缺相，空气断路器是否断开，更换熔丝后试送，如再次熔断或充电机跳闸，应通知专业人员来处理。

3）将该充电模块交流电源开关试送一次。若试送不成功，通知有关专业人员。

【思考与练习】

1. 站用交流系统低压侧断路器跳闸原因和处理原则是什么？

2. 站用交流、直流某一段消失的处理原则是什么？

3. 全站交流失电的处理原则是什么？

模块 2 站用交、直流系统事故处理案例分析（ZY1000504002）

【模块描述】本模块介绍了站用交、直流系统事故的处理。通过案例分析，掌握站用交、直流系统事故处理的方法和注意事项。

【正文】

一、站用交流系统故障

220kV 站用电交流系统的典型接线如图 ZY1000504002-1 所示。

（一）站用交流系统的主要故障

（1）10kV 母线故障造成低压失电。

（2）站用变压器故障。

（3）站用变压器间隔内断路器、隔离开关（如 510 断路器、510-2 隔离开关）及低压断路器（如 401 断路器）设备故障。

（4）0.4kVⅠ、Ⅱ段母线故障。

（5）0.4kVⅠ、Ⅱ段母线下分支线路故障。

（6）0.4kVⅠ、Ⅱ段母线下分支线路故障越级造成低压母线失电。

（7）备自投投切不成功。

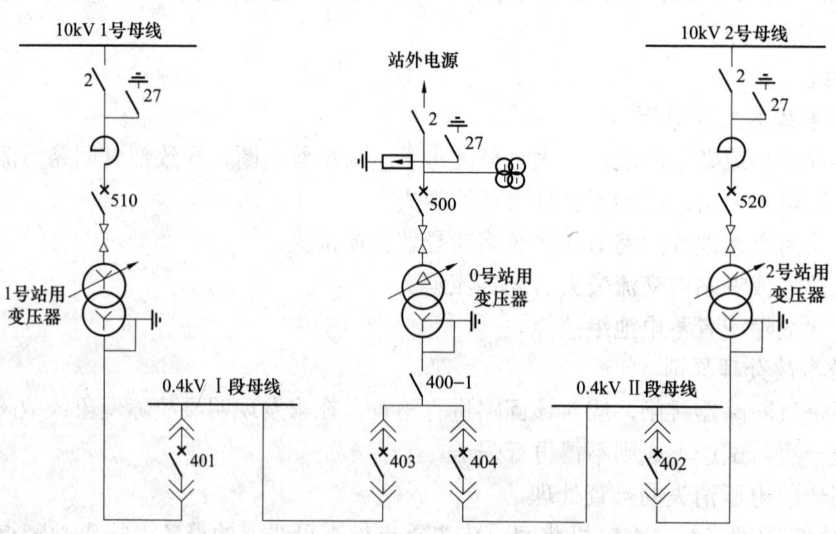

图 ZY1000504002-1 变电站交流系统接线图

（二）案例 1:1 号站用变压器故障

1. 事故现象

事故音响、预告警铃响，监控显示 510、401、500、403 断路器变位闪烁，1 号站用变压器保护动作、站用变压器备自投成功。

2. 事故处理步骤

（1）记录时间及故障现象、恢复警铃，汇报有关人员。

（2）立即安排人员检查，第一组人员负责在主控室内记录、检查设备；第二组人员负责室外设备检查，现场检查发现 1 号站用变压器 A、B 相套管有放电痕迹。

（3）将 1 号站用变压器转检修。

（4）将上述情况汇报有关人员，并做好相关记录。

3. 事故处理注意事项

（1）事故发生后立即检查 2 号站用变压器的运行情况及备自投情况，确保站用电的安全稳定运行。

（2）如果备自投未动作或备自投装置动作但开关未合闸，应立即合上联络断路器。

（三）案例 2：交流 0.4kV Ⅰ段母线故障

1. 事故现象

事故音响、预告警铃响，1 号站用变压器零序过电流动作，1 号、2 号主变压器Ⅰ段风冷电源故障光字牌亮，0.4kVⅠ段母线电压为零。

2. 事故处理步骤

（1）记录时间及故障现象、恢复警铃，汇报有关人员。

（2）立即安排人员检查，第一组负责在主控室内记录、检查；第二组负责检查主变压器冷却器运行情况及低压系统检查。检查发现Ⅰ段母线桥上有一烧焦的塑料布。

（3）取下塑料布，将Ⅰ段母线所带空气断路器拉开。

（4）试送 1 号站用变压器低压开关，试送成功。

（5）将Ⅰ段母线所带分支送电。

（6）将上述情况汇报有关人员，并做好相关记录。

3. 事故处理注意事项

Ⅰ段母线失压，应检查重要负荷自投情况，包括风冷系统、直流系统等。

（四）案例 3：1 号站用变压器停电检修，站用 0.4kVⅡ段所带的现场照明线路短路，空气断路器失灵越级跳开 2 号站用变压器低压侧断路器，站用交流电源消失

1. 事故现象

事故音响、预告警铃响，1、2 号主变压器风冷控制电源故障，主变压器风冷全停，直流控制屏失电报警信号，主控室照明全无。

2. 事故处理步骤

（1）记录时间及故障现象、恢复警铃，汇报有关人员。

（2）立即安排人员检查，第一组负责在主控室内记录、检查以及监视主变压器油温情况；第二组负责低压系统检查，检查发现现场照明灯电源线短路，低压室照明空气断路器未跳开，造成越级跳开 2 号站用变压器二次主断路器导致低压失电，其他设备检查无问题。

（3）将上述情况立即上报有关人员。

（4）将低压室Ⅱ段母线所带现场照明电源断路器拉开与系统脱离，合上 2 号站用变压器二次主断路器。

（5）检查 1、2 号主变压器风冷恢复运行情况。

（6）检查直流充电机及其他负荷恢复情况。

（7）将上述情况汇报有关人员，并做好相关记录。

3. 事故处理注意事项

（1）事故发生后密切监视变压器油温变化及直流母线电压。

（2）发生站用电全停时，很多情况下低压回路的故障点不易发现，处理时应拉开Ⅰ、Ⅱ段母线所带的全部负荷断路器，试送母线，正常后再逐路试送负荷。

（3）当仅有一台站用变压器供电时应做好事故预案，确保站用变压器的安全稳定运行。

二、站用直流系统故障

220kV 直流系统的典型接线如图 ZY1000504002-2 所示。

（一）直流系统的主要故障类型

（1）充电机故障。

（2）直流Ⅰ、Ⅱ段母线故障。

（3）直流Ⅰ、Ⅱ段母线下分支线路（负荷线路或负荷开关）故障。

（4）直流Ⅰ、Ⅱ段母线下分支线路（负荷线路或负荷开关）故障越级造成直流母线失电。

（5）蓄电池组故障。

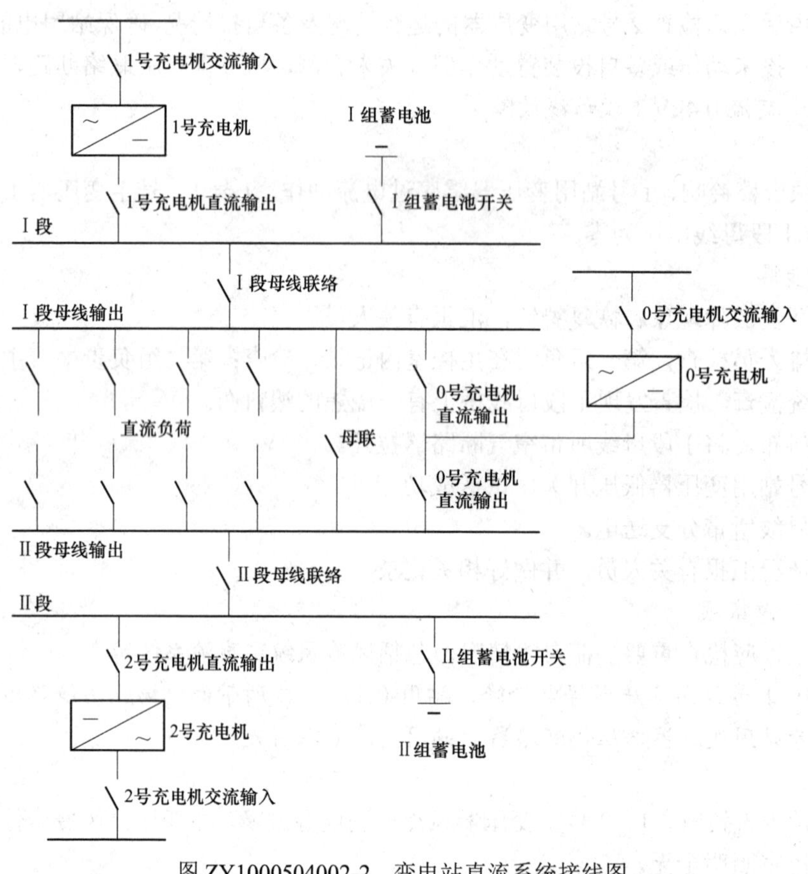

图 ZY1000504002-2　变电站直流系统接线图

（二）案例 1：变电站 1 号充电机故障

1. 故障现象

警铃响，发“1 段浮充低电压异常”、“1 号整流器故障”光字牌，Ⅰ段充电机输出电压、电流回零。

2. 故障处理步骤

（1）记录时间，恢复警铃。

（2）检查 1 号充电机屏直流电源监视装置：交流输入、蓄电池浮充充电、硅整流、负荷灯灭；1 号充电机柜内 1 号充电机交流输入开关在跳闸位置。

（3）用备用充电机（0 号充电机）带Ⅰ段直流母线负荷，将 1 号硅整流退出运行。

（4）将故障情况报告有关人员。

（5）为检修 1 号硅整流器做好安全技术措施，等待专业人员处理。

（6）填写运行日志、缺陷记录、设备台账、运行月报、缺陷月报，写出事故处理经过报告。

3. 故障处理注意事项

尽量用备用充电机（0 号充电机）带Ⅰ段直流母线负荷，避免合母联开关用一台充电机带全部负荷。

（三）案例 2：变电站 1 号蓄电池组进线接触器烧毁导致直流Ⅰ段母线故障

1. 故障现象

警铃响，“断路器控制电源消失”、“直流Ⅰ段母线失压”光字牌亮，220V 直流Ⅰ段母线电压为零。

2. 故障处理步骤

（1）记录时间及故障现象、恢复警铃，汇报有关人员。

（2）立即安排人员检查，检查发现 1 号蓄电池组进线接触器烧毁接地导致直流Ⅰ段母线故障。

（3）拉开直流Ⅰ段母线所带负荷空气断路器。

（4）通过负荷回路的环路开关将Ⅰ段负荷带出，检查各控制回路、保护回路电源正常。

（5）更换 1 号蓄电池组进线接触器。

（6）试送直流Ⅰ段母线，试送成功后将负荷倒回原方式。

（7）将上述情况汇报有关人员，并做好相关记录。

3. 故障处理关键点

（1）查到故障点但不能尽快修复，应考虑将重要负荷倒至Ⅱ段直流母线供电；若查不到故障点，不允许合环路开关，以防将故障引到另一段母线。

（2）直流消失后应加强对断路器控制电源的监视。

【思考与练习】

1. 变电站交流Ⅱ段某一分支短路，空气断路器拒动，越级跳开 2 号站用变压器低压侧断路器，备自投投入未成功，交流Ⅰ段母线失电，导致全站交流电源全消失，应如何进行处理？

2. 站用变压器故障跳闸，主要现象是什么？应如何处理？

3. 直流系统 2 号蓄电池组进线接触器烧毁导致直流Ⅱ段母线故障，应如何处理？

国家电网公司
生产技能人员职业能力培训专用教材

第四十一章 母线事故处理

模块 1 母线事故处理基本原则和处理步骤 (ZY1000501001)

【模块描述】本模块介绍了导致母线事故的主要原因、处理基本原则和步骤。通过要点分析和归纳，掌握母线事故处理的总体要求。

【正文】

母线故障在电力系统故障中所占比例不大，据资料统计，母线故障大约占系统所有故障的 6%～7%。母线故障会造成母线失压，对整个系统影响较大，后果严重，因为母线上所有的电源点将失去电源，造成大面积停电，有可能使电力系统解列。

一、母线事故的主要原因

造成母线故障的主要原因如下：

（1）母线上设备引线接头松动造成短路或接地、所连接的电压互感器、避雷器故障以及连接在母线上的隔离开关支持绝缘子损坏或发生闪络。

（2）母线绝缘子及断路器套管绝缘损坏或发生闪络。

（3）母线保护用电流互感器发生故障。

（4）由于外力破坏或者异物搭挂造成母线设备短路或接地。

（5）误操作。如带负荷拉、合母线侧隔离开关、带地线合母线侧隔离开关或带电挂接地线引起的母线故障。

（6）母线差动保护或失灵保护误动、误整定。

（7）线路发生故障，线路保护拒动或断路器拒动，造成越级跳闸。

（8）上一级电源故障造成本级母线失压。

二、母线事故的主要现象

事故音响、预告音响响，母线电压为零，母线所连元件电流、有功功率、无功功率为零。除上述共同现象外，不同保护配置和故障类型的现象各有不同。

（1）母线配置母差保护，若发出“母差保护动作”光字牌，各出线断路器在分位，可能是母线有故障，母差保护动作跳闸。

（2）若有“线路保护动作”、“失灵保护动作”光字牌，除了保护动作的线路外，各出线断路器在分位，此时母线无故障，是 220kV 线路故障断路器拒动，失灵动作导致母线失压。

（3）若有“线路保护动作”、“变压器中压侧后备保护动作”光字牌，母联或分段和本侧变压器断路器在分位，母线其他断路器在合位，此时母线无故障，母差保护不动作，是 110kV 线路故障断路器拒动，变压器中压侧后备保护动作，第一时限跳开母联或分段断路器，第二时限跳开本侧断路器。

（4）母线未配置母差保护，在 220kV 变电站中，一般为 35kV（或 10kV）母线，若仅发出“变压器低压侧过流保护动作”光字牌，则可能是母线故障；若低压线路故障断路器拒动引起越级跳闸，则还应有“线路保护动作”光字牌。

（5）若由于上一级电源故障跳闸，造成母线失压，则母线上断路器均在合位。

三、母线事故处理基本原则

（1）母线故障不允许未经检查即强行送电。

（2）如母线失压造成站用电失电，应先倒站用电，并立即上报调度，同时将失压母线上的断路器全部拉开。

（3）如有明显的故障点，应用隔离开关将其隔离，恢复母线送电。

（4）经检查若确系母差或失灵保护误动作，应停用母差或失灵保护，立即对母线恢复送电。

（5）如故障点不能隔离，对于双母线接线，一条母线故障停电时，采用冷倒母线方法，将无故障元件倒至运行母线上，恢复送电；对于单母线或 3/2 接线，母线转检修。

（6）找不到明显故障点的，可试送电一次，应优先用外部电源，其次是选择变压器或母联断路器；试送断路器必须完好，并有完备的继电保护。如用线路对侧给母线充电，应将本侧高频保护的收发信机、线路对侧的重合闸停用。

（7）双母线接线同时停电时，如母联断路器无异常且未断开应立即将其拉开，经检查排除故障后再送电。要尽快恢复一条母线运行，另一条母线不能恢复则将所有负荷倒至运行母线。

（8）对 3/2 接线方式的母线故障跳闸，正常情况下不影响线路及变压器设备（主变压器进串方式）正常负荷；若故障前，其中某一串中间断路器在备用或检修方式，母线故障跳闸将引起线路或变压器高压侧断路器跳闸，应考虑中断路器是否具备恢复条件。

（9）对母线为 3/2 接线方式的，一组母线跳闸失电后，试送前应将试送电源线路本侧的中开关拉开后，用边开关试送。若因母差保护误动所致，应停用母差保护检查，待处理结束，投入母差保护后，再恢复母线送电。

（10）母线故障跳闸若是某一出线断路器拒动（包括失灵保护动作）越级所致，对拒动断路器首先隔离（拉开断路器两侧隔离开关），对失电母线进行外部检查（包括出线断路器及其保护），尽快恢复送电。拒动断路器故障如不能很快消除，有条件时应采用旁路断路器代替运行。

（11）封闭式（GIS）母线故障的事故处理。

1）双母线运行的其中一条母线故障或失电，在未查明故障原因前禁止将故障或失电母线上的断路器冷倒至运行母线。

2）母线上设备发生故障，必须查清原因并修复故障或确实隔离故障点后方能予以试送。

3）如设备所属单位查不到故障，应根据故障情况进一步采取试验措施（有条件时应进行零起升压及升流）。

四、母线事故处理步骤

（1）母线保护动作跳闸后，运行值班人员首先应记录事故发生时间、设备名称、断路器变位情况、主要保护及自动装置动作信号等事故信息。

（2）将以上信息、天气情况、停电范围和当时的负荷情况及时汇报调度和有关部门，便于调度及有关人员及时、全面地掌握事故情况，进行分析判断。

（3）检查运行变压器的负荷情况，考虑变压器中性点接地方式。

（4）如有工作现场或操作现场，应立即停止工作并对现场进行检查。

（5）记录保护及自动装置屏上的所有信号，打印故障录波报告及微机保护报告。

（6）现场检查跳闸母线上所有设备，是否有放电、闪络痕迹或其他故障点。

（7）将详细检查结果汇报调度和有关部门，按照母线事故处理原则进行事故处理。

（8）事故处理完毕后，值班人员填写运行日志、断路器分合闸等记录，并根据断路器跳闸情况、保护及自动装置的动作情况、故障录波报告以及处理过程，整理详细的事故处理经过。

【思考与练习】

1. 母线事故处理的主要原则是什么？
2. 母线送电电源选择原则是什么？
3. 母线事故处理的步骤是什么？

模块 2 母线事故处理案例分析（ZY1000501002）

【模块描述】本模块介绍了典型母线事故的处理。通过案例分析，掌握母线故障处理的方法和注意事项。

【正文】

一、案例 1：220kV 卓越变电站卓东Ⅱ线 242-1 刀闸开关侧绝缘子闪络接地

1. 运行方式及保护配置

一次主接线如图 ZY1000501002-1 所示。

运行方式：220kVⅠ、Ⅱ母线并列运行，241、245、247、211 开关在Ⅰ母线运行，242、244、212 开关在Ⅱ母线运行，母联 201 开关合位。

卓东双回保护配置：RCS-931（光纤）、PRS-753（光纤）、RCS-923A、CZX-12R1。

卓南保护配置：RCS-931（光纤）、CZX-12R、LFP-901B。

卓西、卓北保护配置：RCS-901A、LFX-912、CZX-12R，RCS-902A、LFX-912、RCS-923A。

母差保护配置：RCS-915AB、BP-2B。

1 号主变压器保护配置：PST-1202A、PST-1212、PST-1206A，PST-1202B、PST-1211、PST-1210、PST-1210C。

2 号主变压器保护配置：RCS-978、RCS-974A、LFP-974B，RCS-978、LFP-974E。

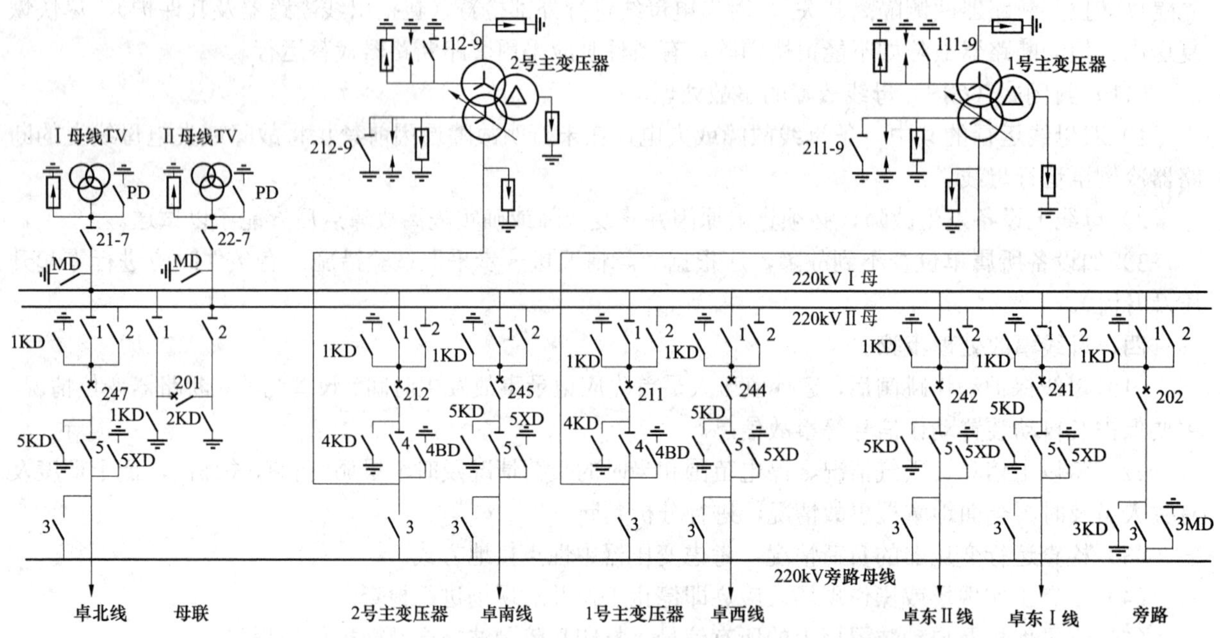

图 ZY1000501002-1 220kV 卓越变电站 220kV 侧主接线图

2. 事故基本情况

2007 年 6 月 8 日 13:48，220kVⅡ母线差动保护动作跳闸，母线失压。

（1）监控系统主要信息：

1）201、242、244、212 开关变位闪烁。

2）220kVⅡ母线 RCS-915AB 差动保护动作、BP-2B 差动保护动作、故障录波器动作光字牌亮。

3）201、212 电流为零，卓东Ⅱ线 242、卓西线 244 电流、有功、无功指示为零。

4）220kVⅡ母线电压为零。

（2）保护主要信息：

1）220kVⅡ母线 RCS-915AB 差动保护：保护动作跳Ⅱ母。

2）BP-2B 差动保护：保护动作跳Ⅱ母。

3）201、242、244、212 开关操作箱：第一组 TA、TB、TC 灯，第二组 TA、TB、TC 灯亮。

3. 事故分析

（1）设备检查范围。Ⅱ母线差动保护范围包括 242、244、212 间隔 TA、开关、-2 刀闸、-1 刀闸开关侧支持绝缘子及这些设备之间的引线，241、245、247、211、202 间隔-2 刀闸母线侧，201-2 刀闸、TA，22-7 刀闸、TV、避雷器及它们之间的引线，220kVⅡ母线，22-MD1、22-MD2 接地刀闸。值得提醒的是本次故障点在 242-1 刀闸上，却在Ⅱ母线差动保护范围内，同样的Ⅰ母线差动保护范围保护也包括Ⅰ母线运行间隔-2 刀闸开关侧，母差保护动作后应认真检查。

（2）一般母线发生故障，应将无故障间隔冷倒至运行母线，而本案例故障点位置比较特殊，Ⅱ母线差动保护动作，故障点在 242-1 刀闸开关侧，如果下一步要处理 242-1 刀闸故障，应将运行的Ⅰ母线停电，所以处理时首先拉开 242-5、242-2 刀闸，然后恢复Ⅱ母线及各线路运行，再将Ⅰ母出线都倒至Ⅱ母线，242 线路可由 202 开关代路送出，最后将 242-1 刀闸转检修。

（3）本案例的接线方式。若故障点在 242-1 刀闸母线侧，则属于Ⅰ母差保护范围，Ⅰ母线上开关跳闸。处理时，Ⅰ母线不能送电，只能转检修，出线都冷倒至Ⅱ母线运行。运行中处于断开位置的刀闸，其两侧分属于不同母线母差保护范围，发生故障时的现象和处理也会不同。

（4）本案例中 220kV 母差保护动作，只跳开主变压器高压侧开关，其他两侧开关仍在运行，应考虑是否需要将其停运，若可以继续运行，应考虑低压侧是否带电容器运行，电压是否过高。

4. 事故处理步骤

（1）将事故发生时间、设备名称、开关变位情况、保护动作主要信号做好记录并立即上报调度，关注 1 号主变压器的负荷情况。

（2）值班人员分两组，一组负责主控室监控信号记录和检查、继电保护及自动装置检查；另一组负责保护范围内一次设备检查，负责变压器中性点接地方式的改变。

（3）将检查详细情况尽快上报调度。

（4）根据调度命令，拉开 242-5、242-2 刀闸。

（5）根据调度命令，恢复Ⅱ母线运行。

（6）根据调度指令将Ⅰ母线运行元件倒至Ⅱ母线运行。

（7）根据调度指令，卓东Ⅱ线 242 开关由 202 代路运行。

（8）242-1 隔离开关转检修，做好安全措施。

（9）事故处理完毕后，值班人员填写运行日志、开关分/合闸记录等，并根据开关跳闸情况、保护及自动装置的动作情况、事件记录、故障录波、微机保护打印报告及处理情况，整理详细的事故经过。

5. 事故处理注意事项

（1）母线故障跳闸，认真检查保护范围设备，尤其注意-1、-2 刀闸的母线侧、开关侧发生短路故障保护动作、处理步骤的区别。

（2）虽然是Ⅱ母线保护动作跳闸，但是在处理上应将Ⅰ母线转检修，配合-1 刀闸处理。Ⅱ母线故障跳闸，查找保护范围内设备，要考虑-1 刀闸开关侧设备运行情况。

（3）本次案例由于母差保护动作，导致变压器高压侧 212 开关跳开，变电站高压侧失去接地点，应尽快将 1 号变压器高压侧中性点接地。若不允许变电站内高、中压侧中性点接地分布在不同的变压器上，还应将 1 号主变压器中压侧中性点接地。

（4）恢复母线送电时，优先选择外部电源，其次是母联开关，主要是从对电网的影响和负荷损失来考虑。如果母线存在故障，选择外部电源充电，保护动作但开关未跳开则由外部电源的保护动作切除故障，仅对充电线路有影响；若选择母联开关，母联充电保护动作但开关未跳开，则影响到运行母线，影响较大。本案例中因为是电源侧母线故障，所以不能用主变压器断路器充电。

二、案例 2：220kV 卓越变电站 22-7 刀闸接地故障

1. 运行方式及保护配置

运行方式及保护配置同本模块案例 1。

2. 事故基本情况

2006 年 10 月 6 日 18:48，220kVⅡ母线差动保护动作跳闸，母线失压。

（1）监控系统主要信息。

1）201、242、244、212 开关变位闪烁。

2）220kVⅡ母线 RCS-915AB 差动保护动作、BP-2B 差动保护动作、故障录波器动作光字牌亮。

3）201、212 电流为零，卓东Ⅱ线 242、卓西线 244 电流、有功功率、无功功率指示为零。

4）220kVⅡ母线电压为零。

（2）保护主要信息。

1）220kVⅡ母线 RCS-915AB 差动保护：保护动作跳Ⅱ母。

2）BP-2B 差动保护：保护动作跳Ⅱ母。

3）201、242、244、212 开关操作箱：第一组 TA、TB、TC 灯，第二组 TA、TB、TC 灯亮。

3. 事故分析

经检查发现 22-7 刀闸有放电痕迹。由于 22-7 刀闸直接连接在Ⅱ母线上，所以故障点不能隔离，母线无法恢复运行。

4. 事故处理步骤

（1）将事故发生时间、设备名称、开关变位情况、保护动作主要信号做好记录并立即上报调度，关注 1 号主变压器负荷情况和 2 号主变压器运行工况，根据要求可将 2 号主变压器中、低压侧开关拉开。

（2）值班人员分两组：一组负责主控室监控信号的记录和检查、继电保护及自动装置的检查；另一组负责现场一次设备检查，并做好变压器中性点接地方式的改变。

（3）将检查详细情况尽快上报调度。

（4）根据调度命令，隔离 22-7 刀闸，恢复无故障设备运行。将故障母线上各线路、主变压器开关冷倒至正常母线，恢复运行。

（5）事故处理完毕后，值班人员填写运行日志、事故跳闸记录、开关分/合闸记录等，并根据开关跳闸情况、保护及自动装置的动作情况、事件记录、故障录波、微机保护打印报告及处理情况，整理详细的事故经过。

5. 事故处理注意事项

（1）对于母线故障，能隔离的尽快隔离，恢复变电站正常运行方式。

（2）母线故障影响到变压器本侧开关，应关注变压器负荷和中性点接地情况。

三、案例 3：220kV 卓越站卓乙线 143 线路单相接地，143 开关 SF_6 压力低闭锁，110kVⅠ母线失压

1. 运行方式及保护配置

一次接线如图 ZY1000501002-2 所示。

运行方式：110kVⅠ、Ⅱ母线并列运行，111、141、143、145 开关在Ⅰ母线运行，112、142、146 开关在Ⅱ母线运行，母联 101 开关合位。

110kV 母线保护配置：WMZ-41A。

110kV 线路开关保护配置：RCS-941A。

2. 事故基本情况

2008 年 6 月 20 日 09:48，143 开关 SF_6 压力低闭锁，143 线路零序、接地距离保护动作，2 号主变压器中压侧零序过电流动作，1 号主变压器中压侧间隙保护动作，所用变压器备自投保护动作。101、211、111、511 开关跳闸，110kVⅠ母失压，10kVⅠ段母线失压，电容器低电压动作跳闸。

（1）监控系统主要信息。

1）101、211、111、511 开关变位闪烁；

2）卓乙线 RCS-941A 保护动作、1 号主变压器中压侧间隙保护动作、2 号主变压器中压侧零序过电流动作、电容器低电压保护动作、站用变压器备自投动作、故障录波器动作光字牌亮。

3）101、211、111、511、141、143、145 开关电流、有功功率、无功功率指示为零。

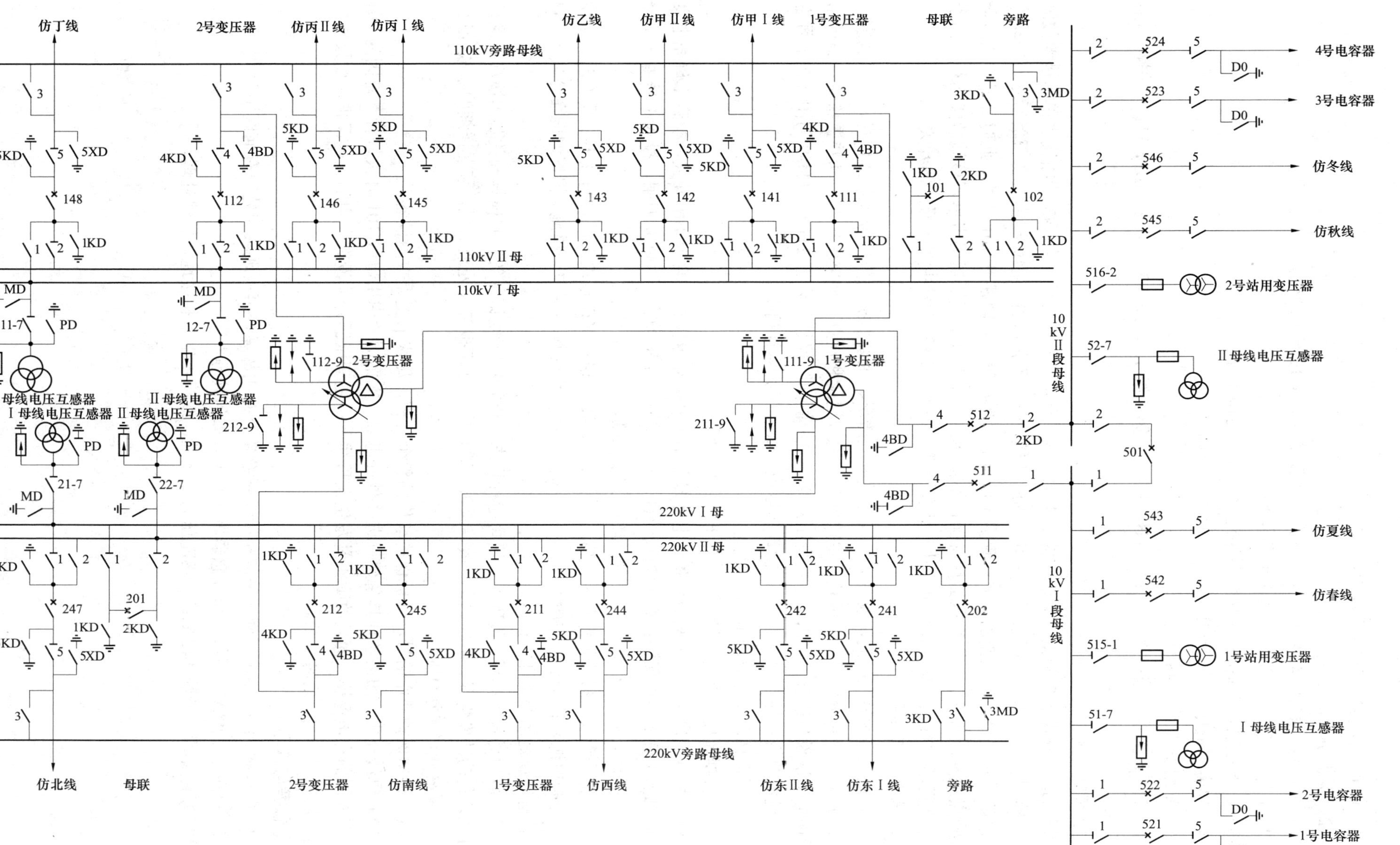

图ZY1000501002-2　220kV卓越变电站主接线图

4）110kVⅠ母线、10kVⅠ段电压为零。

（2）保护主要信息。

1）卓乙线：RCS-941A 零序Ⅰ、Ⅱ段接地距离Ⅰ、Ⅱ段保护动作。

2）1 号主变压器保护：中压侧间隙保护动作。

3）2 号主变压器保护：中压侧零序过流Ⅰ段Ⅰ时限动作。

4）电容器低电压保护动作。

5）站用变压器备自投动作。

6）211 开关操作箱：第一组 TA、TB、TC 灯，第二组 TA、TB、TC 灯亮。101、111 开关操作箱：TJ 灯亮。

3. 事故分析

正常运行方式下 2 号主变压器中性点接地，143 开关上Ⅰ母运行。当 143 线路发生单相接地故障时，线路保护动作出口，但由于 143 开关 SF_6 闭锁，开关不能跳开，因此要由主变压器后备保护动作切除故障。首先是 2 号主变压器中压侧零序过电流动作，第一时限跳开 101 开关，此时 2 号主变压器与故障点脱离，所以 2 号主变压器后备保护不再动作；而 1 号主变压器仍带单相接地故障运行，由于 1 号主变压器中性点不接地，因此是中压侧间隙保护动作，跳开 1 号主变压器三侧开关。

4. 事故处理步骤

（1）记录事故发生时间、设备名称、开关变位情况、主要保护动作信号等事故信息，上报调度。

（2）值班人员分两组：一组负责主控室监控信号记录和检查、继电保护及自动装置检查；另一组负责现场一次设备检查。退出 1 号主变压器高、中压侧间隙保护，合上 211-9、111-9 刀闸（在 1 号主变压器送电前合中性点刀闸即可）。检查备自投后低压交流运行情况。

（3）根据调度命令拉开 141、145 开关。

（4）根据调度令隔离故障点：拉开 143-5-1 刀闸。

（5）根据调度令恢复无故障设备送电：投入 101 开关充电保护，合上 101 开关，检查Ⅰ母充电良好，退出 101 开关充电保护；合上 211、111、511 开关，拉开 211-9、111-9 刀闸，投入 1 号主变压器间隙保护；合上 141、145 开关；根据母线电压确定是否投入电容器。

（6）根据调度令将故障设备转检修：合上 143-5KD、143-1KD 接地刀闸，断开 143 开关机构储能电源、控制电源，退出母差保护跳 143 开关压板，并在工作现场布置安全措施。根据调度命令决定 143 线路转检修还是用旁路开关试送。

（7）事故处理完毕后，值班人员填写运行日志、开关分/合闸记录等，并根据开关跳闸情况、保护及自动装置的动作情况、事件记录、故障录波、微机保护打印报告及处理情况，整理详细的事故经过。

5. 事故处理注意事项

（1）根据保护动作信号，分析保护动作的整个过程，尽快恢复无故障设备。

（2）母线充电，如果条件具备建议选择外部电源。本案例考虑用母联 101 开关进行，是因为 101 开关有专用的充电保护，而且故障不是发生在母线上；主变压器开关没有专用的充电保护，如果发生拒动，后备保护动作延时太长。

【思考与练习】

1. 卓越站 110kV 148 刀闸开关侧和母线侧绝缘子 A 相故障，事故现象和处理有何区别？

2. 卓越站 220kVⅠ母线电压互感器爆炸故障，如何处理？

3. 卓越站卓甲Ⅱ线 142 断路器 SF_6 压力低闭锁，线路发生单相接地，如何处理？

第四十二章 补偿装置事故分析及处理

模块1 补偿装置简单事故处理（GYBD00602001）

【模块描述】本模块介绍电容器、电抗器故障跳闸事故的一般概念。通过要点讲解和案例分析，熟悉电容器、电抗器事故跳闸的征象，掌握并联电容器跳闸和并联电抗器跳闸事故处理的原则。

【正文】

无功补偿装置多接于变电站低压母线，并联电容器为容性无功设备，用于补偿系统感性无功；而并联电抗器为感性无功设备，用于补偿系统容性无功。电容器、电抗器故障跳闸在变电站比较常见。

一、并联电容器跳闸现象

（1）事故警报、警铃鸣响，监控后台机主接线图，电容器断路器标志显示绿闪。

（2）故障电容器电流、功率指示均为零。

（3）监控后台机出现告警窗口，显示故障电容器某种保护动作信息。故障电容器保护屏显示保护动作信息（信号灯亮）。

（4）电容器设备短路故障，可伴随声光现象。充油电容器内部故障时可有冒烟、鼓肚、喷油现象。

（5）电容器跳闸同时伴有系统或本站其他设备故障，则往往是由母线电压波动引起的电容器跳闸，应根据现象区别处理。

二、并联电容器跳闸处理原则

（1）并联电容器断路器跳闸后，没有查明原因并消除故障前不得送电，以免带故障点送电引起设备的更大损坏和影响系统稳定。

（2）并联电容器电流速断保护、过电流保护或零序电流保护动作跳闸，同时伴有声光现象时，或者密集型并联电容器压力释放阀动作，则说明电容器发生短路故障，应重点检查电容器，并进行相应的试验。如果整组检查查不出故障原因，就需要拆开电容器组，逐台进行试验。若电容器检查未发现异常，应拆开电容器连接电缆头，用2500V绝缘电阻表遥测电缆绝缘（遥测前后电缆都应放电）。若绝缘击穿，应更换电缆。

（3）并联电容器不平衡保护动作跳闸应检查有无熔断器熔断。对于熔断器熔断的电容器应进行外观检查。外观无异常的应对其放电后拆头，进行极间绝缘摇测及极间对外壳绝缘摇测，20℃时绝缘电阻应不低于2000MΩ。若绝缘测量正常，对电容器进行人工放电后更换同规格的熔断器。若绝缘电阻低于规定或外观检查有鼓肚、渗漏油等异常，应将其退出运行。同时要将星形接线的其他两相各拆除一只电容器的熔断器，以保持电容器组的运行平衡。

（4）工作前，在确认并联电容器断路器断开后，应拉开相应隔离开关，然后验电、装设接地线，让电容器充分放电。由于故障电容器可能发生引线接触不良、内部断线或熔断器熔断，装设接地线后有一部分电荷可能未放出来，所以在接触故障电容器前应戴绝缘手套，用短路线将故障电容器的两极短接，方可接触电容器。对双星形接线电容器的中性线及多个电容器的串接线，还应单独放电。

（5）若发现电容器爆炸起火，在确认并联电容器断路器断开并拉开相应隔离开关后，进行灭火。灭火前要对电容器放电（装设接地线），没有放电前人与电容器要保持一定距离，防止人身触电（因电容器停电后仍储存有电量）。若使用水或泡沫灭火器灭火，应设法先将电容器放电，要防止水或灭火液喷向其他带电设备。

（6）并联电容器过电压或低电压保护动作跳闸，一般是由于母线电压过高或系统故障引起母线电压大幅度降低引起的，应对电容器进行一次检查。待系统稳定以后，根据无功负荷和母线电压再投入电容器运行。电容器跳闸后至少要经过 5min 方可再送电。

（7）接有并联电容器的母线失压时，应先拉开该母线上的电容器断路器，待母线送电后根据无功负荷和母线电压再投入电容器运行。拉开电容器断路器是为了防止母线送电时造成母线电压过高、损坏电容器。因为母线送电、空母线运行时，母线电压较高，如果带着电容器送电，电容器在较高的电压下突然充电，有可能造成电容器喷油或鼓肚。同时，因为母线没有负荷，电容器充电后大量无功向系统倒送，致使母线电压升高，超过了电容器允许连续运行的电压值（电容器的长期运行电压不应超过额定电压的 1.05 倍）。另外，变压器空载投入时产生大量的 3 次谐波电流，此时，如果电容器电路和电源的阻抗接近于谐振条件，其电流可达电容器额定电流的 2～5 倍，持续时间 1～30s，可能引起过电流保护动作。

（8）并联电容器过电流保护、零序保护或不平衡保护动作跳闸后，经检查试验未发现故障，应检查保护有无误动可能。

三、并联电抗器跳闸的现象

（1）事故警报、警铃鸣响，监控后台机主接线图，电抗器断路器标志显示绿闪。

（2）故障电抗器电流、功率指示均为零。

（3）监控后台机出现告警窗口，显示故障电抗器某种保护动作信息。故障电抗器保护屏显示保护动作信息（信号灯亮）。

（4）电抗器外部设备短路故障伴随声光现象。充油电抗器内部故障可有冒烟、喷油现象。

四、并联电抗器跳闸处理原则

（1）并联电抗器断路器跳闸，应对电抗器进行检查试验。若发现电抗器爆炸起火，应向消防部门报警，并拉开电抗器隔离开关进行灭火。使用水或泡沫灭火器灭火，要防止水或灭火液喷向其他带电设备。若带电灭火，应使用气体或干粉灭火器灭火，不得使用水或泡沫灭火器灭火。

（2）并联电抗器断路顺跳闸后，没有查明原因不得送电，以免带故障点送电引起设备的更大损坏和影响系统稳定。

（3）故障点不在电抗器内部，可不对电抗器进行试验。排除故障后恢复电抗器送电。

（4）为防止系统电压过高，主变压器可带并联电抗器停送电。并联电抗器断路器跳闸后如引起系统电压升高超过允许运行的电压，应立即汇报调度，由调度决定应对措施。

（5）并联电抗器断路器跳闸后，经检查试验未发现任何故障，应检查保护有无误动可能。

五、案例分析

110kV 甲变电站因并联电容器合闸操作过电压引起三相短路，造成 2 号主变压器 02 断路器、电容器 22 断路器跳闸。

1. 事故前甲变电站运行方式

110kV：551、575 断路器及 501 断路器带 1 号主变压器运行于Ⅰ母，576、578、552 断路器及 502 断路器带 2 号主变压器运行于Ⅲ母，560 断路器合环，579 断路器及 110kV 旁母Ⅵ母冷备用。10kV：1 号主变压器 01 断路器送Ⅰ母，由 03、05、06、07、08、09、10、11 断路器运行，2 号主变压器 02 断路器送Ⅱ母由 13、14、15、16、17、18、20 断路器运行，00 断路器分段热备用，12 断路器及 10kV 旁母冷备用。故障前 02 断路器负荷为 24MVA。

2. 事故现象

某年 8 月 18 日 14 时 18 分，110kV 甲变电站 22 电容器经自动电压控制（AVC）系统控制合闸投电容器，随即 2 号主变压器高压侧复合电压方向过电流 T1 动作跳开 10kV 02 断路器，A、B、C 三相故障，高压侧二次短路电流 10.6A；随后 10kV 22 电容器保护低电压保护动作跳开 22 断路器。运行人员现场检查发现电容器 22 断路器间隔 222 隔离开关断路器侧 A、B 两相动、静触头烧损严重，瓷裙炸裂，电容器侧三相触头完好，222 隔离开关后柜隔离开关支持绝缘子三相瓷裙炸裂，三相对地均有放电痕迹，A、C 相避雷器引线烧断，断路器、电流互感器及铝排完好，无放电痕迹。

3. 事故分析及处理

14 时 40 分，将甲变电站 22 断路器转冷备用。保护班对 22 保护进行了检查，各项保护装置及参数经检查均正确，可以运行。16 时 40 分，甲变电站将 2 号主变压器转检修。修试工区对主变压器进行了绝缘电阻及高低压线圈直阻、油色谱试验及绕组变形试验，无异常。17 时 28 分，将 22 断路器及电容器组转检修。修试工区对 22 断路器进行了特性试验，各项参数合格。22 断路器避雷器试验也合格。22 断路器线路避雷器拆除，22 电容器暂不能运行。15 时 36 分，经 16 线路冲击母线无故障后，合上 00 断路器，恢复 10kVⅡ母运行；23 时 2 号主变压器试验合格。8 月 19 日 0 时 13 分 2 号主变压器转运行，00 断路器转热备用，恢复正常运行方式。

经分析，确定故障起因是由电容器合闸操作过电压引起的三相短路。

4. 事故暴露出的问题

（1）甲变电站 10kV 22 开关柜为 1996 年 XGN-10 开关柜，其外绝缘水平低。22 电容器由分到合时，产生操作过电压，过电压造成 222 隔离开关的后柜支持绝缘子三相绝缘击穿对地放电、瓷裙炸裂。放电电弧从开关柜下部向电源侧蔓延，烧坏前柜 222 隔离开关 A、V 两相动、静触头的压紧弹簧。隔离开关合闸压力下降，造成前柜隔离开关的动、静触头烧坏。放电电弧同时将 222 隔离开关前柜的支持绝缘子烧坏炸裂，并烧断避雷器 A、C 相引线。

（2）甲变电站 22 断路器电流互感器在通过较大短路电流时，存在严重过饱和情况。22 开关柜三相接地短路电流为 13kA，该断路器间隔电流互感器为 300/5、10P15，13kA 的短路电流造成西 22 电流互感器严重过饱和，22 电流互感器二次电流严重负误差，22 断路器电流互感器二次故障电流未达到故障电流定值，导致 2 号主变压器保护动作，02 断路器跳闸故障切除。

5. 小结

从这次事故中可以吸取以下教训：

（1）变电站要选用外绝缘水平高的设备，防止过电压造成绝缘击穿。

（2）要选用误差特性好的电流互感器，防止系统故障时因严重过饱和而不能正确反映故障电流，造成保护拒动、越级跳闸的事故。

【思考与练习】

1. 母线停电时对并联电容器有什么要求？
2. 并联电容器停电工作应注意什么？
3. 并联电抗器跳闸时一般有哪些现象？

模块 2　补偿装置事故处理（GYBD00602002）

【模块描述】本模块介绍电容器、电抗器故障跳闸事故的原因和处理方法。通过原因分析、要点讲解和案例分析，掌握电容器、电抗器事故跳闸原因、处理跳闸事故的方法和步骤。

【正文】

补偿装置发生事故时一般不会影响系统，处理时应注意防止事故的蔓延扩大，故障设备未彻底修复之前不能投入运行。

一、并联电容器跳闸原因分析

（1）母线电压过高或过低，引起电容器保护动作跳闸。

（2）电容器内部因过热而鼓肚，导致喷油着火而引起相间短路；电容器运行电压过高或绝缘下降引起绝缘击穿，导致相间短路。

（3）电容器母线相间短路。

（4）电容器与断路器连接电缆绝缘击穿导致相间短路。

（5）电容器保护误动作。

二、并联电容器跳闸后处理步骤

（1）记录时间、查看表计、告警信息（光字牌）、跳闸断路器清闪（复归控制开关），检查保护动作情况，记录后复归信号，提取故障录波报告。根据保护动作情况分析判断事故性质。

（2）检查电容器组及其电抗器、电流互感器、电力电缆有无爆炸、鼓肚、喷油，接头是否过热或融化，套管有无放电痕迹，电容器的熔断器有无熔断。如果发现设备着火，应确认电容器断路器断开后，拉开电容器隔离开关，电容器装设地线（合接地隔离开关）后灭火。

（3）将事故现象和检查情况报告调度，并执行调度事故处理指令。

（4）如果是过电压或低电压保护动作跳闸，且检查设备没有异常，待系统稳定并经过 5min 放电后，根据无功负荷缺口和母线电压降低情况再投入电容器运行。

（5）如果电容器速断保护、过电流保护、零序保护或不平衡保护动作跳闸，或者密集型并联电容器压力释放阀动作，或者电容器组、电流互感器、电力电缆有爆炸、鼓肚、喷油，接头过热或融化，套管有放电痕迹，电容器的熔断器有熔断现象时，应将电容器停用、上报。

（6）不平衡保护动作跳闸，运行人员应检查电容器的熔断器有无熔断。如有熔断，要将电容器停电、布置安全措施，并用短路线将故障电容器的两极短接后，对熔断器熔断的电容器进行外观检查和绝缘摇测。若外观检查和绝缘测量正常，对电容器进行人工放电后更换同规格的熔断器。若绝缘电阻低于规定或外观检查有鼓肚、渗漏油等异常，应将其退出运行。同时要将星形接线的其他两相各拆除一只电容器的熔断器，以保持电容器组的运行平衡。

（7）故障电容器经试验、检修正常后方可投入系统运行。如果故障点不在电容器内部，可不对电容器进行试验。排除故障后可恢复电容器送电。

三、引起并联电抗器跳闸的原因

（1）电抗器外部引线等设备发生短路引起断路器跳闸。

（2）电抗器绕组相间短路、层间短路、匝间短路、接地短路、铁芯烧损以及内部放电等引起断路器跳闸。

（3）电抗器保护误动。

四、并联电抗器跳闸后的处理步骤

（1）记录时间、查看表计、告警信息（光字牌）、跳闸断路器清闪（复归控制开关），检查保护动作情况，记录后复归信号，提取故障录波报告。根据保护动作情况分析判断事故性质。

（2）检查电抗器外壳有无异常现象，套管有无闪络、放电或爆炸；跳闸断路器有无异常现象，若为油断路器，则检查油断路器的油色、油位是否正常，有无喷油现象；电流互感器、电力电缆有无爆炸、鼓肚、喷油，接头是否过热或融化。油浸式电抗器油温、油位有无异常现象，气体继电器和压力释放阀（防爆筒）有无动作。如果发现设备着火，在确认电抗器断路器断开并拉开相应隔离开关后再进行灭火。

（3）将事故现象和检查情况报告调度，请示将电抗器转检修。

（4）报告上级部门，安排检查、检修设备。

五、线路串联补偿装置跳闸原因

（1）串补所在线路发生事故跳闸，造成串补退出运行。

（2）串补装置内部故障，如平台设备故障、间隙设备异常等。

（3）串补装置保护误动。

六、线路串联补偿装置的事故处理

（1）当带串补运行的线路发生事故跳闸重合不成功时，处理的原则是先保证恢复线路送电。应首先对线路保护动作信号进行分析、检查线路设备是否具备送电条件并及时汇报调度。再对串补保护信号进行分析、检查串补设备。

（2）当串补线路故障跳闸后，应检查工作站显示的火花放电间隙的触发次数并与初始值进行比较，将串补动作信号打印并传真至调度，运行负责人应组织班员分析串补的动作信号是否正确。

（3）当线路无故障而串补保护动作旁路时，应抄录串补保护的动作信号，查看监控系统上的告警信息，同时了解系统其他线路是否有故障，对所收集的资料进行综合分析。如经分析保护动作为非串补装置故障引起的，是否恢复串补设备运行，应听从调度的指令；如经分析认为串补保护动作属误动，则申请将串补设备转为接地状态，由保护人员对保护控制系统进行检查。

（4）当线路无故障而串补保护动作跳线路时，应派人抄录串补保护的动作信号，查看监控系统上的告警信息，打印线路保护的故障录波图，进行综合分析，如判断为本线路确无故障，跳闸是由串补保护引起的，则立即向调度申请将串补平台转为接地状态，听从调度指令恢复线路运行。

（5）串补设备运行时，如出现保护动作将串补永久旁路，在保护动作原因未查明前，不得将串补恢复运行。应立即向调度汇报并申请将串补转为接地状态，同时汇报站领导，以便安排维护人员进行检查处理。

（6）当串补保护误动造成旁路时，异常未处理前不能恢复串补运行。当串补保护误动造成线路跳闸时，应立即申请将串补转为接地状态后恢复线路运行。

（7）旁路断路器发生事故不能利用旁路断路器正常将串补进行旁路操作，必须立即申请调度将相应的线路退出运行，然后申请将串补转接地，恢复线路正常运行，再进一步进行串补的处理工作。

（8）当旁路断路器动作失灵时，断路器失灵保护动作，跳开线路两侧的断路器。如果失灵保护拒动，应和调度联系，迅速拉开该线路的两侧断路器。

（9）平台设备发生事故，如平台上发生电容器爆炸、着火，电流互感器、阻尼回路、火花间隙破坏冒烟等紧急情况，必须立即汇报调度，申请将故障串补隔离并转接地，处理过程中涉及登上平台者，必须在平台接地15min、电容器全部放电完毕后方能进行登平台工作。在平台隔离接地及灭火完毕后，必须重新核对保护屏柜、控制屏柜、监控系统的信号，进一步详细记录告警信息，认真分析、打印故障录波图，及时将有关信息汇报调度及领导。

（10）当发生危及串补设备安全的事件，而保护控制装置未动作时，立即向调度和站领导汇报，同时将串补紧急退出运行。

（11）如串补运行中开环控制系统发生故障，则应将串补退出运行，故障未处理好之前，不得恢复串补运行。

（12）如串补运行中闭环控制系统发生故障，则可控部分会被旁路，故障未处理好之前，不得恢复串补固定部分运行。

（13）如果主控室的工作站和远动网关系统同时故障，在主控室无法对串补的运行状态进行监视时，必须派一人到串补保护控制室进行值班。如果主控室的工作站、远动网关系统、保护控制室的工作站同时故障，无法对串补的运行状态进行监视时，立即向调度申请将串补退出运行。

（14）为尽快隔离事故设备、尽快排除设备故障、尽快使故障设备恢复并重新投入运行，尽量降低损失，确保串补设备的安全可靠运行，应严格按照现场运行规程有关规定进行处理。

（15）在事故处理过程中，处理人员要认真检查现场设备，准确找出设备故障原因及受损设备，认真作好记录，及时准确地进行汇报。

（16）串联补偿装置保护动作时的处理原则如下：

1）平台故障保护动作。串补装置［晶闸管控制的可控串联补偿装置（TCSC）和常规固定串联补偿装置（FSC）］被永久闭锁，向调度申请将串补装置转为检修状态，采取相应的安全措施后上到平台进行检查，详细察看平台上的各个设备是否有放电闪络的痕迹，检查信号柱、冷却水柱等相关设备是否有闪络痕迹。

2）间隙长期导通保护动作。间隙长期导通保护动作说明间隙装置异常或旁路断路器拒合，向调度申请将串补装置转为检修状态，在做好安全措施后到平台上进行检查。

3）间隙拒绝触发保护动作。间隙拒绝触发保护动作将串补装置永久旁路，应向调度申请将串补装置转为检修状态，采取相应的安全措施后上到平台对间隙和间隙触发装置（GTE）进行检查。

4）间隙延时触发动作。应向调度申请将串补装置转为检修状态，采取相应的安全措施后上到平台对间隙和GTE进行检查。

5）间隙自触发动作。

① 如果第一次自触发自动重投成功，需要进行信号的检查，并把保护动作信号汇报调度。

② 如果600s重复自触发而永久闭锁，且有来自线路保护的触发命令，说明因现地控制单元（LCU）插件故障或由金属氧化物限压器（MOV）单元到LCU单元的接口连接不稳固，LCU单元未收到触发信号。需要向调度申请将串补装置转为检修状态对保护单元模件进行检查；若无其他保护的触发命令，

说明间隙装置本身自触发，即间隙触发管电压达到52.3kV，需要向调度申请将串补装置转为检修状态对间隙（如触发管和分压电容等）进行检查。

6）MOV过温度保护动作。应根据当时负荷情况进行分析保护动作是否正确，如果满足重投条件（4个重投条件），向调度申请重投串补装置。

7）MOV温度梯度保护动作。如果自动重投失败，待满足重投条件向调度申请重投串补装置。

8）MOV高电流保护动作。如果重投成功，按照线路故障处理指导进行处理；如果自动重投不成功，经检查如满足重投条件向调度申请人工重投。

9）MOV不平衡保护动作。说明MOV可能有单元损坏，向调度申请将串补装置转为检修状态对MOV进行检修。

10）外部间隙触发命令动作。按照线路故障进行事故处理。

七、案例分析

【例GYBD00602002-1】35kV线路接地短路，造成并联电容器损坏。

1. 运行方式

某变电站35kV侧单母分段正常运行方式，化工线供当地化工厂重要负荷。

2. 事故现象

某年3月20日7时，某变电站35kV系统接地光字牌时亮时熄，35kV相电压表指针不停地晃动，监控系统发出“35kV化工线速断保护动作”，大约50s后，35kV系统接地现象消失，同时，35kV 2号电容器差压保护动作，2号电容器319b断路器跳闸。故障录波器动作，掉牌未复归，光字牌亮。

3. 事故处理过程

向调度汇报后，将319b断路器操作把手复归，复归有关信号，打印录波报告。详细检查2号电容器间隔，发现2号电容器B相喷油胀肚。调度发令将电容器改为冷备用，化工线断路器改为冷备用。

4. 事故原因分析

当天早上空气湿度大，化工线是工厂用户，其配电室进线电缆绝缘不良放电，造成35kV瞬时单相接地现象，并发展为相间弧光短路，化工线速断保护动作。由于化工线断路器的保护是电磁型的，而弧光短路放电故障消失很快，断路器未跳闸。又由于在短时间内电压波动过快，造成电容器损坏，其差压保护动作，断路器跳闸。

5. 案例引用小结

从事故中可以吸取以下教训：

（1）要选用绝缘性能良好的高压电缆。

（2）配电设备要经常除污清扫，防止污闪。

（3）新建变电站应选用微机型的继电保护，以提高保护灵敏度和可靠性。

【例GYBD00602002-2】串补保护误动，旁路串补设备。

1. 事故前运行方式

某500kV变电站线路2串补电容器组正常投入运行。

2. 事故现象

某500kV变电站线路2线串补第一套保护C相MOV温度过高故障、MOV温度梯度动作旁路，5201断路器永久闭锁。QHⅡ线串补第一套保护MOV保护动作。具体信息如下：

监控系统显示：QHⅡ线串补MOV过载（保护1），线路2串补MOV C相，线路2串补三相临时旁路（保护1），线路2串补5201A、B、C相断路器合闸。

串补监控显示：MOV旁路过载、三相暂时旁通、MOV温度梯度旁路、MOV支路红色闪亮，C相显示温度为200℃；BBR旁路断路器出现永久闭锁。

串补保护屏上信号：500kV线路2串补第一套保护屏红灯常亮（旁路），－U24模块8号灯（断路器失灵旁路MOV）亮；－U25模块1号灯（3相永久闭锁）；BBR状态继电器－K1、－K2、－K3亮（断路器旁路），－K4、－K5、－K6灭；S12模块HD2灯4号（旁路）亮；永久闭锁继电器掉牌；500kV线路2串补第二套保护无异常。

现场一次设备情况：500kV 线路 2 串补 5201 断路器 A、B、C 三相在合闸位置，其他一次设备异常。

3. 分析处理

由于现场一次设备无任何异常，500kV 线路 2 串补第一套保护因检测到 MOV 温度高（C 相显示温度为 200℃），MOV 温度梯度动作将 500kV 线路 2 串补旁路；500kV 线路 2 串补第二套保护无任何异常，判断 500kV 线路 2 串补第一套保护动作不正确。汇报调度和有关领导，根据现场检查判断结果将第一套保护停用，恢复串补运行。

事后检修班对 MOV 二次回路进行检查,反复上电、断电检查，发现 C 相 MOV 的 IO3.1 的 H3 指示灯为红色，表示 MOV 的 C 相回路有问题，在串补平台上通 1.5V 电压检查，再次出现串补保护动作时同样信号。在 C 相串补平台第一套保护光纤接线盒处拆开 A21 的 X1～9，X3～20 光纤。20 号光纤透光性就弱，更换为备用 22 号光纤后，H3 指示灯显示正常。判断为由于 C 相 MOV 分支回路（T210）的 20 号光纤衰耗过大引起 500kV 线路 2 串补第一套保护动作不正确。反映出保护设备抗干扰性能太差，使用的光纤质量不稳定。

4. 案例小结

从案例中可以吸取以下经验教训：

（1）运行人员要加强对串补保护运行工况的监视和对保换设备的性能的了解。

（2）继保检修人员应定期对串补保护装置进行定检，提高检修水平，保证设备检修质量，加强对串补保护的采样稳定性和抗干扰性能的科学研究，提高设备的运行稳定性。

【思考与练习】

1. 并联电容器跳闸一般是由哪几种原因引起的？
2. 并联电容器过电流保护动作跳闸应如何处理？
3. 并联电抗器跳闸的原因是什么？
4. 简述并联电抗器跳闸的处理步骤。

模块 3　补偿装置事故处理危险点预控分析（GYBD00602003）

【模块描述】本模块介绍补偿装置事故处理的危险点源分析和预控。通过预案分析和案例介绍，掌握补偿装置事故处理的危险点源分析方法，并能根据补偿装置事故暴露出的运行或设备缺陷提出技改方案，制定相应预控措施和事故预案。

【正文】

一、补偿装置事故处理中的危险点源分析

事故处理中如不认真核对设备的位置、名称和编号，走错设备间隔，易发生误操作事故和人身事故，在补偿装置的事故处理中也是这样。补偿装置危险点预控措施见表 GYBD00602003-1。

表 GYBD00602003-1　　补偿装置危险点预控措施

防范类型	危险点	序号	预控措施
防人身事故	误入带电间隔	1	监护人、操作人应走到设备铭牌前对设备名称编号认真进行核对
		2	在每步操作结束后，应由监护人在原位向操作人提示下一步操作内容
		3	中断操作重新就位开始操作前，应重新核对设备名称、编号
		4	执行一个操作任务的中途严禁换人
		5	电容器未放电不得进入设备间隔
	带电装设接地线	1	挂接地线前必须使用合格的验电器先验明线路确无电压
		2	装设接地线时，应认真核对设备名称，并确认不会触及带电设备

续表

防范类型	危险点	序号	预控措施
防人身事故	带电装设接地线	3	在验电后应立即装设接地线，若验电后因故中止操作，则在返回继续操作前必须重新验电
		4	电容器应在放电后装设地线，否则身体不得触及地线
	安全距离不够造成人员触电	1	验电和装设接地线时，必须保持人与导体端的安全距离，必须戴绝缘手套
		2	验电应使用合格的、相应电压等级的验电器
	灭火不当造成人身伤害	1	停电后再灭火，电容器还要先放电
		2	如果使用泡沫灭火器或水灭火要防止喷向带电设备
		3	尽可能防止吸入有害气体
		4	防止器身爆炸伤人
防误操作	带地刀（线）合闸	1	认真检查送电范围的设备状态
		2	恢复送电前应检查相应的接地线全部收回，检查现场确无遗留接地线
	带电合接地隔离开关或挂接地线	1	确认被检修的设备两侧有明显断开点
		2	操作票中列出的断路器、隔离开关确已拉开
		3	在指定装设接地线的部位验明设备确无电压
	带负荷拉（合）隔离开关	1	确认停送电断路器在分闸位置，唱票复诵
		2	进行解锁操作的，应确认被操作设备、操作步骤正确无误后，方可进行并加强监护
		3	检查相应电流表、红绿灯及后台遥信变位指示
		4	操作高压隔离开关必须戴绝缘手套；操作过程中应穿长袖工作服，并戴好安全帽
	误拉合断路器	1	应正确核对操作断路器名称编号
	擅自解锁	1	在操作过程中遇有锁打不开等问题时，严禁擅自解锁或更改操作票，不得跳项操作或改变操作方式
		2	若确实需要进行解锁操作的，必须履行解锁批准手续
		3	在使用解锁钥匙进行操作前，再次检查“四核对”内容，确认被操作设备、操作步骤正确无误后，方可解锁操作，并加强监护
其他	异常天气	1	雷雨天气不得进行倒闸操作
		2	雷雨天气不得靠近避雷器和避雷针
		3	如遇紧急情况需在异常天气操作隔离开关，要经上级批准，并只能在远方操作，不得就地操作

二、并联电容器事故处理预案

变电站事故预案应根据当地电网的结构特点、变电站和系统的运行方式、潮流变化特点、当地气候特点（如易发台风、地震、覆冰、雷暴、污闪等）等具体情况编制。编制事故预案应先拟定预案题目、当时的运行方式，列出事故现象，根据事故现象判断事故的性质，详细列出事故处理的方法。

本模块以 500kV 甲变电站具体设备为例，制订并联电容器典型事故跳闸的预案，如图 GYBD00602003-1 所示。

预案：35kV 1 号电容器故障跳闸。

1. 运行方式

甲变电站 1 号电容器接于 35kV Ⅰ 母正常运行。

2. 事故现象

警铃、事故警报鸣响，后台机发出“35kV 1 号电容器 CSP-215A 保护动作、3733 断路器 ABC 相分闸”告警信息。

主接线图中，1 号电容器 3733 断路器指示绿闪，1 号电容器电流、功率为零。

检查 1 号电容器 CSP-215A 保护屏，发现“保护动作”信号灯亮，液晶屏显示“不平衡保护动作”。其他保护信号略。

3. 事故处理

（1）记录告警信息、断路器指示和保护动作情况，复归全部保护动作信号，断路器指示清闪。

（2）判断事故性质为：1 号电容器组故障，造成三相电流不平衡，使不平衡保护动作，三相跳闸。

将事故现象和事故判断结论报告调度。

（3）检查1号电容器电流互感器至各电容器所有一次设备有无接地或短路故障，各电容器及充油电缆有无爆炸、鼓肚、喷油和熔断器熔丝熔断现象，检查3733断路器工作状态是否良好。如果某个电容器内部故障，可以发现其熔断器熔丝熔断。需要特别注意的是：因电容器跳闸后仍带电，检查电容器时不得触及一次设备。

（4）将一次设备检查情况汇报调度，并请示将1号电容器停电检修。

如果电容器及其引线故障，拉开3733-3隔离开关后，合上3733-XD和3733-3KD接地开关，在3733-3隔离开关操作把手上挂“禁止合闸、有人工作”牌，使用工作票并履行开工手续后检修电容器；如果电容器引线及母线排上故障，3733-3KD接地开关可以不合，再合上3733-19、3733-29、3733-39接地开关放电，然后才能工作。

如果有电容器的熔断器熔丝熔断，要对熔断器熔断的电容器进行外观检查和绝缘摇测。若外观检查和绝缘测量正常，对电容器进行人工放电后更换同规格的熔断器。若绝缘电阻低于规定或外观检查有鼓肚、渗漏油等异常，应将其退出运行。同时要将星形接线的其他两相各拆除一只电容器的熔断器，以保持电容器组的运行平衡。

（5）1号电容器检修完毕并试验良好后，拆除安全措施，报告调度试送1号电容器。

（6）作好断路器故障跳闸登记，核对3733断路器故障跳闸次数，如已到临检次数，应汇报领导安排临检。

（7）汇报生产调度，作好运行记录。

三、并联电抗器事故处理预案

本模块以500kV甲变电站具体设备为例，制订并联电抗器典型事故跳闸的预案，如图GYBD00602003-1所示。

预案：35kV 2号电抗器故障跳闸。

1. 运行方式

35kV 2号电抗器接于甲变电站35kV Ⅰ母正常运行。

2. 事故现象

警铃、事故警报鸣响，后台机发出“35kV 2号电抗器CSK-406A保护动作、3732断路器ABC相分闸”告警信息。

主接线图中，2号电抗器3732断路器指示绿闪，其电流、功率为零。

检查2号电抗器CSK-406A保护屏，发现“保护动作”信号灯亮，液晶屏显示“差动出口”。其他保护信号略。

3. 事故处理

（1）记录告警信息、断路器指示和保护动作情况，复归全部保护动作信号，断路器指示清闪。

（2）判断事故性质为：2号电抗器差动保护区内故障，造成差动保护动作，2号电抗器三相跳闸。将事故现象和事故判断结论报告调度。

（3）检查2号电抗器电流互感器至电抗器所有一次设备有无短路故障，检查3732断路器工作状态是否良好。

（4）将一次设备检查情况汇报调度，并请示将2号电抗器停电检修。拉开2号电抗器3732-3隔离开关后，合上3732-3KD接地开关，在3732-3隔离开关操作把手上挂“禁止合闸、有人工作”牌，使用工作票并履行开工手续后便可以检修电抗器。

（5）2号电抗器检修完毕并试验良好后，拆除安全措施，报告调度试送2号电抗器。

（6）作好断路器故障跳闸登记，核对3732断路器故障跳闸次数，如已到临检次数，应汇报领导安排临检。

（7）汇报生产调度，作好运行记录。

【思考与练习】

1. 补偿装置事故处理过程中发生人身事故的主要危险点有哪些？如何进行预控？

2. 根据该变电站的实际接线图和保护配置，编制并联电容器的事故处理预案。

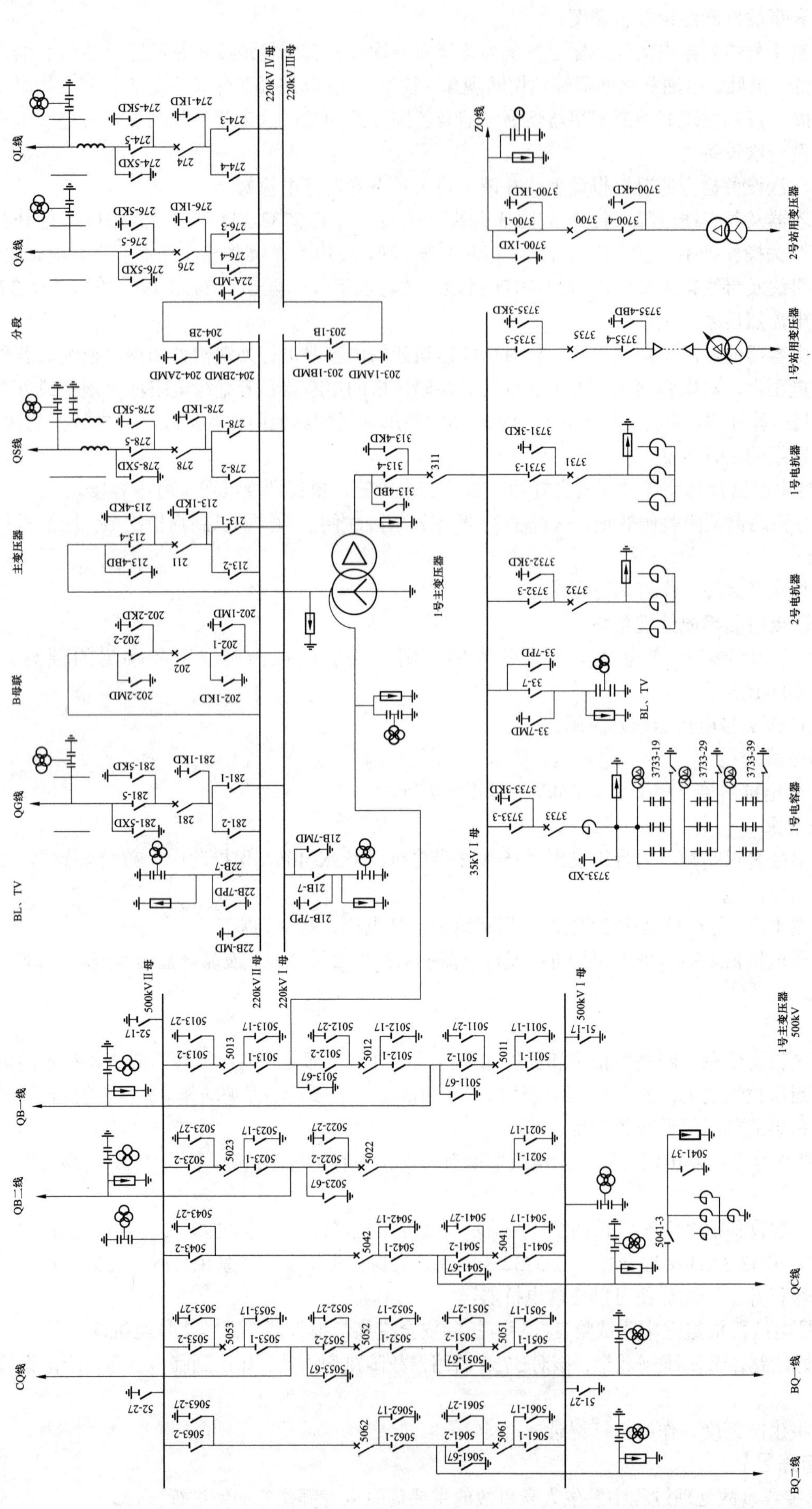

图GYBD00602003-1 500kV甲变电站一次主接线图

第四十三章　二次设备事故处理

模块1　二次设备事故处理基本原则和处理步骤（ZY1000505001）

【模块描述】本模块介绍了导致二次设备事故的主要原因、处理基本原则和步骤。通过要点分析和归纳，掌握二次设备事故处理的总体要求。

【正文】

一、二次设备事故的主要类型

（1）二次接线虚接、错误、回路断线等。

（2）电压互感器、电流互感器二次回路短路、开路。

（3）直流接地、交直流混接等。

（4）继电保护及自动装置故障，包括误动、拒动。

二、继电保护误动、拒动的原因

（1）误接线。保护装置接线错误，在经受负荷电流、不平衡电流、区外故障、系统电压波动、系统振荡时动作跳闸，或在区内故障时拒动。

（2）误整定。保护整定错误，定值过大、过小或配合不当，造成区外故障时达到定值启动跳闸，或在区内故障时拒动。

（3）保护定值自动漂移。由于温度的影响、电源的影响，以及元器件老化或损坏，使定值产生重大漂移，从而造成保护误动或拒动。

（4）保护装置抗干扰性能差。如果保护装置抗干扰性能差，在发生无线电电磁干扰、高频信号干扰等情况下可能出现误动。

（5）人员误触、误操作保护装置。继电保护或运行人员在保护装置未完全停用的情况下触动保护装置或其内部接线，致使其启动出口跳闸。

（6）保护回路金属物搭接、绝缘击穿或两点接地。保护出口回路金属物搭接、绝缘击穿或两点接地，使正电源可以通过短路点或接地回路直接接通跳闸出口。

三、二次设备事故处理基本原则

（1）停用保护及自动装置必须经调度同意。

（2）在电压互感器二次回路上检查或者查找故障时，必须考虑对保护及自动装置的影响，防止保护误动或拒动。

（3）进行传动试验时，应事先查明是否与其他设备有关，应先断开联跳其他设备的压板，然后进行试验。

（4）当保护装置是双套配置时，如果仅有一套保护故障，应根据调度命令退出保护，一次设备恢复运行。

（5）继电保护和自动装置在运行中，发生如下情况之一者，应退出有关装置，汇报调度和有关部门，通知专业人员。

1）装置冒烟着火。

2）装置内部出现放电或异常声。

3）其他有引起误动或拒动危险的情况。

4）装置出现严重故障信号且不能复归。

5）电压回路断线，失去交流电压。

6）电流回路开路、短路、接地。

7）通道告警或者通道故障。

（6）凡因查找故障，需要做模拟试验、保护和断路器传动试验时，试验之前，先断开该设备的失灵保护、远方跳闸的启动回路，防止万一出现所传动的断路器不能跳闸，失灵保护、远方跳闸误动作，造成母线停电等恶性事故。

四、二次设备事故处理的步骤

（1）汇报调度。

（2）二次设备重点检查保护动作情况，尤其是根据保护动作情况判断是否保护拒动、误动。

（3）根据调度指令投退保护装置。

（4）配合二次专业班组做好安全措施以及故障分析。

（5）填写运行日志、事故跳闸记录、断路器分/合闸记录，做好保护动作报告、故障录波报告的调取和事故经过报告的编写。

【思考与练习】

1. 二次设备故障主要包括哪些？

2. 继电保护发生哪些情况下应退出相关保护并立即汇报调度和有关人员？

模块 2　二次设备事故处理案例分析（ZY1000505002）

【模块描述】本模块介绍了二次设备事故的处理。通过案例分析，掌握二次设备事故处理的方法和注意事项。

【正文】

一、案例 1：1 号主变压器电流互感器二次回路接线错误引起变压器差动保护误动作

1. 运行方式及保护配置

一次主接线如图 ZY1000505002-1 所示。

运行方式：220kV Ⅰ、Ⅱ母线并列运行，110kV Ⅰ、Ⅱ母线并列运行，2 号主变压器高、中压侧中性点接地。1、2 号主变压器容量为 120MVA。

1 号主变压器保护配置：PST-1202A、PST-1212、PST-1206A，PST-1202B、PST-1211、PST-1210、PST-1210C。

2 号主变压器保护配置：RCS-978、RCS-974A、LFP-974B、RCS-978、LFP-974E。

2. 事故基本情况

2007 年 10 月 15 日 09:45，1 号主变压器 211、111、511 开关跳闸，PST-1202A 差动保护动作。

（1）监控系统主要信息。

1）211、111、511 开关变位闪烁，三侧电流表、功率表指示为零。

2）1 号主变压器 PST-1202A 差动保护动作、故障录波器动作光字牌亮。

3）10kV Ⅰ段母线所连接线路和电容器组的电流、功率指示为零。

4）10kV Ⅰ段母线电压为零。

5）站用变压器自投动作光字牌亮。

（2）保护主要信息。

1）1 号主变压器保护：PST-1202A 差动保护动作。

2）电容器保护：低电压动作。

3）1 号站用变压器保护：备自投动作。

4）211 开关操作箱：第一组 TA、TB、TC 灯、第二组 TA、TB、TC 灯亮。111、511 开关操作箱：TWJ 灯亮。

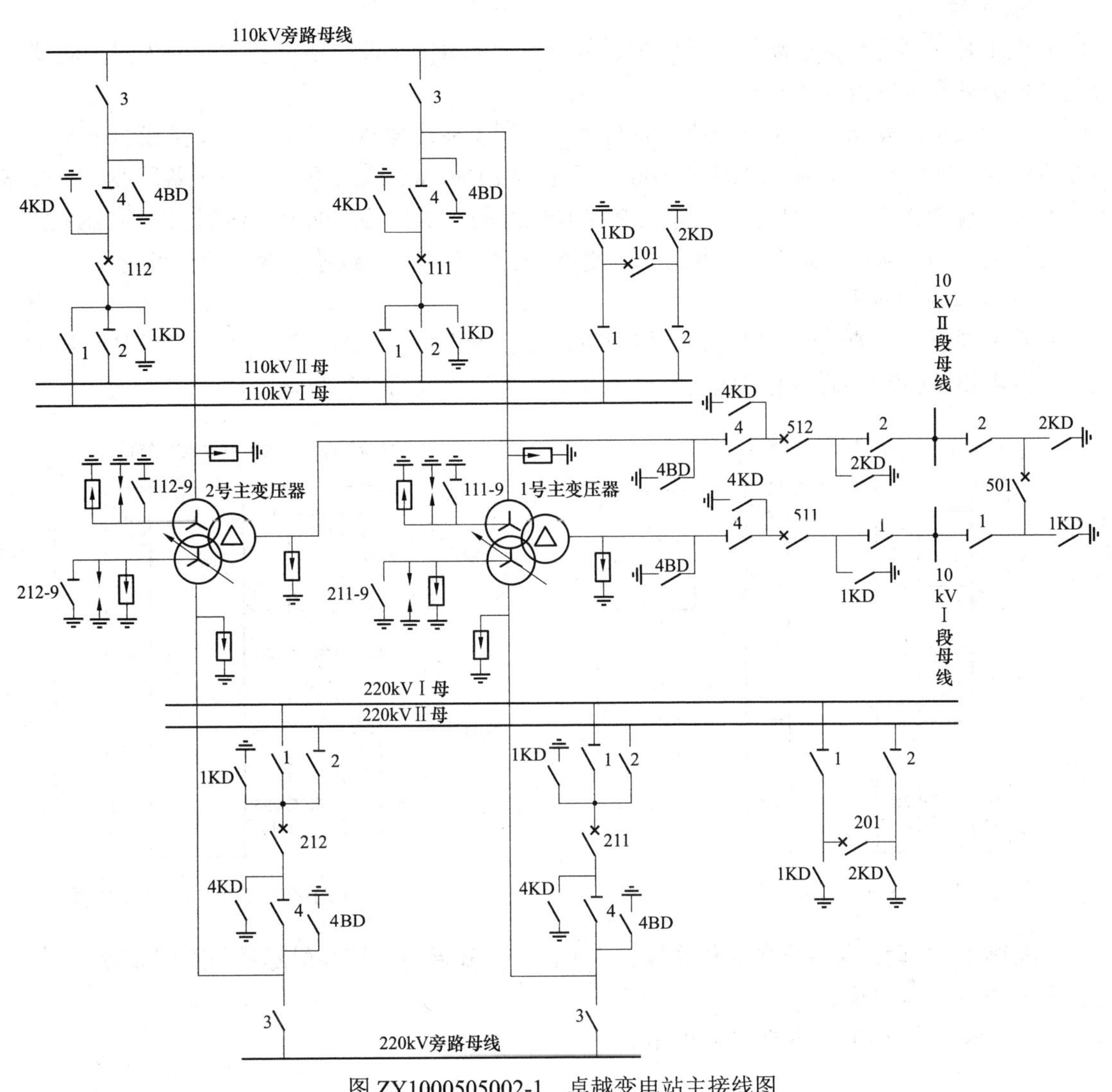

图 ZY1000505002-1 卓越变电站主接线图

3. 事故处理步骤

（1）记录事故发生时间、设备名称、开关变位情况、主要保护动作信号等事故信息。

（2）检查 2 号主变压器负荷情况，2 号主变压器可能过负荷，投入全部冷却器，监视负荷及温度。检查站用变压器自投、直流系统运行情况。

（3）汇报调度。

（4）检查 10kVⅠ段母线电压表指示为零，拉开线路开关。

（5）用 501 开关给 10kVⅠ段母线充电，根据 2 号主变压器负荷情况，10kV 负荷重要程度，决定是否合上线路开关；根据母线电压情况，投切电容器。

（6）值班人员分两组：一组负责记录保护及自动装置屏上的所有信号，打印故障录波报告及微机保护报告；另一组负责现场一次设备检查。

（7）差动保护屏保护 1“保护动作”信号灯亮，高压侧操作箱“跳 A”、“跳 B”、“跳 C”信号灯亮，中压侧、低压侧操作箱 TWJ 信号灯亮。保护装置启动报告、故障录波图的分析分相差动保护 A 相电流二次值为 0.29A（二次额定电流为 1A），A、C 相电流二次值为 0.15A，出现差流，达到保护动作定值（$0.17I_n$）。差动保护范围内一次设备检查无明显异常，根据以上现象初步判断为保护误动。

（8）汇报调度，根据调度令决定是将 1 号主变压器转检修（或冷备用），或是退出 1 号主变压器 PST-1202A 保护，将 1 号主变压器试送电。

（9）事故处理完毕后，值班人员填写运行日志、开关分/合闸等记录，并根据开关跳闸情况、保护和自动装置的动作情况、故障录波报告及处理过程，整理详细的事故处理经过。

4. 事故原因分析

（1）由于是一套差动保护动作，且保护装置录波中无故障电流，所以基本判断为保护误动，但应检查差动保护动作范围内设备状况。

（2）专业人员对差动保护电流回路进行检查，发现主变压器 A 相高压侧 TA 接线盒至本体端子箱有错接线现象，现场接线如图 ZY1000505002-2 和图 ZY1000505002-3 所示。由于备用线圈 1 开路，导致 1S1 和差动线圈 2S2 之间放电接地，导致 PST-1202A 差动保护接入的差动线圈 2S1 和 2S3 之间的线圈匝数实际是 2S1（B411）和 2S2，电流变比变小，出现差流，导致差动保护动作跳闸。

5. 事故处理注意事项

虽然基本判断为保护误动，但是正常情况下，变压器保护动作基本不试送，需要得到专业人员的确认，是否需要试验等，确认无问题后，退出误动保护，主变压器恢复运行。

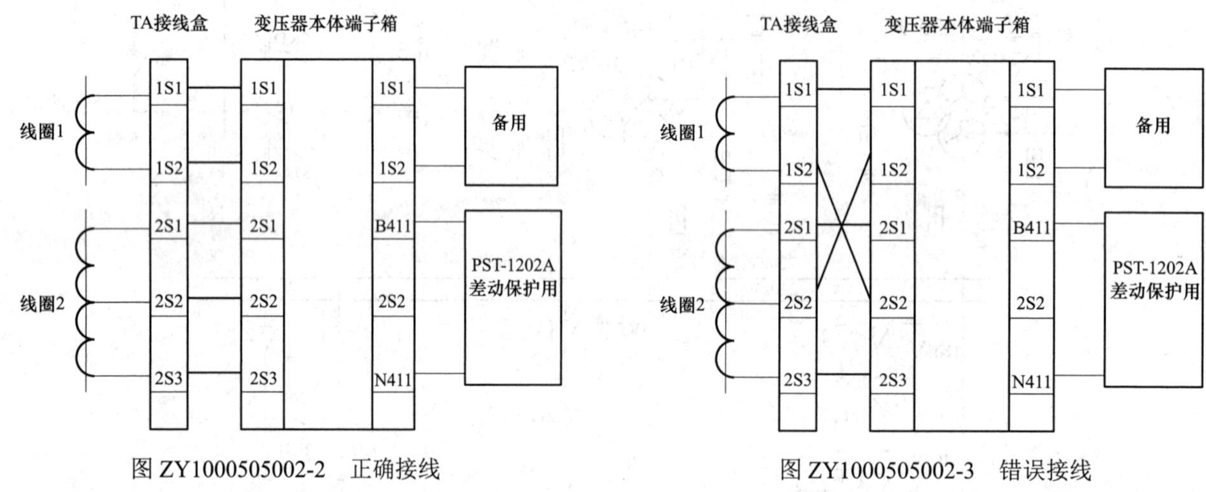

图 ZY1000505002-2　正确接线　　　图 ZY1000505002-3　错误接线

二、案例 2：卓南线 245 开关在代路操作中 LFP-901B 通道未切换引起线路跳闸故障

1. 运行方式及保护配置

一次主接线如图 ZY1000505002-4 所示。

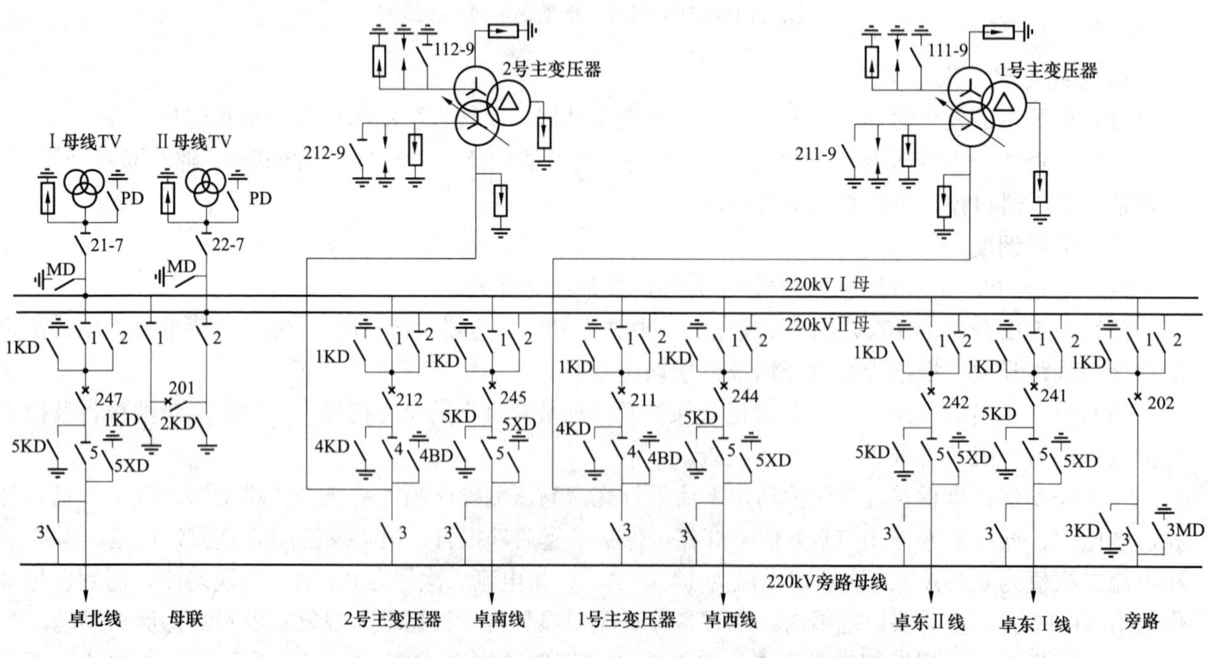

图 ZY1000505002-4　220kV 卓越变电站 220kV 侧主接线图

（1）运行方式：220kVⅠ、Ⅱ母线并列运行，241、245、247、211 开关在Ⅰ母线运行，242、244、212 开关在Ⅱ母线运行，母联 201 开关合位。

（2）保护配置。

1）卓东双回保护配置：RCS-931（光纤）、PRS-753（光纤）、RCS-923A、CZX-12R1。

2）卓南保护配置：RCS-931（光纤）、CZX-12R、LFP-901B。

3）卓西、卓北保护配置：RCS-901A、LFX-912、CZX-12R，RCS-902A、LFX-912、RCS-923A。

4）母差保护配置：RCS-915AB、BP-2B。

5）1 号主变压器保护配置：PST-1202A、PST-1212、PST-1206A，PST-1202B、PST-1211、PST-1210、PST-1210C。

6）2 号主变压器保护配置：RCS-978、RCS-974A、LFP-974B，RCS-978、LFP-974E。

2. 事故基本情况

2007 年 3 月 28 日，卓南线停电检修，22:20，调度令 202 旁路开关代路运行；22:48，调度命令合上旁路开关 202 对线路进行充电，充电正常；23:10，调度命令对侧变电站检同期合上线路开关；23:15，卓南线旁路 LFP-901B 保护装置动作，202 开关三相跳闸。

（1）监控系统主要信息。

1）202 开关变位闪烁，电流表、功率表指示为零。

2）202 LFP-901B 保护动作、故障录波器动作光字牌亮。

（2）保护主要信息。

1）202 开关线路保护：代路卓南线 LFP-901B 保护动作。

2）202 开关操作箱：第一组 TA、TB、TC 灯，第二组 TA、TB、TC 灯亮。

3. 事故处理步骤

（1）汇报调度。

（2）值班人员分两组：一组负责主控室监控信号记录、警铃复归和继电保护及自动装置检查、保护动作信号复归，调取故障录波数据；另一组负责现场一次设备检查。

（3）检查结果：一次设备无异常，202 开关在分位；二次设备 LFP-901B 保护动作，202 旁路定值确已切至卓南线保护定值区，保护定值正确，但检查卓南线至 220kV 旁路之间的高频通道时，发现卓南线 LFP-901B 保护的高频电缆头未由本线切换至旁路段。将检查情况详细汇报调度。

（4）根据调度命令对 202LFP-901B 保护高频通道进行切换，然后测试通道正常后汇报调度。

（5）根据调度命令检同期合上 202 开关，线路恢复正常运行。

（6）填写运行日志、事故跳闸记录、开关分/合闸记录，做好保护动作报告、故障录波报告的调取和事故经过报告的编写。

4. 事故原因分析

高频保护动作应具备三个条件：

（1）高频保护起动并连续收到信号 5～7ms。

（2）高频保护判别故障为正方向并停信。

（3）停信后，高频保护连续 5～8ms 未收到高频闭锁信号。

在本次故障中，对侧变电站感受到故障为反方向，因此发高频闭锁信号，闭锁本线路两端高频保护；卓越站 202 保护感受到故障为正方向并停信，因高频通道未切换，收不到对侧发来的高频闭锁信号，满足高频保护动作的三个条件，所以 LFP-901B 动作跳闸。

5. 事故处理注意事项及事故教训

（1）代路操作过程中，要注意定值及通道的切换，通道切换后应测试通道正常。本次故障就是因为通道一侧插头未切换，且切换后未进行通道测试。

（2）若另　套主保护具备运行条件，可暂时将高频保护退出，线路恢复运行；若转代时另　套主保护已退出，则应检查高频保护正常后，再恢复线路运行。

三、案例 3：卓南线 A 相永久性接地故障，245 开关跳闸，但 245 开关 B、C 相再次合闸

1. 运行方式及保护配置

运行方式及保护配置同本模块案例 2。

2. 事故基本情况

2006 年 4 月 5 日 16:03:41，220kV 卓南线发生 A 相接地永久性故障，主保护一 RCS-931、主保护二 LFP-901B 保护动作，245 开关 A 相瞬时跳开，740ms 后 245 开关 A 相重合，重合到故障上 50ms 后加速保护动作，跳开 245 开关的 A、B、C 三相，但在 30ms 后 245 开关 B、C 相出现了再次合闸现象。

（1）监控系统主要信息。

1）245 开关变位闪烁。

2）卓南线 RCS-931 保护动作、LFP-901B 保护动作、重合闸动作、故障录波器动作光字牌亮。

（2）保护主要信息。

1）卓南线线路保护：RCS-931 保护动作、LFP-901B 保护动作、重合闸动作。

2）245 开关操作箱：第一组 TA、TB、TC 灯，第二组 TA、TB、TC 灯亮。

3. 事故处理步骤

（1）汇报调度。

（2）值班人员分两组：一组负责主控室监控信号记录、警铃复归和继电保护及自动装置检查、保护动作信号复归，调取故障录波数据；另一组负责现场一次设备检查。

（3）检查发现：一次设备 245 开关 B、C 相在合位，A 相在分位，其他设备检查无异常；二次设备 RCS-931 保护动作、LFP-901B 保护动作，重合闸保护动作。

（4）将检查情况详细汇报调度。

（5）根据调度命令隔离 245 开关。

（6）根据情况用旁路代路试送卓南线，试送成功。

（7）填写运行日志、事故跳闸记录、开关分/合闸记录，做好保护动作报告、故障录波报告的调取和事故经过报告的编写。

4. 事故原因分析

（1）经检查 245 保护设计图纸发现，7A、9A、7B、9B、7C、9C 回路设计错误，造成 7A、9A、7B、9B、7C、9C 在保护盘接反，如图 ZY1000505002-5、图 ZY1000505002-6 所示，即 245 开关保护盘内 7A 被接入跳闸监视回路，9A 接入了合闸回路，而正确接线应是 7A 回路为合闸回路，9A 回路为跳闸监视回路。

（2）经分析在上述错误接线下开关的“防跳”功能不起作用，防跳继电器 K3 不启动，只要有合闸脉冲，开关就能够合上。重合闸动作后发出的重合命令为 120ms 的合闸脉冲，从录波图上看，245 开关三相跳开后，仍有 10ms 左右的合闸脉冲，此脉冲造成 245 开关 B、C 相重合，A 相机构由于弹簧未储能（已完成了一次“分—合—分”的过程）闭锁合闸而幸免重合。

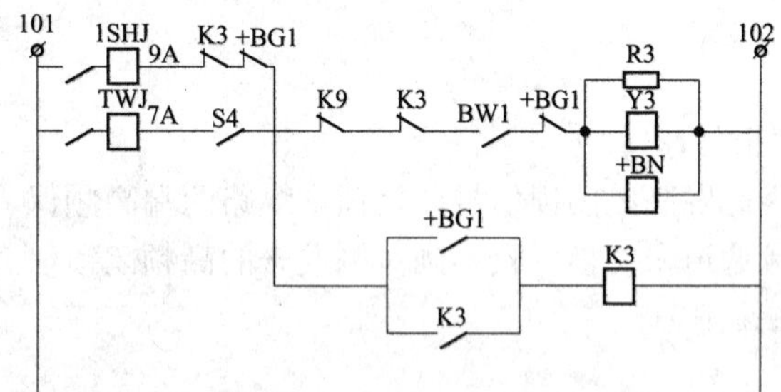

图 ZY1000505002-5 错误接线

S4—就地远方；K9—SF_6气体监测接点；K3—防跳继电器；BW1—弹簧储能接点；+BG1—断路器辅助接点；Y3—合闸线圈；+BN—合闸计数器；1SHJ—手合继电器；TWJ—跳闸位置继电器

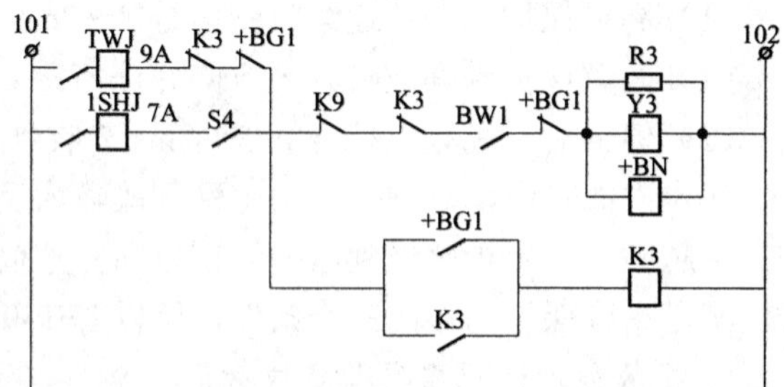

图 ZY1000505002-6 正确接线

S4—就地远方；K9—SF_6气体监测接点；K3—防跳继电器；BW1—弹簧储能接点；+BG1—断路器辅助接点；Y3—合闸线圈；+BN—合闸计数器；1SHJ—手合继电器；TWJ—跳闸位置继电器

（3）为验证以上分析的正确性，特设计试验对跳跃现象进行重复。试验接线如图 ZY1000505002-7

所示。

试验时在重合闸回路并接一个快速中间继电器 ZJ 和一个刀闸，并把 ZJ 的动作接点接入三相跳闸回路。模拟 245 开关 A 相跳闸，由 245 开关保护不对应启动重合闸，ZJ 和 ZHJ 继电器被同时启动，这就出现了跳令合令同时存在的现象。在正确接线下开关动作行为应该是：A 相跳闸→A 相合闸→三相跳闸。在错误接线下传动时，A 相开关合闸计数器动作 1 次，B 相和 C 相合闸计数器也动作 1 次，证明防跳不起作用（由于 A 相已合闸 1 次、跳闸 2 次，弹簧未储能接点闭锁合闸回路，否则 A 相会再次合闸）。改为正确接线后，A 相开关合闸计数器动作 1 次，B 相和 C 相合闸计数器不动作。重复试验 4 次，结果相同，证明防跳回路良好。

错误接线时：当手合或重合时防跳继电器 K3 不动作，所以只要有合闸脉冲，在弹簧储能好的情况下开关就合闸。

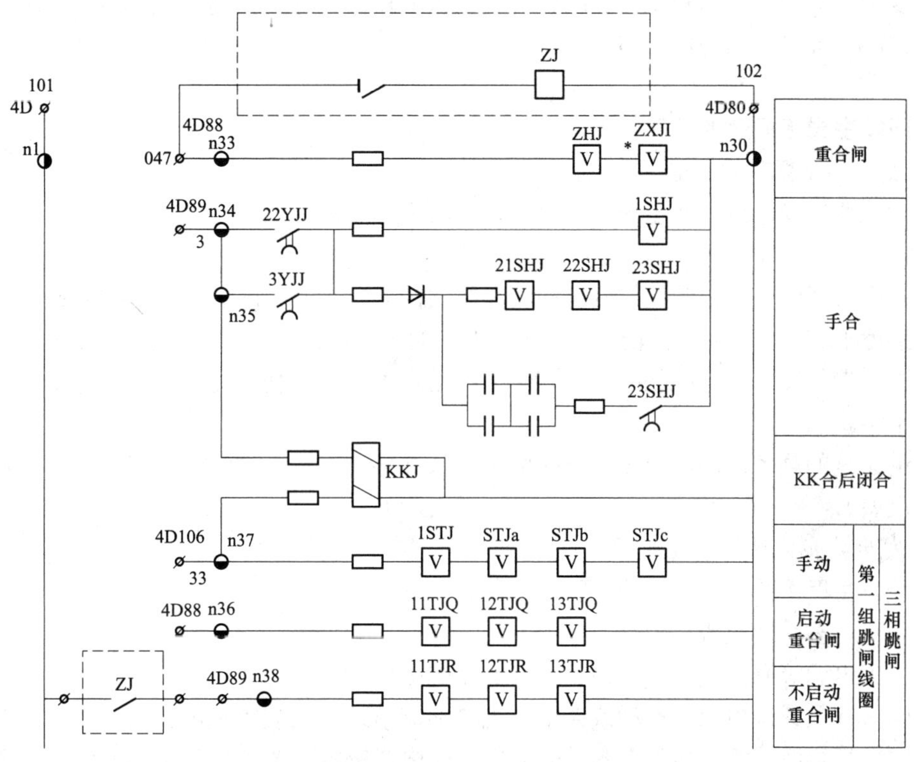

图 ZY1000505002-7　试验接线

5. 事故处理注意事项

245 开关 B、C 相合闸后，若非全相保护不经电流闭锁，则非全相保护动作，跳开 B、C 相；若非全相保护经电流闭锁，则由于对侧开关已跳闸，B、C 相带空载线路，电流元件不能启动，非全相保护不动作，此时隔离 245 开关时注意要先拉开开关，不能直接拉刀闸。

【思考与练习】

1. 卓北线在恢复送电时，其中一套保护误动，有何现象？如何处理？

2. 卓南线 245 开关在代路操作中 LFP-901B 通道未切换，发生区外故障时会造成什么后果？如何处理？

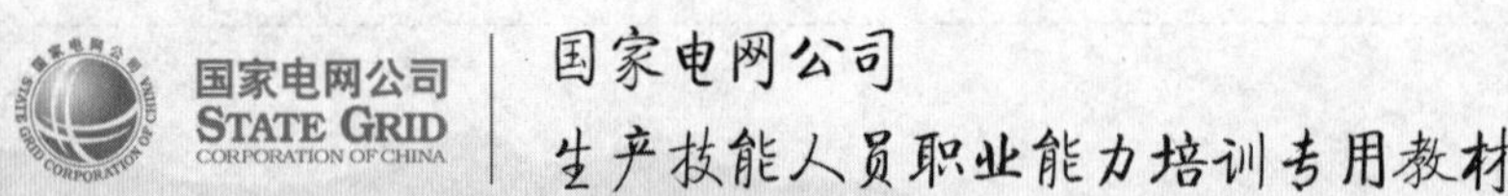

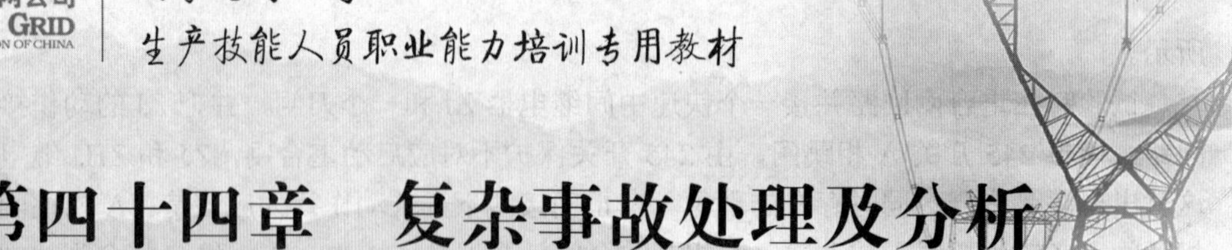

第四十四章　复杂事故处理及分析

模块1　复杂事故的故障分析及处理（ZY1000506001）

【模块描述】本模块包含系统振荡、开关拒动、死区故障、全站停电等复杂事故的处理。通过案例分析，掌握复杂事故处理原则和步骤，能分析判断系统振荡、开关拒动、死区故障、全站停电等复杂事故时的保护动作行为、相关保护信息情况。

【正文】

一、电网发生异步振荡的处理

1. 电网发生异步振荡的一般现象

（1）电力线路、发电机和变压器的电压表、电流表和功率表的指针周期性剧烈摆动。发电机、变压器在表计摆动的同时发出有节奏的轰鸣声。

（2）振荡中心（位于失去同期的两电源间联络线的电气中心）附近的电压摆动最大，它的电压周期性地降到接近于零。白炽照明灯随电压波动一明一暗。

（3）失去同期的发电厂间的联络线的有功表摆动最大，输送功率往复摆动，每个振荡周期内的平均功率接近于零。

（4）送端系统的频率升高，受端系统的频率降低并略有波动（机组转速表能正确反映，数字式频率表则无法反映）。

2. 电网发生异步振荡的主要原因

（1）系统发生严重故障，超过稳定限额范围。

（2）系统发生多重性故障。

（3）失去大电源等原因使联络线路超过静态稳定限额。

（4）故障时开关或继电保护拒动或误动，无自动调节装置或装置失灵。

（5）电网发生短路故障，切除大容量的发电、输电或变电设备，负荷瞬间发生较大突变等造成电网暂态稳定破坏。

（6）大容量机组跳闸或失磁，使系统联络线负荷增大或使系统电压严重下降，造成联络线稳定极限降低，引起稳定破坏。

（7）环状系统（或并列双回线）突然开环，使两部分系统联系阻抗突然增大，引起动稳定破坏而失去同步。

（8）电源间非同步合闸未能拖入同步。

（9）系统出力不足，电压、频率低于临界值时，引起静态稳定破坏。

3. 电网发生异步振荡时的处理原则

（1） 频率降低的发电厂（受端）应立即自行增加出力至最大，并利用最大允许的过负荷能力，使频率恢复至49.50Hz以上或振荡消失为止，必要时应紧急拉路切除部分负荷。

（2）频率升高的发电厂（送端）应立即自行降低出力，使频率降至49.50Hz或振荡消失为止。

（3）若装有联锁切机装置的线路跳闸，而因装置失灵，应该切除的机组没有被切除（或远方切机装置动作，而应切除的机组没有被切除），系统发生振荡时，现场值班人员应尽快将该机组与系统解列。

（4）各发电厂在电网发生异步振荡时，值班人员无须等待调度指令，尽量利用发电机的过负荷能力增加无功出力，提高母线电压至最高允许值。

（5）在电网发生异步振荡时，各发电厂值班人员不得无故将发电机与系统解列（除特别规定允许在异步振荡时解列的发电机外)。在频率和电压严重下降到威胁厂用电安全时，根据现场规程将厂用电（全部或部分）按解列方案解列运行。

（6）若由于发电机失磁而引起电网振荡时，现场值班人员应立即将失磁的机组解列。

二、电网发生同步振荡的处理

1. 电网发生同步振荡的一般现象

同步振荡时，系统频率能保持相同，各电气量的波动范围不大，且振荡在有限的时间内衰减从而进入新的平衡运行状态。负阻尼低频振荡的振荡频率为0.2～2.5Hz，次同步振荡的振荡频率要高得多。主要表现在机组有功功率、无功功率、电流的上下波动，联络线潮流、系统频率的波动，以及电压的波动。严重时，有功、无功、电压、电流、频率大幅摆动，照明忽明忽暗，机组发出周期性轰鸣声，这些特征与异步振荡类似，只是在程度上有所不同。

2. 电网发生同步振荡的主要原因

（1）机组失磁或进相。

（2）负阻尼低频振荡产生的原因是由于电力系统的负阻尼效应，常出现在弱联系、远距离、重负荷输电线路上，在采用快速、高放大倍数励磁系统的条件下更容易发生。

（3）次同步振荡产生的原因是由于发电机经由串联电容补偿的线路接入系统时，串联补偿度较高，从而使网络的电气谐振频率较容易和大型汽轮发电机轴系的自然扭振频率产生谐振。此外，对高压直流输电线路（HVDC）、静止无功补偿器（SVC），当其控制参数选择不当时，也可能激发次同步振荡。

（4）机组励磁控制系统参数设置不当。

3. 电网发生同步振荡时的处理原则

（1）各发电厂当系统发生同步振荡时，值班人员无须等待调度指令，尽量利用发电机的过负荷能力增加无功出力，提高母线电压至最高允许值。

（2）在系统发生同步振荡时，发电厂值班人员不得无故将发电机与系统解列。在频率和电压严重下降到威胁厂用电安全时，根据现场规程将厂用电（全部或部分）按解列方案解列运行。

（3）若由于发电机失磁而引起系统振荡时，发电厂值班人员应立即将失磁的机组解列。若由于发电机进相而引起系统振荡时，现场值班人员应立即增加无功，将机组进相改为滞相运行。

（4）新机组调试期间，因励磁系统问题引发功率振荡，应立即将调试机组与系统解列。

（5）各变电站在系统发生同步振荡时，值班人员按照调度要求采取投入电容器等措施提高电压。在不影响设备安全时，不得将电容器退出。

三、系统解列的处理

1. 系统解列的主要原因

（1）系统联络线、联络变压器或母线发生事故、过负荷、保护误动作跳闸。

（2）为解除系统振荡，自动或手动系统解列。

（3）低频、低压解列装置动作将系统解列。

2. 系统解列的现象

（1）系统解列后，缺少电源的地方频率会下降，同时伴随着电压下降；电源充足的地方频率暂时会升高。

（2）系统解列后，潮流会发生变化，有可能导致某些输电线路、变压器等过负荷运行，应密切监视运行设备的过负荷状况。

3. 系统解列时的处理原则

（1）将频率较高的系统降低其频率，但不得低于49.50Hz。

（2）将频率较低的系统短时切除部分负荷，或切换至频率较高系统供电。

（3）将频率较高系统的部分发电机组或整个发电厂先与系统解列，然后再与频率较低的系统并列。

（4）启动备用机组与频率较低系统并列。

（5）在系统事故情况下，经过长距离输电线路的两个系统，允许在电压相差20%、频率相差0.5Hz范围内进行同期并列。

四、电网电压异常的事故处理

（1）电网中的电压变动超出电压正常范围（110kV 母线电压不得低于 99kV），所在的变电站根据就地平衡原则，将装有的无功调压设备（调相机、电容器、电抗器等）立即进行调整使电压恢复到允许的偏差范围内。当调整手段仍不能满足电压要求，应立即上报调度，变电站值班人员根据调度命令做好事故拉路等工作。

（2）当系统由于无功不足造成电压过低时，不宜采用调整变压器分接头的办法来提高电压。

（3）凡发生事故时，低压减载装置或联跳装置动作切除负荷的线路，均不得自行试送。

五、电网频率异常的处理

（1）当电网发生低频减载装置动作或联跳装置动作切除负荷时，值班人员应将装置动作时间、切除的开关和当时的负荷汇报有关调度。

（2）在电网频率异常的处理中，变电站值班人员应根据调度命令做好事故拉路限电处理。

（3）凡低频减载装置或联跳装置动作切除负荷的线路，均不得自行试送。

六、死区故障分析

1. 保护死区的概念

在学习保护原理时，经常会提到死区的概念，那么什么是死区，又为什么有死区的存在呢？大多数保护装置都是通过对接入的电压、电流量进行分析，判断设备是否正常运行，而电流量取自各间隔的电流互感器二次，所以保护范围的划分，通常是以电流互感器为分界点的，而保护动作之后是通过跳开断路器切除故障，这样判断故障和切除故障的设备不同，在这两种设备之间就存在一个特殊的位置，也就是通常所说的死区。

比如对于一个双母线接线的线路间隔来说，电流互感器通常装在断路器和线路隔离开关之间，本间隔以它为分界，母线侧是母差保护范围，线路侧是线路保护范围，如图 ZY1000506001-1 所示。当死区范围内发生短路故障时，属于母差保护范围，母差保护动作，跳开母线上所有断路器，本间隔断路器跳开后，从图中可以看出，如果线路对侧有电源，那么故障点依然有短路电流，而线路对侧的快速保护范围是两侧电流互感器之间的部分，如果没有采取适当的措施，对侧快速保护则不能动作，只能等待后备保护动作。

对于双母线接线，母联断路器和电流互感器之间存在一个母联死区；对于 3/2 接线，母线侧断路器和对应的电流互感器之间存在一个死区；同样，主变压器某一侧的断路器和电流互感器之间也有死区。

2. 死区故障的切除

死区的存在对系统的安全稳定运行有很大的威胁，因为死区大都位于母线的出口附近，一旦死区范围内发生故障，不能快速切除，对设备和电网的影响非常大，所以要采取措施尽快切除死区故障。以下介绍几种快速切除死区故障的方法。

（1）在断路器两侧分别安装电流互感器。如图 ZY1000506001-2 所示，在断路器两侧各装设一组

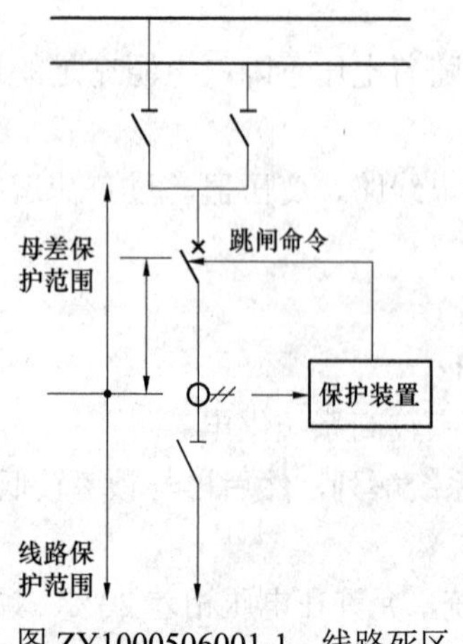

图 ZY1000506001-1　线路死区

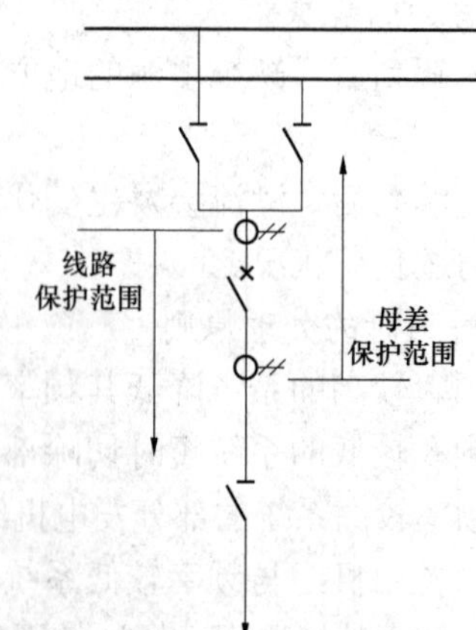

图 ZY1000506001-2　线路装设两组电流互感器

电流互感器，两组电流互感器之间保护范围交叉，一旦该范围内发生故障，两种保护同时动作，快速切除故障。

（2）设置专门的母联死区保护。在微机型母线保护中，针对单母线分段和双母线接线方式，专门设置了母联死区保护。当母联断路器与电流互感器之间发生故障时，母差保护小差选择元件会判断为断路器侧母线故障，将其切除之后，另一条母线仍然向故障点提供短路电流，此时大差启动元件和断路器侧小差选择元件均不返回，经过整定的较短延时跳开另一条母线，从而快速切除故障。

（3）使用母差停信或母差远跳功能。当线路死区范围内发生故障，母差保护动作，如果线路对侧有电源，可采用母差停信（或位置停信）或远跳的方式使对侧快速保护动作切除故障。对于配置高频闭锁式保护的线路，当母差保护动作之后，将故障母线上连接的线路保护发信机停信，停止向线路对侧发送闭锁信号，而线路对侧高频保护判断为正方向故障，又收不到闭锁信号，所以保护动作出口跳闸。对于配置光纤电流差动保护的线路，母差保护动作后，向线路对侧发出远跳信号，使对侧断路器跳开。

（4）利用后备保护切除死区故障。主变压器 220kV、110kV 电流互感器通常装在断路器的靠近主变压器侧，当断路器和电流互感器之间发生故障，属于母差保护范围。220kV 母差保护动作后有些变电站设置跳主变压器三侧断路器，故障即能切除；有些变电站设置只跳开本侧断路器，其他两侧会继续向故障点提供短路电流，此时要依靠失灵保护或主变压器后备保护切除故障。主变压器 110kV 侧死区故障，同样是母差保护动作后，再依靠主变压器后备保护动作切除故障。

对于 3/2 接线，母线侧电流互感器通常装设在断路器和母线之间，如图 ZY1000506001-3 所示，当死区范围发生故障时，线路保护动作断路器跳闸，但母线仍向故障点提供短路电流，此时依靠母线侧断路器失灵保护动作（该断路器虽然跳开，但仍有电流），切除对应母线上的所有开关。

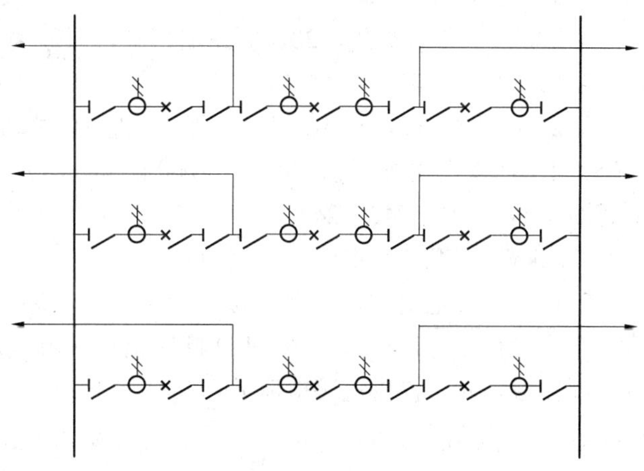
图 ZY1000506001-3　3/2 接线方式

3. 母联死区故障和母联拒动的区别

若正常方式时母联断路器在合位，则母联死区故障和母联拒动的结果都是两条母线的进出线开关全部跳闸，母线电压为零，但是母联死区故障时母联断路器在分位，由母联死区保护动作切除故障，母联拒动时母联断路器在合位，由母联失灵保护动作切除故障。

4. 死区故障的判断

死区故障与对应开关拒动时的现象类似，但死区故障没有开关拒动情况，需要值班员根据事故现象综合分析，做出正确判断，若能及时发现死区故障，可大大提高事故处理速度，尽快恢复无故障设备送电。

七、开关拒动

当某一线路、母线、变压器发生故障时，相应的断路器动作跳闸，但由于断路器本体某些原因，开关拒动，未跳开，导致事故范围扩大，这种现象称为开关拒动。

开关拒动时，故障的切除依靠断路器的失灵保护、主变压器后备保护等，下面介绍发生各种开关拒动情况时保护的动作过程。

1. 220kV 开关拒动

卓越变电站 220kV 侧主接线如图 ZY1000506001-4 所示（双母线运行，211、241、245、247 断路器在Ⅰ母线运行，212、242、244 断路器在Ⅱ母线运行）。

（1）220kV 卓东Ⅱ线线路故障，242 断路器拒动，失灵保护启动，切除 220kVⅡ母线上所有断路器（201、212、244）。

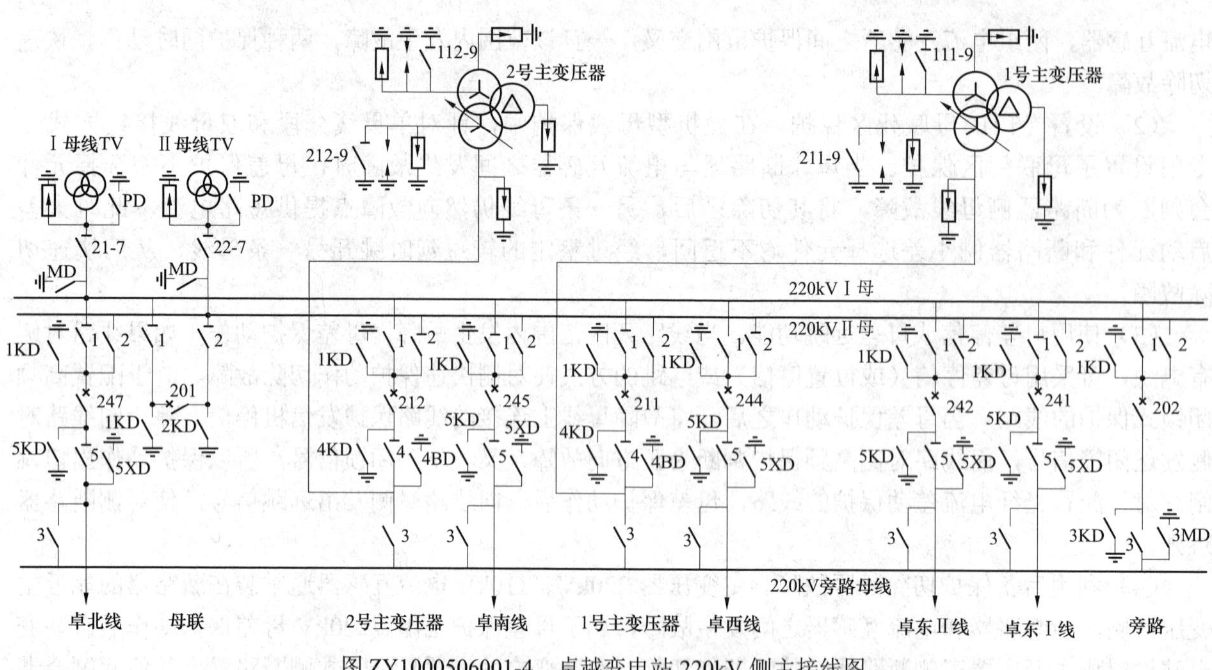

图 ZY1000506001-4　卓越变电站 220kV 侧主接线图

（2）220kVⅡ母线故障，242 断路器拒动，母差保护动作同时启动停信或远跳功能，使卓东Ⅱ线线路对侧断路器快速跳闸。

（3）220kVⅡ母线故障，201 断路器拒动，母联失灵保护动作，切除 220kVⅠ母线上所有断路器（211、241、245、247）。

（4）220kVⅡ母线故障，212 断路器拒动，失灵保护动作，跳开 2 号主变压器其他两侧断路器 112、512。

（5）220kV 2 号主变压器故障跳三侧断路器，212 断路器拒动，失灵保护启动，切除 220kVⅡ母线上所有断路器（201、242、244）。

2. 220kV 变电站 110kV 侧开关拒动

220kV 卓越变电站 110kV 侧主接线如图 ZY1000506001-5 所示（双母线运行，141、143、145、111 断路器在Ⅰ母线运行，142、146、112 断路器在Ⅱ母线运行，并且 110kV 线路都是负荷线路，没有联络线，即在故障时不提供短路电流）。

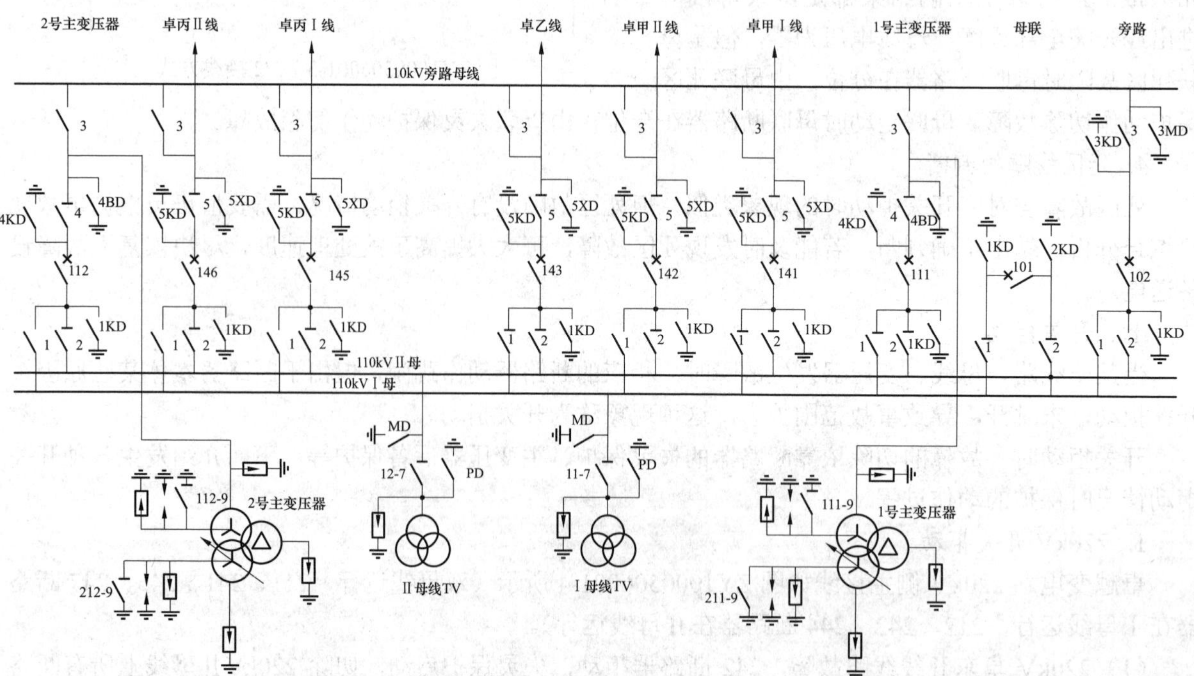

图 ZY1000506001-5　220kV 卓越变电站 110kV 侧主接线图

（1）110kV 卓甲Ⅱ线线路故障，142 断路器拒动，2 号主变压器中压侧后备保护（零序过电流或复合电压闭锁过电流）动作，第一时限跳开母联 101，第二时限跳开中压侧断路器 112，故障切除。

（2）110kVⅡ母线故障，142 断路器拒动，由于线路对侧无电源，母线上其他开关跳开后，故障即切除。

（3）110kVⅡ母线故障，101 断路器拒动，母联失灵保护动作，将Ⅰ母线元件跳开，故障切除。

（4）110kVⅡ母线故障，112 断路器拒动，主变压器后备保护（中压侧零序过电流或复合电压闭锁过电流）动作，第一时限跳母联，第二时限跳本侧，第三时限跳三侧，故障切除。

（5）110kV 2 号主变压器故障跳三侧断路器，112 断路器拒动，若主变压器中压侧后备保护带有方向，则由 1 号主变压器中压侧后备保护动作，第一时限跳母联，故障切除，若不带方向，则 1 号、2 号主变压器中压侧后备保护动作都动作，第一时限跳母联，故障切除。

3. 220kV 变电站 10kV（或 35kV）侧开关拒动

220kV 卓越变电站 2 号主变压器低压侧出线主接线如图 ZY1000506001-6 所示。

（1）10kV 卓夏线线路故障，542 断路器拒动，2 号主变压器低压侧后备保护动作，第一时限跳分段 501 断路器，第二实现跳本侧 512 断路器，切除故障。

（2）10kVⅡ母线故障，542 断路器拒动，由于线路对侧无电源，2 号主变压器低压侧后备保护动作（未装设母差保护），第一时限跳分段 501 断路器，第二时限跳本侧 512 断路器，切除故障。

（3）10kVⅡ母线故障，512 断路器拒动，2 号主变压器低压侧后备保护动作，第一时限跳分段 501 断路器，第二时限跳本侧 512 断路器，第三时限跳三侧断路器，切除故障。

（4）2 号主变压器故障跳三侧断路器，512 断路器拒动，由于低压侧无其他电源，主变压器高、中压侧断路器跳开后即切除故障。

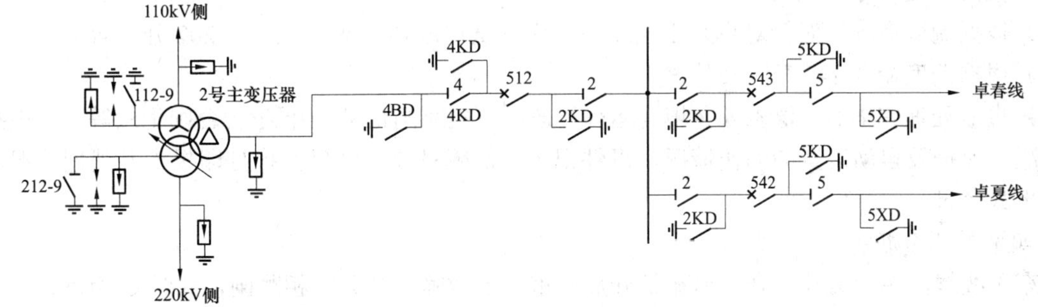

图 ZY1000506001-6　220kV 卓越变电站 2 号主变压器低压侧出线接线图

八、变电站全停事故处理

1. 发生全站停电事故的主要原因

（1）单电源进线变电站，电源进线线路故障，线路对侧跳闸。

（2）本站高压侧母线及其分路故障，保护拒动越级使各电源进线故障跳闸。

（3）系统发生事故，造成全站失电。

（4）严重的雷击、闪络及外力破坏。

2. 变电站全站失压的处理原则

（1）立即汇报调度。

（2）尽快恢复站用电源，在站用电未恢复前，控制直流系统负荷，监视直流母线电压，保证直流系统正常运行。

（3）对站内设备进行全面检查。

（4）根据调度命令对故障设备进行隔离。

（5）根据调度命令进行恢复送电。

九、事故案例分析

（一）案例 1：卓东Ⅰ线 241 线路 C 相永久故障，C 相开关跳开，A、B 开关未跳开，非全相保护动作未跳开，线路非全相运行

接线方式如图 ZY1000506001-4 所示。

1. 事故基本情况

2008年7月8日14:02，卓东Ⅰ线241开关跳闸，C相开关跳开，A、B开关未跳开，线路非全相运行。

（1）监控系统主要信息。

1）241开关变位闪烁。

2）卓东Ⅰ线“RCS 保护动作”、“PRS 保护动作”、“重合闸动作”、“241 开关非全相保护动作”、“故障录波器动作”光字牌亮。

3）卓东Ⅰ线C相电流、有功指示为零。A、B相电流十几安、无功指示几兆乏。

（2）保护屏保护信号。

1）RCS保护：跳A灯亮、跳B灯亮、跳C灯亮。

2）PRS保护：跳A灯亮、跳B灯亮、跳C灯亮、重合闸灯亮。

3）241开关操作箱：第一组TA、TB、TC，第二组TA、TB、TC灯亮。

2. 事故处理步骤

（1）记录事故发生时间、设备名称、开关变位情况、重合闸动作、主要保护动作信号等事故信息，汇报调度。

（2）根据调度要求，是否拉开241开关B、C相。

（3）值班人员分两组：一组负责主控室监控信号记录和检查、继电保护及自动装置检查；另一组负责现场一次设备检查，检查保护范围内设备，检查发现241开关C在分位，A、B相在合位。

（4）将检查情况详细汇报调度。

（5）根据调度命令，隔离241开关。

（6）根据调度命令，对侧对卓东Ⅰ线线路试送，试送成功后本侧用旁路202开关合环。

（7）根据调度命令241开关转检修。

（8）事故处理完毕后，值班人员填写运行日志、事故跳闸记录、开关分/合闸记录等，并根据开关跳闸情况、保护及自动装置的动作情况、事件记录、故障录波、微机保护打印报告及处理情况，整理详细的事故经过。

3. 事故原因分析

卓东Ⅰ线线路单相故障，开关单相跳开后，重合于故障，开关三相跳闸，此时C相跳开，线路故障切除，A、B相未跳开，由于对侧开关跳开，241开关失灵不满足电流判据条件，所以241开关失灵保护未启动，241开关非全相动作，非全相动作后，241开关A、B相仍未跳开。本次故障由于是C相永久故障，C相开关跳开，线路故障切除，如果是C相未跳开，故障电流仍然存在，则将发生越级跳闸。

4. 事故处理注意事项

按照规定，开关发生非全相运行时，若单相跳开，另两相在合位，可合上跳开相，但本案例是线路本身有故障，而且A、B相已经发生了拒动，所以不允许再合241开关。隔离开关时应首先查明开关A、B相拒动的原因，若能操作拉开，可正常隔离，若不能操作拉开，则应采用倒母线的方式将241开关隔离，不允许直接拉刀闸。

（二）案例2：卓越站旁路202断路器在110kV系统发生接地故障时零序保护误动

1. 事故基本情况

2006年10月13日6:50，卓越站110kV卓甲Ⅱ线 142线路C相发生单相接地故障，卓甲Ⅱ线线路保护LFP-941A保护装置零序Ⅰ段动作出口跳闸，并重合成功；故障同时变电站202开关C相开关单跳单合（当时变电站运行方式：卓越站卓东Ⅱ线242开关因机构压力闭锁进行消缺工作，处在检修状态，旁路202开关转代242开关运行）。

（1）监控系统主要信息。

1）202开关变位闪烁。

2）“卓甲Ⅱ线 LFP-941A 保护动作”、“卓甲Ⅱ线重合闸动作”、“202 开关 LFP-901 高频保护动作”、“202 开关重合闸动作”、“故障录波器动作”等光字牌亮。

（2）保护屏保护信号。

1）卓甲Ⅱ线：LFP-941A 保护动作、重合闸动作。

2）202 LFP-901 高频保护动作、重合闸动作。

2. 原因分析

在 202 保护用电流回路（A411、B411、C411、N411）进行绝缘检查时发现，在拆除 202 开关端子箱处的接地点 D0 后，回路对地的绝缘仍然为零。于是又将回路断开后进行逐步的检查，发现在 EMLP-503 电缆的 2 号主变压器保护屏侧处还存在一个接地点 D1（该电缆从 202 线路保护屏接至 2 号主变压器保护屏，供转代主变压器时使用），如图 ZY1000506001-7 所示。

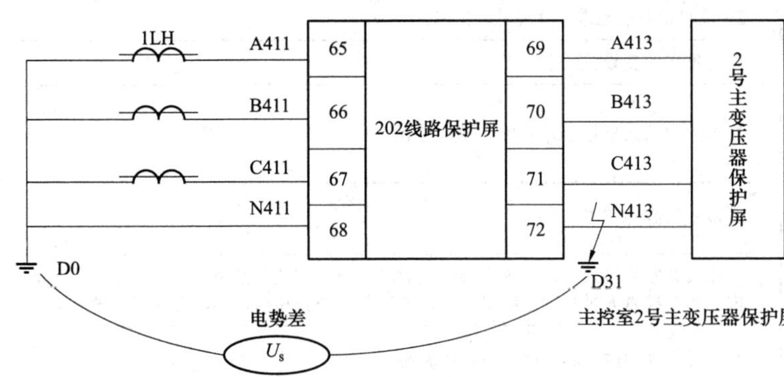

图 ZY1000506001-7　202TA 411 回路接线示意图

2005 年 12 月，卓越站 220kV 母线增加双套母线保护时，由于 202 开关的 TA 二次线圈不够分配，从而改动了该保护回路，改动后 TA 二次线圈 1LH（即 411）回路经过 202 线路保护装置后编号为 413 回路，通过 EMLP-503 电缆经电流切换端子接入 2 号主变压器保护。检查发现，该电流回路 EMLP-503 电缆头处钢甲边缘嵌入 4 号线芯（N413 回路），时间一长造成了 N413 接地。正常运行中因无零序电流，没有表征异常现象。

由于 202 线路保护电流回路在开关场端子箱和主控室存在两点接地，接地点又分别在微机保护零序线圈（N68、N72）的两侧。系统接地故障时，一次故障电流造成两接地点之间存在一定的电位差（U_s）。该电位差在保护零序线圈中形成附加电流 I_s，而该附加电流 I_s 与系统故障零序电流 I_d 叠加后，造成采样电流异常，角度发生偏移，几乎反相（为 120°～150°），零序方向进入保护动作区（见图 ZY1000506001-8），造成保护不正确停信，导致线路两侧高频保护动作跳闸。

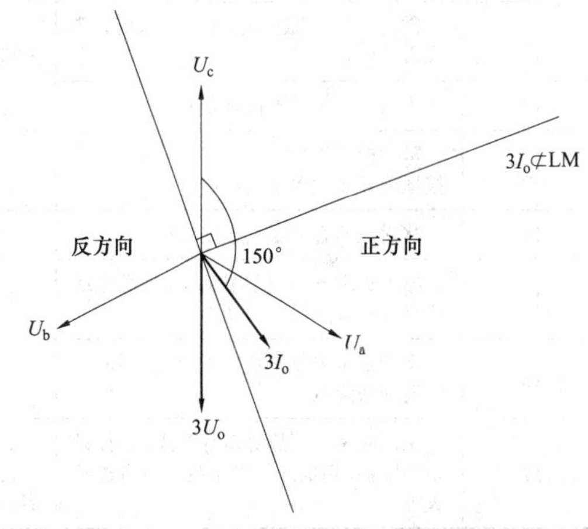

图 ZY1000506001-8　202 LFP-901 保护零序相量图

【思考与练习】

1. 卓越站 101 TA 母差用保护的两个绕组之间故障，有何现象？请分析原因，应如何处理？

2. 卓越站 2 号变压器故障跳闸，中压侧 112 开关偷合造成 110kVⅡ母线失压，有何现象？请分析原因，应如何处理？

模块 2　事故处理危险点分析（ZY1000506002）

【模块描述】本模块包含事故处理中的危险点源分析及预控措施。通过实例分析，能够正确分析事故处理中的危险点，并能制定预控措施。

【正文】

一、事故处理中的危险点及预控措施

事故处理过程中的危险点可分为现场检查、倒闸操作、与调度联系三个方面。

1. 事故处理中现场检查的危险点及预控措施

现场检查的危险点及预控措施见表 ZY1000506002-1。

表 ZY1000506002-1 现场检查的危险点及预控措施

序号	危险点	预控措施
1	误碰、误动运行设备	1. 检查人员应由经过培训、熟悉设备、有经验的人员担任 2. 检查时应与带电设备保持足够的安全距离，10kV 为 0.7m，110kV 为 1.5m，220kV 为 3m
2	擅自打开设备网门	检查设备时，不得进行其他工作，不得移开、越过、拆除遮栏和标示牌
3	发现异常时，单人处理或未及时汇报	1. 检查中发现设备异常，应立即汇报 2. 采取相应措施进行处理时应由两人完成
4	擅自改变设备状态	禁止擅自改变设备状态
5	登高检查设备，如登上开关机构平台检查设备时，感应电使人员失去平衡，造成人员碰伤、摔伤	检查应由两人进行，并互相关照、提醒
6	夜间检查，造成人员碰伤、摔伤、踩空	夜巡应带好照明工具
7	高压设备发生接地时，保持距离不够，造成人员伤害	高压设备发生接地时，室内不得接近故障点 4m 以内，室外不得靠近故障点 8m 以内，因此检查人员必须穿绝缘靴，接触设备的外壳和构架时，必须戴绝缘手套
8	开、关设备门振动过大，造成设备误动作	开、关设备门应小心谨慎，防止过大振动
9	在继电保护室使用移动通信工具，造成保护误动	在继电保护室禁止使用移动通信工具，防止造成保护及自动装置误动
10	检查保护动作情况时，漏查信号造成误判断	1. 应两人一起检查 2. 对保护装置信号做好记录并确认无误后，才可复归信号
11	雷雨天气，靠近避雷器和避雷针，造成人员伤亡	一般情况下雷雨天不进行室外设备检查，如确需检查时应穿绝缘靴，并与避雷针和避雷器保持足够的安全距离
12	不戴安全帽、不按规定着装	进入设备区，必须戴安全帽，必须按规定正确着装，并佩戴好值班标志
13	雾天检查设备时设备发生污闪、雾闪接地或设备发生空气放电	1. 雾天检查设备时穿好绝缘靴与雨衣 2. 雾天检查设备时与雾闪严重的设备保持足够的安全距离
14	冰雪天检查高压设备路滑摔倒	冰雪天检查设备时绝缘靴应采取防滑措施
15	冰雪天端子箱、机构箱内进雪融化造成直流接地或保护误动	检查后应将箱门关闭良好，遇有受潮时，应立即使用热风机干燥处理
16	保护范围内设备查找不全面，不能及时发现故障点	对动作于跳闸的保护范围应清楚，查找故障点时应两人进行，避免发生遗漏
17	未及时考虑事故对运行方式、运行设备的影响，造成运行设备故障或事故扩大	1. 应根据本站的运行方式和设备状况制定各种情况下的事故预案 2. 按照现场规程规定及事故预案的处理措施及时调整保护方式，检查相关运行设备有无异常，确保运行设备继续安全可靠运行

2. 事故处理中倒闸操作的危险点及预控措施

倒闸操作的危险点及预控措施见表 ZY1000506002-2。

表 ZY1000506002-2 倒闸操作的危险点及预控措施

序号	危险点	预控措施
1	填写操作票错误	1. 受令后根据操作任务对照一次系统图，明确操作对象的运行状态，核对断路器、隔离开关的双重名称 2. 由操作人填写操作票，监护人、值班长逐项审核 3. 操作前必须进行模拟预演
2	无票操作	1. 事故应急处理可不填写操作票，值班长把关 2. 事故恢复操作应填写操作票
3	不按操作票顺序进行操作	1. 严格按照操作票的顺序逐项操作，逐项打钩 2. 严格执行唱票复诵制度 3. 必须在模拟图板上进行模拟预演，用电脑钥匙进行操作，不得任意进行解锁操作
4	未经“三核对”盲目操作	1. 严格执行“三核对”，操作前核对一次系统图，设备实际位置，断路器、隔离开关双重名称 2. 严格执行唱票复诵制度，重大操作，除监护人外，必须通知站长及相关管理人员同时进行监护

续表

序号	危　险　点	预　控　措　施
5	走错间隔	1. 操作人在前，监护人在后，共同到达操作现场 2. 确认操作对象的名称、编号与操作票相符 3. 监护人专职监护，操作人进行操作
6	带负荷拉合隔离开关	1. 事故处理时使用解锁钥匙也要履行必要的手续，明确解锁操作项目，严禁随意使用解锁钥匙操作 2. 操作前认真检查设备名称、编号应与操作票相符，在开关停（复）役操作中，拉（合）隔离开关前必须检查相关的断路器在断开位置
7	带电合（挂）接地隔离开关（接地线）	1. 操作前必须使用合格的验电器先验电 2. 验电前必须在同一电压等级的带电设备上验证验电器良好，验电时应戴好绝缘手套 3. 当验明无电压后立即将检修设备接地并三相短路 4. 将接地线接地端与接地桩头牢固连接，禁止使用缠绕的方法 5. 装、拆接地线均应使用绝缘棒和戴绝缘手套 6. 装设接地线必须先接接地端，后接导体端，拆除顺序相反
8	无人监护单人进行操作	1. 倒闸操作必须由两人进行 2. 严格执行操作监护制度，职责明确，监护人不得代替操作人进行操作
9	误碰跳闸回路	1. 保护装置（含安全自动装置）投、退操作，必须按值班调度员的指令执行 2. 根据调度指令，核对无误后，按现场运行规程规定进行操作 3. 跳闸压板的开口端在上方，且必须和相邻压板有足够的距离，保证操作压板在落下过程中不会碰及相邻的压板
10	误投保护压板或保护出口压板接触不良	1. 投入出口压板、启动失灵压板、总跳闸出口压板、合闸压板以及远切、远跳、联切压板前应使用万用表检查下端有负电位，上端无电位 2. 投入跳闸出口压板后必须拧紧，长期不用的压板投入后应使用万用表检查上、下端均应有负电位，压板导通良好
11	旁路代开关时，定值区切换错误，引起保护误（拒）动	1. 旁路代开关前，共同到旁路保护屏，一人监护，一人操作，将定值切至被代开关区并打印定值 2. 将打印定值与调度下达的保护定值核对无误
12	旁路代开关时，未正确进行保护通道切换，引起保护拒（误）动	1. 按照现场规程填写操作票，并经三级审核 2. 监护人持票发令，操作人复诵，严格做到监护人不动手，操作中必须进行三核对，严格按票面顺序操作 3. 旁路收发信机代开关时必须由“本机—负载”切至“本机—通道”位置，旁路收发信机频率必须与被代线路一致 4. 切换保护通道时应检查接触良好，切换完毕，应测试通道正常
13	双母倒单母操作中拉开母联开关前未检查母联无电流	1. 操作前认真进行危险点分析，并交待操作人员此项为危险点 2. 严格进行标准化操作

3. 事故处理中与调度联系的危险点及预控措施

与调度联系的危险点及预控措施见表 ZY1000506002-3。

表 ZY1000506002-3　　与调度联系的危险点及预控措施

序号	危　险　点	预　控　措　施
1	汇报调度内容不够及时、全面，影响调度员的判断	由值班长负责与调度联系，汇报内容应简练、清晰、准确、全面，并做好记录和录音；在事故处理过程中与调度保持密切联系，及时将检查和处理结果进行汇报
2	接收电话不清楚，接受调度下达的操作指令错误	1. 接受操作指令前与调度相互通报姓名，做好记录，并启动录音，对接受操作指令全过程录音 2. 受令完毕逐字、逐句复诵，双方听证无误，如有疑问必须双方应答清楚 3. 接受的调度命令必须审核无误，发现疑问必须询问清楚

二、实例分析

1. 事故概况

2 号变压器本体故障，重瓦斯和差动保护动作，2 号主变压器三侧断路器跳闸，高压侧 212 断路器 B 相（故障相）偷合，差动保护动作，212 断路器拒动，引起失灵保护动作，造成 220kVⅡ母线失电。

事故处理要点是：检查保护动作情况，监视运行设备状况，进行中性点接地方式的调整，检查、隔离 2 号主变压器、212 断路器，与联系汇报调度及恢复 220kVⅡ母线运行。

2. 危险点分析

本案例事故处理过程中的危险点主要包括现场检查、倒闸操作、与调度联系三方面。

（1）检查过程中的危险点。

1）保护动作情况检查不全面，对保护和断路器的动作顺序不能准确判断。

2）未检查1号主变压器运行情况（如负荷、温度、冷却器运行是否正常）。

3）查找故障点时误碰运行设备。

4）未对212断路器进行三相检查。

（2）操作中的危险点。

1）未及时调整中性点接地方式或改变接地方式后未进行间隙、零序保护的相应投退，造成设备损坏或保护误动。

2）隔离212断路器时改变了断路器状态，影响偷合和拒动的原因分析。

3）操作过程中随意使用解锁钥匙造成误操作（若拉开212断路器两侧隔离开关时需解锁，则应在履行解锁程序后进行，且只有该两项操作可以解锁）。

4）220kVⅡ母线恢复送电时未投充电保护或投入充电保护后未及时退出造成保护拒动或误动。

5）合上各线路开关前未考虑是否需要检查同期，造成非同期合闸。

6）2号主变压器及212断路器转检修操作时，未填写操作票或不按票操作造成误操作。

（3）与调度联系过程中的危险点。

1）保护动作跳闸情况汇报不全面造成调度误判断。

2）未汇报1号主变压器过负荷情况，调度不能及时调整负荷分配。

3）接受调度令时记录不准确造成误操作。

【思考与练习】

1. 事故处理中，现场检查主要危险点和预防措施是什么？

2. 仿西线244-1隔离开关开关侧绝缘子闪络接地的事故处理中的危险点有哪些？

3. 2号主变压器220kV侧A相套管爆炸起火的事故处理中的危险点有哪些？

附录A 《变电运行（220kV）》培训模块教材各等级引用关系表

部分名称	章	模块名称（模块编码）	模块描述	等级		
				Ⅰ	Ⅱ	Ⅲ
专业知识	数字化变电站的概念与应用	数字化变电站介绍（GYBD00101001）	本模块主要介绍了数字化变电站的情况。通过要点归纳介绍，掌握数字化变电站发展的基本背景、基本概念和特征，了解数字化变电站的主要优势	√		
		数字化变电站的系统架构及技术特征（GYBD00101002）	本模块主要介绍了数字化变电站的基本结构和主要技术特征。通过对比讲解、图例展示，掌握数字化变电站的系统构成和主要技术特征	√		
		数字化变电站的基本应用（GYBD00101003）	本模块介绍数字化变电站的技术实现基础和常规设备接入方案。通过归纳讲解、方案介绍，了解建设数字化变电站应注意的问题和常规设备的接入方式	√		
	数字化变电站的组成与实现	IEC 61850标准综述（GYBD00102001）	本模块介绍IEC 61850标准的产生背景、标准的组成、主要术语及主要特点等内容。通过背景介绍、标准阐述、要点讲解，了解标准的概况，掌握标准的组成和特点		√	
		数字化变电站的通信网络（GYBD00102002）	本模块介绍了数字化变电站内数据流及其特点、采用的主要网络技术以及组网方案。通过要点分析、图例说明、方案介绍，了解数字化变电站系统核心通信的概况		√	
		电子式互感器基本原理及技术（GYBD00102003）	本模块介绍电子式互感器的基本原理、特点及构成等内容。通过结构分析、原理讲解、图片示意、应用举例，了解数字化变电站系统中一次设备的变化		√	
		智能化电器设备（GYBD00102004）	本模块主要介绍开关智能化的基本内容，智能化开关基本结构、特点、设备的应用模式以及和二次系统的连接。通过概念讲解、图片示意、实例介绍，了解智能化开关系统，掌握智能化开关控制的内容		√	
		数字化变电站的实现（GYBD00102005）	本模块介绍数字化变电站的信息应用模式、实现数字化变电站的几个关键因素、几种技术方案等内容。通过要点归纳讲解、图片示意、方案介绍，掌握数字化变电站的实现方式和信息应用		√	
	变电运行相关规程及制度	电力系统调度规程（ZY2700601001）	本模块介绍典型调度规程的编写意义、约束对象、主要内容和调度规程实例。通过条文解释和案例学习，掌握《电力系统调度规程》内容，并能认真执行调度规程	√		
相关知识	电气设备试验周期、标准及方法	电气试验标准（GYBD00701001）	本模块介绍电气设备交接试验和状态检修的意义和标准。通过概念解释、要点讲解和流程介绍，了解开展电气设备交接试验和状态检修重要性，熟悉电气设备交接试验的标准、状态检修的概念，开展状态检修的原则、指导思想，掌握进行状态检修的基本流程	√		
		常规电气试验（GYBD00701002）	本模块介绍变电主要设备常规电气的试验项目。通过要点讲解，了解绝缘电阻、泄漏电流、介质损耗、工频耐压和绝缘放电等常规项目的试验目的、内容和方法		√	
		特殊电气试验（GYBD00701003）	本模块介绍设备特殊电气的试验项目及其目的。通过要点讲解，了解电力变压器特殊性试验、电流互感器特殊性试验、电容式电压互感器特殊性试验、氧化锌避雷器特殊性试验、六氟化硫断路器特殊性试验的试验项目内容和试验目的要求			√
	数据采集及分析	电气设备在线监测（GYBD00702001）	本模块介绍电气设备常用在线监测的原理和结构。通过要点讲解、分析，了解变压器油的在线监测、变压器局部放电在线监测、电力设备温度实时在线监测的内容、方法和装置原理，熟悉电气设备在线监测与预防性试验的关系			√

续表

部分名称	章	模块名称（模块编码）	模块描述	等级		
				I	II	III
相关知识	数据采集及分析	相关电气试验数据分析（GYBD00702002）	本模块介绍电气试验和在线监测运行数据综合分析。通过要点讲解、综合分析和应用示例，熟悉试验数据的分析方法、掌握试验结论和处置原则及设备状态评价方法	√		
	状态检修基础知识	变电设备的状态检修概述（ZY1400401001）	本模块介绍几类检修方式的定义及发展过程，各类检修方式的优缺点及开展状态检修的难点分析。通过定义讲解、要点归纳，熟悉状态检修与其他检修模式的区别，了解开展状态检修需深入研究和解决的问题			√
		决策支持系统（DSS）（ZY1400401002）	本模块介绍变电设备状态检修决策支持系统的基本概念和系统总体结构。通过要点归纳、图表举例，了解状态检修决策支持系统的总体结构及有关业务流程要求			√
		状态检修的基本思路和方法（ZY1400401003）	本模块介绍开展状态检修的指导思想和基本原则、状态检修的基本流程和工作体系等。通过定义讲解、要点归纳，掌握状态检修的基本流程；熟悉状态检修的工作体系、各级职责及开展状态检修工作必须注意的环节			√
	电气设备的状态检修	变压器的状态检修（ZY1400402001）	本模块介绍变压器状态检修各个流程的有关内容，在线监测和检测技术在变压器状态检修中的应用。通过定义讲解、要点归纳、图表示例，熟悉变压器的在线监测和检测技术，掌握开展变压器状态检修各个流程的主要工作及变压器实施状态检修应注意的几个问题			√
		互感器的状态检修（ZY1400402002）	本模块介绍互感器开展状态检修知识。通过要点讲解、图表归纳，熟悉互感器开展状态检修的信息收集与管理、状态的划分与评价标准、检修策略的制定原则等相关知识			√
		断路器的状态检修（ZY1400402003）	本模块介绍断路器开展状态检修知识。通过定义讲解、要点归纳，熟悉断路器状态检测技术在状态检修中的应用，以及断路器开展状态检修的信息收集与管理、状态的划分与评价标准、检修策略的制定原则等相关知识			√
		隔离开关的状态检修（ZY1400402004）	本模块介绍隔离开关开展状态检修知识。通过定义讲解、要点归纳，熟悉隔离开关开展状态检修的信息收集与管理、状态的划分与评价标准、检修策略的制定原则等相关知识			√
		避雷器的状态检修（ZY1400402005）	本模块介绍避雷器开展状态检修知识。通过要点讲解、图表归纳，熟悉避雷器状态检测技术在状态检修中的应用，以及避雷器开展状态检修的信息收集与管理、状态的划分与评价标准、检修策略的制定原则等相关知识			√
		电力电缆的状态检修（ZY1400402006）	本模块介绍电力电缆开展状态检修知识。通过要点讲解、图表归纳，熟悉电力电缆开展状态检修的信息收集与管理、状态的划分与评价标准、检修策略的制定原则等相关知识			√
基本技能	常用仪器、仪表、安全工器具的使用及维护	常用仪器、仪表使用（GYBD00201001）	本模块介绍万用表、绝缘电阻表、接地电阻仪、钳形电流表、直流电桥的使用方法。通过使用方法介绍和注意事项讲解，掌握常用仪器和仪表的使用	√		
		安全工器具使用与维护（GYBD00201002）	本模块介绍电气安全用具分类、绝缘安全用具、一般防护用具、安全标识、安全用具等内容。通过结构描述、使用方法介绍和注意事项讲解，达到能正确使用电气安全工器具	√		
		红外热成像的测试与分析（ZY1800303001）	本模块介绍红外热成像的测试与分析。通过测试工作流程的介绍，掌握红外热成像的原理、测试前的准备工作和相关安全、技术措施、测试方法、技术要求及测试数据分析判断		√	

续表

部分名称	章	模块名称（模块编码）	模块描述	等级 I	等级 II	等级 III
基本技能	变电站接线方式及一次设备	220kV 变电站接线方式（ZY1000105001）	本模块介绍了 220kV 变电站主接线方式。通过对变电站各种接线方式介绍和优缺点的分析对比，掌握 220kV 变电站各种主接线方式的运行特点	√		
		220kV 变电站电气设备（ZY1000105002）	本模块介绍了 220kV 变电站主要电气设备。通过对电气设备的结构特点、性能参数及运行要求的介绍，掌握变电站电气设备的性能及运行特点	√		
	继电保护配置、范围及基本原理	线路保护配置、范围及基本原理（ZY1000101001）	本模块包含线路保护配置、保护范围和基本原理。通过原理讲解，逻辑框图说明，了解线路保护的保护范围和保护动作特性	√		
		母线保护功能配置、范围及基本原理（ZY1000101002）	本模块包含母线保护配置、保护范围和工作原理。通过原理讲解，逻辑框图说明，了解母线保护的保护范围和保护动作特性	√		
		主变压器保护配置、范围及基本原理（ZY1000101003）	本模块包含变压器保护配置、保护范围和基本原理。通过原理讲解，逻辑框图说明，了解变压器保护的保护范围和保护动作特性	√		
		电容器保护配置、范围及基本原理（ZY1000101004）	本模块包含电容器保护配置、保护范围和基本原理。通过原理讲解，逻辑框图说明，了解电容器保护的保护范围和保护动作特性	√		
		站用变压器保护配置、范围及基本原理（ZY1000101005）	本模块包含站用变压器保护配置、保护范围和基本原理。通过原理讲解，逻辑框图说明，了解站用变压器保护的保护范围和保护动作特性	√		
	继电保护及自动装置动作分析	线路保护动作过程及信号含义（ZY1000102001）	本模块包含线路保护动作过程及信号含义。通过对典型线路保护装置的介绍，掌握线路保护在各种故障、异常状态下的动作行为		√	
		母线保护动作过程及信号含义（ZY1000102002）	本模块包含母线保护动作过程及信号含义。通过对典型母线保护装置的介绍，掌握母线保护在各种故障、异常状态下的动作行为		√	
		主变压器保护动作过程及信号含义（ZY1000102003）	本模块包含变压器保护动作过程及信号含义。通过对典型变压器保护装置的介绍，掌握变压器保护在各种故障、异常状态下的动作行为		√	
		站用变压器保护动作过程及信号含义（ZY1000102004）	本模块包含站用变压器保护动作过程及信号含义。通过对典型站用变压器保护装置的介绍，掌握站用变压器保护在各种故障、异常状态下的动作行为		√	
		电容器保护动作过程及信号含义（ZY1000102005）	本模块包含电容器保护动作过程及信号含义。通过对典型电容器保护装置的介绍，掌握电容器保护在各种故障、异常状态下的动作行为		√	
		备用电源自动投入装置（ZY1000102006）	本模块包含备用电源自动投入装置原理接线和动作过程。通过典型动作行为介绍，掌握备用电源自动投入装置的应用		√	
		安全稳定控制装置动作过程及信号含义（ZY1000102007）	本模块介绍了安全稳定控制装置。通过概念描述、原理和逻辑框图讲解，了解安全稳定控制装置的动作过程		√	
	电气二次接线识图、绘图	直流系统接线图（ZY1000103001）	本模块介绍了变电站直流系统。通过原理讲解、要点分析和应用举例，了解变电站直流系统配置，并能识读直流系统接线图	√		
		综合自动化系统结构图（ZY1000103002）	本模块介绍了综合自动化系统。通过结构介绍、要点分析和应用举例，掌握综合自动化系统网络结构和设备配置	√		
		电压互感器二次回路图（ZY1000103003）	本模块介绍了电压互感器二次回路。通过典型回路介绍，掌握电压互感器二次回路的接线，并能分析电压互感器二次回路异常	√		
		同期回路接线图（ZY1000103004）	本模块介绍了变电站同期回路。通过原理讲解、要点分析和典型回路的介绍，掌握变电站同期操作的基本知识，并能识读同期系统接线图	√		

续表

部分名称	章	模块名称 （模块编码）	模 块 描 述	等级 I	等级 II	等级 III
基本技能	电气二次接线识图、绘图	控制与信号回路图 （ZY1000103005）	本模块介绍了断路器控制与信号回路、隔离开关控制回路和中央信号回路。通过典型回路图的介绍，掌握控制与信号回路的基本知识，并能识读和分析控制与信号回路	√		
		变压器冷却器与有载调压控制回路图 （ZY1000103006）	本模块介绍了变压器冷却器控制回路和有载调压控制回路。通过典型回路图的介绍，掌握变压器冷却器控制回路与有载调压控制回路的基本知识，并能对回路图进行识读和分析	√		
	变电站的通信和生产管理信息系统	变电站通信设备使用 （ZY1200103001）	本模块介绍变电站通信设备的配置与使用说明。通过要点归纳和列表说明，掌握变电站电话机、对讲机、录音机等通信设备的使用方法	√		
		生产管理信息系统的使用 （ZY1000106001）	本模块简单介绍了生产管理信息系统。通过概念介绍和功能描述，了解生产管理信息系统的设计思想和主要功能	√		
		生产管理信息系统的内容及填写 （ZY1000106002）	本模块简单介绍了生产管理系统中变电运行日志的功能及操作说明。通过填写举例，了解生产管理系统中变电运行部分记录的填写方法	√		
	操作票和工作票执行	操作票的执行 （ZY1000104001）	本模块介绍了倒闸操作票填写、操作票执行一般规定和变电站倒闸操作程序等内容。通过对操作流程及要求的介绍，掌握倒闸操作的基本原则、注意事项和操作程序	√		
		执行工作票的规定 （ZY1000104003）	本模块包含工作票的填写和执行。通过条文解释和注意事项的介绍，能够正确执行和管理工作票	√		
		事故应急抢修单的执行 （ZY1000104002）	本模块包含事故应急抢修单的填写和执行。通过要点和流程讲解，以及典型案例分析，能够正确执行事故应急抢修单		√	
		第二种工作票的执行 （ZY1000104004）	本模块包含第二种工作票的填写和执行。通过条文解释，介绍注意事项，以及应用举例，能够正确执行第二种工作票	√		
		第一种工作票的执行 （ZY1000104005）	本模块包含第一种工作票的填写和执行。通过条文解释，介绍注意事项，以及应用举例，能够正确执行第一种工作票		√	
		带电作业工作票的执行 （ZY1000104006）	本模块包含带电作业工作票的填写和执行。通过条文解释，注意事项介绍，以及应用举例，能够正确执行带电作业工作票		√	
监视、巡视与维护	运行工况监控	设备运行工况监视 （ZY1000201001）	本模块包含常规和综合自动化变电站的运行工况监视。通过要点介绍，了解设备运行工况监视的内容和要求	√		
		电压、无功调整 （ZY1000201002）	本模块包括电压、无功调整。通过要点介绍，了解电压、无功调整手段和方法	√		
		设备运行工况分析 （ZY1000201003）	本模块介绍了设备运行工况分析。通过处理要点和案例介绍，掌握设备运行监视分析手段，能够正确判断常见异常		√	
	设备巡视	设备巡视的要求 （ZY1000202001）	本模块包含设备巡视的周期、流程、方法。通过要点介绍，掌握设备巡视的基本内容和要求	√		
		一次设备的正常巡视 （ZY1000202002）	本模块包含变电站主要一次设备的巡视项目和内容。通过要点介绍，能正确进行一次设备的正常巡视	√		
		二次设备的巡视及运行维护 （ZY1000202003）	本模块包含二次设备的巡视、运行维护项目和内容。通过要点介绍，能正确进行二次设备的正常巡视，并进行缺陷定性	√		
		站用交、直流系统的巡视及维护 （ZY1000202004）	本模块包含站用交、直流系统的巡视、运行维护项目和内容。通过要点介绍，能正确进行站用交、直流系统的巡视和运行维护	√		

续表

部分名称	章	模块名称（模块编码）	模块描述	等级 I	等级 II	等级 III
监视、巡视与维护	设备巡视	防误装置的检查及运行规定（ZY1000202005）	本模块包含防误装置的分类、检查项目及运行规定。通过各种类型防误装置的介绍，掌握防误装置检查内容及运行要求	√		
		防误装置的运行维护（ZY1000202008）	本模块包含防误装置的运行维护及常见异常处理。通过要点介绍，了解防误装置的常见故障，能及时发现缺陷并进行简单处理		√	
		辅助设施的巡视及维护（ZY1000202006）	本模块包含变电站辅助设施巡视的种类、项目和维护内容。通过要点介绍，能进行日常巡视和运行维护	√		
		设备的特殊巡视（ZY1000202007）	本模块包含一、二次设备的特殊巡视及缺陷定性。通过要点介绍，掌握设备的特殊巡视内容，并能及时发现设备缺陷并正确定性		√	
	变电站设备的定期试验与轮换及其分析	变电站设备的定期试验与轮换（GYBD00301001）	本模块介绍变电站设备的定期试验与轮换制度的要求及内容等。通过要点归纳讲解、试验方法详细介绍，掌握变电站设备的定期试验与轮换的要求及内容	√		
		变电站设备的定期试验与轮换分析（GYBD00301002）	本模块介绍变电站设备的定期试验与轮换的程序和方法。通过要点讲解、试验方法介绍，掌握变电站设备的定期试验与轮换及注意事项		√	
倒闸操作	倒闸操作基础知识	倒闸操作基本概念及操作原则（GYBD00401001）	本模块介绍倒闸操作的基本概念、操作原则和注意事项。通过归纳讲解一般典型操作程序，掌握倒闸操作的基本方法	√		
	高压开关类设备、线路停送电	高压开关类设备停送电操作（ZY1000301001）	本模块包含高压开关类设备停送电的操作原则、注意事项、操作异常处理原则。通过操作要点和案例介绍，掌握高压开关类设备停送电操作和异常处理的方法	√		
		高压开关类设备停送电操作危险点源分析（ZY1000301002）	本模块介绍了高压开关类设备停送电操作的危险点源。通过案例介绍，能正确分析高压开关设备停送电操作危险点源，并制定预控措施			√
		线路停送电操作（ZY1000301003）	本模块包含线路停送电的操作原则、注意事项以及异常处理原则。通过操作要点和案例介绍，掌握线路停送电操作和异常处理的方法	√		
		线路停送电操作危险点源分析（ZY1000301004）	本模块介绍了线路停送电操作的危险点源。通过案例介绍，能正确分析线路停送电操作危险点源，并制定预控措施			√
	变压器停送电	变压器停送电操作（ZY1000302001）	本模块包含变压器停送电的操作原则、注意事项以及异常处理原则。通过操作要点和案例介绍，掌握变压器停送电操作和异常处理的方法	√		
		变压器停送电操作危险点源分析（ZY1000302002）	本模块介绍了变压器停送电操作的危险点源。通过案例介绍，能正确分析变压器停送电操作危险点源，并制定预控措施			√
	母线停送电	母线停送电操作（ZY1000303001）	本模块包含母线停送电的操作原则、注意事项以及异常处理原则。通过操作要点和案例介绍，掌握母线停送电操作和异常处理的方法	√		
		母线停送电操作危险点源分析（ZY1000303002）	本模块介绍了母线停送电操作的危险点源。通过案例介绍，能正确分析母线停送电操作危险点源，并制定预控措施			√
	电压互感器停送电	电压互感器停送电操作（ZY1000304001）	本模块包含电压互感器停送电的操作原则、注意事项以及异常处理原则。通过操作要点和案例介绍，掌握电压互感器停送电操作和异常处理的方法	√		
		电压互感器停送电操作危险点源分析（ZY1000304002）	本模块介绍了电压互感器停送电操作的危险点源。通过案例介绍，能正确分析电压互感器停送电操作危险点源，并制定预控措施			√

续表

部分名称	章	模块名称 （模块编码）	模 块 描 述	等 级		
				I	II	III
倒闸操作	站用交、直流系统停送电	站用交、直流系统停送电操作 （ZY1000305001）	本模块包含站用交、直流系统停送电的操作原则、注意事项以及异常处理原则。通过操作要点和案例介绍，掌握站用交、直流系统停送电操作和异常处理的方法	√		
		站用交、直流系统停送电操作危险点源分析 （ZY1000305002）	本模块介绍了站用交、直流系统停送电操作的危险点源。通过案例介绍，能正确分析站用交、直流系统停送电操作危险点源，并制定预控措施			√
	补偿装置停送电	电容器、电抗器一般停送电 （GYBD00402001）	本模块介绍电容器、电抗器的一般停送电的操作原则和注意事项、电容器和电抗器一般停送电操作中的异常、调度规程中对电容器和电抗器操作的相关规定。通过要点讲解和案例介绍，掌握电容器、电抗器一般停送电的操作规定和操作方法，能发现操作中的异常	√		
		电容器、电抗器操作异常分析处理及危险点源分析 （GYBD00402002）	本模块介绍电容器、并联电抗器操作中的异常处理、操作中的危险点分析与控制。通过要点讲解和列表对照分析，能正确处理和判断异常，掌握补偿装置停送电的危险点源分析控制方法			√
	二次设备操作	一般二次设备操作 （ZY1000307001）	本模块包含二次设备的操作原则和注意事项，二次设备操作中异常情况的处理原则。通过操作要点和案例的介绍，掌握二次设备操作和异常处理的方法	√		
		二次设备操作危险点源分析 （ZY1000307002）	本模块介绍了二次设备操作的危险点源。通过案例介绍，能正确分析二次设备操作危险点源，并制定预控措施			√
	大型复杂操作	大型复杂操作 （ZY1000306001）	本模块包含大型复杂操作的操作原则和注意事项，大型复杂操作中异常情况的处理原则。通过操作要点和案例的介绍，掌握大型复杂操作和异常处理的方法		√	
		大型复杂操作危险点源分析 （ZY1000306002）	本模块介绍了大型复杂操作的危险点源。通过案例介绍，能正确分析大型复杂操作危险点源，并制定预控措施			√
	设备运行验收与投运	设备验收项目及要求 （GYBD00403001）	本模块包含变电站设备验收项目及要求。通过变电站设备验收项目及要求的介绍，掌握变电站设备验收项目，能参与设备验收	√		
		新设备投运与操作 （GYBD00403002）	本模块介绍新设备投运必须具备的条件和调度操作规定与注意事项。通过对新设备投运条件和操作注意事项的介绍，能熟练组织、监护、指挥新设备改、扩、建设备投运启动操作		√	
		新设备投运方案编制与投运操作危险点源控制 （GYBD00403003）	本模块介绍新设备投运方案的编制与投运操作危险点源控制。通过对新设备投运方案编制原则和投运操作危险点源控制的介绍，熟悉新设备投运方案的编制原则，掌握新设备投运操作危险点源控制方法，能制订相应的控制措施			√
异常处理	高压开关类设备异常处理	高压开关类设备异常现象及分析 （ZY1000402001）	本模块包含高压开关类设备异常现象和原因分析。通过现象描述和原因讲解，能够熟悉断路器、隔离开关、GIS 组合电器常见异常的特征	√		
		高压开关类设备常见异常处理 （ZY1000402002）	本模块介绍了高压开关类设备常见异常的处理。通过案例介绍，能够掌握断路器、隔离开关、GIS 组合电器等常见异常的处理方法		√	
		高压开关类设备异常处理危险点源分析 （ZY1000402003）	本模块介绍了高压开关类设备异常处理的危险点。通过要点介绍和分析，了解断路器、隔离开关、GIS 组合电器异常处理的危险点，并能制定预控措施			√
	变压器异常处理	变压器异常现象及分析 （ZY1000401001）	本模块包含变压器异常现象和原因分析。通过现象描述和原因讲解，能够熟悉变压器声音异常、油位异常、油温异常等常见异常的特征	√		

续表

部分名称	章	模块名称（模块编码）	模块描述	等级		
				I	II	III
异常处理	变压器异常处理	变压器常见异常处理（ZY1000401002）	本模块介绍了变压器常见异常的处理。通过案例介绍，能够掌握变压器声音异常、油位异常、油温异常等常见异常的处理方法		√	
		变压器异常处理危险点源分析（ZY1000401003）	本模块介绍了变压器异常处理的危险点。通过要点介绍和分析，了解变压器常见异常处理的危险点，并能制定预控措施			√
	母线异常处理	母线异常现象及分析（ZY1000403001）	本模块包含高压母线异常现象和原因分析。通过现象描述和原因讲解，能够熟悉高压母线常见异常的特征	√		
		母线常见异常处理（ZY1000403002）	本模块包含高压母线常见异常的处理。通过要点介绍，能够掌握高压母线常见异常的处理方法		√	
		母线异常处理危险点源分析（ZY1000403003）	本模块介绍了高压母线异常处理的危险点源。通过要点介绍和分析，了解母线常见异常处理的危险点源，并能制定预控措施			√
	互感器异常处理	互感器异常现象及分析（ZY1000404001）	本模块包含互感器异常现象和原因分析。通过现象描述和原因讲解，能够熟悉电压互感器、电流互感器常见异常的特征	√		
		互感器常见异常处理（ZY1000404002）	本模块包含互感器常见异常的处理。通过案例介绍，能够掌握电压互感器、电流互感器二次短路、开路等异常处理的处理方法		√	
		互感器异常处理危险点源分析（ZY1000404003）	本模块介绍了互感器异常处理的危险点源。通过要点介绍和分析，了解互感器二次开路、短路等常见异常处理的危险点源，并能制定预控措施			√
	防雷设备异常处理	防雷设备异常现象及分析（ZY1000405001）	本模块包含防雷设备异常现象和原因分析。通过现象描述和原因讲解，能够熟悉防雷设备常见异常的特征	√		
		防雷设备常见异常处理（ZY1000405002）	本模块包含防雷设备常见异常的处理。通过案例介绍，能够掌握避雷器泄漏电流超标、引线松脱等常见异常的处理方法		√	
		防雷设备异常处理危险点源分析（ZY1000405003）	本模块介绍了防雷设备异常处理的危险点源。通过要点介绍和分析，了解防雷设备常见异常处理的危险点源，并能制定预控措施			√
	站用交、直流系统异常处理	站用交、直流系统异常现象及分析（ZY1000407001）	本模块包含站用交、直流系统异常现象和原因分析。通过现象描述和原因讲解，能够熟悉站用交流消失、直流接地等常见异常的特征	√		
		站用交、直流系统常见异常处理（ZY1000407002）	本模块包含站用交、直流系统常见异常的处理。通过要点介绍，能够掌握站用交流消失、直流接地等常见异常的处理方法		√	
		站用交、直流系统异常处理危险点源分析（ZY1000407003）	本模块包含站用交、直流系统异常处理的危险点源。通过要点介绍和分析，了解站用交、直流系统异常处理危险点源，并能制定预控措施			√
	二次设备异常处理	二次设备异常现象及分析（ZY1000406001）	本模块包含二次设备异常现象和原因分析。通过现象描述和原因讲解，能够熟悉二次回路、继电保护装置、综合自动化系统常见异常的特征	√		
		二次设备常见异常处理（ZY1000406002）	本模块包含二次设备常见异常的处理。通过要点介绍，能够掌握二次回路、继电保护装置、综合自动化系统常见异常处理的方法		√	
		二次设备异常处理危险点源分析（ZY1000406003）	本模块介绍了二次设备异常处理的危险点源。通过要点介绍和分析，了解二次回路、继电保护装置、综合自动化系统异常处理的危险点源，并能制定预控措施			√
	补偿装置异常及缺陷处理	补偿装置异常现象及分析（GYBD00501001）	本模块介绍了补偿装置的常见异常。通过原理讲解、要点归纳，了解电容器、电抗器常见异常现象和产生的原因	√		

续表

部分名称	章	模块名称 （模块编码）	模 块 描 述	等 级		
				I	II	III
异常处理	补偿装置异常及缺陷处理	补偿装置异常处理 （GYBD00501002）	本模块介绍了补偿装置常见异常的处理。通过案例介绍，掌握电容器、电抗器异常的处理方法		√	
		补偿装置异常处理危险点源分析 （GYBD00501003）	本模块对补偿装置异常处理中的危险点源进行了分析。通过要点讲解，能够制定相应的预控措施			√
	小电流接地系统异常分析及处理	小电流接地系统异常现象及分析 （GYBD00502001）	本模块介绍了小电流接地系统常见异常。通过现象描述、原理讲解，了解小电流接地系统常见异常现象和产生的原因	√		
		小电流接地系统异常处理 （GYBD00502002）	本模块介绍了小电流接地系统常见异常的处理。通过案例介绍，掌握小电流接地系统单相接地、缺相运行等异常的处理方法		√	
		小电流接地系统异常处理危险点源分析 （GYBD00502003）	本模块对小电流接地系统单相接地、缺相运行处理过程中的危险点源进行了分析。通过要点讲解，能够制定相应的预控措施			√
		人工转移接地点操作 （GYBD00502004）	本模块介绍了小电流接地系统人工转移接地点的方法。通过案例介绍，掌握通过人工转移接地点，消除接地故障的方法			√
事故处理	事故处理基础知识	事故处理基本原则及步骤 （GYBD00601001）	本模块介绍事故处理的主要任务、基本原则和有关规定。通过要点讲解，掌握电力系统产生事故的主要原因、事故处理的主要任务、事故处理的一般步骤、基本原则、要求、有关规定和注意事项	√		
	线路事故处理	线路事故处理基本原则和处理步骤 （ZY1000503001）	本模块介绍了导致线路事故的主要原因、处理基本原则和步骤。通过要点分析和归纳，掌握线路事故处理的总体要求	√		
		线路事故处理案例分析 （ZY1000503002）	本模块介绍了典型线路事故的处理。通过案例分析，掌握线路事故处理的方法和注意事项		√	
	变压器事故处理	变压器事故处理基本原则和处理步骤 （ZY1000502001）	本模块介绍了导致变压器事故的主要原因、处理基本原则和步骤。通过要点分析和归纳，掌握变压器事故处理的总体要求	√		
		变压器事故处理案例分析 （ZY1000502002）	本模块介绍了典型变压器事故的处理。通过案例分析，掌握变压器事故处理的方法和注意事项		√	
	站用交、直流系统事故处理	站用交、直流系统事故处理基本原则和处理步骤 （ZY1000504001）	本模块介绍了导致站用交、直流系统事故的主要原因、处理基本原则和步骤。通过要点分析和归纳，掌握站用交、直流系统事故处理的总体要求	√		
		站用交、直流系统事故处理案例分析 （ZY1000504002）	本模块介绍了站用交、直流系统事故的处理。通过案例分析，掌握站用交、直流系统事故处理的方法和注意事项		√	
	母线事故处理	母线事故处理基本原则和处理步骤 （ZY1000501001）	本模块介绍了导致母线事故的主要原因、处理基本原则和步骤。通过要点分析和归纳，掌握母线事故处理的总体要求	√		
		母线事故处理案例分析 （ZY1000501002）	本模块介绍了典型母线事故的处理。通过案例分析，掌握母线故障处理的方法和注意事项		√	
	补偿装置事故分析及处理	补偿装置简单事故处理 （GYBD00602001）	本模块介绍电容器、电抗器故障跳闸事故的一般概念。通过要点讲解和案例分析，熟悉电容器、电抗器事故跳闸的征象，掌握并联电容器跳闸和并联电抗器跳闸事故处理的原则	√		
		补偿装置事故处理 （GYBD00602002）	本模块介绍电容器、电抗器故障跳闸事故的原因和处理方法。通过原因分析、要点讲解和案例分析，掌握电容器、电抗器事故跳闸原因、处理跳闸事故的方法和步骤		√	
		补偿装置事故处理危险点预控分析 （GYBD00602003）	本模块介绍补偿装置事故处理的危险点源分析和预控。通过预案分析和案例介绍，掌握补偿装置事故处理的危险点源分析方法，并能根据补偿装置事故暴露出的运行或设备缺陷提出技改方案，制定相应预控措施和事故预案			√

续表

部分名称	章	模块名称 （模块编码）	模块描述	等级		
				I	II	III
事故处理	二次设备事故处理	二次设备事故处理基本原则和处理步骤 （ZY1000505001）	本模块介绍了导致二次设备事故的主要原因、处理基本原则和步骤。通过要点分析和归纳，掌握二次设备事故处理的总体要求	√		
		二次设备事故处理案例分析 （ZY1000505002）	本模块介绍了二次设备事故的处理。通过案例分析，掌握二次设备事故处理的方法和注意事项		√	
	复杂事故处理及分析	复杂事故的故障分析及处理 （ZY1000506001）	本模块包含系统振荡、开关拒动、死区故障、全站停电等复杂事故的处理。通过案例分析，掌握复杂事故处理原则和步骤，能分析判断系统振荡、开关拒动、死区故障、全站停电等复杂事故时的保护动作行为、相关保护信息情况		√	
		事故处理危险点分析 （ZY1000506002）	本模块包含事故处理中的危险点源分析及预控措施。通过实例分析，能够正确分析事故处理中的危险点，并能制定预控措施			√

参 考 文 献

[1] 宋继成. 220～500kV 变电所电气接线设计. 北京：中国电力出版社，2004.
[2] 王显平. 发电厂、变电站二次系统及继电保护测试技术. 北京：中国电力出版社，2006.
[3] 国家电力监管委员会电力业务资质管理中心编写组. 电工进网作业许可考试参考教材（高压类实操部分）. 北京：中国财政经济出版社，2006.
[4] 李坚，郭建文. 变电运行及设备管理技术问答. 北京：中国电力出版社，2006.
[5] 王国光. 变电站综合自动化系统二次回路及运行维护. 北京：中国电力出版社，2007.
[6] 上海超高压输变电公司编. 变电运行（第一册）. 北京：中国电力出版社，2005.
[7] 张全元. 变电运行现场技术问答. 北京：中国电力出版社，2003.
[8] 万千云，梁惠盈，齐立新，万英. 电力系统运行实用技术问答. 北京：中国电力出版社，2005.
[9] 上海市电力公司，上海超高压输变电公司. 变电运行操作技能必读. 北京：中国电力出版社，2001.
[10] 天津电力公司. 变电运行现场操作技术. 北京：中国电力出版社，2004.
[11] 陆安定. 发电厂变电所及电力系统的无功功率. 北京：中国电力出版社，2003.
[12] 李坚. 变电运行及生产管理制度技术问答. 北京：中国电力出版社，2008.
[13] 李坚. 电网运行及调度技术问答. 北京：中国电力出版社，2004.
[14] 刘伟，汤雨海. 变电站综合自动化实用技术问答. 北京：中国电力出版社，2007.
[15] 张全元. 变电站现场事故处理及典型案例分析（一）. 北京：中国电力出版社，2008.
[16] 陈家斌. 变电运行与管理技术. 北京：中国电力出版社，2004.
[17] 李学发. 变电运行技能技术问答. 北京：中国电力出版社，2008.
[18] 王传辉. 变电站综合自动化现场操作技术与变电运行维护、设备检修标准化作业培训指导手册. 北京：中国知识出版社，2006.
[19] 王晴. 变电设备事故及异常处理. 北京：中国电力出版社，2007.
[20] 廖自强，余正海. 变电运行事故分析及处理. 北京：中国电力出版社，2004.
[21] 马振良，吕惠成，焦日升. 10～500kV 变电站事故预想及事故处理. 北京：中国电力出版社，2006.
[22] 国家电力调度通信中心. 电网典型事故分析（1999～2007 年）. 北京：中国电力出版社，2008.
[23] 刘万顺. 电流系统故障分析. 北京：中国电力出版社，1998.
[24] 陈家斌. 常用电气设备倒闸操作. 北京：中国电力出版社，2006.
[25] 郑州市电业局. 变电运行. 北京：中国电力出版社，2005.